普通高等教育"十四五"系列教材

画法几何与机械制图

主　编　赵　军

副主编　李艳敏

中国水利水电出版社

www.waterpub.com.cn

·北京·

内 容 提 要

本书根据教育部对高校工程图学课程教学的基本要求,结合作者多年来工程图学课程教学改革和建设的成果及经验编写而成。

本书注重工程图学基本理论的系统性和完整性,在内容上也较好地把握了简洁实用的原则,主要介绍制图基本知识与技能,投影法及几何元素的投影,立体及其交线的投影,组合体,轴测图,机件的各种表达方法,机械零件构型分析基础知识,标准结构、标准件与常用件,零件图,部件装配图以及焊接图等内容。全书共十一章,书后附有附录,便于学生查阅相关资料。

本书贯彻近年来发布的国家标准《技术制图》与《机械制图》,可作为高等学校机械类各专业机械制图课程教材,也可供自学者和其他专业师生参考。与本书配套的《画法几何与机械制图习题集》分多学时和少学时两个版本,均由中国水利水电出版社出版,可供选用。

本书配有课件与习题解答,读者可以从中国水利水电出版社网站(www.waterpub.com.cn)或万水书苑网站(www.wsbookshow.com)免费下载。

图书在版编目(CIP)数据

画法几何与机械制图 / 赵军主编. -- 北京 : 中国
水利水电出版社, 2023.8(2024.7 重印)
普通高等教育"十四五"系列教材
ISBN 978-7-5226-1541-7

Ⅰ. ①画… Ⅱ. ①赵… Ⅲ. ①画法几何－高等学校－
教材②机械制图－高等学校－教材 Ⅳ. ①TH126

中国国家版本馆CIP数据核字(2023)第104148号

策划编辑:石永峰　责任编辑:张玉玲　加工编辑:周益丹　封面设计:梁燕

书　　名	普通高等教育"十四五"系列教材 画法几何与机械制图 HUAFA JIHE YU JIXIE ZHITU
作　　者	主　编　赵　军 副主编　李艳敏
出版发行	中国水利水电出版社 (北京市海淀区玉渊潭南路 1 号 D 座　100038) 网址:www.waterpub.com.cn E-mail:mchannel@263.net(答疑) 　　　　sales@mwr.gov.cn 电话:(010)68545888(营销中心)、82562819(组稿)
经　　售	北京科水图书销售有限公司 电话:(010)68545874、63202643 全国各地新华书店和相关出版物销售网点
排　　版	北京万水电子信息有限公司
印　　刷	三河市鑫金马印装有限公司
规　　格	184mm×260mm　16 开本　23 印张　602 千字
版　　次	2023 年 8 月第 1 版　2024 年 7 月第 2 次印刷
印　　数	3001－6000 册
定　　价	65.00 元

前　　言

本书是根据教育部高等学校工程图学课程教学指导分委员会 2015 年制定的"普通高等学校工程图学课程教学基本要求"，近年来发布的有关国家标准《技术制图》和《机械制图》，以及编者总结多年的机械制图课程教学经验和改革成果的基础上编写而成。

在编写本书过程中，精选教学内容，注重实践与应用。内容方面在保持工程图学理论性和系统性的同时，尽可能做到简明、实用。通过例题、配套习题以及综合性构形设计作业等，开阔学生思路，拓宽基础，培养学生运用理论解决实际工程问题的能力。

本书有以下特点：

（1）合理编排教学内容。教材以够用为原则，突出实用性，注重系统性，对传统的画法几何及机械制图内容进行了优化组合。内容由浅入深、由易到难、由简及繁，符合知识学习的认知规律。

（2）尽可能选用实际应用案例，侧重绘制和阅读机械工程图样基本能力的训练，以满足教学实际应用需求，并初步培养学生的工程素养。

（3）充实了徒手绘图方面的内容，有利于培养学生零部件测绘设计的技能。

（4）贯彻最新的《技术制图》与《机械制图》国家标准，按照课程内容的需要，将有关标准编排在附录中，以供学生学习时参考使用。

（5）重点和难点配有讲解视频，便于学生课前预习与课后复习，同时也有利于提高学生的学习兴趣。

与本书配套出版的《画法几何与机械制图习题集》有多学时和少学时两个版本，可适用于各种学时的教学需要，通过练习题既能使得学生巩固课堂知识，将理论与实际联系起来，还可以提高学生的图示和读图能力，培养学生的空间分析能力与解决工程实际问题的能力。

本书由赵军任主编，李艳敏任副主编。参与编写的人员有：卢鑫（第一章）、赵军（第二章、第三章、第四章）、张惠（第五章）、李艳敏（第六章、第九章、第十章）、窦旭强（第七章）、柳彦虎（第八章）、中车兰州机车公司梁静娟（第十一章）、寇海霞（附录），李爱姣、张明参与了本书的图片整理工作，广州中望龙腾软件股份有限公司王磊为本书提供了三维模型及模型二维码。全书由赵军统稿和定稿，西北工业大学高满屯教授审阅了全书。本书在编写过程中参考了一些同行所编写的教材，在此表示感谢。

由于编者水平有限，书中难免有疏漏和不妥之处，敬请广大读者批评指正。

编　者

2023 年 3 月

目　　录

绪　　论

在现代工业中，产品的设计与制造包括大量的信息。图样被用来在设计和制造过程中传递和交换信息。在科学技术发展过程中，图样发挥了语言和文字所不能替代的作用。以图解法和图示法为基础的工程图样是科技思维的主要表达形式之一，也是指导工程技术活动的一种重要技术文件。在工程技术领域，不论设计、制造、安装、调试和维修都离不开工程图样；在仪器、设备的使用过程中，也时常需要阅读工程图样来了解它们的结构和性能。因此，人们把工程图样喻为工程界的"技术语言"。与自然语言一样，"技术语言"也是人类生产实践发展的产物，必将随着人类社会的进步和科学技术的发展而不断进步和发展。

一、本课程的研究对象和教学目的

本课程是研究绘制和阅读工程图样的基本理论和方法的一门学科。工程设计中以投影理论为基础，按照国家颁布的制图标准而绘制的，包含物体形状、尺寸、材料加工等信息的图形文件，称为工程图样。作为工程技术人员必须了解、熟练掌握并能应用它。

本课程是一门既有完整的理论体系，又有很强实践性的重要的技术基础课，主要研究内容包括制图基础知识、正投影原理、组合体的表达、机件的表达、工程图样的绘制和阅读等几个方面。

本课程的主要教学目的和要求：
（1）培养工程意识和严谨的工作作风。
（2）为图示空间物体提供理论基础和方法。
（3）培养和发展空间分析能力和创新思维能力。
（4）能根据所学的基本理论、基本知识和技能，绘制和识读零件图和装配图。

二、本课程的学习方法

本课程具有十分重要的实践意义。学习本课程要坚持理论联系实际的学风。上课要认真听讲，注意教师的讲解和演示。在研究、讨论问题时，一般先在三维空间分析，然后再转到二维平面作图。要注意空间几何关系，找出空间几何原形与平面图样间的对应关系。通过从空间到平面，再由平面到空间这样反复地思考和实践，多画、多看、多想，不断提高自己的空间想象能力，才是本课程最有效的学习方法。

学习本课程必须要完成一定数量的作业和习题。做作业和习题时，一般都要经过三个程序：首先弄清题目中的给定条件，其次利用这些已知条件进行空间及投影情况分析，探索解题的思路，最后提出详细的解决问题步骤。由于解题的思维方法不同，作图步骤也不一样，因此要善于总结、归类，对不同的问题能选择比较简捷的方案。对全部作业和习题，必须用绘图工具来完成，要求养成作图准确和图面整洁的习惯。

工程图样在生产和施工中起着非常重要的作用，绘图和读图时出现的小差错都可能导致巨大的经济损失或安全事故，因此在学习过程中应严格要求自己，树立严肃认真的学习态度，在做作业和习题时应一丝不苟、严谨细致。

本课程的学习还将为多门后续课程及生产实习、课程设计和毕业设计打下基础，绘图和读图的技能也将在上述环节中得到进一步的巩固和提高。

第一章 制图基本知识与技能

工程图样是现代工业生产的主要技术文件之一，是交流技术思想的重要工具，是"工程界的语言"，所以必须对图样的画法、尺寸标注等作出统一规定。机械图样是工程图样的一种，它是设计、生产制造、使用、维修机器或设备的主要技术资料，针对机械图样，国家标准《机械制图》统一规定了生产和设计部门应共同遵守的规则。因此要正确、完整、清晰、快速地绘制机械图样，不但要有耐心细致和认真负责的工作态度，而且必须遵守国家标准《机械制图》的各项规定，并掌握先进的、合理的绘图方法和步骤。随着科学技术进步，为满足国民经济不断发展的需要，我国还制定了对各类技术图样和有关技术文件都适用的国家标准《技术制图》。所以每一个工程技术人员都必须树立标准化的概念，严格遵守，认真执行国家标准。

第一节 国标的基本规定

制图基本知识

GB/T 14689—2008～GB/T 14691—1993、GB/T 4457.4—2002、GB/T 17450—1998、GB/ T4458.4—2003 和 GB/T 16675.2—1996 是国家标准《技术制图》和《机械制图》关于图纸幅面和格式、比例、字体、图线、尺寸注法等的规定。

一、图纸幅面（GB/T 14689—2008）和标题栏（GB/T 10609.1—2008）

1. 图纸幅面及格式

绘制工程图样时，应优先采用表 1-1 中规定的基本幅面尺寸。

表 1-1 图纸幅面 单位：mm

幅面代号	A0	A1	A2	A3	A4
B×L	841×1189	594×841	420×594	297×420	210×297
e	20			10	
a	25				
c	10			5	

图幅确定后，还须在图纸上用粗实线画出图框以确定绘图区域，图框格式分为不留装订边和留有装订边两种，如图 1-1 所示，但同一产品的图样只能采用一种格式。

必要时允许加长图纸幅面，但加长幅面的尺寸是由表 1-1 中所列基本幅面的短边成整数倍增加后得出的。加长图纸幅面相应的图框尺寸，按所选用的基本幅面大一号的图框尺寸确定。加长幅面尺寸和图框尺寸可查阅 GB/T 14689—2008。

2. 标题栏

每张图纸都必须画出标题栏。GB/T 10609.1—2008 对标题栏的内容、格式和尺寸等作了规定。标题栏的位置应位于图框的右下角，如图 1-1a～d 所示。学校的制图作业建议采用图 1-2 所示的格式，标题栏的外框画粗实线，分栏线画细实线。

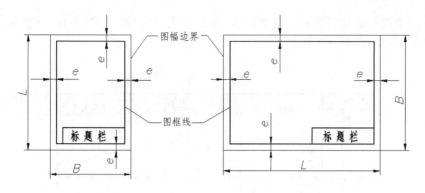

（a）不留装订边图纸（Y）的图框格式　　　（b）不留装订边（X）的图框格式

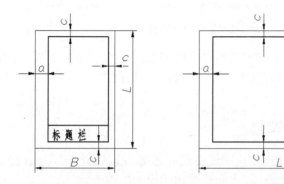

（c）留有装订边图纸（Y）的图框格式　　　（d）留有装订边（X）的图框格式

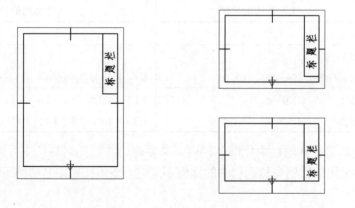

（e）标题栏的方位（X 型图纸竖放时）　　　（f）标题栏的方位（Y 型图纸横放时）

图 1-1　图纸幅面和图框格式

　　标题栏的长边置于水平方向并与图纸的长边平行时，则构成 X 型图纸，如图 1-1b、d 所示。若标题栏的长边与图纸的长边垂直，则构成 Y 型图纸，如图 1-1a、c 所示。在此情况下，看图的方向与看标题栏的方向一致。

　　为了利用预先印制的图纸，允许将 X 型图纸的短边置于水平位置使用，如图 1-1e 所示，或将 Y 型图纸的长边置于水平位置使用，如图 1-1f 所示。

　　3. 附加符号

　　（1）对中符号。为了使图样复制或缩微摄影时定位方便，应在图纸各边长的中点处绘制对中符号。对中符号是从周边画入图框内 5mm 的一段粗实线，如图 1-1e、f 所示。当对中符号在标题栏范围内时，则深入标题栏的部分省略不画。

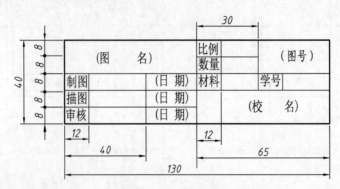

图 1-2　学生用标题栏

（2）方向符号。按图 1-1e、f 所示使用预先印制的图纸时，为了明确绘图与看图时图纸的方向，应在图纸的下边对中符号处画出一个方向符号，如图 1-1e、f 所示。方向符号是用细实线绘制的等边三角形。

二、比例（GB/T 14690—1993）

比例是指图中图形与其实物相应要素的线性尺寸之比。绘制图样时，应优先选取表 1-2 规定的"优先采用的比例"，必要时也可在"允许选用的比例"中选取。

表 1-2　绘图比例

种类	优先采用的比例	允许选用的比例
原值比例	1:1	
放大比例	5:1，2:1 $5\times10^n:1$，$2\times10^n:1$，$1\times10^n:1$	4:1，2.5:1 $4\times10^n:1$，$2.5\times10^n:1$
缩小比例	1:2，1:5，$1:10^n$ $1:2\times10^n$，$1:5\times10^n$，$1:1\times10^n$	1:1.5，1:2.5，1:3，1:4，1:6，$1:1.5\times10^n$ $1:2.5\times10^n$，$1:3\times10^n$，$1:4\times10^n$，$1:6\times10^n$

比例一般应填写在标题栏中比例一栏内。必要时，在视图名称的下方或右侧标注。如图样中的某个视图采用的比例与标题栏中的比例不同时，必须在视图名称的下方（或右侧）标注其比例。

三、字体（GB/T 14691—1993）

在图样中书写字体时必须做到：字体工整、笔画清楚、间隔均匀、排列整齐。

字体高度（用 h 表示）的公称尺寸系列为 1.8mm、2.5mm、3.5mm、5mm、7mm、10mm、14mm、20mm。如需书写更大的字，其字体高度应按 $\sqrt{2}$ 的比率递增。字体的号数用字的高度表示。

1. 汉字

汉字应写长仿宋体，并采用国家正式公布的简化字。汉字的高度 h 不应小于 3.5mm。字宽一般为 $h/\sqrt{2}$。

长仿宋体的书写要领是：横平竖直、注意起落、结构均匀、填满方格。图 1-3 为用长仿宋体书写的汉字示例。

横平竖直注意起落结构均匀填满方格
字体工整笔画清楚间隔均匀排列整齐

图 1-3　长仿宋体书写的汉字示例

2. 字母和数字

字母和数字分 A 型和 B 型。A 型字体的笔画宽度（d）为字高（h）的 1/14；B 型字体的笔画宽度（d）为字高（h）的 1/10。字母和数字可写成斜体或直体（机械工程图样中常采用斜体）。斜体字字头向右倾斜，与水平基准线成 75°。同一图样上字型应统一。图 1-4 为字母和数字的结构形式。

（a）阿拉伯数字及其书写笔序

（b）大写拉丁字母

（c）小写拉丁字母

图 1-4（一）　字母和数字的结构形式

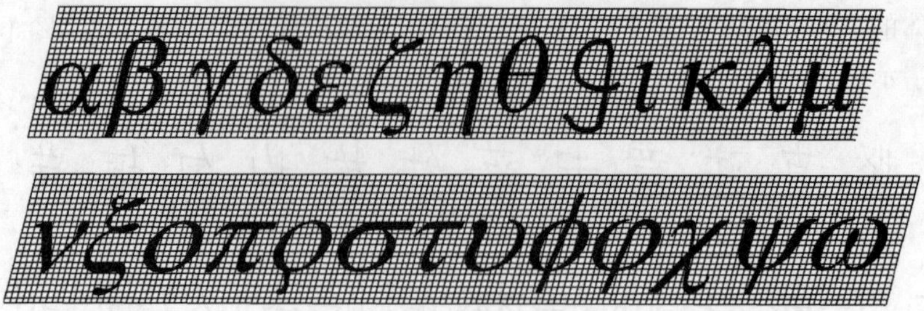

$$\alpha\beta\gamma\delta\varepsilon\zeta\eta\theta\vartheta\iota\kappa\lambda\mu$$

$$\nu\xi o\pi\rho\varsigma\sigma\tau\upsilon\phi\varphi\chi\psi\omega$$

(d) 小写希腊字母

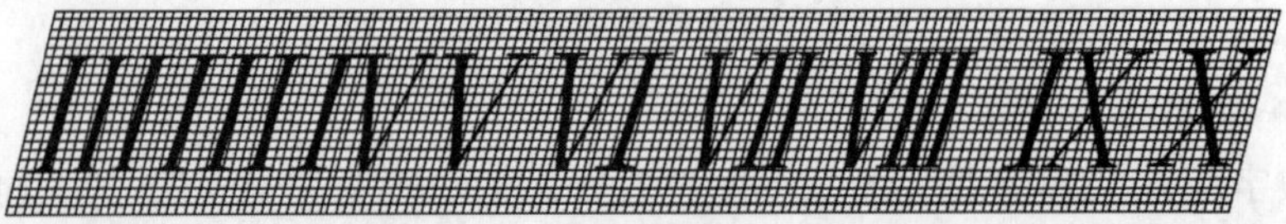

I II III IIII IV V VI VII VIII IX X

(e) 罗马数字

图 1-4（二）　字母和数字的结构形式

四、图线（GB/T 4457.4—2002、GB/T 17450—1998）

1. 图线的型式及应用

绘制机械图样时，一般使用表 1-3 所示的 9 种图线型式，按 GB/T 4457.4—2002 的规定，采用粗、细两种线宽，两种线宽的比为 2:1。粗线宽度（d）应根据图样的类型、大小、比例和缩微复制的要求在 0.25mm、0.35mm、0.5mm、0.7mm、1mm、1.4mm 和 2mm 中选用，并优先采用 0.5mm 和 0.7mm 的线宽。在同一图样中，同类图线的线宽应一致。

表 1-3　图线型式及应用

图线名称	图线型式	线宽	线素	一般应用
细实线	——————	$d/2$	无	①尺寸线及尺寸界线；②剖面线；③重合剖面的轮廓线；④螺纹的牙底线及齿轮的齿根线；⑤引出线；⑥辅助线等
波浪线	～～～～	$d/2$	无	①断裂处的边界线；②视图和剖视图的分界线
双折线	─\/───	$d/2$	无	断裂处的边界线
粗实线	——————	d	无	可见轮廓线
细虚线	─ ─ ─ ─ ─	$d/2$	画	不可见轮廓线
粗虚线	━ ━ ━ ━	d	短间隔	有特殊要求表面的表示线
细点画线	─·─·─·─	$d/2$	长画	①轴线；②对称中心线；③轨迹线
粗点画线	━·━·━·	d	短间隔	表示限定范围的表示线
细双点画线	─··─··─	$d/2$	点	假想投影轮廓线，中断线

长画=24d，画=12d，短间隔=3d，点≤0.5d

不连续线的独立部分称为线素，如点、长度不同的画和间隔。9 种图线型式所包含的线素及各种线素的长度见表 1-3。手工绘图时，线素的长度宜符合 GB/T 17450—1998 的规定或与表 1-3 所推荐的长度相近。图 1-5 为机械图样中图线的应用举例。

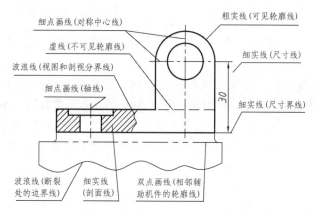
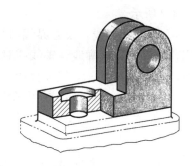

细点画线(对称中心线)

粗实线(可见轮廓线)

虚线(不可见轮廓线)

细实线(尺寸线)

波浪线(视图和剖视分界线)

细点画线(轴线)

30

细实线(尺寸界线)

波浪线(断裂处的边界线)

细实线(剖面线)

双点画线(相邻辅助机件的轮廓线)

图 1-5　图线及其应用

2.　图线画法

（1）不连续的线型（如细虚线、细点画线等）应恰当地相交于画或长画处（图 1-6）。

（2）绘制圆的中心线或图形的对称线时，细点画线首末两端应是长画，并超出圆或图形外约 2～5mm。在较小的图形上绘制点画线或双点画线有困难时，可用细实线代替（图 1-6）。

（3）当细虚线是粗实线的延长线时，在连接处应留出空隙（图 1-6）。

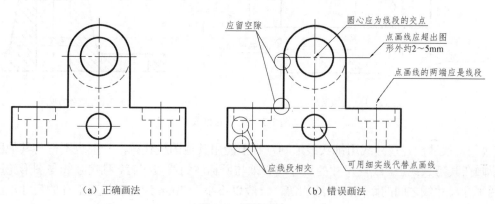

应留空隙

圆心应为线段的交点

点画线应超出图形外约 2～5mm

点画线的两端应是线段

应线段相交

可用细实线代替点画线

（a）正确画法　　　　　（b）错误画法

图 1-6　图线画法

（4）两条平行线之间的最小间隙不得小于 0.7mm。

五、尺寸注法（GB/T 4458.4—2003 和 GB/T 16675.2—1996）

在工程图样中，视图只能表达零件各部分的形状，而其大小则必须通过尺寸标注来表达，因此尺寸与视图都是工程图样的重要内容，GB/T 4458.4—2003《机械制图　尺寸注法》和 GB/T 16675.2—1996《技术制图　简化表示法　第 2 部分》对尺寸标注作了一系列规定。

1.　基本规则

（1）机件的真实大小应以图样上所注的尺寸数值为依据，与图形的大小及绘图的准确度无关。

（2）图样中（包括技术要求和其他说明）的尺寸以毫米为单位时，不需要标注计量单位的代号或名称，如采用其他单位时，则必须注明相应计量单位的代号或名称。

（3）图样中所标注的尺寸，为该图样所示机件的最后完工尺寸，否则应另加说明。

（4）机件的每一尺寸，一般只标注一次，并应标注在反映该结构最清晰的图形上。

2. 尺寸组成

一个完整的尺寸应包括尺寸界线、尺寸线、尺寸数字和表示尺寸线终端的箭头或斜线，如图 1-7 所示。

（1）尺寸界线。尺寸界线用细实线绘制，并应由图形的轮廓线、轴线或对称中心线处引出，也可利用轮廓线、轴线或对称中心线作为尺寸界线。尺寸界线应超出尺寸线约 3mm 左右，如图 1-7a 所示。尺寸界线一般应与尺寸线垂直，必要时也允许倾斜，如图 1-7b 所示。在光滑过渡处标注时，必须用细实线将轮廓线延长，从它们的交点处引出尺寸界线，如图 1-7c 所示。

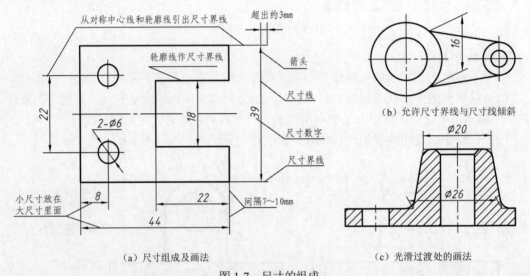

（a）尺寸组成及画法　　　　　　　　　　　（c）光滑过渡处的画法

图 1-7　尺寸的组成

（2）尺寸线。尺寸线用细实线绘制，且不能用其他图线代替，一般也不得与其他图线重合或画在其延长线上。线性尺寸的尺寸线必须与所标注的线段平行，且尺寸线与图形轮廓线以及两平行尺寸线之间的距离应大致相等，一般以不小于 7mm 为宜。相互平行的尺寸，应使较小的尺寸靠近图形，较大的尺寸依次向外分布，以免尺寸线与尺寸界线相交，如图 1-7a。在圆或圆弧上标注直径或半径尺寸时，尺寸线或其延长线一般应通过圆心。

尺寸线终端可以有两种形式：箭头和斜线，其画法如图 1-8 所示。斜线形式只能用于尺寸线与尺寸界线垂直的情况。当尺寸线与尺寸界线相互垂直时，在同一张图样上，尺寸线终端只能采用一种形式，且应大小一致。

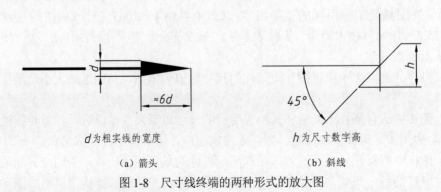

d 为粗实线的宽度　　　　　　　　　h 为尺寸数字高

（a）箭头　　　　　　　　　　　　　（b）斜线

图 1-8　尺寸线终端的两种形式的放大图

（3）尺寸数字及其符号。尺寸数字按国标规定的字体书写，在同一张图样中，尺寸数字的高度（即字号）要一致。

尺寸数字一般应注写在尺寸线上方或尺寸线的中断处，但同一图样中只允许采用一种形式。尺寸数字不允许被任何图线通过，否则必须将该图线断开（图1-7c）。若图线断开后影响图形表达，则需调整尺寸标注的位置。

标注尺寸时，应尽量使用符号和缩写词。常用的符号和缩写词见表1-4。

表1-4　常用符号和缩写词

符号和缩写词	含义	符号和缩写词	含义
ϕ	直径	$\vee$	埋头孔
R	半径	$\sqcup$	沉孔或锪平
$S\phi$（SR）	球直径（球半径）	$\overline{\downarrow}$	深度
EQS	均布	$\square$	正方形
C	45°度	$\angle$	斜度
t	厚度	$\triangleleft$	锥度

3. 各类尺寸标注示例（GB/T 4458.4—2003 和 GB/T 16675.2—1996）

各类尺寸标注示例见表1-5。

表1-5　各类尺寸的标注示例

	示例	
线性尺寸注法	示例	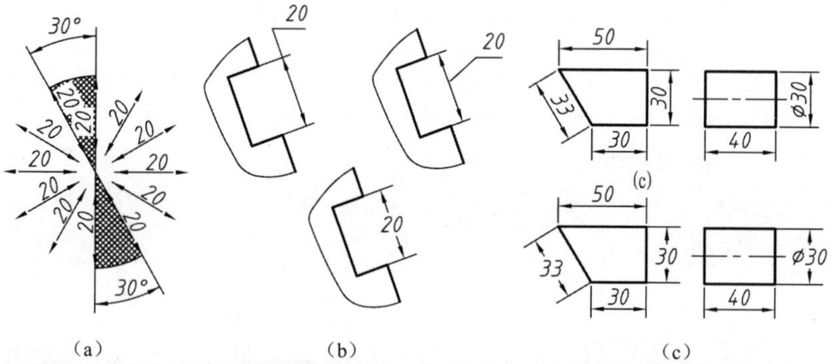 （a）　　　　（b）　　　　（c）
	说明	1. 线性尺寸的数字应按图a所示方向注写，并尽可能避免在阴影所示的30°范围内标注尺寸，当无法避免时，也可水平注写在尺寸线中断处或用旁注法注出，如图b所示。 2. 对于非水平的线性尺寸，其数字的方向一般采用图c所示的注法，也可采用图d所示的注法
圆及圆弧尺寸注法	示例	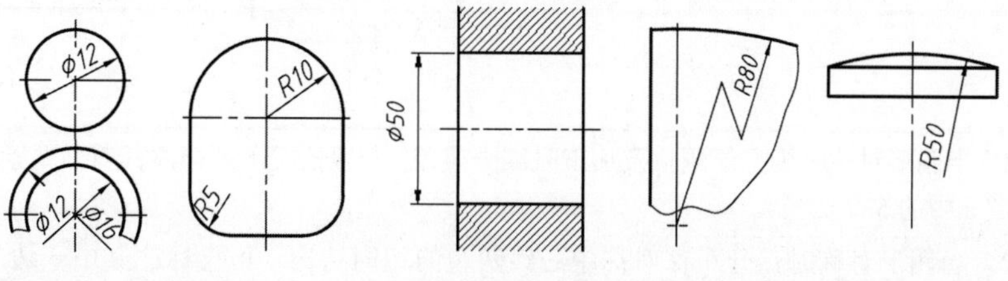 （a）　（b）　（c）　（d）　（e）
	说明	1. 圆的直径和圆弧半径尺寸线的终端应画成箭头，并按上图a至c所示的方法标注。 2. 当圆弧的半径过大或在图纸范围内无法标注其圆心位置时，可采用折线形式按图d标注，若圆心位置不需注明，则可按图e标注，尺寸线延长线应通过圆心

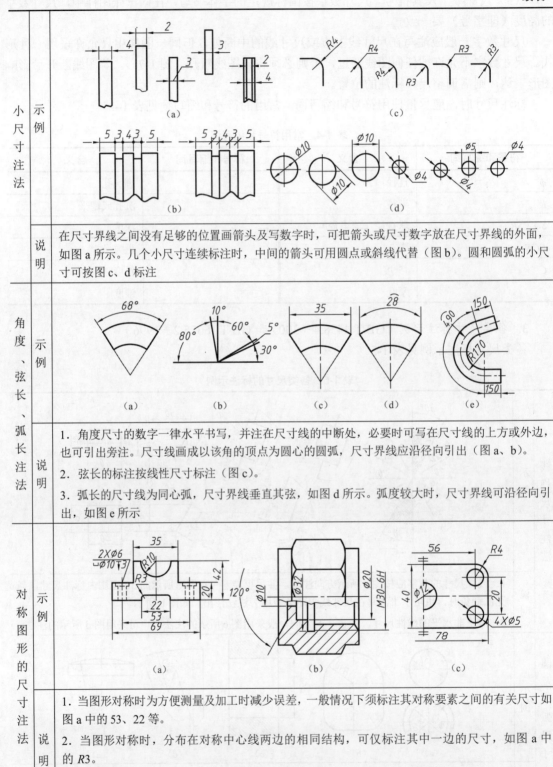

小尺寸注法	示例	(a) (b) (c) (d)
	说明	在尺寸界线之间没有足够的位置画箭头及写数字时，可把箭头或尺寸数字放在尺寸界线的外面，如图 a 所示。几个小尺寸连续标注时，中间的箭头可用圆点或斜线代替（图 b）。圆和圆弧的小尺寸可按图 c、d 标注
角度、弦长、弧长注法	示例	(a) (b) (c) (d) (e)
	说明	1. 角度尺寸的数字一律水平书写，并注在尺寸线的中断处，必要时可写在尺寸线的上方或外边，也可引出旁注。尺寸线画成以该角的顶点为圆心的圆弧，尺寸界线应沿径向引出（图 a、b）。 2. 弦长的标注按线性尺寸标注（图 c）。 3. 弧长的尺寸线为同心弧，尺寸界线垂直其弦，如图 d 所示。弧度较大时，尺寸界线可沿径向引出，如图 e 所示
对称图形的尺寸注法	示例	(a) (b) (c)
	说明	1. 当图形对称时为方便测量及加工时减少误差，一般情况下须标注其对称要素之间的有关尺寸如图 a 中的 53、22 等。 2. 当图形对称时，分布在对称中心线两边的相同结构，可仅标注其中一边的尺寸，如图 a 中的 R3。 3. 当对称图形只画一半或略大于一半时，尺寸线应略超过对称中心线或断裂边界线，此时仅在尺寸线的一端画出箭头，如图 b、c 所示

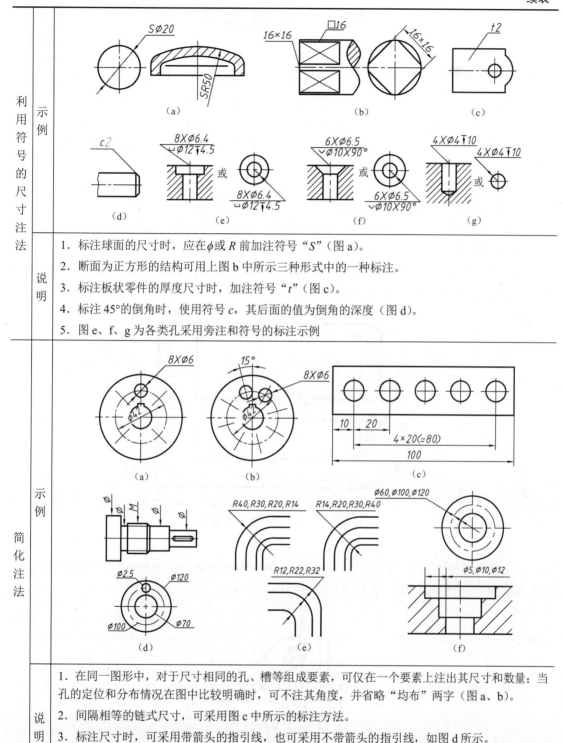

利用符号的尺寸注法	示例	
	说明	1. 标注球面的尺寸时，应在φ或R前加注符号"S"（图 a）。 2. 断面为正方形的结构可用上图 b 中所示三种形式中的一种标注。 3. 标注板状零件的厚度尺寸时，加注符号"t"（图 c）。 4. 标注45°的倒角时，使用符号 c，其后面的值为倒角的深度（图 d）。 5. 图 e、f、g 为各类孔采用旁注和符号的标注示例
简化注法	示例	
	说明	1. 在同一图形中，对于尺寸相同的孔、槽等组成要素，可仅在一个要素上注出其尺寸和数量；当孔的定位和分布情况在图中比较明确时，可不注其角度，并省略"均布"两字（图 a、b）。 2. 间隔相等的链式尺寸，可采用图 c 中所示的标注方法。 3. 标注尺寸时，可采用带箭头的指引线，也可采用不带箭头的指引线，如图 d 所示。 4. 一组同心圆弧或圆心位于一条直线上的多个不同心圆弧的尺寸，可用共用的尺寸线表示（图 e）。 5. 一组同心圆或尺寸较多的台阶孔的尺寸，也可用共用的尺寸线和箭头依次表示（图 f）

第二节　绘图方法

绘图方法

一、尺规绘图

尺规绘图是指使用绘图工具和仪器绘制图样，虽然目前大部分的工程图样都用计算机来绘制，但尺规绘图既是工程技术人员必备的基本技能，又是学习和巩固图学理论知识不可缺少的方法，应熟练掌握。本节介绍几种常用绘图工具和仪器的用法以及尺规绘图的步骤。

1. 图板和丁字尺

图板用于铺放图纸，其工作表面必须平坦，左右两导边必须平直，以保证与丁字尺尺头的内侧边良好接触。尺规绘图时须用胶带纸将图纸固定在图板上（图1-9）。

丁字尺用来画水平线，其由尺头和尺身组成。丁字尺尺头的内侧边及尺身的工作边必须平直。使用时应手握尺头，使其紧靠图板的左侧导边做上下移动，沿尺身的工作边自左向右画水平线（图 1-9）。当画较长水平线时，应将左手移至尺身，并按牢尺身。用铅笔沿尺边画直线时，笔杆应稍向外倾斜，尽量使笔尖贴靠尺边。

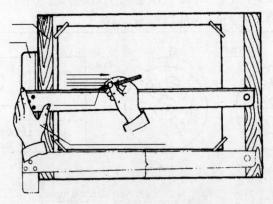

图1-9　用丁字尺画水平线

2. 三角板

三角板的规格不小于25cm，45°角和30°（60°）角各一块，三角板与丁字尺配合使用，可画竖直线和15°倍角的斜线（图1-10、图1-11）。

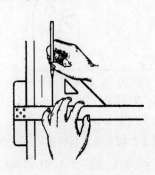

图1-10　用三角板和丁字尺配合画竖直线

画竖直线时，将三角板的一直角边靠紧在丁字尺尺身的工作边，再用左手按住尺身和三角板，铅笔沿三角板的另一直角边自下而上画线。

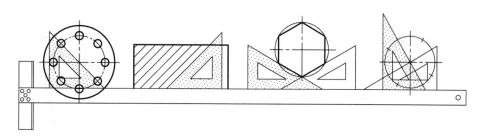

（a）三角板与丁字尺配合画 45°、30°和 60°线

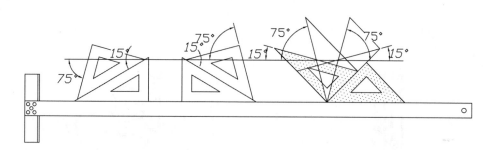

（b）三角板与丁字尺配合画 15°和 75°线

图 1-11　用三角板和丁字尺配合画 15°倍角的斜线

3．比例尺

当绘图采用的绘图比例不是 1:1 时，用比例尺来量取尺寸，可省去计算的麻烦。

比例尺的形状为三棱柱体。在尺的三个棱面上分别刻有 6 种不同比例的刻度尺寸。量取尺寸时，常按所需比例用分规在比例尺上截取所需长度（图 1-12a），也可直接把比例尺放在图纸上量取所需长度。

4．分规

分规是用来量取尺寸和等分线段的工具，其用法见图 1-12a、b。为了准确地量取尺寸，分规的两针尖靠拢后应平齐（图 1-12c）。

当要截取小而精确的尺寸时，最好使用弹簧分规，转动螺母可作微调（图 1-12d）。

5．圆规及其附件

圆规是画圆和圆弧的工具。圆规有大圆规、小圆规、弹簧规及点圆规四种。圆规均附有铅芯插腿、带针插腿、鸭嘴笔插腿和画大圆时用的延伸杆（图 1-13a、图 1-14c）。圆规的定心针（钢针）两端有不同的针尖，有台阶一端用于画圆时定心，另一尖端作分规用（图 1-13a）。弹簧规（图 1-12d）、点圆规（图 1-13b）用来画较小的圆。图 1-14 示范了画圆方法。

6．绘图铅笔

绘制图样一般采用 2H、H、HB、B 和 2B 的铅笔。铅芯的软硬用字母 B、H 表示，B 愈多表示铅芯愈软（黑），H 愈多表示铅芯愈硬。绘制粗实线或写字宜用 2B、B 或 HB 铅笔；绘制各种细线及画底稿可用 HB、H 或 2H 铅笔。画底稿、绘制各种细线及写字和画箭头的笔芯常削磨成圆锥状；绘制粗实线的笔芯宜削磨成四棱柱或扁铲状，其厚度与所画图线的粗细一致；削铅笔时应注意保留铅笔上的硬度标记，以便使用时识别。画图时，铅笔可略向画线方向倾斜，尽量使铅笔靠紧尺边，且铅芯与纸面垂直。

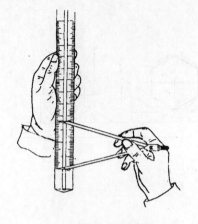

（a）比例尺和分规的用法

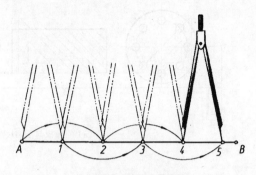

（b）用试分法等分直线段

（c）针尖对齐

两手指转动微调轮

（d）弹簧分规截取小尺寸

图 1-12　分规及其使用方法

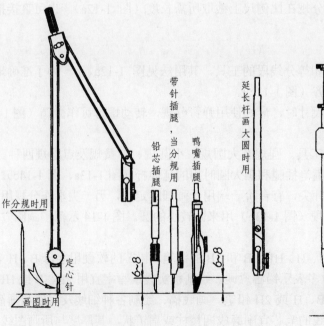

带针插腿，
当分规用

铅芯插腿

鸭嘴插腿

延长杆画
大圆时用

作分规时用

定心针

画图时用

6~8

6~8

（a）大圆规及其附件

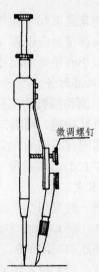

微调螺钉

（b）点圆规

图 1-13　圆规及其附件

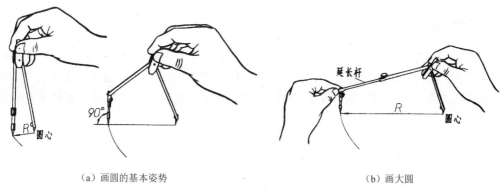

（a）画圆的基本姿势　　　　　　　　　　　　（b）画大圆

图 1-14　圆规及画圆方法

7. 曲线板

曲线板是画非圆曲线的工具，其轮廓线由多段不同曲率半径的曲线组成（图 1-15）。作图时，先徒手用铅笔轻轻地把曲线上一系列的点顺次地连接起来，然后选择曲线板上曲率合适的部分与徒手连接的曲线贴合，并将曲线描深。每次连接应至少通过曲线上三个点，并注意每画一段线，都要比曲线板边与曲线贴合的部分稍短一些，这样才能使所画的曲线光滑。

图 1-15　曲线板及其使用

8. 尺规绘图的步骤

（1）准备工作。绘图前应准备好必要的绘图工具、仪器和用品，整理好工作地点。熟悉和了解所画图形的内容，按图样大小和比例选择适当的图幅，并将图纸固定在图板的适当位置（以丁字尺和三角板移动比较方便为准）。

（2）合理布图。先按照国标规定在图纸上用细实线画出选定的图幅边线及图框和标题栏。再根据每个图形的长、宽尺寸合理布置图面，即画出各图形的基准线。应使图形在图面中的布局匀称。

（3）画底稿。用 2H 铅笔先画出主要轮廓线或中心线，再画细节，画线时应"细、轻、准"。画好底稿后应仔细校核，修正错误，并擦去多余图线。

（4）描深（或上墨）。描深时，按线型选择铅笔，尽可能将同样粗细的图线一起描深。描深的一般顺序是：先圆（圆弧），后直线；先小圆（圆弧），后大圆（圆弧）；先上后下，先左后右；先粗实线后虚线、点画线和细实线。最后描深图框及标题栏。

（5）检查。全面检查无错误后，画箭头，注写尺寸数字及文字说明，最后填写标题栏。

二、徒手绘图

以目测来估计图形与实物的比例，徒手（不使用或部分使用绘图工具和仪器）绘制的工程图样称草图，用这种徒手目测的方法绘制工程图样称徒手绘图。工程技术人员在设计、测绘和修配机器时都要绘制草图，所以徒手绘图、尺规绘图、计算机绘图对现代工程技术人员来讲都是必须掌握的绘图技能。

草图作为工程图样的一种也应做到：

（1）图线粗细分明，图形正确、清晰，各部分比例匀称；

（2）尺寸标注要完整、清晰，字体工整。

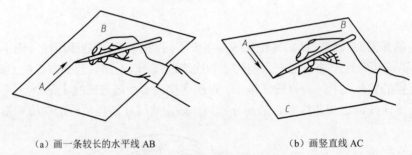

（a）画一条较长的水平线 AB   （b）画竖直线 AC

图 1-16   徒手画直线的姿势和方法

徒手绘图时，图纸不必固定，可随时转动图纸，使欲画图线正好是顺手方向。运笔应力求自然，画短线以手腕运笔，画长线则以手臂动作。画直线时常将小拇指靠着纸面，以保证能画直线条。当画 30°、45°、60°等常见角度斜线时，可根据斜线的斜度近似定出两端点，然后连接两点即为所需角度的斜线（图 1-17）。

图 1-17   徒手画 30°、45°、60°的斜线

画圆时，先定圆心并画出两条互相垂直的中心线，再根据目测所估计的半径大小，在中心线上截得四点，徒手连接成圆（图 1-18a）；对于较大半径的圆，还应再画一对 45°且过圆心的斜线，并按半径大小在斜线上定出四个点（图 1-18b）。

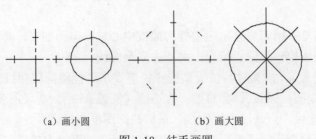

（a）画小圆   （b）画大圆

图 1-18   徒手画圆

画椭圆时，如图 1-19 所示，可先根据长、短轴的大小，定出 a、a_1、b、b_1 四个顶点，还可利用如图 1-19 所示长方形的对角线，大致定出椭圆上另外四个点，然后通过八个点徒手连接成椭圆，还应注意图形的对称性。

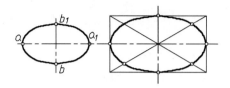

图 1-19　徒手画椭圆

练习徒手绘图时，可在方格纸上进行，并尽可能使图形上主要的水平或垂直轮廓线、对称线以及圆的中心线与方格纸上的分格线重合，以便于控制图线的平直、图形的大小以及图形各部分的比例关系。

第三节　几何作图

在绘制工程图样时，常会遇到等分线段、等分圆周、作正多边形、作斜度和锥度、圆弧连接以及绘制非圆曲线等几何作图问题，现介绍几种常用的作图方法。

一、等分已知直线段

（1）等分已知直线段的一般方法，如图 1-20 所示。

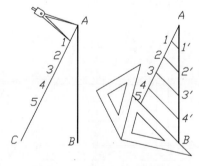

图 1-20　等分已知直线段

（2）在实际绘图过程中，为了提高绘图速度和避免较多的作图线，也常采用试分法等分直线段。即先凭目测估计，大致使分规两针尖距离接近等分段的长度，若试分后的最后一点未与线段的另一端重合，则需根据超出或留空的距离，调整两针尖距离，再进行试分，直到满意为止。

二、等分圆周与正多边形画法

1. 六等分圆周与画正六边形

（1）已知正六边形的对角线距离 D。已知对角线距离 D 画正六边形，实质上是将直径为 D 的正六边形的外接圆周六等分。如图 1-21 所示，以 D 为直径作一圆，然后用分规以半径 $R=D/2$ 的距离在圆周上作等分，连接各等分点即得正六边形。

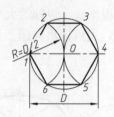

图 1-21   已知对角线距离 D 画正六边形（一）

在实际制图中，也常使用 30°（60°）三角板与丁字尺配合直接作出正六边形，这时外接圆可以省略不画。具体作图过程如图 1-22 所示。

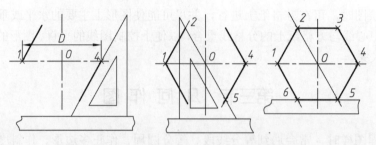

图 1-22   已知对角线距离 D 画正六边形（二）

（2）已知正六边形的对边距离 S。已知正六边形的对边距离 S 画正六边形，可以看作是将直径为 S 的正六边形的内切圆周六等分，然后过各等分点作该圆的切线，两两相交即得正六边形。在实际作图过程中，仍可利用 30°（60°）三角板与丁字尺配合直接作出正六边形，内切圆省略不画。具体作图过程如图 1-23 所示。

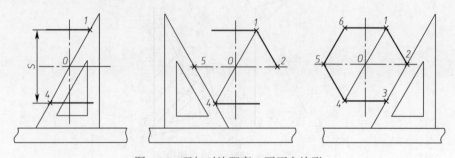

图 1-23   已知对边距离 S 画正六边形

2．五等分圆周及画正五边形

将直径为 ϕ 的圆周五等分并作正五边形，如图 1-24 所示。

（1）将圆的半径 OB 平分得点 P；

（2）以 P 点为圆心，PC 为半径画弧，交 OA 于点 H；

（3）以 CH 为边长，自 C 点开始等分圆周，得出 E、F、G、I 等分点，依次连接各等分点即得正五边形。

3．n 等分圆周及画正 n 边形

如果想一次性准确画出正 n 边形，可用"任意等分圆周的方法"。当然圆周也可用试分法等分。现以七等分圆周（图 1-25）为例说明任意等分圆周的作图步骤：

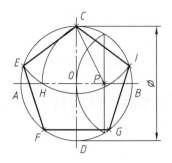

图 1-24　正五边形的画法

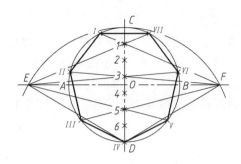

图 1-25　七等分圆周的方法

（1）*A*、*B*、*C*、*D* 四点是已知圆水平和垂直方向直径与圆周的交点。

（2）以 *D* 为圆心，以已知圆直径 *CD* 为半径画圆弧，交 *AB* 的延长线于 *E* 和 *F* 点。

（3）用等分线段的方法将直径 *CD* 七等分得 1、2、3、4、5、6 等分点。

（4）分别自 *E*、*F* 点与 *CD* 上的奇数或偶数点（图中为奇数点 1、3、5、*D*）连接，连线与圆周的交点即为圆周上的各等分点。连接各等分点可得正七边形。

三、斜度和锥度

1. 斜度

斜度是指一直线（或平面）对另一直线（或平面）的倾斜程度。通常用两直线（或平面）间夹角的正切值 $\tan\alpha$ 来表示斜度的大小（图 1-26a），在图中标注时，一般将此值化为 1:n 的形式，即斜度=$\tan\alpha$=H/L=1:n。

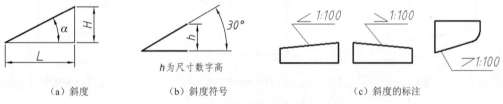

（a）斜度　　　　　（b）斜度符号　　　　　（c）斜度的标注

图 1-26　斜度、斜度符号及其标注

斜度符号的画法见图 1-26b。标注时，符号方向应与图形的斜度方向一致（图 1-26c）。过已知点作斜度的方法见图 1-27。

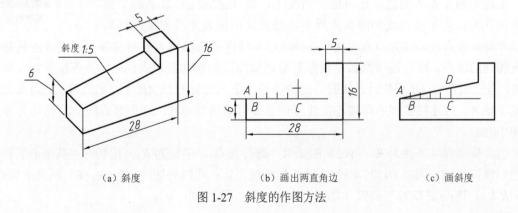

（a）斜度　　　　　　　（b）画出两直角边　　　　　　　（c）画斜度

图 1-27　斜度的作图方法

2. 锥度

锥度是正圆锥体的底圆直径 D 与其高度 L 之比或正圆锥台的两底圆直径之差（D-d）与其高度 l 之比（图 1-28a），在图中标注时，一般将此值化为 1:n 的形式，即锥度=D/L=(D-d)/l=$2\tan(\alpha/2)$=1:n，其中 α 为锥顶角。

锥度符号见图 1-28b。锥度标注见图 1-28c。标注时，锥度符号的方向要与图形的锥度方向一致。

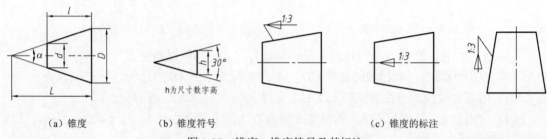

（a）锥度　　　　　　　（b）锥度符号　　　　　　　　（c）锥度的标注

图 1-28　锥度、锥度符号及其标注

锥度的作图如图 1-29 所示，先根据圆台的高度尺寸 20 和底圆直径ϕ20 作出 AO 和 FG 线，过 A 点用分规任取一个单位长度 AB，并使 AC=3AB（图 1-29b），过 C 点作垂线，并取 CD=CE=AB/2，连接 AD 和 AE，并过 F 和 G 点作直线分别平行于 AD 和 AE（图 1-29c）。

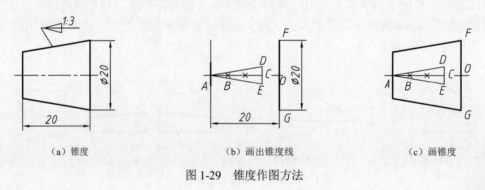

（a）锥度　　　　　　　（b）画出锥度线　　　　　　（c）画锥度

图 1-29　锥度作图方法

四、圆弧连接

工程上为了便于制造，在可能的情况下，将任意曲线和复杂的平面图形简化为由若干段直线和圆弧光滑连接而成。用圆弧光滑连接两已知线段（圆弧或直线）称为圆弧连接，连接两已知线段的圆弧称为连接圆弧，其连接点就是两线段相切的切点。所以连接圆弧是根据其与已知线段的相切关系求作的。当连接圆弧（半径为 R）与已知直线 AB 相切时，其圆心的轨迹是一条与已知直线 AB 平行的直线 L，距离为连接弧半径 R。过连接弧圆心向被连接线段作垂线可求出切点 T，切点是直线与圆弧的分界点（图 1-30a）。

圆弧连接

当连接圆弧（半径为 R）与已知圆弧 A（圆心为 O_A，半径为 R_A）相切时，其圆心的轨迹为已知圆弧 A 同心圆弧 B，其半径 R_B 随相切情况而定：两圆外切时，R_B=R_A+R，两圆内切时，R_B=|R-R_A|。连心线 OO_A 与圆弧 A 的交点为切点 T（图 1-30b、c）。

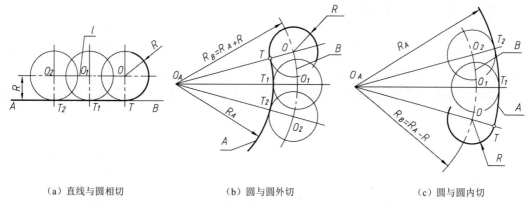

（a）直线与圆相切　　　　（b）圆与圆外切　　　　（c）圆与圆内切

图 1-30　圆弧连接的作图原理

连接圆弧的作图方法如图 1-31 所示，作图过程如下：

（1）求连接圆弧的圆心；

（2）找切点位置；

（3）求作连接圆弧。

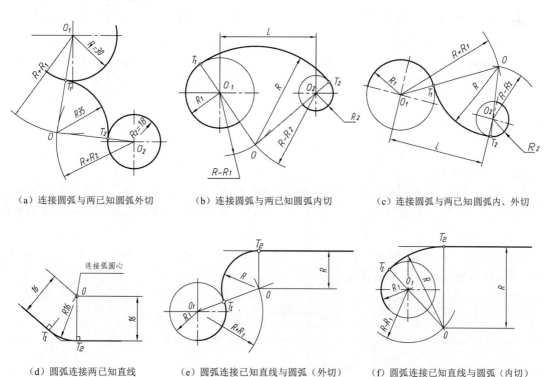

（a）连接圆弧与两已知圆弧外切　　（b）连接圆弧与两已知圆弧内切　　（c）连接圆弧与两已知圆弧内、外切

（d）圆弧连接两已知直线　　（e）圆弧连接已知直线与圆弧（外切）　　（f）圆弧连接已知直线与圆弧（内切）

图 1-31　各种连接圆弧的画法

五、平面曲线

工程上常用的非圆平面曲线有椭圆、抛物线、双曲线、阿基米德螺线、圆的渐开线、摆线和四心涡线等二次曲线，可用相应的二次方程或参数方程表示。画图时则按其运动轨迹求作一系列点或根据参数方程描点，然后用曲线板把所求各点光滑地连接起来。下面以椭圆和圆的

渐开线为例，说明非圆平面曲线的画法。

1. 椭圆

（1）同心圆法：已知椭圆长轴 AB 和短轴 CD。如图 1-32a 所示，分别以 AB、CD 为直径作同心圆，过圆心 O 作一系列射线与两圆相交，过大圆上各交点 I、II、…作短轴的平行线，过小圆上各交点 1、2、…作长轴的平行线，两对应直线交于 M_1、M_2、…各点。用曲线板光滑连接各点。

（2）四心圆弧近似法：已知椭圆的长轴 AB 和短轴 CD。如图 1-32b 所示，连接 AC，在 OC 延长线上取 $OE=OA$，再在 AC 上取 $CF=CE$，然后作 AF 的垂直平分线，与长、短轴分别交于 1、2 两点，并作出其对称点 3、4。分别以 2、4 为圆心，以 $2C$（$=4D$）为半径画两段大圆弧，以 1、3 为圆心，以 $1A$（$=3B$）为半径画两段小圆弧，四段圆弧相切于 K、K_1、N_1、N 点，组成一个近似的椭圆。

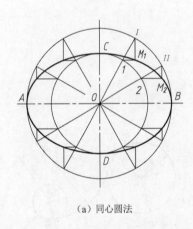

（a）同心圆法   （b）四心圆弧近似法

图 1-32   椭圆的画法

2. 圆的渐开线

一直线（圆的切线）在圆周上作连续无滑动的滚动，则该直线上任一点的轨迹即为这个圆的渐开线。已知直径为 D 的圆周，如图 1-33 所示，首先将圆周展开（过圆上一点作圆的切线，长度为圆的周长 πD），将圆周及其展开线分相同等分（该例为 12 等分）。过圆周上各等分点作圆的切线，并自切点开始，使其长度依次等于圆周的 1/12、2/12、…，得 I、II、…点，光滑连接各点所得曲线即为渐开线。

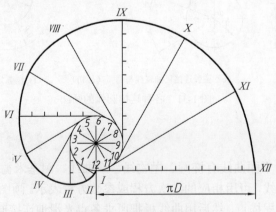

图 1-33   圆的渐开线画法

第四节　平面图形的尺寸分析及画图步骤

平面图形的绘制与尺寸标注

　　平面图形简化为由若干段直线和圆弧光滑连接而成。构成平面图形的各线段的大小及其各要素间相对位置都由图中尺寸确定。因此，绘制平面图形时，应根据图中所注尺寸，确定画图步骤。标注平面图形尺寸时，应根据各线段的连接关系，确定需要标注的尺寸，做到正确、完整、清晰。所注尺寸既符合国家标准《机械制图》的规定，又要保证图形的尺寸齐全（即不遗漏、不重复），否则都会给生产带来困难和损失。

一、平面图形的尺寸分析

1．尺寸基准
　　确定图形中各线段长度和位置的测量起点称为尺寸基准。平面图形中应至少在上下、左右两个方向上各有一个基准。一般对称图形的对称线、圆的中心线、图形的某一边界线（如重要的轮廓线）等均可作为尺寸基准，如图 1-34 所示。

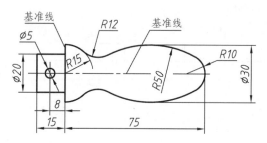

图 1-34　平面图形的线段和尺寸分析

2．尺寸分类
　　平面图形的尺寸，按其在图中所起的作用可分为定形尺寸和定位尺寸两类。
　　（1）定形尺寸：确定平面图形上各线段长度或线框形状大小的尺寸称为定形尺寸，如直线的长度、圆及圆弧的直径（半径）、角度尺寸等。图 1-34 中的 $\phi 20$、$\phi 5$、$R15$、$R12$ 等为定形尺寸。
　　（2）定位尺寸：平面图形中确定各线段与基准间距离的尺寸称为定位尺寸。如图 1-34 中确定 $\phi 5$ 小圆位置的尺寸 8 和确定 $R10$ 圆弧位置的尺寸 75 等为定位尺寸。

二、平面图形的线段分析

　　线段分析就是从几何角度研究线段与尺寸的关系，从而确定画图步骤。平面图形中的线段，根据其定位尺寸是否齐全，可分为已知线段、连接线段和中间线段三种。

1．已知线段
　　凡是定形尺寸和定位尺寸齐全的线段称为已知线段。如图 1-34 中的 $\phi 5$、$R15$、$R10$ 的圆弧，长度为 15 和 $\phi 20$ 的直线等。

2．连接线段
　　只有定形尺寸而无定位尺寸的线段称为连接线段。连接线段需根据与其相邻的两条线段的相切关系，用几何作图的方法绘制，如图 1-34 中 $R12$ 的圆弧。

3. 中间线段

有定形尺寸和定位尺寸但定位尺寸不全的线段称为中间线段。也需要根据与其相邻的已知线段的相切关系绘制。如图 1-34 中 R50 的圆弧，该圆弧只有一个定位尺寸 $\phi30$，据此不能确定其圆心位置，还需根据它与已知圆弧 R10 的相切关系作图确定圆心。

三、平面图形的画图步骤

一般是根据平面图形的尺寸，对平面图形进行线段分析，按线段分析的结果确定画图步骤，现归纳如下：

（1）根据平面图形的尺寸作线段分析，并确定平面图形的基准；

（2）绘制基准线（图 1-35a）；

（3）绘制已知线段（图 1-35b）；

（4）绘制中间线段（图 1-35c）；

（5）绘制连接线段（图 1-35d）；

（6）标注尺寸，检查全图（图 1-35e）；

（7）加深图线（图 1-35f）。

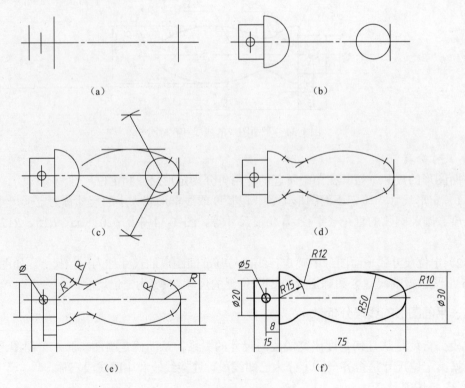

图 1-35　手柄的画图步骤

四、平面图形的尺寸标注

平面图形尺寸标注的要求是正确、完整、清晰。

1. 正确

平面图形的尺寸标注必须符合国家标准《机械制图》的规定。

2. 完整

尺寸标注要齐全，即尺寸不遗漏、不重复。不遗漏图形中各要素的定形和定位尺寸；不重复标注可以按已标注的尺寸计算出的尺寸,不重复标注可根据相切关系画出的连接线段的定位尺寸。在平面图形的尺寸标注中，保证尺寸完整的一般规律是：在两条已知线段之间，可以有任意段中间线段，但必须有且只有一段连接线段。

3. 清晰

尺寸注写清晰，位置明显，布局整齐。

通过下面的例子说明使平面图形的尺寸标注正确、完整、清晰的一般方法和步骤。

例 1-1　标注图 1-36 所示平面图形的尺寸。

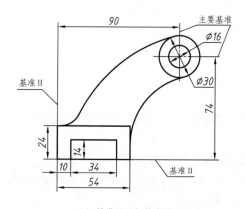

（a）基准及已知线段的尺寸　　　　　　　（b）连接线段及中间线段的尺寸

图 1-36　平面图形的尺寸标注

1. 分析图形，确定基准

图形由左下的双层矩形线框和右上的两同心圆及三段圆弧组成。可以同心圆的中心线为主要基准，也可以外层矩形线框的底边和左侧边界线为主要基准。本例以两同心圆的中心线为主要基准（图 1-36a）。

2. 标注已知线段的尺寸（图 1-36a）

两同心圆的中心线定为主要基准，则两同心圆的位置由基准确定，所以两同心圆虽为已知线段，但不标注定位尺寸，仅标注定形尺寸 $\phi30$、$\phi16$；水平方向标注 90，竖直方向标注 74，以确定矩形线框与主要基准的相对位置，外层矩形线框的定形尺寸为 54、24；标注水平尺寸 10 以确定内、外层矩形线框的相对位置，内层矩形线框的定形尺寸为 34、14。

3. 标注其他线段的所需尺寸（图 1-36b）

圆弧 R50 与 $\phi30$ 的圆及外层矩形线框的右侧边界线相切，其圆心位置可根据此相切条件确定，故 R50 为连接线段，不需要标注圆心位置的定位尺寸。在两已知线段 $\phi30$ 的圆和外层矩形框的上边线之间，有圆弧 R110 和圆弧 R15 两段线段，按尺寸标注必须完整的要求，两段线段中只能有一段连接线段，另一段应是中间线段。该两段线段定位尺寸的标注决定了线段的种类，所以此处定位尺寸的标注可有多种标注方案供选择。图 1-37 为其中三种不同的标注方案，采用哪一种标注方案，应以所注尺寸便于作图和在生产中便于度量为原则。

4．按正确、完整、清晰的要求校核所注尺寸

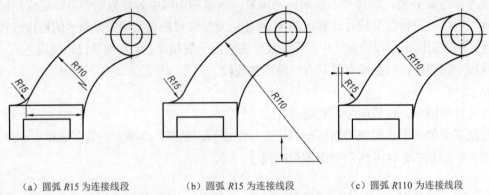

　　（a）圆弧 R15 为连接线段　　　　（b）圆弧 R15 为连接线段　　　　（c）圆弧 R110 为连接线段

图 1-37　连接弧的三种不同尺寸注法

复习与思考题

　　1．在图样中书写的字体有哪些要求？字体的字号代表什么？长仿宋字有哪些字号？长仿宋字的高与宽之间有何关系？

　　2．什么是斜度？什么是锥度？怎样做出 1:15 的斜度和 1:15 的锥度？

　　3．徒手绘图的意义是什么？徒手绘图应达到哪几点要求？在徒手绘图时，怎样画长/短直线、水平线、铅垂线以及与水平方向成 30°、45°、60°的斜线？

　　4．圆弧连接指什么？在图样中的圆弧连接处，为什么必须要准确做出切点？平面图形中圆弧连接处的线段分为哪三类？区分的根据是什么？作图时应按什么顺序画这三类线段？

　　5．试说明画仪器图的方法和步骤。

第二章　投影法及几何元素的投影

根据几何学的观点，几何物体都可看作是由点、线（直线和曲线）、面（平面和曲面）这些几何元素构成的，因此，研究点、直线和平面这些几何元素的正投影规律和投影特性是研究工程物体图示法的基础。

第一节　投影法概述

投影法

一、投影法的基本概念

人们在日常生活中可以看到，当光线照射物体时会在特定的面（如地面或墙壁上）产生影子，如图 2-1 所示。经过科学的总结和理论的抽象，如果把光源发出的光线称为投射线，地面等称为投影面，那么投射线、物体和投影面便形成了一个投影体系，影子就是物体的投影。这种得到空间物体在平面上图形的方法叫投影法，工程上常用各种投影法来绘制不同用途的图样。

二、投影法的分类

1. 中心投影法

如图 2-2 所示，如果所有的投射线都由有限远处的空间点 S 发出，则称 S 为投影中心，而相应的投影法称为中心投影法。

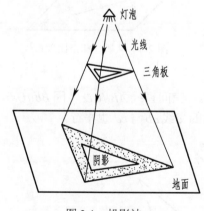

图 2-1　投影法

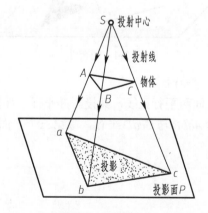

图 2-2　中心投影法

2. 平行投影法

在图 2-2 中若将投影中心 S 移至无穷远处，则投射线将互相平行，这种投影法称为平行投影法，如图 2-3 所示。平行投影法根据投影方向是否垂直于投影面，分为正投影法和斜投影法：投射线倾斜于投影面的叫平行斜投影法，如图 2-3a 所示；投射线垂直于投影面的叫平行正投影法，简称正投影法，如图 2-3b 所示。

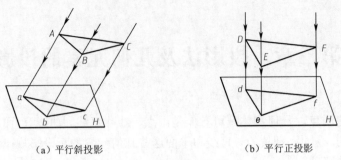

（a）平行斜投影　　　　　　　　　　（b）平行正投影

图 2-3　平行投影法

三、平行投影的基本特性

空间几何元素（点、线、面）经平行投影后，其投影具有以下七个特性，它是图示工程物体和图解空间几何问题的基本依据。

1. 同素性

一般情况下，空间几何元素与其投影间都有同素关系，即点的投影仍为点、线段的投影仍为线段、面的投影仍为面，如图 2-4 所示。

2. 从属性

点在线段上，则点的投影一定在该线段的投影上。如图 2-5 所示，点 M 在线段 AB 上，那么点 M 的投影 m 也一定在线段 AB 的投影 ab 上。

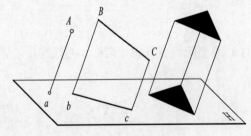

图 2-4　同素性

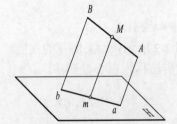

图 2-5　从属性和定比关系

3. 平行性

空间两平行直线，其投影亦平行。如图 2-6 所示，空间直线 AB//CD，因 Bb//Dd，所以，投影面 $AabB$ 与 $CcdD$ 平行，故第三个平面 H 与它们的交线 ab 与 cd 也平行。

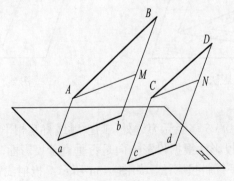

图 2-6　平行关系和定比关系

4. 定比性

点分线段之比在投影后保持不变。如图 2-5 所示，投射线 Aa 、Mm 及 Bb 相互平行，根据平面几何知识，它们被两条直线 AB 、ab 相截后所分线段应该成比例，即 $AM:MB=am:mb$ 。

两条平行直线之比与其投影之比保持不变。如图 2-6 所示，直线 $AB//CD$ ，如过 A 、C 两点分别作直线 AM 、CN 与 ab 、cd 平行，并交 Bb 于 M 、Dd 于 N ，则 $\triangle ABM$ 与 $\triangle CDN$ 相似，又 $AM=ab$ ，$CN=cd$ ，所以 $AB:CD=ab:cd$ 。

5. 积聚性

当直线或平面平行于投影方向时，直线的投影积聚为一个点，平面的投影积聚为一条直线，如图 2-7 所示。

6. 实形性

当直线或平面平行于投影面时，直线的投影反映实长、平面的投影反映实形，如图 2-8 所示。

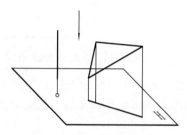

图 2-7 平行投影的积聚性

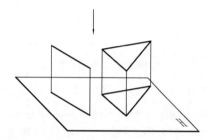

图 2-8 平行投影的实形性

7. 类似性

当直线或平面倾斜于投影面时，其投影为其类似形，即直线的投影仍为直线，平面的投影是与原有平面类似的平面图形（比如三角形的投影是三角形，四边形的投影是四边形等）。如果是正投影，则直线的投影要比原有直线短，平面的投影要比原有平面图形小，如图 2-9 所示。

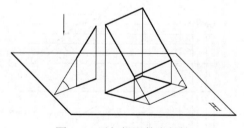

图 2-9 平行投影的类似性

四、工程上常用的投影图

1. 轴测投影图

轴测投影图简称轴测图，是用平行投影法将空间几何形体及描述其空间位置的直角坐标系一起向一个投影面上投影所得的图形。轴测图是机械工程中常用的辅助图样。如图 2-10 所示，立方体连同其直角坐标 $O-XYZ$ 一同向投影面 P 投影，得到立方体的轴测图及轴测投影轴 O_1X_1 、O_1Y_1 和 O_1Z_1 。

2. 透视投影图

透视投影图是按中心投影法绘制的投影图，简称透视图。由于该投影图接近于视觉映象，具有图形逼真、直观性强的特点，故常作为建筑、桥梁等各种土木工程建筑物的辅助图样。图 2-11 是一物体的透视图，由于采用中心投影法，空间本身平行的直线投影后却不平行了。另外，它也不能直接反映物体真实的几何形状和大小。

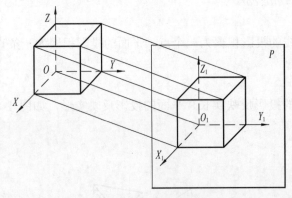

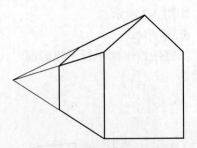

图 2-10   轴测投影图   图 2-11   几何体的透视图

透视图虽然直观性强，但作图较复杂且度量性较差。随着计算机绘图技术的发展，用计算机绘制透视图，可极大地降低人工作图的繁杂性。因此，在某些场合（如工艺美术及宣传广告图样中）常采用透视图，以取其直观性强的优点。

3. 标高投影图

标高投影图常用来表示不规则曲面，如船舶、汽车的外形曲面以及地形等。如图 2-12 所示，它是用正投影法，将一组与投影面平行的平面与曲面的交线投影到投影面上，并在相应的投影上用数字标注出交线到投影面的距离，故称为标高投影图。

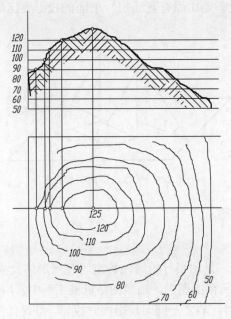

图 2-12   地形标高图

4. 多面正投影图

用正投影法将物体向一个或多个相互垂直的投影面进行投影，所得到的图样称为多面正投影图，简称为正投影图。对多个投影面进行投影，分别得到物体的投影后，将各个投影和投影面一起按一定规则展开到一个平面上，得到物体的多面正投影图。如图 2-13a 所示，三个互相垂直的投影面 V、H 和 W 形成一个三投影面体系，将物体分别向三个投影面进行投影，然后保持 V 面不动，让 H 面和 W 面分别绕其与 V 面的交线沿图中箭头方向旋转，直至与 V 面重合，见图 2-13b，而在实际绘图时通常不画投影面的边界线，如图 2-13c 所示。

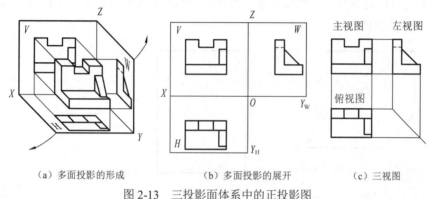

（a）多面投影的形成　　　　（b）多面投影的展开　　　（c）三视图

图 2-13　三投影面体系中的正投影图

虽然多面正投影图立体感较差，但由于其度量性好，作图简便，符合生产对工程图样的要求，故在工程上应用最为广泛，也是本课程学习的重点。

第二节　点 的 投 影

点的投影

一、点在两投影面体系中的投影

1. 两投影面体系的建立

一个位置确定的空间点在一个投影面上的投影是唯一确定的，但根据一个点在一个投影面上的投影是不能唯一确定该点在空间的位置的，于是再引入一个投影面，如图 2-14 所示。其中，水平放置的投影面称为水平投影面，用 H 表示（简称 H 面或水平面）；与水平投影面垂直的投影面称正立投影面，用 V 表示（简称 V 面或正面）；两个投影面的交线 OX 称为投影轴。两个投影面把空间分为四部分，称每一部分为分角。在 H 面上方，V 面前方的这一分角称为第一分角，其他三个分角的排列顺序见图 2-14，依次为第二分角、第三分角和第四分角。

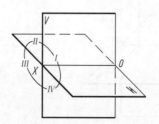

图 2-14　两投影面体系

根据我国国家标准规定，绘制技术图样时，应按正投影法绘制，并采用第一分角画法。

除特别说明外，本书均采用第一分角的投影。

2. 点在两投影面体系中的投影及其投影规律

如图 2-15a 所示，空间点 A 在第一分角内，由点 A 分别向 H 面和 V 面作垂线 Aa、Aa'，其垂足 a 称为空间点 A 的水平投影，垂足 a' 称为空间点 A 的正面投影。反过来，如果分别过水平投影点 a 和正面投影点 a' 作 H 面和 V 面的垂线，则这两条垂线必交于点 A。因此，点的两投影可以唯一确定点在空间的位置。

按照以下规则将点 A 的两个投影画在同一平面上：保持 V 面不动，将 H 面绕 OX 轴向下旋转 $90°$，使之与 V 面重合，见图 2-15b。通常在投影图中省略投影面的框线和名称，仅画出投影轴 OX，见图 2-15c。

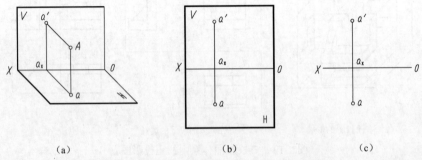

（a）　　　　　　　　　（b）　　　　　　　　　（c）

图 2-15　两投影面体系中第一分角点的投影图

从图 2-15 可以看出，自点 A 向投影面 H 和 V 所作的垂线 Aa 与 Aa' 确定一平面，矩形 $Aa'a_xa$ 垂直于 H 面、V 面和 OX 轴，所以，当 H 面向下旋转 $90°$ 与 V 面重合时，a'、a_x 和 a 三点必在与 OX 轴垂直的同一直线上，并有 $aa_x = Aa'$（Aa' 是点 A 到 V 面的距离），$a'a_x = Aa$（Aa 是点 A 到 H 面的距离），而投影图中的 aa' 称为投影连线，用细实线画出。

由此可以得出，点在两投影面体系中的投影规律如下：

（1）点的水平投影与正面投影的连线必垂直 OX 轴，即 $a'a \perp OX$。

（2）点的水平投影到 OX 轴的距离等于该点到 V 面的距离；点的正面投影到 OX 轴的距离等于该点到 H 面的距离。即 $aa_x = Aa'$，$a'a_x = Aa$。

上述规律不仅适用于点在第一分角的投影，对于其他分角内点的投影也同样适用。如图 2-16a 所示，分别作第一、第二、第三和第四分角内的四个点 A、B、C、D 及其投影 a、b、c、d，投影面展开后得到其投影图，如图 2-16b 所示。

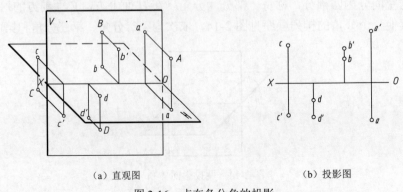

（a）直观图　　　　　　　　　　　　　（b）投影图

图 2-16　点在各分角的投影

从图 2-16 可以得到点在不同分角的投影规律：

（1）如果点的正面投影在 OX 轴的上方，则该点必在第一或第二分角内。并且，如果其水平投影在 OX 轴的下方，则该点必在第一分角；反之，在第二分角。

（2）如果点的正面投影在 OX 轴的下方，则该点必在第三或第四分角内。并且，如果其水平投影在 OX 轴的上方，则该点必在第三分角；反之，在第四分角。

在用图解法解决问题时，虽然常把几何元素置于第一分角内，但有时需要对其进行延长，这样将会出现其他分角投影的情况。另外美国等国家采用第三角投影，因此，也需要对第三角投影有所了解。

图 2-17 所示的点均在投影面上，投影面上的点的投影具有投影特点：点在所在投影面上的投影与该点本身重合，而另一个投影在 OX 轴上。

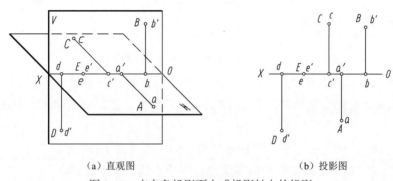

（a）直观图　　　　　　　　（b）投影图

图 2-17　点在各投影面上或投影轴上的投影

投影轴上点的投影则更简单，其两个投影都与空间点重合。如 OX 轴上的点 E，它的水平投影 e、正面投影 e' 都与 E 点本身重合。

点的投影特性和投影规律是研究其余各种几何元素投影规律的基础，须牢固掌握。

二、点在三投影面体系中的投影

1. 三投影面体系的建立

虽然由点的两面投影已经能够确定点在空间的位置，但有时为了更清晰地显示某些几何形体，还需要再设立第三个投影面，以获得第三个投影。

在两投影面体系的基础上增加一个与 V、H 面均垂直的第个三投影面，即侧立投影面（简称 W 面或侧面），构成三投影面体系，如图 2-18 所示。在三投影面体系中，每两个投影面的交线称为投影轴（分别以 OX、OY 和 OZ 表示），三根投影轴的交点 O 称为原点。

V、H 和 W 三个投影面将空间分为八个分角，在 H 面之上、V 面之前、W 面之左的空间为第一分角，其他各分角的排列顺序见图 2-18。

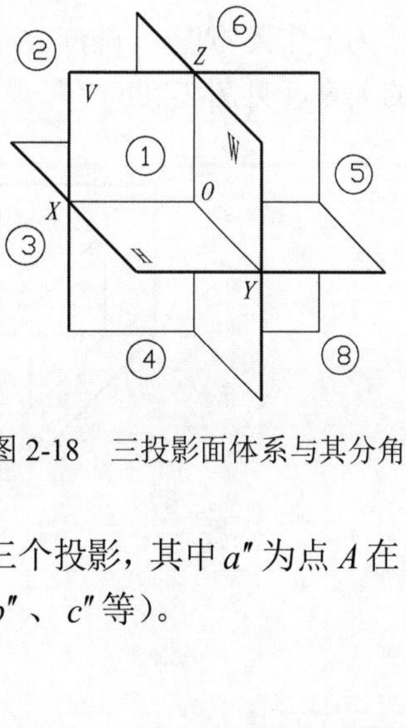

2. 点的三面投影及其投影规律

图 2-18　三投影面体系与其分角

设在第一分角内有一点 A，如图 2-19a 所示，由点 A 分别向 V、H 和 W 面作垂线，其垂足 a'、a 和 a'' 即为空间点 A 的三个投影，其中 a'' 为点 A 在 W 面上的投影，称为侧面投影（用小写字母加两撇表示，如 a''、b''、c'' 等）。

三面投影体系的展开规则如下：保持 V 面不动，将 H 面绕 OX 轴向下旋转、W 面绕 OZ 轴向右旋转，使三个投影面重合。如图 2-19b 所示，在展开过程中，需沿 OY 轴将 H 面和 W 面分开，相应地，OY 轴也分为 H 面上的 OY_H 和 W 面上的 OY_W；但必须注意 OY_H 与 OY_W 在空间中仍是同一根投影轴。省略投影面线框和名称，则得到其三面投影图，如图 2-19c 所示。

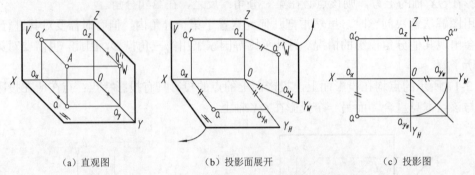

| (a) 直观图 | (b) 投影面展开 | (c) 投影图 |

图 2-19　三面体系中第一分角点的投影图

从图 2-19 可以看出，由点 A 向 V、H 和 W 面所作的三条垂线形成三个矩形 $Aa a_y a''$、$A a' a_z a''$、$A a' a_x a$，它们分别与 V、H、W 面平行，与 Y、Z、X 轴垂直。由此得出点的投影规律为：

（1）$a'a \perp OX$，即点的正面投影和水平投影的连线垂直于 OX 轴。

（2）$a'a'' \perp OZ$，即点的正面投影和侧面投影的连线垂直于 OZ 轴。

（3）$aa_x = a''a_z$，即点的水平投影到 OX 轴的距离等于该点的侧面投影到 OZ 轴的距离。

3. 点的三面投影与直角坐标之间的关系

从图 2-20 可以看出，点 A（X_A，Y_A，Z_A）的空间位置可由点 A 至三个投影面的距离 Aa''、Aa' 和 Aa 来确定。如果把三个投影面 V、H 和 W 当作坐标面，三个投影轴 OX、OY 和 OZ 当作坐标轴，三轴的交点 O 当作坐标原点，则点 A 至三投影面的距离就是点 A 的三个坐标。

在投影图 2-20b 中，空间点的三个坐标表现在以下线段之中：

（1）$X_A = aa_{y_H} = a'a_z = a_x O = Aa''$，是空间点 A 到 W 面的距离。

（2）$Y_A = aa_x = a''a_z = a_y O = Aa'$，是空间点 A 到 V 面的距离。

（3）$Z_A = a'a_x = a''a_{y_W} = a_z O = Aa$，是空间点 A 到 H 面的距离。

为了作图方便，可自点 O 作一条 45° 辅助线以保证点的水平投影与侧面投影之间 Y 坐标相等的关系，见图 2-20b。

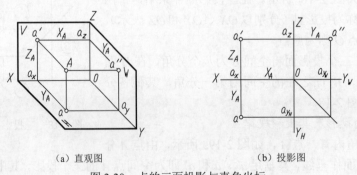

| (a) 直观图 | (b) 投影图 |

图 2-20　点的三面投影与直角坐标

例2-1 已知空间点 D 的坐标（20,15,10），试作出其投影图。

【作图步骤】

（1）如图 2-21a 所示，在 OX 轴上由 O 向左量取 20 确定点 d_x，过 d_x 点作一条与 OX 轴垂直的投影连线。

（2）自 d_x 向下量取 15 确定水平投影点 d，再向上量取 10 确定正面投影点 d'，如图 2-21b 所示。

（3）借助 45° 线和点的投影规律，作出侧面投影点 d''，如图 2-21c 所示，图中箭头表示作图方向。

（4）用"。"表示投影点，并擦去多余的线段，得到最终结果，如图 2-21d 所示。

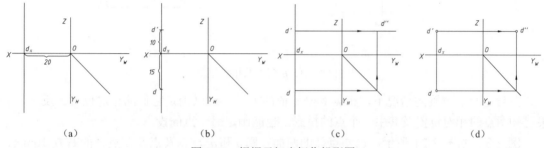

图 2-21 根据已知坐标作投影图

例2-2 已知点 B 的正面投影 b' 及侧面投影 b''，如图 2-22a 所示，试求其水平投影 b。

【分析】根据点的三面投影规律，b 与 b' 的连线应该与 OX 轴垂直，因此 b 一定在过 b' 而又与 OX 轴垂直的直线上；又由于 b 到 OX 的距离等于 b'' 到 OZ 轴的距离，故可在 bb' 连线上截取 b，使 $b_x b = b_z b''$（实际作图时，常用 45° 辅助线来保证这一相等关系）。

【作图步骤】

（1）过 b' 作直线垂直于 OX 轴，见图 2-22b。

（2）过 b'' 作 OY_W 的垂线，并延长与 45° 辅助线相交；再过该交点作 OY_H 的垂线，延长与（1）中所作线段相交，交点即为 b，见图 2-22c。

（3）用"。"表示投影点，并擦去多余的线段，见图 2-22d。

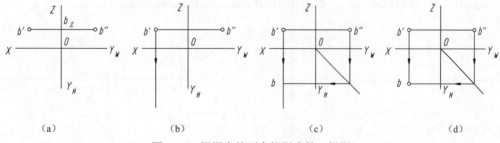

图 2-22 根据点的两个投影求第三投影

4. 两点的相对位置

空间两点的相对位置关系，指的是它们之间的上下、左右、前后关系。图 2-23 给定空间两点 $A(X_A, Y_A, Z_A)$ 和 $B(X_B, Y_B, Z_B)$ 的投影图，如何根据投影图判断该两点在空间的位置关系呢？

从图中可以看出，因为 $X_B < X_A$，点 B 处于点 A 的右方，而点 A 相对地处于点 B 的左方。

也就是说，通过比较两点的 X 坐标值的大小可以确定两点的左、右位置。同样，由其 Y 坐标值和 Z 坐标值的大小也可以相应地确定其前后位置和上下位置。对图 2-23 而言，$Y_B < Y_A$，点 B 在点 A 的后方；$Z_B > Z_A$，点 B 在点 A 的上方。

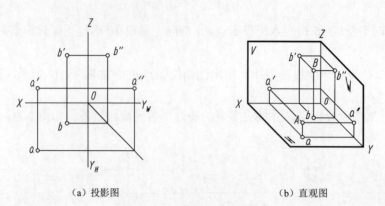

（a）投影图　　　　　　　　　　　　　（b）直观图

图 2-23　A、B 两点的相对位置

在给定两点位置的情况下，根据其坐标值的大小，可以确定它们的相对位置。反之，如果已知两点的相对位置及其中一个点的投影，也能确定另一点的投影。

例 2-3　如图 2-24 所示，已知点 A 的两面投影 a 和 a'，以及点 B 在点 A 的右方 10mm、上方 8mm、前方 6mm，试确定点 B 的投影。

【分析】 由于 A 点位置是已知，因此它是确定点 B 的参照依据。根据点 B 在点 A 的右方 10mm，可由点 a_x 向右在 OX 轴上量取 10mm，从而确定 bb' 连线的位置；但这时 b 和 b' 的具体位置还不能确定。由于点 B 在点 A 上方 8mm，因此，b' 点应在 a' 点 Z 坐标的基础上再向上量取 8mm。同样，b 点应在 a 点 Y 坐标基础上再向前量 6mm。

【作图步骤】

（1）由 a_x 沿 OX 轴向右量取 10mm，并作线垂直于 OX 轴，如图 2-24b 所示。

（2）过 a' 作水平线与（1）中所作的垂线相交，然后由交点向上量取 8mm，即得点 B 的正面投影 b'；过 a 作水平线与（1）中所作的垂线相交，然后由交点向前方量取 6mm，即得水平投影 b，如图 2-24c 所示。

（3）用"。"表示投影点，并擦去多余的线段，如图 2-24d 所示。

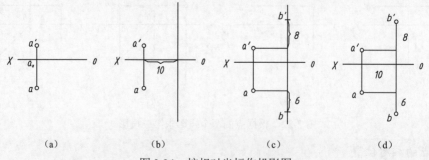

（a）　　　　　　（b）　　　　　　（c）　　　　　　（d）

图 2-24　按相对坐标作投影图

5. 重影点及其投影的可见性

如果两个点在空间的位置处于某一投影面的同一条投射线上，则它们在该投影面上的投

影必然重合，称这两点为该投影面的重影点。如图 2-25a 中的 A、B 两点为 H 面的重影点，C、D 两点为 V 面的重影点。

　　两点重影必然出现相互遮挡问题，这里称之为可见性。由图 2-25a 可以看出，A、B 两点之间的坐标关系为：$X_A = X_B$、$Y_A = Y_B$、$Z_A > Z_B$，因此，它们的水平投影 a、b 重合；当其向 H 面自上向下垂直投影时，A 点必然挡住 B 点；或者说，A 点可见，B 点不可见。为区别它们，通常把不可见点的投影写在一对圆括号"（）"中，比如 b。对 C、D 两点来说，它们之间的关系为：$X_C = X_D$、$Z_C = Z_D$、$Y_C > Y_D$，因此，它们的正面投影 c'、d' 重合；当它们向 V 面由前向后垂直投影时，C 点可见，D 点不可见。

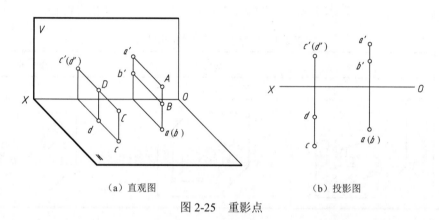

（a）直观图　　　　　　　（b）投影图

图 2-25　重影点

　　通过以上分析可知，如果第一分角内的两个空间点在某一投影面上的投影重合，则在垂直于该投影面的方向上，坐标值较大的那个点在该投影面上的投影是可见的。

第三节　直线的投影

　　直线的投影一般仍然是直线。根据两点确定一条直线的性质，作直线的投影时，通过作出确定该直线的任意两点的投影，再将这两点的同面投影相连，便可得到直线的投影。如图 2-26 所示，已知直线 AB 上两点 A 和 B，只需连接 A、B 两点的同面投影，即连接 ab、$a'b'$ 和 $a''b''$，就可以得到直线 AB 的三面投影图，见图 2-26b。

　　空间直线与投影面之间的夹角称为倾角，直线与 H 面、V 面和 W 面的倾角分别用 α、β 和 γ 表示，如图 2-26c 所示。

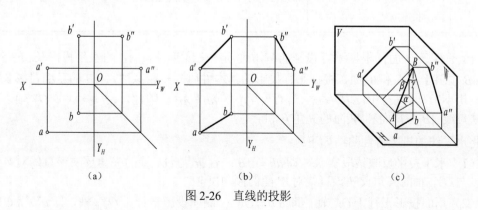

（a）　　　　　　　　（b）　　　　　　　　（c）

图 2-26　直线的投影

一、直线在三投影面体系中的投影特性

在三投影面体系中，直线与投影面的相对位置可分为三类：投影面的平行线、投影面的垂直线和投影面的倾斜线。前两类直线称为特殊位置直线，后一类称为一般位置直线。

1. 投影面的平行线

平行于一个投影面而倾斜于另外两个投影面的直线称为投影面平行线，其中与 H 面平行的直线称为水平线，与 V 面平行的直线称为正平线，与 W 面平行的直线称为侧平线。它们的投影特性见表 2-1。下面以水平线 AB 为例（参照表 2-1）来介绍其投影特性。

表 2-1   投影面平行线的投影特性

名称	水平线	正平线	侧平线
特征	$//H$，对 V、W 倾斜	$//V$，对 H、W 倾斜	$//W$，对 V、H 倾斜
直观图	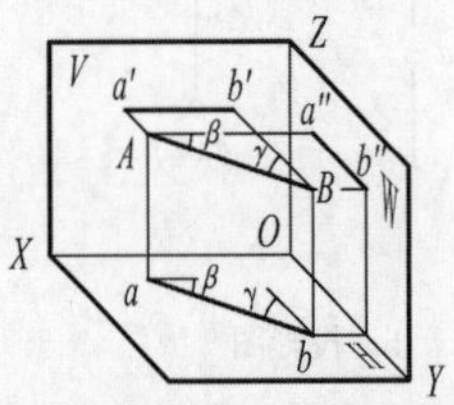	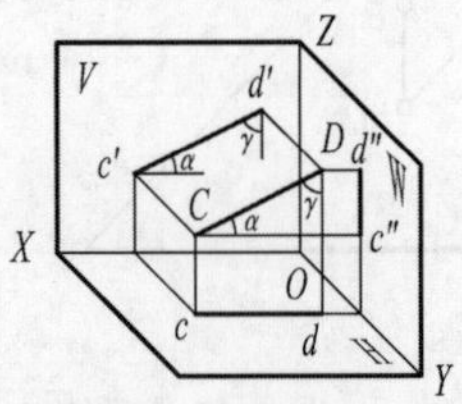	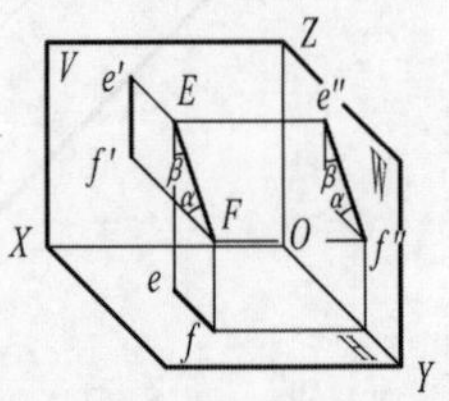
投影图	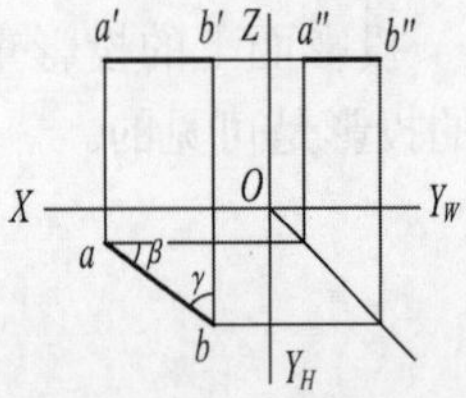	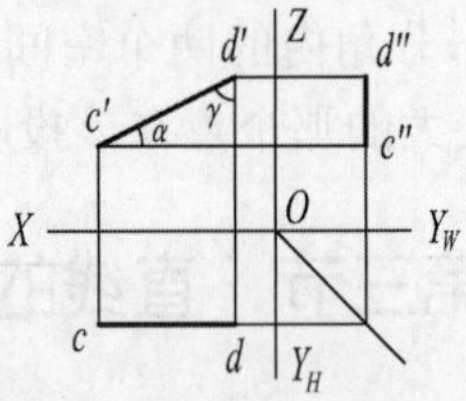	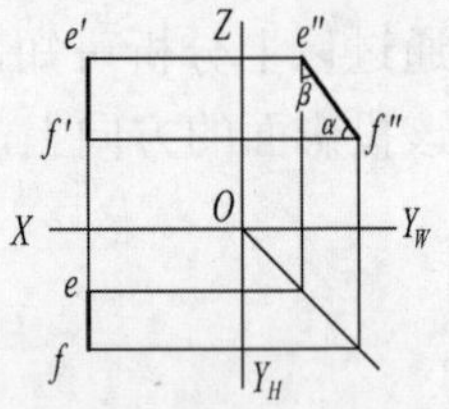
投影特性	（1）水平投影反映实长。与 OX、OY_H 轴的夹角，反映对 V 面、W 面的真实倾角 β、γ。 （2）正面投影平行于 OX 轴，侧面投影平行于 OY_W 轴，长度缩短	（1）正面投影反映实长；与 OX、OZ 轴的夹角，反映对 H 面、W 面的真实倾角 α、γ。 （2）水平投影平行于 OX 轴，侧面投影平行于 OZ 轴，长度缩短	（1）侧面投影反映实长；与 OZ、OY_W 轴的夹角，反映对 V 面、H 面的真实倾角 α、β。 （2）正面投影平行于 OZ 轴，水平投影平行于 OY_H 轴，长度缩短

AB 平行于 H 面，根据平行投影的基本性质——实形性，AB 的水平投影长 ab 等于其实长。AB 倾斜于 V 面和 W 面，根据平行投影的基本性质——相似性，AB 的正面投影长和侧面投影长均小于其实长。因 $a'b'//OX$、$a''b''//OY$、$ab//AB$，因此，ab 与 OX、OY 轴之间的夹角反映直线 AB 与 V 面和 W 面的夹角 β 和 γ。

将水平线的投影特性归纳如下：

（1）水平投影反映线段实长，即 $ab = AB$；且 ab 与 OX 轴的夹角反映该直线对 V 面的倾角 β，与 OY_H 轴的夹角反映该直线对 W 面的倾角度 γ。

（2）正面投影平行于 OX 轴，即 $a'b'//OX$；侧面投影平行于 OY_W 轴，即 $a''b''//OY_W$，且

长度都缩短。

由表 2-1 可概括出投影面平行线的投影特性为：

（1）在其所平行的投影面上的投影反映实长；它与投影轴的夹角分别反映直线对另两个投影面的真实倾角。

（2）在另外两个投影面上的投影，分别平行于不同的投影轴。

2. 投影面的垂直线

垂直于一个投影面的直线（必然平行于另外两个投影面）称为投影面垂直线。垂直于 H 面的直线称为铅垂线，垂直于 V 面的直线称为正垂线，垂直于 W 面的直线称为侧垂线。下面以铅垂线 CD 为例（参照表 2-2）来介绍其投影特性。

因铅垂线 CD 垂直于 H 面，故当其向 H 面投影时，水平投影积聚为一个点；因它又同时平行于 V 面和 W 面，所以，CD 必平行于 V 面和 W 面的交线 OZ 轴，且在这两个面上的投影反映其实长，即 $c'd' = CD = c''d''$。因此，其投影特性可以归纳如下：

（1）水平投影积聚为一点，即 c 与 d 重合。

（2）正面投影和侧面投影平行于与 H 面垂直的投影轴 OZ，即 $c'd' /\!/ OZ$、$c''d'' /\!/ OZ$；且反映线段实长，即 $c'd' = CD = c''d''$。

同样，对于正垂线和侧垂线也可以得到类似的特性，参见表 2-2。

表 2-2　投影面垂直线的投影特性

名称	正垂线	铅垂线	侧垂线
特征	$\perp V$，$/\!/H$，$/\!/W$	$\perp H$，$/\!/V$，$/\!/W$	$\perp W$，$/\!/V$，$/\!/H$
直观图	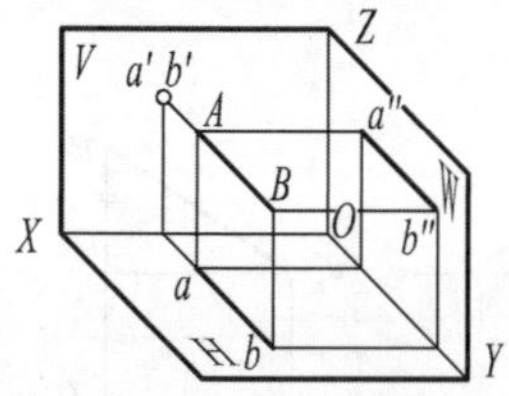	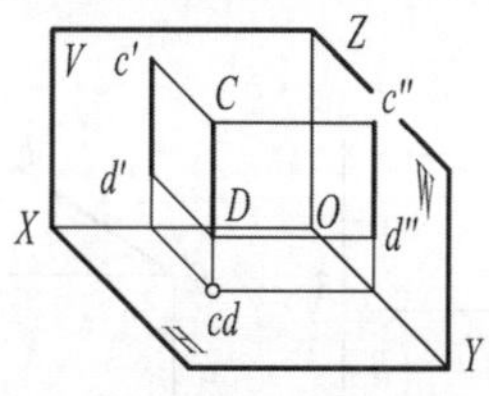	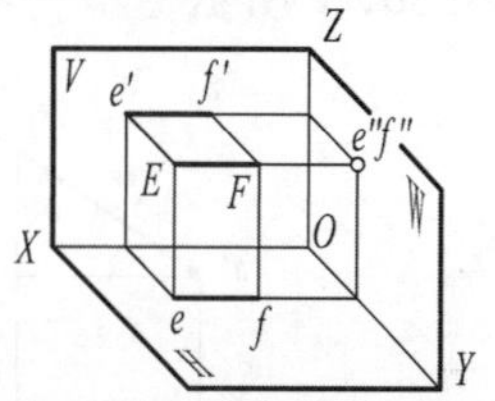
投影图	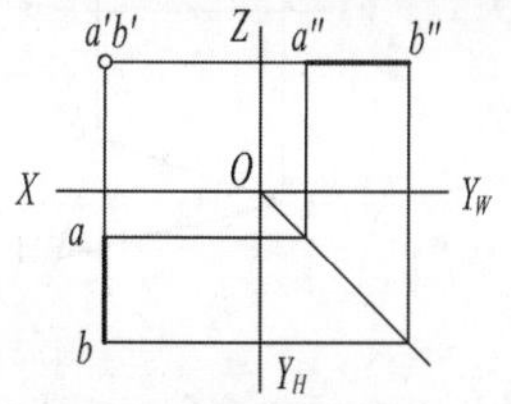	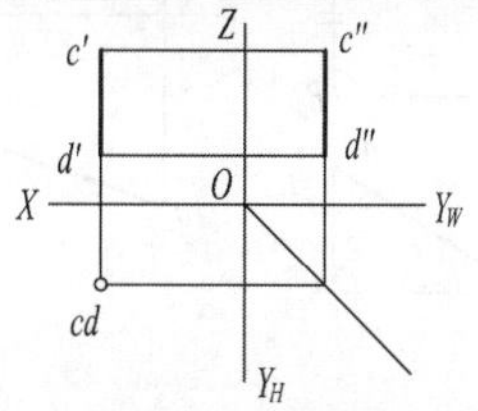	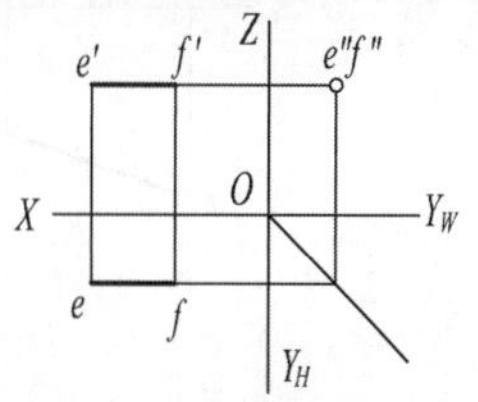
投影特性	（1）正面投影积聚成一点。 （2）水平投影、侧面投影分别平行于 OY_H、OY_W 轴，并反映其实长	（1）水平投影积聚成一点。 （2）正面投影、侧面投影平行于 OZ 轴，并反映其实长	（1）侧面投影积聚成一点。 （2）正面投影、水平投影平行于 OX 轴，并反映其实长

由表 2-2 可概括出投影面垂直线的投影特性为：

（1）在其所垂直的投影面上的投影积聚为一点。

（2）在另外两个投影面上的投影，分别垂直于不同的投影轴，且反映实长。

3. 一般位置直线

一般位置直线相对于三个投影面都是倾斜的。如图 2-27 所示，如果过点 A 作线段 $AB_0 /\!/ ab$ 交 Bb 于 B_0，则 $AB_0 = ab$。在 $\mathrm{Rt}\triangle AB_0B$ 中，AB_0 为直角边，其长度小于 AB，所以，$ab < AB$，

而∠BAB_0反映直线 AB 与投影面 H 的夹角 α。因此，ab 与 OX、OY 的夹角都不反映倾角 α。同理，AB 在其他两个投影面的投影也存在类似特性。故可归纳出一般位置直线的投影特性如下：

（1）三个投影都与投影轴倾斜且都小于其实长。

（2）各个投影与投影轴的夹角都不反映直线对投影面的倾角。

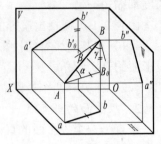

图 2-27 一般位置直线

由上述可知，一般位置直线的投影图不反映线段的实长及其与投影面的倾角。但在工程上，又常常需要在投影图上用作图的方法求出线段的实长及其与投影面的倾角，下面我们将介绍这一问题的图解方法。

4. 用直角三角形法求一般位置直线的实长及其对投影面的倾角

（1）分析。如图 2-27 所示，在直角三角形 ABB_0 中，斜边 AB 就是要求的实长，∠BAB_0 反映其与 H 面的倾角 α。如果能够在平面上构造出这个直角三角形，问题就解决了。由于两个直角边的长度具有关系 $AB_0 = ab$ 和 $BB_0 = b'b_0' = Z_B - Z_A$（直线两端点 A 和 B 到水平投影面的距离之差），因此其长度可以直接从投影图上量取。这样，由这两个直角边便可以直接作出直角三角形 AB_0B。

（2）作图方法。如图 2-28a 所示，过任意一点 B_0 作两条相互垂直的射线，在这两条线上从 B_0 起分别截取 ab 长和（$Z_B - Z_A$）长（图中分别用记号 "\" 和 "=" 标记）得到 A、B 两点，连接 A、B 两点形成直角三角形。为了简便作图，常以投影图中现有的线作为一个直角边，如图 2-28b、c 所示。

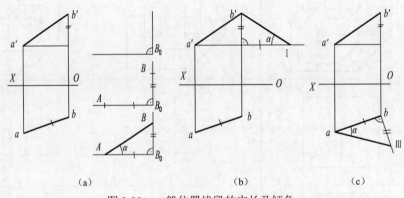

| (a) | (b) | (c) |

图 2-28 一般位置线段的实长及倾角 α

例 2-4 求线段 AB 的实长及 β 角。

【分析】如图 2-29a 所示，过 B 点作 $BA_0 /\!/ b'a'$ 交 Aa' 于 A_0，构成 Rt△AB_0B，其斜边 AB 是所求实长，∠ABA_0 反映夹角 β。两条直角边的长度已知，即 $BA_0 = a'b'$，$AA_0 = Y_A - Y_B$（直线两端点 A、B 到 V 面的距离差），可在投影图上量取。

【作图步骤】

（1）过 a' 作线段与 $a'b'$ 垂直，并在该线段上截取 $a'I = aa_0$ 定下 I 点，如图 2-29b 所示。

（2）连接 Ib' 构成直角三角形，如图 2-29c 所示。Ib' 为 AB 实长，∠$a'b'I$ 等于 AB 与 V 面的倾角 β。

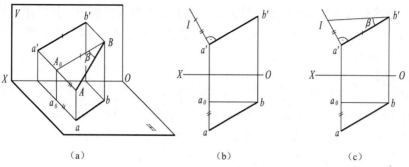

（a）　　　　　　　（b）　　　　　　　（c）

图 2-29　求一般位置线段的实长及倾角β

同理，线段与 W 面的夹角 γ 也可以求出，只不过这时需要利用侧面投影，其原理和作图方法与前述相同。

二、直线上的点

如图 2-30 所示，点 C 在直线 AB 上。根据平行投影的基本性质，则 C 点在向三个投影面投影过程中，投影点 c、c' 和 c'' 必定分别在直线 AB 的同面投影 ab、$a'b'$ 和 $a''b''$ 上，并且 $AC:CB = ac:cb = a'c':c'b' = a''c'':c''b''$。因此，可得出以下结论：点在直线上，则点的各个投影必在该直线的同面投影上，且该点分两线段长度之比等于其各段投影长度之比。

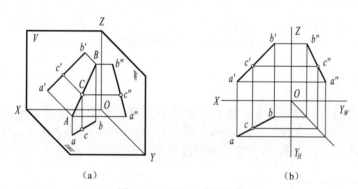

（a）　　　　　　　　　（b）

图 2-30　直线上点的投影

例 2-5　已知直线 AB 的两面投影 ab 和 $a'b'$，C 在直线 AB 上，且 $AC:CB=1:2$。求作 C 点的投影（图 2-31）。

【分析】根据直线上点的投影特性，因此有 $ac:cb=$ $a'c':c'b' =1:2$ 的比例关系。

【作图步骤】

（1）将 ab 三等分，得到 c 点，如图 2-31 所示。

（2）根据点的投影规律，可确定 c'，c 和 c' 即为所求。

例 2-6　已知侧平线 AB 的两面投影和该直线上 S 点的正面投影 s'，如图 2-32a 所示，求其水平投影 s。

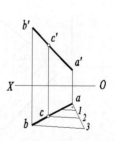

图 2-31　求直线上点的投影

【分析】根据直线上点的投影特性，即点在直线上，其投影应在直线的同面投影上。可以肯定 s 点应该在 ab 上；但这时的 ab 处于特殊位置，仅利用这一投影特性，尚无法确定 s 点的确切位置。此时不妨换个角度来考虑，一种方式是仍利用直线的两面投影和上述点在直线上的投影性质，即首先求出其 AB 的侧面投影 $a''b''$ 和 S 点的侧面投影 s''，然后用点的投影规律由 s''、s' 求出 s 点；另一种方式是进一步利用点在直线上投影的后续性质，即点分线段成比例（$a's' : s'b' = as : sb$）。

【作图步骤】

方法一：

（1）由 AB 的两面投影 ab 和 $a'b'$ 求出侧面投影 $a''b''$，如图 2-32b 所示。

（2）利用直线上点的投影特性，确定 s'' 点，如图 2-32c 所示。

（3）利用点的三面投影规律，确定 s 点，如图 2-32d 所示。

方法二：

（1）过 a 任作一条辅助线，在该线段上量取 $as_0 = a's'$、$s_0b_0 = s'b$，如图 2-32e 所示。

（2）连接 b_0b，并由 s_0 作 $s_0s /\!/ b_0b$，交 ab 于 s 点，如图 2-32f 所示。

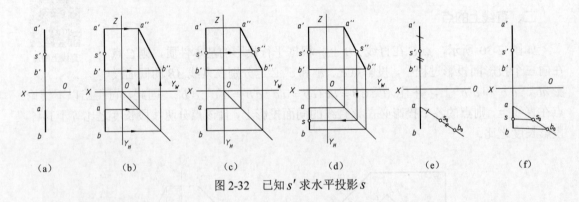

| (a) | (b) | (c) | (d) | (e) | (f) |

图 2-32   已知 s' 求水平投影 s

三、直线的迹点

直线与投影面的交点称为直线的迹点。如图 2-33 所示，直线与水平面 H 的交点称为水平迹点，记为 $M(m, m', m'')$；直线与正面 V 的交点称为正面迹点，记为 $N(n, n', n'')$；直线与侧面 W 的交点称为侧面迹点，记为 $S(s, s', s'')$（图中没有示出侧面迹点 S）。

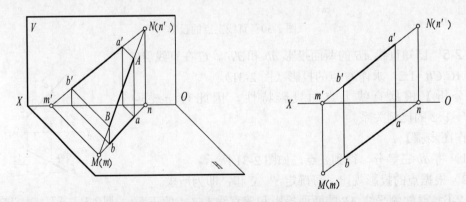

图 2-33   直线的正面迹点与水平迹点

由于迹点是直线与投影面的交点，所以迹点既是直线上的点，也是投影面上的点。因此，迹点的投影必然同时具有直线上的点和投影面上的点的投影特性。如图 2-33 所示，水平迹点 M 是 H 面上的点，所以，其 Z 坐标为零，即其正面投影 m' 必在 OX 轴上；又由于迹点 M 是直线

AB 上的点，故 *m'* 一定在 *a'b'* 上。这样，*m'* 就应该是 *OX* 轴与 *a'b'* 的交点，因此，求直线 *AB* 的水平迹点 *M* 的作图步骤是：

（1）延长直线 *AB* 的正面投影 *a'b'* 与 *OX* 轴相交，其交点就是水平迹点 *M* 的正面投影 *m'*，如图 2-34 所示。

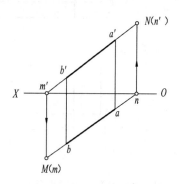

图 2-34　求直线 *AB* 的迹点

（2）自 *m'* 作 *OX* 轴的垂线与 *ab* 的延长线相交，即得水平迹点 *M* 的水平投影 *m*（*M* 点与 *m* 重合）。

同样，求直线 *AB* 的正面迹点 *N* 时，必须先延长直线 *AB* 的水平投影 *ab* 与 *OX* 轴相交（由于作图过程与上述类似，故图 2-34 中只给出最后结果）。

四、两直线的相对位置

直线的相对位置

空间两条直线的相对位置有三种情况：平行、相交和交叉。平行和相交的两条直线都是属于同一个平面的直线，为共面直线；而交叉两直线是异面直线。下面分别讨论它们的投影特性。

1. 两直线平行

如图 2-35 所示，空间两直线 *AB*//*CD*，根据平行投影的基本性质，如果两直线平行，则它们的投影也互相平行，即 *a'b'*//*c'd'*、*ab*//*cd* 和 *a"b"*//*c"d"*。

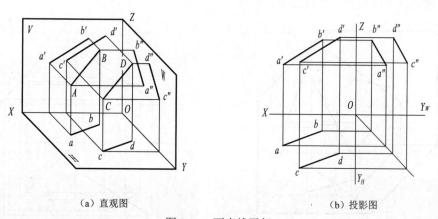

（a）直观图　　　　　　（b）投影图

图 2-35　两直线平行

例 2-7　图 2-36a 中，给出两条侧平线 *AB*、*CD* 的两面投影，其中，*ab*//*cd*、*a'b'*//*c'd'*，试判断两直线 *AB* 与 *CD* 是否平行。

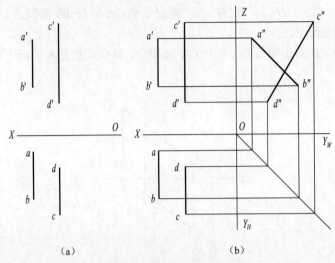

（a）   （b）

图 2-36   判断两直线是否平行

【分析】由于侧平线的正面投影平行于 OZ 轴、水平投影平行于 OY_H 轴，所以，两条侧平线 AB 与 CD 的正面投影和水平投影都互相平行是必然的，即 $ab // cd$、$a'b' // c'd'$。但并不能由此得出任何结论，关键要看 AB 与 CD 的侧面投影怎么样。如果侧面投影 $a''b''$ 与 $c''d''$ 平行，则 AB 与 CD 平行；否则，就不平行。

【作图步骤】

（1）依据图 2-36a 分别求出其侧面投影，见图 2-36b。

（2）检查侧面投影 $a''b''$ 与 $c''d''$ 是否平行，图 2-36b 中 $a''b''$ 与 $c''d''$ 不平行，故 AB 与 CD 不平行。

2.两直线相交

如图 2-37 所示，空间两直线 AB 与 CD 相交于点 K。由于交点 K 是两直线仅有的一个公共点，所以 K 点的水平投影 k 一定是 ab 与 cd 的交点。同样，k' 是 $a'b'$ 与 $c'd'$ 的交点、k'' 是 $a''b''$ 与 $c''d''$ 的交点。因 k、k' 和 k'' 是同一点 K 的三面投影，所以，它们必然符合点的投影规律。由此可得相交两直线的投影特性如下：

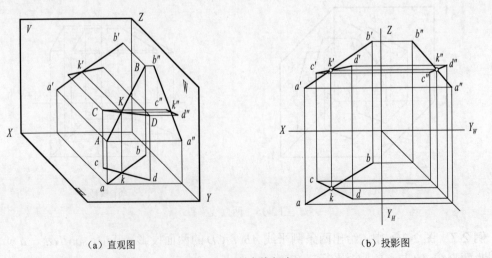

（a）直观图   （b）投影图

图 2-37   两直线相交

若两直线相交，则它们的三对同面投影都相交，且交点的投影符合点的投影规律。反之，若两直线的三对同面投影都相交，且交点的投影符合点的投影规律，则此两直线在空间必定相交。

例 2-8　如图 2-38a 所示，AB 为一般位置直线、CD 为侧平线，试判别这两条直线是否相交。

【分析】 从图 2-38a 可以看出，其正面投影和水平投影都是相交的，但鉴于 CD 为侧平线这一特殊性，故此时还不能断定相交。但这时可以形成两种思路：①进一步检查侧面投影的情况；②检查现有的两个交点是否满足交点的投影规律。因此，形成了两种不同的判别方法。

【作图步骤】

方法一：

（1）根据给定的两面投影，求出直线 AB 与 CD 的侧面投影 $a'b'$ 与 $c'd'$，见图 2-38b。

（2）检查侧面投影，判别两直线是否相交。

虽然图 2-38b 中 $a'b'$ 与 $c'd'$ 相交，但此时的三个同面投影的交点并不符合点的投影规律（侧面投影的交点与正面投影的交点不在同一条垂直于 OZ 轴的连线上）；故可判定 AB 与 CD 不相交。

方法二：

（1）过 c 任作一条直线段，在该线上分别截取 $cE_0 = c'e'$、$E_0D_0 = e'd'$。

（2）分别连接 e 与 E_0、d 与 D_0，并检查其是否平行。

显然，图 2-38c 中 eE_0 与 dD_0 不平行。这说明 E 点不在直线 CD 上，故 AB 与 CD 不相交。

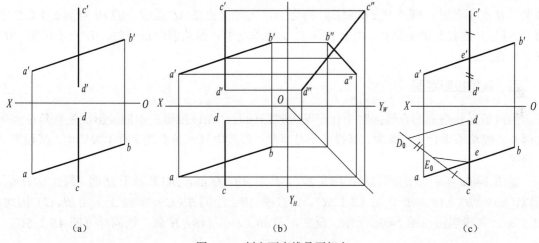

（a）　　　　　　　　　　（b）　　　　　　　　　　（c）

图 2-38　判定两直线是否相交

如果两条直线都是一般位置直线，根据两直线的任意两个投影，即可判定两直线是否相交。但是，如果两直线中有一条直线平行于某一投影面，则必须看直线所平行的投影面上的投影是否相交，以及交点是否符合点的投影规律。此外，也可以利用点分线段成定比的性质进行判别。

3. 两直线交叉

如果空间两直线既不平行也不相交，则称为两直线交叉。交叉两直线不存在共有点，但会存在重影点。交叉两直线的投影有时可表现为三对同面投影相交，但交点的投影不符合点的投影规律，如图 2-38b 所示；也可以表现为两对同面投影相交，一对同面投影平行（如图 2-39 所示），或一对同面投影相交，其余两对投影平行，如图 2-36b 所示。根据以上特点就能确切地判别空间两直线是否交叉。对于两条一般位置直线，只需要两对同面投影就可以进行判别，如图 2-39 所示。

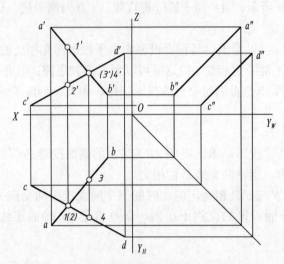

图 2-39   两交叉直线

交叉两直线同面投影的交点是空间一条直线（如 AB）上的某点与另一条直线（如 CD）上的某点对该投影面投影的重影点。比如，图 2-39 中 ab 和 cd 的交点实际上是 AB 上的 I 点与 CD 上的 II 点对 H 面投影的重影点。由于 $Z_I > Z_{II}$，所以垂直于 H 面从上向下看时，I 点可见，II 点不可见。同理，a'b' 和 c'd' 的交点，实际上也是 AB 直线上的 III 点与 CD 直线上的 IV 点对 V 面投影的重影点。由于 $Y_{III} < Y_{IV}$，故垂直于 V 面从前向后看时，III 点不可见，IV 点不可见。

五、直角投影定理

当两条互相垂直的直线同时平行于某一投影面时，在该投影面上的投影反映直角；如果这两条直线都不平行于投影面，其投影不是直角；若其中有一条直线平行于投影面，其投影又如何呢？

如图 2-40a 所示，相交两直线 AB⊥BC，其中 AB // H 面，BC 倾斜于 H 面。因 AB // H 面，所以，ab // AB、AB⊥Bb，又 AB⊥BC，则直线 AB⊥平面 BbcC；即 ab⊥平面 BbcC，因此，ab⊥bc。其投影图如图 2-40b 所示。反之，若 ab⊥bc 且 AB // H 面，则同样可证 AB⊥BC。

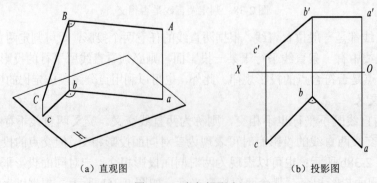

（a）直观图   （b）投影图

图 2-40   直角投影定理

由此可得出结论：两条互相垂直的直线（相交或交叉），如其中有一条直线平行于某一投影面，则两直线在该投影面上的投影仍互相垂直；反之，若两条直线在某一投影面上的投影互相垂直，且其中有一条直线是该投影面的平行线，则这两条直线在空间必定互相垂直。通常称此为直角投影定理。

例 2-9 已知矩形 $ABCD$ 的边 AB 为水平线，试完成图 2-41a 中矩形的两面投影。

【分析】由于矩形的邻边互相垂直，而 AB 又为水平线，根据直角投影定理，ad 应与 ab 垂直，因此，AD 的两面投影确定。因为矩形的对边互相平行，故可以借助平行两直线的投影特性完成其余两条对边的投影。

【作图步骤】

（1）过 a 点作线段与 ab 垂直，过 d' 点作投影连线与 OX 轴垂直，两条垂线相交于点 d，如图 2-41b。

（2）分别作对边的平行线，完成矩形的两面投影，如图 2-41c 所示。

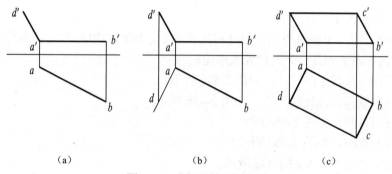

| （a） | （b） | （c） |

图 2-41 求矩形的两面投影

例 2-10 如图 2-42a 所示，给定点 A 和水平线 MN，试在 MN 上确定点 B 与 C 构成等腰直角三角形 ABC，其中 $\angle B$ 为直角。

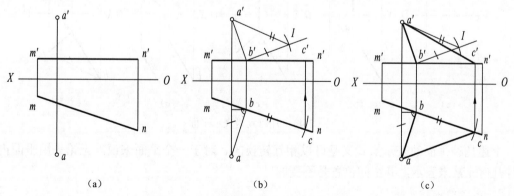

| （a） | （b） | （c） |

图 2-42 完成等腰直角三角形的投影

【分析】

（1）因 BC 为一条直角边，则另一直角边为 AB，且 $AB \perp BC$。因 BC 是水平线，根据直角投影定理，它们的水平投影应反映直角，即 $ab \perp bc$，依此可以确定 AB 的两面投影，但还确定不了 BC。

（2）因 BC 是水平线，其水平投影反映其实长，又知道 BC = AB。如果能知道 AB 的实长，问题也就解决了。因此，确定 AB 的投影后应求出 AB 的实长。

【作图步骤】

（1）过 a 点作线段垂直 mn 交于点 b，并过 b 作投影连线与 OX 轴垂直交 m′n′ 于 b′，连接 a′b′，如图 2-42b 所示。

（2）利用直角三角形法求出直线 AB 的实长 a′I，并在 mn 上截取 bc = a′I 得点 c，并确定 c′，如图 2-42b 所示。

（3）连接并加深 ABC 的两面投影，如图 2-42c 所示，本题有两解，图中只示出一解。

第四节　平面的投影

平面的表示法

一、平面的表示法

1. 用几何元素表示平面

由初等几何可知，平面可以由一组几何元素确定，因此利用几何元素的投影可以来表示平面。一个平面可由下列任一组几何元素确定：

（1）不在同一直线上的三点，如图 2-43a 所示。

（2）一条直线和直线外的一点，如图 2-43b 所示。

（3）相交两直线，如图 2-43c 所示。

（4）平行两直线，如图 2-43d 所示。

（5）任意平面图形，如图 2-43e 所示。

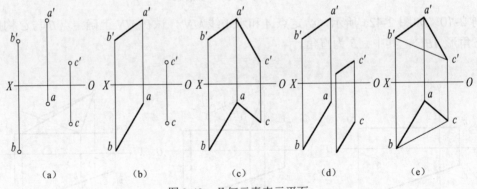

图 2-43　几何元素表示平面

上述几种平面的表示形式又是可以相互转换的。对于一个平面来说，无论采用平面内的何种几何元素来表示，其空间位置是不变的。

2. 用迹线表示平面

空间平面与投影面的交线称为平面的迹线。如图 2-44 所示，平面与 H 面的交线称为水平迹线，与 V 面和 W 面的交线分别称为正面迹线和侧面迹线。若平面用 P 标记，则其水平迹线用 P_H 标记，而正面和侧面迹线分别记作 P_V 和 P_W。

由于迹线是平面与投影面的交线，故它在该投影面上的投影与其本身重合，而其他两个投影分别在相应的投影轴上。在投影图的实际绘制过程中，通常只画出与迹线本身重合的那个投影并加以标记，而其余两个在投影轴上的投影并不画出，也不标记。例如图 2-45a 中，平面 P 的正面迹线为 P_V，它的正面投影与 P_V 重合，水平投影和侧面投影分别与 OX 轴和 OZ 轴重合（均不画出）。若在正面迹线 P_V 上取一点 N，则 N 点的正面投影 n′ 与 N 点重合，而水平投影 n 和侧面投影 n″ 分别位于 OX 轴和 OZ 轴上。图 2-45b、c 所示为平面 Q 和 R 的迹线表示。

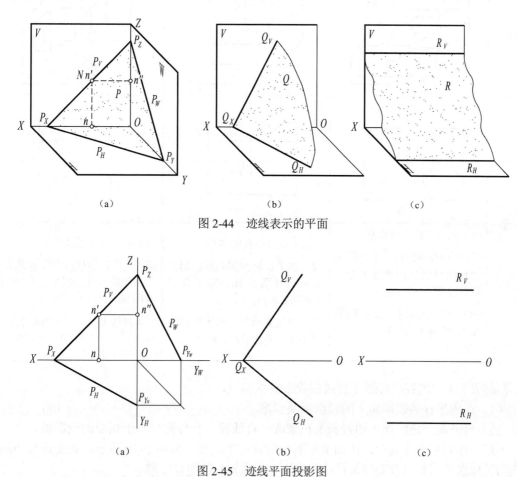

图 2-44　迹线表示的平面

图 2-45　迹线平面投影图

二、平面对投影面的相对位置及其投影特性

各种位置平面的投影

根据平面与三个投影面之间的相对位置关系，可将平面分为三类：平行于一个投影面的平面——投影面的平行面（简称平行面），垂直于一个投影面而倾斜于另外两个投影面的平面——投影面的垂直面（简称垂直面），对三个投影面都倾斜的平面——一般位置平面。其中，前两类平面统称为特殊位置平面。

平面与投影面的夹角称为倾角。平面与 H、V 和 W 面的倾角分别用 α、β 和 γ 表示。

1. 投影面的平行面

根据所平行的投影面的不同，平行面分为平行于 V 面、垂直于 H 面和 W 面的正平面，平行于 H 面、垂直于 V 面和 W 面的水平面，平行于 W 面、垂直于 V 面和 H 面的侧平面。其投影特性见表 2-3。

表 2-3　投影面平行面的投影特性

名称	水平面	正平面	侧平面
特征	//H 面，同时垂直于 V 和 W 面	//V 面，同时垂直于 H 和 W 面	//W 面，同时垂直于 H 和 V 面
直观图			
投影图			
投影特性	（1）水平投影反映实形。 （2）正面和侧面投影都积聚成一直线段且分别平行于 OX 和 OY_W 轴。 （3）迹线表示时，正面和侧面迹线分别平行于 OX 和 OY_W 轴	（1）正面投影反映实形。 （2）水平投影和侧面投影积聚成一直线段，且分别平行于 OX 和 OZ 轴。 （3）迹线表示时，水平和侧面迹线分别平行于 OX 和 OZ 轴	（1）侧面投影反映实形。 （2）正面投影和水平投影积聚成一直线段，且分别平行于 OZ 和 OY_H 轴。 （3）迹线表示时，正面和水平迹线分别平行于 OZ 和 OY_H 轴

归纳表 2-3 的内容，可得平行面的投影特性如下：

（1）在所平行的投影面上的投影反映实形。

（2）另外两个投影面上的投影都积聚成一直线段，且分别平行于相应的投影轴。

当用迹线表示平行面时，比如水平面则没有水平迹线，如图 2-46 所示，正面迹线和侧面迹线仍保持水平面相应投影的特征，即分别平行于 OX 轴和 OY_W 轴。

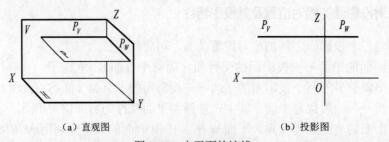

（a）直观图　　　　　　　　　　　（b）投影图

图 2-46　水平面的迹线

2. 投影面的垂直面

垂直面分为垂直于 H 面、倾斜于 V 面和 W 面的铅垂面，垂直于 V 面、倾斜于 H 面和 W 面的正垂面，垂直于 W 面、倾斜于 V 面和 H 面的侧垂面。其投影特性见表 2-4。

表 2-4 投影面垂直面的投影特性

名称	铅垂面	正垂面	侧垂面
特征	⊥H 面且与 V 面、W 面倾斜	⊥V 面且与 H 面、W 面倾斜	⊥W 面且与 H 面、V 面倾斜
直观图			
投影图			
投影特性	（1）水平投影积聚为一条倾斜直线段，该线段与 OX、OY_H 轴的夹角即为该平面与 V、W 面的倾角 β 和 γ。 （2）正面和侧面投影为其类似形	（1）正面投影积聚为一条倾斜直线段，该线段与 OX、OZ 轴的夹角即为该平面与 H、W 面的倾角 α 和 γ。 （2）水平投影和侧面投影为其类似形	（1）侧面投影积聚为一倾斜直线段，该线段与 OY_W、OZ 轴的夹角即为该平面与 H、V 面的倾角 α 和 β。 （2）水平投影和正面投影为其类似形

归纳表 2-4 的内容，可得垂直面的投影特性如下：

（1）在其垂直的投影面上的投影积聚成一条倾斜的直线，其投影与投影轴的夹角分别反映平面对另外两个投影面的真实倾角。

（2）在另外两个投影面上的投影为原型的类似形。

3．一般位置平面

如图 2-47 所示，一般位置平面倾斜于三个投影面 H、V 和 W，因此它的三个投影均为空间平面的类似形。也就是说，它的三个投影既没有积聚性，也不能反映实形，只能为空间图形的类似形。

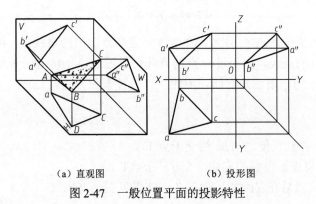

（a）直观图　　　　　（b）投形图

图 2-47　一般位置平面的投影特性

三、面内的点和直线

1. 在特殊位置平面上定点、定线

平面上定点定线

特殊位置平面是指投影面的平行面与垂直面。由于这两种位置平面
具有积聚性的投影，故在这类平面上定点和定线时，可以利用其积聚性的投影。

如图 2-48 所示，正平面 ABC 的水平投影积聚为直线段 abc
且平行于 OX 轴。如欲在此平面上取一点 $E(e,e')$，只要把 E 点
的水平投影 e 取在 abc 线段或其延长线上，E 点就一定在 ABC 所
确定的平面内；对 $F(f,f')$ 点而言，其正面投影 f' 虽然在 $\triangle a'b'c'$
之外，但其水平投影点 f 仍在平面的水平投影 abc 线上，所以 F
点一定在 $\triangle ABC$ 所确定的平面内。

在特殊位置平面上定线的方法与定点的方法相类似，此处
不再赘述。

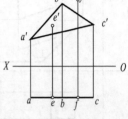

图 2-48   利用积聚性求点

2. 在一般位置平面上定点、定线

在平面的表示方法中，其中的几何元素表示就是用点和线段，显然这些点和线都处于平
面上。如果将面上的两点连成线段，则该线段仍属于这个平面；如果过平面内的一点作平面内
一条直线的平行线，则所作的直线也属于这个平面；如果在平面内的一条线上找一个点，显然
该点也在平面上。因此，要在一般位置平面上定点，通常先在平面上找一条过该点的直线，确
定该直线的投影后再利用从属性确定点的投影。而在平面上取线，又要利用平面上的已知直线
来取点。面上定点和定线之间就是这种相互依存的关系。

例 2-11   如图 2-49a 所示，已知 $\triangle ABC$ 上一点 D 的水平投影 d，求其正面投影 d'。

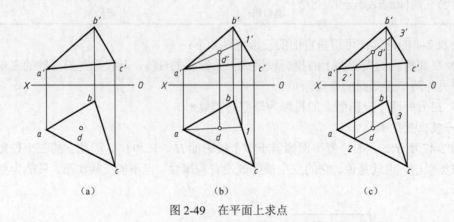

       (a)   (b)   (c)

图 2-49   在平面上求点

【分析】因为点 D 在 $\triangle ABC$ 面上，故点 D 一定在该面内的直线上，因此，先要在 $\triangle ABC$
面上找一条通过点 D 的直线。由于过 D 点的直线可以通过 $\triangle ABC$ 面上的两个已知点，也可以
是平行于 $\triangle ABC$ 面上的一条已知直线，因此，有两种作图方法。

【作图步骤】

方法一：

（1）连接 ad，并延长使之与 bc 相交于点 1。

（2）自 1 点作与正面投影的连线，交 $b'c'$ 于点 $1'$。

（3）连接 $a'1'$，然后在 $a'1'$ 线上确定 d'，结果见图 2-49b。

方法二：

（1）过 d 点作 ab 的平行线分别交 ac、bc 于 2、3。

（2）确定点 $2'$ 和 $3'$。

（3）连接 $2'3'$，并在其上确定 d'，结果见图 2-49c。

例 2-12　试完成图 2-50a 中平面四边形 $ABCD$ 的正面投影。

【分析】从图 2-50a 可以看出，点 A、B 和 C 三点的两面投影都已知，因此由这三点就确定了唯一一个平面。这样问题就转化为面上定点的问题。

【作图步骤】

（1）连接 ac、$a'c'$。

（2）连接 bd 交 ac 于 1 点，自 1 点作与正面投影的连线交 $a'c'$ 于 $1'$。

（3）在线 BI 上确定 D 点，并连接相应边形成四边形，结果如图 2-50b 所示。

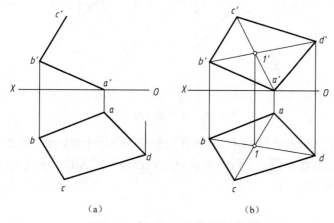

（a）　　　　　　　　　　　（b）

图 2-50　求平面四边形的正投影

3. 平面内的特殊位置线

过平面上一点，在平面内可以作无数条方向不同的直线，但其中有一些是处于特殊位置的直线，如投影面的平行线，参见图 2-51a；另一类特殊位置的直线是与相应的投影面平行线垂直的直线，称为平面上的最大斜度线，参见图 2-51b。

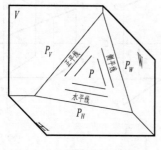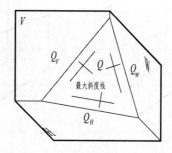

（a）投影面平行线　　　　　　　（b）最大斜度线

图 2-51　平面内的特殊位置线

（1）投影面的平行线。根据所平行的投影面的不同，平面上的投影面平行线可分为水平线、正平线和侧平线，如图 2-51a 所示。一个位置给定的平面，其投影面平行线方向是一定的，故一个平面上对一个投影面的所有平行线都平行于平面在该投影面上的迹线。比如，图

2-51a 中平面 P 上的水平线均平行于其水平迹线 P_H，正平线均平行于其正面迹线 P_V，侧平线均平行于其侧面迹线 P_W。

由于这些投影面的平行线既平行于某个投影面，又在平面上，因此其投影具有投影面的平行线和面上直线的双重特征。

例 2-13 如图 2-52 所示，在 △ABC 平面内过 A 点作水平线 AD。

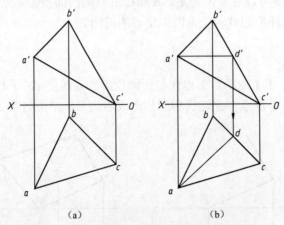

图 2-52 在平面内取水平线

【分析】由于 AD 是水平线，所以其正面投影应该平行于 OX 轴，但 d′ 的具体位置还定不下来。因 AD 又是 △ABC 平面上的线，故 D 点应该在该平面内的一条线上。不妨设 D 点在 BC 上，则 D 点便唯一确定。

【作图步骤】

1）先过 a′ 作一条线与 OX 轴平行的直线，交 b′c′ 于 d′。

2）在 bc 上确定 d 点，连接 ad。

例 2-14 如图 2-53 所示，给定两平行直线 AB、CD，试在该平面内作出一条距 V 面距离为 10mm 的正平线 EF。

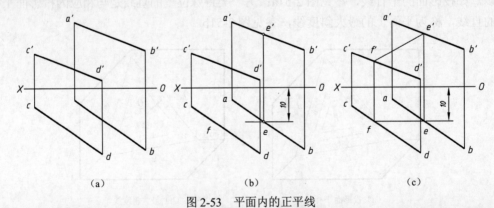

图 2-53 平面内的正平线

【分析】如同例 2-13，过平面上的任一个给定点都可以作一条正平线，但是它并不是所求的，因为它到 V 面的距离不是 10mm。由于正平线上的所有点到 V 面的距离都相等，因此，可以先在平面内一条已知直线（比如 AB）上找出一个距 V 面距离为 10mm 的点（比如 E），然后再过点作线。

【作图步骤】

1）作一条与 OX 轴平行且距 V 面为 10mm 的直线，交 ab 于点 e，并在 $a'b'$ 上确定 e' 点。

2）过 E 点作正平线 EF 的两面投影。

（2）最大斜度线。给定平面内垂直于该平面内投影面平行线的直线，称为该平面的最大斜度线。其中，垂直于水平线的直线称为对 H 面的最大斜度线，垂直于正平线的直线称为对 V 面的最大斜度线，垂直于侧平线的直线称为对 W 面的最大斜度线。

平面 P 对 H 面的倾角 α 就是对 H 面的最大斜度线 AM 与 H 面的倾角。因此，求平面 P 对 H 面的倾角 α 时，先要作出对 H 面的最大斜度线 AM，然后再用直角三角形法求出线段 AM 对 H 面的倾角 α 即可。

如图 2-54b 所示，如果平面是几何元素表示的，则可以借助平面内的任一条水平线（如 BD）来作出对 H 面的最大斜度线 AM。

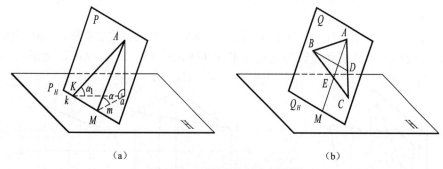

（a）　　　　　　　　　（b）

图 2-54　平面上的最大斜度线

同理，可以在平面内作出对 V 和 W 面的最大斜度线以及该平面对 V、W 面的倾角 β 和 γ。

例 2-15　如图 2-55 所示，给定 $\triangle ABC$ 的两面投影，试求其与 H 面的倾角 α。

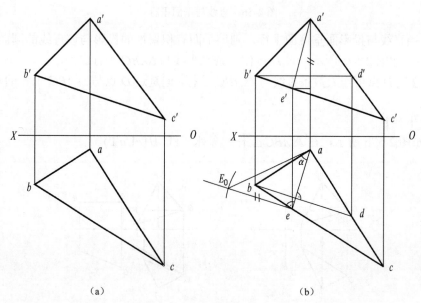

（a）　　　　　　　　　（b）

图 2-55　求平面对 H 面的倾角

【作图步骤】

1）过 B 点作水平线 BD。

2）作最大斜度线 AE，即过 a 点作直线垂直于 bd 交 bc 于 e，并在 b'c' 上确定 e'。

3）用直角三角形法求出直线 AE 对 H 面的倾角 α。

第五节　几何元素间的相对位置

一、平行问题

1. 直线与平面平行

根据几何学原理，如果平面外一条直线平行于平面上的一条直线，则此平面外直线就平行于该平面。如图 2-56a 所示，△ABC 外的一条直线 DE 与该平面内的直线 AI 平行，故直线 DE 和 △ABC 平面平行。

依据平行投影的基本特性——平行关系，在空间中，如果直线 DE 和 △ABC 内的直线 AI 平行，那么在投影图中其同名投影仍然相互平行（即 d'e'//a'1'、de//a1），如图 2-56b 所示。

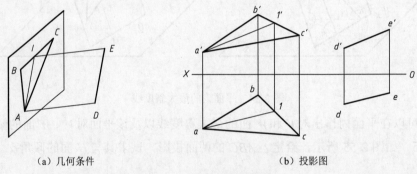

（a）几何条件　　　（b）投影图

图 2-56　直线与平面平行

推论：当直线与投影面垂直面平行，则该平面有积聚性的投影与该直线的同面投影平行。

例 2-16　如图 2-57a 所示，过 D 点作一条水平线与 △ABC 平行。

【分析】过 D 点可作无数条直线与 △ABC 平行，但是过 D 点与 △ABC 平行的水平线只有一条。

【作图步骤】

（1）如图 2-57b 所示，在 △ABC 上作一条水平线 AI(a1,a'1')。

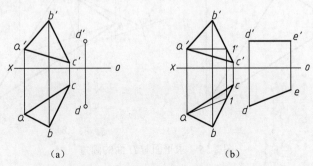

（a）　　　　（b）

图 2-57　过点作水平线平行于平面

（2）过 $D(d,d')$ 点作水平线 AI 的平行线 DE，即 $d'e'\parallel a'1'\parallel OX$，$de\parallel a1$。

例 2-17　如图 2-58a 所示，试包含直线 EF 作一个平面，使之平行于已知直线 AB。

【分析】欲使所作的平面与 AB 平行，则该平面上必须有一条直线与 AB 平行，因此，不妨过 EF 上一点（如 F）作 AB 的平行线 FG，这样 EF 与 FG 两条相交直线便形成了一个平面。

【作图步骤】

（1）如图 2-58b 所示，在 EF 线上任选一点，比如 F。

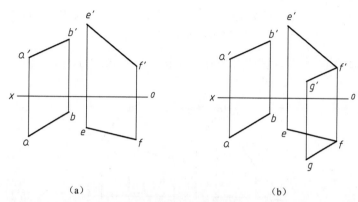

（a）　　　　　　　　　　　（b）

图 2-58　包含已知直线作平面平行于已知直线

（2）过 F 点作 $f'g'$ 和 fg，使 $f'g'\parallel a'b'$、$fg\parallel ab$。

2．平面与平面平行

由立体几何可知，如果一个平面内的两条相交直线分别与另一平面内的两条相交直线对应平行，那么这两个平面平行。如图 2-59a 所示，由于 $AB\parallel DE$、$AC\parallel DF$，故 P、Q 两平面平行。

依据平行投影的基本特性——平行关系，在空间中，如果一个平面内的两条相交直线 AB、AC 分别与另一平面内的两条相交直线 DE、DF 对应平行，那么在投影图中这两对直线的同面投影也相互平行，即 $ab\parallel de$、$a'b'\parallel d'e'$、$ac\parallel df$、$a'c'\parallel d'f'$，如图 2-59b 所示。

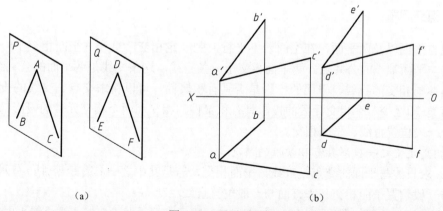

（a）　　　　　　　　　　　（b）

图 2-59　两平面平行

推论：如果两投影面垂直面互相平行，那么它们具有积聚性的投影必然相互平行。

如图 2-60 所示，两个铅垂面 $ABGJ$ 和 $CDEF$ 相互平行，它们的水平投影积聚为互相平行的两条直线。

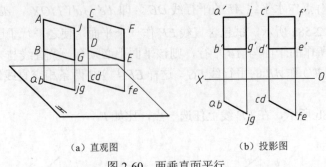

(a) 直观图　　　　　(b) 投影图

图 2-60　两垂直面平行

例 2-18　如图 2-61 所示，试过 D 点作一个平面与△ABC 平行。

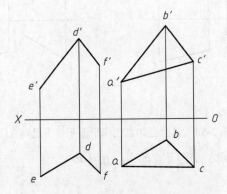

图 2-61　过点作平面平行于已知平面

【分析】过 D 点作两条相交直线分别与△ABC 的两条边对应平行，则所形成平面与△ABC 平行。

【作图步骤】

(1) 过 $D(d,d')$ 点作直线 DE 与 AB 平行，即 $de \parallel ab$、$d'e' \parallel a'b'$。

(2) 过 D 点作直线 DF 与 BC 平行，即 $df \parallel bc$、$d'f' \parallel b'c'$。

二、相交问题

直线与平面以及两平面，在空间若不平行，则一定相交。直线与平面相交于一点，该交点是直线与平面唯一的公共点。两平面相交于一条直线，这条交线是两平面的公共线。

根据参与相交的直线、平面的投影是否具有积聚性，可以将求交点、交线的投影作图方法分为两类，即至少一个相交元素的投影具有积聚性的相交和两个相交元素的投影都没有积聚性的两个一般位置直线、平面相交。

1. 相交元素之一投影具有积聚性的情况

(1) 求直线与平面的交点。直线与平面相交，若是其中之一具有积聚性，有两种情况即垂直线与一般位置平面相交和垂直面与一般位置直线相交。

1) 垂直线与一般位置平面相交。如图 2-62 所示，正垂线 DE 与一般位置平面△ABC 相交，求其交点 K。

【分析】由于交点 K 是直线 DE 与△ABC 的共有点，故交点 K 的投影应分别在直线 DE 和△ABC 的投影上。因正垂线 DE 的正面投影积聚成一点，故 K 点的正面投影 k' 与 $d'e'$ 重合；

而 K 点又在 $\triangle ABC$ 上，那么 K 应在 $\triangle ABC$ 内的一条直线上；利用平面上取点的方法便可确定 K 点的水平投影 k 。

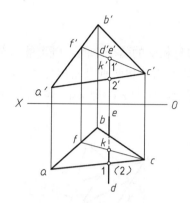

图 2-62　一般位置面与垂直线相交

【作图步骤】

①确定交点 K 的正面投影 k' 。

②过 k' 作直线 $c'f'$ ，并作出其水平投影 cf 。

③cf 与 de 的交点即为 k 。

④判别可见性。

直线 DE 与平面 $\triangle ABC$ 相交，投影时 $\triangle ABC$ 的投影必然会挡住直线 DE 的投影。显然，在 $\triangle ABC$ 的投影轮廓外，AB 的投影都是可见的，而只有其轮廓内的部分才可能被挡住。判别可见性就是区分出被交点分隔开的两段线段哪一段可见、哪一段不可见。

判别可见性的一般方法是重影点法。比如，直线 DE 与 AC 对水平投影的一对重影点 1、2（I 在直线 DE 上，II 在 AC 上），通过比较其正面投影的 Z 坐标值大小，可以确定其上下关系（即 I 点在上，II 点在下）。由于水平投影是自上而下投射的，故 1 点可见、2 点不可见。由此可以推断 $1k$ 段可见，而交点是可见与不可见的分界点，故跨过 k 点的另一段不可见（用虚线表示）。

2）一般位置直线与垂直面相交。如图 2-63 所示，一般位置直线 EF 与铅垂面 ABC 相交，求其交点 K 。

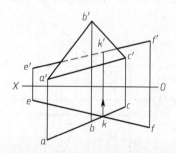

图 2-63　一般位置直线与垂直面相交

【分析】由于交点 K 是直线 EF 与平面 ABC 的共有点，故 K 点的投影应分别在直线 EF 与平面 ABC 的同面投影上。因 ABC 的水平投影 abc 积聚为一条直线，故 k 应在该直线上；而 k 又在 ef 上，因此 ef 与 abc 的交点就是 k 。再根据线上定点，便可确定 k' 。

【作图步骤】

①确定水平投影 k。

②由 k 在 ef 上确定 k'。

③判断可见性。

（2）求两平面的交线。参与相交的两个平面，既可能一个具有积聚性，也可能两个都具有积聚性，即垂直面与一般位置面相交和两垂直面相交。

1）垂直面与一般位置面相交。如图 2-64 所示，垂直面 DEF 与一般位置面△ABC 相交，试求其交线。

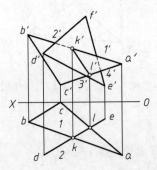

图 2-64　垂直面与一般位置面相交

【分析】因两平面的交线为直线，故只要能求出交线上的两个点，交线也就完全确定。如果把平面△ABC 中的两条边 AB 和 AC 看成两条相交直线，并让其分别与垂直面 DEF 相交，则将之转化为两次求一般位置直线与垂直面相交的问题。

【作图步骤】

①求 AB 与垂直面 DEF 的交点 K。

②求 AC 与垂直面 DEF 的交点 L。

③$k'l'$ 和 kl 即为交线的两个投影。

④判断可见性。

两平面相交就不像直线与平面相交那样，仅是平面挡直线，而存在互相遮挡问题。但是，它们的判别方法是一样的，此处不再赘述。

2）两个垂直面相交。如图 2-65 所示，两正垂面△ABC 和 $DEFG$ 相交。

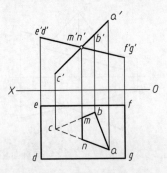

图 2-65　两个垂直面相交

【分析】因为交线为两平面的公共线，故交线的投影仍处在平面投影的公共部分。而两正垂面的正面投影都积聚为直线，它们只有一个公共点，因此该公共点就是交线的正面投影。

正面投影积聚为一点，说明该交线为正垂线。

【作图步骤】

①根据积聚性确定正面投影 $m'n'$ 。

②由 $m'n'$ 确定其水平投影 mn （注意： mn 是两平面水平投影的公共部分）。

③判断可见性。

从正面投影可知，交线 MN 左侧，△ABC 平面在 $DEFG$ 平面的下方，故在水平投影中 mc 和 cn 不可见，画成虚线；右侧则相反，画成粗实线。

2. 两个一般位置几何元素相交

（1）一般位置直线与一般位置平面相交。如图 2-66 所示，一般位置直线 DE 与一般位置平面 ABC 相交，这时直线和平面都处于一般位置，在投影图上不能直接反映出交点的投影。在这种情况下，需要用辅助平面法来求交点，其原理如图 2-67a 所示，包含直线 DE 作一投影面垂直面 R，则辅助平面 R 与平面 ABC 相交必有一条交线 MN，因交线 MN 和直线 DE 是平面 R 上的两条直线，它们必相交于 K 点。因此 K 点是 DE 与 ABC 的公共点，即为所求的交点。

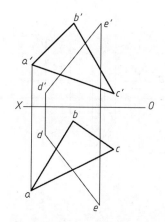

图 2-66 一般位置线与一般位置平面相交（一）

综合以上分析，作图步骤如下。

【作图步骤】

1）包含直线 DE 作投影面的垂直面 R，如图 2-67b 所示。

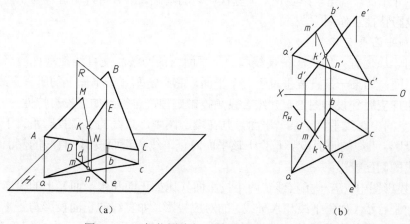

(a)   (b)

图 2-67 一般位置线与一般位置平面相交（二）

2）求垂直面 R 与 ABC 平面的交线 MN。

3）求交线 MN 与已知直线 DE 的交点 K，K 即为直线 DE 与 ABC 的交点。

4）判别可见性。

（2）两一般位置平面相交。如图 2-68a 所示，求两个一般位置平面△ABC 和△DEF 的交线。可以利用上述一般位置直线与一般位置平面相交求交点问题的解决方法，如果把平面 DEF 的边界看成直线 DE 和 DF 两条相交直线。那么，△DEF 与△ABC 相交问题就转化为两条一般位置直线 DE 和 DF 分别与△ABC 平面求交点的问题。

【作图步骤】

1）包含直线 DE 作铅垂面 R，求出 DE 与△ABC 的交点 K(k, k')，如图 2-68b 所示。

2）包含 DF 作正垂面 S，求出 DF 与△ABC 的交点 L(l, l')，如图 2-68b 所示。

3）连接 K、L 的同面投影，即 k'l' 和 kl，如图 2-68b 所示。

4）判断可见性，如图 2-68c 所示。

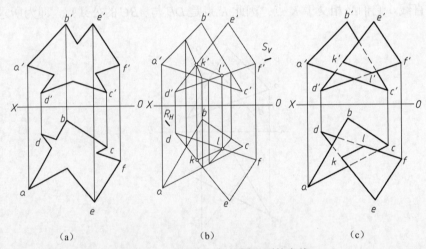

图 2-68　求两个一般位置平面的交线

三、垂直问题

垂直是相交的特殊情况，在求解有关几何元素的度量问题中，经常要用到垂直的概念。本章第三节中介绍的"直角投影定理"是垂直问题的基础。本节将讨论直线与平面垂直以及两平面垂直的投影特性及作图方法。

1. 直线与平面垂直

根据几何学原理有：如果一条直线和一个平面内的两条相交直线都垂直，那么这条直线垂直于这个平面；如果一条直线垂直于一个平面，它必定垂直于平面上的所有直线。

将上述原理应用到投影图上，并结合直角投影定理，可得到如下投影特性：

（1）若空间中直线垂直于某一平面，则在投影图中，直线的水平投影垂直于该平面内水平线的水平投影，直线的正面投影垂直于该平面内正平线的正面投影，直线的侧面投影垂直于平面内侧平线的侧面投影。

（2）在投影图中，若一条直线在两个投影面（比如正面和水平面）上的投影与某个平面上相应投影面平行线（如正平线和水平线）的对应投影（如直线的正面投影与正平线的正面投影、直线的水平投影与水平线的水平投影）垂直，则这条直线与该平面在空间垂直。

对于两类特殊情况，即平面或直线与投影面垂直，上述投影特性仍同样有效，只不过其表现形式更为特殊。比如图 2-69a，当平面 ABC 为铅垂面时，与之垂直的直线 KD 成为水平线。在投影图 2-69b 中则表现为 $kd \perp abc$（abc 投影具有积聚性）。再如图 2-69c，当直线 AB 为铅垂线时，与之垂直的平面 P 为水平面。在投影图 2-69d 中，直线 AB 表现为与正投影面平行，P 平面的正面投影具有积聚性且与直线 AB 的正面投影垂直。

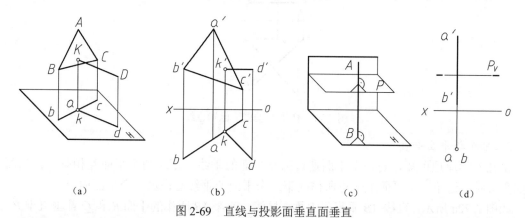

(a)　　　　　(b)　　　　　(c)　　　　　(d)

图 2-69　直线与投影面垂直面垂直

例 2-19 如图 2-70 所示，试过点 L 作 ABC 平面的垂线 LK。

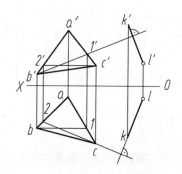

图 2-70　作定平面的垂线

【分析】根据直线垂直于平面的投影特性，垂线 LK 的水平投影 lk 应该与 ABC 内一条水平线的水平投影垂直，正面投影 $l'k'$ 应与该面内的一条正平线的正面投影垂直。

【作图步骤】

（1）在 ABC 内作一条正平线 $BI(b1, b'1')$。

（2）作 $l'k' \perp b'1'$。

（3）在 ABC 内作一条水平线 $CII(c2, c'2')$。

（4）作 $lk \perp c2$。

例 2-20 如图 2-71 所示，试过点 A 作一平面垂直于已知直线 EF。

【分析】欲过点 A 作一个平面与已知直线 EF 垂直，只需作出两条直线与 EF 垂直即可。根据直角投影定理，只有投影面的平行线与垂直的直线在所平行的投影面上的投影才反映垂直，因此只能作一条水平线和一条正平线分别与 EF 垂直。

【作图步骤】

（1）作正平线 AB，使其与 EF 垂直，即 $a'b' \perp e'f'$。

（2）再作水平线 AC，使其与 EF 垂直，即 $ac \perp ef$。

（3）AB 和 AC 两相交直线所决定的平面即为所求。

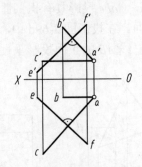

图 2-71   作平面垂直于已知直线

2．平面与平面垂直

由几何学原理可知，若一个平面通过另一平面的垂线，则这两个平面互相垂直；当两个平面垂直时，过第一个平面上一点所作的第二个平面的垂线必在第一个平面内。

如图 2-72a 所示，直线 AB 垂直于 P 面，显然，包含 AB 所作的平面 R 和 Q 都垂直于 P 面。如果自 Q 平面上一点 M 向 P 面作垂线 MN，则 MN 一定也在 Q 平面内，如图 2-72b 所示。

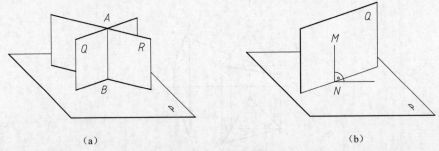

(a)   (b)

图 2-72   两平面垂直

按照这个条件就可用直线与一般位置平面垂直的投影特性来解决有关两个一般位置平面互相垂直的问题。

例 2-21   如图 2-73 所示，试过 E 点作一平面与 AB、CD 两条平行线所决定的平面垂直。

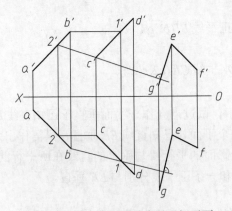

图 2-73   过点作平面垂直于已知平面

【分析】过 E 点可作唯一一条直线与给定平面垂直，包含这条垂线的所有平面均垂直于已知平面，故本题有无穷多个解。

【作图步骤】

（1）过 E 点，作垂线 EG 与给定平面垂直。在给定的平面上作水平线 $BI(b1, b'1')$、正平线 $CII(c2, c'2')$；分别过 e、e' 点作 $eg \perp b1$ 和 $e'g' \perp c'2'$。

（2）过 E 点任作一条直线 EF，则 EF 和 EG 所形成的平面必垂直于已知平面。

例 2-22　如图 2-74 所示，试检验平面 $ABCD$ 与 EFG 是否垂直。

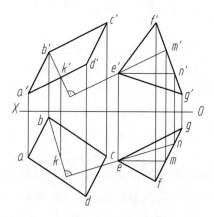

图 2-74　判断两平面是否垂直

【分析】在平面 $ABCD$ 上任取一点（比如 B），自 B 点作 EFG 平面的垂线 BK。如果 BK 属于 $ABCD$ 平面，则两平面垂直；否则不垂直。

【作图步骤】

（1）在 EFG 平面内作正平线 $EM(em, e'm')$ 和水平线 $EN(en, e'n')$。

（2）过 B 点作垂线 BK 与 EFG 平面垂直，即分别过 b'、b 作 $b'k' \perp e'm'$ 和 $bk \perp en$。

（3）检验 BK 是否属于 $ABCD$ 平面，因 k' 点在 $a'd'$ 上，而 k 点不在，故两平面不垂直。

第六节　投影变换

几何元素对投影面处于特殊位置时，其投影具有积聚性或反映直线实长、倾角，反映平面图形实形、几何元素间的距离、角度等特性，可以方便地解决空间度量问题和定位问题。几何元素对投影面处于一般位置时，其投影无上述特性。因此，若能把几何元素转化为特殊位置，有些问题就变得容易解决。

投影变换就是研究如何改变空间几何要素与投影面的相对位置，以获得良好的投影特性和有利于问题的解决或简化。在投影面、投影线和几何元素这三个要素中，投影线始终垂直于投影面，即随着投影面的变化而变化，因此，三要素中只有投影面和几何元素可以独立改变，这样便形成了两种不同的方法。

（1）换面法：保持空间几何要素的位置不变，引入新的投影面，使两者之间的相对位置发生变化。其全称为变换投影面法，一般简称为换面法。

（2）旋转法：保持投影面不动，使几何要素绕空间某轴旋转，从而改变两者之间的相对位置。

一、换面法

换面法中新投影面必须满足以下两个基本条件：

（1）新投影面垂直于某一原投影面；

（2）新投影面相对于空间几何元素处在有利于解题的位置。

1. 点的换面及其规律

（1）一次换面。如图 2-75a 所示，空间点 A 在 V/H 两投影面体系中的投影为 a' 和 a。若保留 V 面不动，引入一个与 V 面垂直的新投影面 H_1，则 H_1 与 V 形成新的两投影面体系 V/H_1。将点 A 向 H_1 面投影得到新投影 a_1。

为了便于描述与说明，这里引入几个新的名词或术语：

1）新投影面、新投影：在原有投影面体系中新引入的投影面称为新投影面（如 H_1），在该投影面上的投影称为新投影（如 a_1）。

2）不变投影面、不变投影：取自于原有投影面体系中的投影面称为不变投影面（如 V），在该投影面上的投影仍然保持不变，相应称之为不变投影（如 a'）。

3）旧投影面、旧投影：在新投影面体系中不再被使用的投影面（如 H）和投影（如 a）。

那么，新投影 a_1 与旧投影 a、不变投影 a' 之间又有什么样的关系呢？在 V/H_1 体系中，四边形 $Aa'a_{x_1}a_1$ 仍是矩形，$a'a_{x_1}$ 和 $a_1a_{x_1}$ 均垂直于 V/H_1 投影体系的投影轴 X_1，并且交新轴 X_1 于点 a_{x_1}。点 A 到 V 面的距离等于 aa_x，也等于 $a_1a_{x_1}$。因此，当 H_1 面绕 X_1 轴展开时，a' 和 a_1 的连线垂直于新投影轴 X_1，新投影到新轴的距离 $a_1a_{x_1}$ 等于旧投影到旧轴的距离 aa_x。综上所述，得到点的变换规律如下：

1）点的新投影与不变投影的连线垂直于新投影轴；

2）点的新投影到新投影轴的距离等于旧投影到旧投影轴的距离。

运用上述规律，对图 2-75b 所示的投影图进行一次换面，其作图步骤如下：

1）选取新投影轴 X_1；

2）过不变投影 a' 向新投影轴 X_1 作垂线，交 X_1 轴于 a_{x_1}；

3）在垂线上量取 $a_1a_{x_1}$ 等于 aa_x 得到新投影 a_1，如图 2-75c 所示。

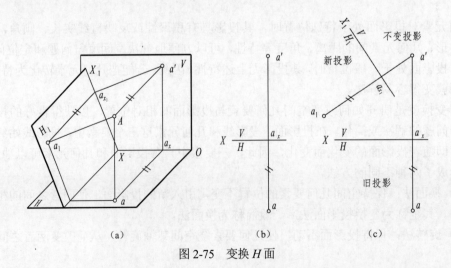

（a）　　　　　（b）　　　　　（c）

图 2-75　变换 H 面

如图 2-76a 所示，如用新投影面 V_1 代替投影面 V，也可以换面，如图 2-76b 所示。

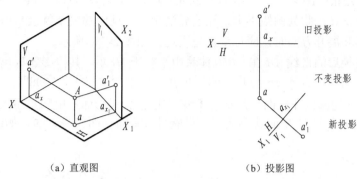

（a）直观图　　　　　　（b）投影图

图 2-76　点的一次变换

（2）二次换面。如图 2-77 所示，在图 2-76 一次换面的基础上，再引入一个新的投影面（如 H_2）替换一次换面时的不变投影面（如 H），再次构成新投影体系 H_2/V_1。这种在一次换面的基础上，再次进行的换面称为二次换面。

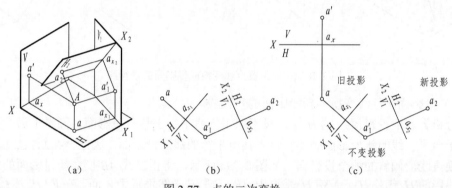

（a）　　　　　　（b）　　　　　　（c）

图 2-77　点的二次变换

既然二次换面是在第一次换面的基础上进行的，因此，在一次换面中得到的点的变换规律仍然有效。不过这时，新投影、不变投影和旧投影已经不是一次换面时的那些，而是相应向前迈进了一步，如图 2-77c 所示。为了便于理解和接受，这里仍给出其作图步骤：

1）选取新投影轴 X_2；

2）过不变投影 a_1' 向新投影轴 X_2 作垂线，交 X_2 轴于 a_{x_2}；

3）在垂线上量取 $a_2 a_{x_2}$ 等于 $a a_{x_1}$，得到新投影 a_2。

2. 直线的换面

直线的投影变换有以下三个基本问题。

（1）一般位置直线变换为投影面的平行线。

【分析】由于投影面的平行线与投影面平行，因此，引入的新投影面除了与不变投影面垂直外，还要与待变换直线平行（在投影图上的反映为新的投影轴与直线的不变投影平行）。如图 2-78a 所示，为了将一般位置直线 AB 换成投影面平行线，引入新投影面 H_1。

【作图步骤】

1）选择新投影轴 X_1，使其与 $a'b'$ 平行（在 $a'b'$ 的哪一侧以及距离远近都没有关系）；

2）按点的变换规律作出点 a_1 和 b_1。

图 2-78b 是根据图 2-78a 得出的，细心的读者可能会发现图 2-78b 中两个投影面体系里的投影连线相互交叉。此处图线不多，还能分清楚，一旦问题复杂就极易出错。为使图形清晰，在选择投影轴和展开方向时，应尽量避免重迭，如图 2-78c 所示。

显然，变换后的直线 AB 在 V/H_1 体系中平行于 H_1 面，其投影 a_1b_1 反映直线 AB 的实长，a_1b_1 与 X_1 的夹角反映直线 AB 与 V 面的倾角 β。由于变换水平投影面时，V 面为不变投影面，直线 AB 与 V 面的倾角在换面前后保持不变，因此，新投影面不能随意引入。假如要求直线 AB 与 H 的倾角为 α，这时 H 面就不能变，只能引入新的 V_1 面代替 V 面，如图 2-78d 所示。

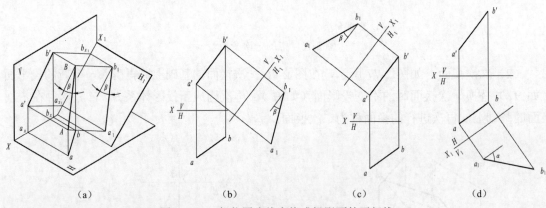

图 2-78　一般位置直线变换成投影面的平行线

（2）投影面平行线变换为新投影面的垂直线。

【分析】在旧投影体系 V/H 中，投影面平行线平行于某一投影面，倾斜于另一投影面，故垂直于该平行线的新投影面必然垂直于其所平行的那个投影面。因此，在新投影面体系中，只能替换直线所倾斜的那个投影面。如图 2-79a 所示，将正平线 AB 换成新投影面的垂直线，需以新投影面 H_1 代替 H。若使 H_1 垂直于 AB，则 H_1 必然垂直于 V 面。在 V/H_1 体系中，AB 则变为 H_1 面的垂直线。

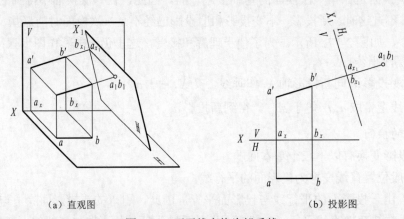

（a）直观图　　　　　　　　　　（b）投影图

图 2-79　正平线变换为铅垂线

【作图步骤】

1）如图 2-79b 所示，使新投影轴 X_1 垂直于 $a'b'$；

2）依据点的变换规律，将 A、B 两点变换到 H_1 面上（a_1、b_1 两投影点重合，即直线 AB

积聚为一点)。

如要将水平线换成投影面的垂线,则需保留 H 面不变,并用新投影面 V_1 替代 V。

(3) 一般位置直线变换为新投影面的垂直线。

【分析】欲将一般位置直线换成新投影面的垂直线,一次换面不可能实现。因为一般位置直线倾斜于旧投影体系中的每一个投影面,若使新投影面垂直于一般位置直线,则其一定倾斜于旧投影面体系中的各投影面,这不符合换面法确定新投影面的条件。因此要两次换面,第一次把一般位置直线换成新投影面的平行线;第二次再把投影面平行线换成新投影面的垂直线。如图 2-80a 所示,欲将一般位置直线 AB 换成新投影面的垂直线,须先以新投影面 V_1 代替 V 面,使 V_1 面与 AB 平行且垂直于 H 面,则 AB 在 V_1/H 体系中为 V_1 面的平行线;然后,再以新投影面 H_2 代替 H 面,使 H_2 同时与 AB、V_1 垂直,则 AB 在 V_1/H_2 体系中变成 H_2 面的垂直线。

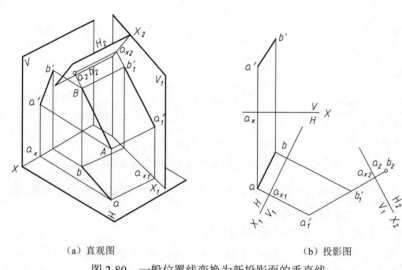

(a) 直观图　　　　　　　　　　　　(b) 投影图

图 2-80　一般位置线变换为新投影面的垂直线

【作图方法】

1) 如图 2-80b 所示,首先使新投影轴 X_1 平行于 ab,经过一次换面,作出新投影 $a_1'b_1'$;

2) 使新投影轴 X_2 垂直于 $a_1'b_1'$,经第二次换面,作出新投影 a_2b_2(a_2b_2 积聚为一点)。

当然,也可先以 H_1 面替换 H 面,再以 V_2 面替换 V 面,使一般位置直线 AB 变为 V_2/H_1 投影体系中 V_2 面的垂直线,其作图方法与之类似。

3. 平面的换面

平面是用几何元素表示的,因此其换面的实质是点、直线换面的应用。在解决实际问题时,平面的换面可包含以下三个基本作图问题。

(1) 一般位置平面变换成新投影面的垂直面。

【分析】如图 2-81a 所示,欲将一般位置平面 $\triangle ABC$ 变换为新投影面的垂直面,必须作一个新投影面垂直于 $\triangle ABC$。欲使两平面垂直,新投影面必须垂直于 $\triangle ABC$ 面内的一条直线。由直线换面可知,一般位置直线要变换为投影面的垂直线,需要进行两次换面,而投影面的平行线只需一次换面就可以变换为新投影面的垂直线。为此,可以在 $\triangle ABC$ 面内先取一条投影面的平行线,比如取一条正平线 CI,以新投影面 H_1 代替 H,使 H_1 同时垂直于 CI 和 V 面。那么,$\triangle ABC$ 在 V/H_1 体系中就是 H_1 面的垂直面。因为换面时 V 面保持不变,故 $\triangle ABC$ 与投影面 V 的倾角也保持不变。因此,$a_1b_1c_1$ 与 X_1 轴的夹角就反映 $\triangle ABC$ 与 V 面的倾角 β。

【作图方法】

1）作 c_1 平行于 OX 轴，得相应投影 $c'1'$，如图 2-81b 所示；

2）使新投影轴 X_1 垂直于 $c'1'$；

3）按点的变换规律作出新投影 $a_1b_1c_1$。

显然，c_11_1 积聚为一点，$a_1b_1c_1$ 积聚为一直线（实际作图时，只要找出两点即可）；$a_1b_1c_1$ 与 X_1 轴的夹角反映 $\triangle ABC$ 与 V 面的倾角 β。

同样，也可以将 $\triangle ABC$ 换成新投影面 V_1 的垂直面，不过，这时应选新投影面 V_1 代替 V，使 V_1 既垂直于 $\triangle ABC$ 上的某条水平线（如 CII），又垂直于 H 面，如图 2-81c 所示。

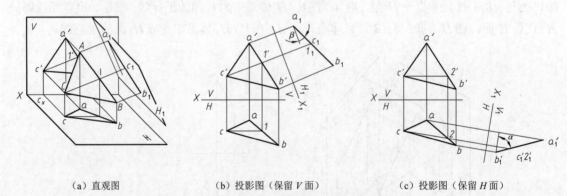

(a) 直观图   (b) 投影图（保留 V 面）   (c) 投影图（保留 H 面）

图 2-81   一般位置平面变换为新投影面的垂直面

由此可以得出结论：通过一次换面，可以将一般位置平面变换为新投影面的垂直面，并可求出该平面对不变投影面的倾角。

（2）投影面垂直面变换成新投影面的平行面。

【分析】如图 2-82a，$\triangle ABC$ 为铅垂面。欲将其换成新投影面的平行面，必须使新投影面与其平行。显然，新投影面必垂直于 H 面。如新投影面为 V_1，则 $\triangle ABC$ 在 H/V_1 体系中就成为新投影面的平行面。

【作图方法】如图 2-82b 所示，先使新投影轴 X_1 平行于 abc，再按点的变换规律作出 $\triangle ABC$ 平面的新投影 $a_1'b_1'c_1'$。显然，$\triangle a_1'b_1'c_1'$ 反映 $\triangle ABC$ 的实形。

同理，如果要将正垂面换成新投影面的平行面，应以新投影面 H_1 代替 H，且使 H_1 平行于该正垂面。在新的 V/H_1 体系中，该正垂面就变换成 H_1 面的平行面。

（3）一般位置平面换成新投影面的平行面。因为一般位置面倾斜于旧投影面体系中的各个投影面，不可能存在一个新投影面既平行于已知的一般位置平面又垂直于某个旧投影面，因此不可能通过一次换面解决该问题。但根据投影面平行面的特征，即在平面所平行的投影面上的投影反映实形，而其余投影积聚为一条与相应投影轴平行的直线。因此，在将其变成投影面平行面之前，应先设法将其变成有积聚性的垂直面。也就是说，先经过一次换面使一般位置平面换成新投影面的垂直面，再第二次换面使垂直面换成新投影面的平行面。

如图 2-83 所示，首先以新投影面 V_1 代替 V，使 V_1 垂直于 $\triangle ABC$ 内的水平线 CII，将 $\triangle ABC$ 换成新投影面体系 V_1/H 中的垂直面；再以与 $\triangle ABC$ 平行的新投影面 H_2 代替 H。显然，第二次换面后，$\triangle a_2b_2c_2$ 反映 $\triangle ABC$ 实形。经两次换面后 $\triangle ABC$ 在 V_1/H_2 体系中，成为新投影面 H_2 的平行面。

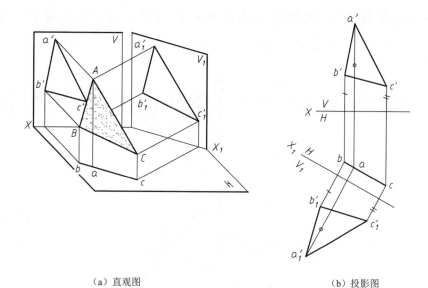

（a）直观图   （b）投影图

图 2-82 铅垂面变换为投影面平行面（保留 H 面）

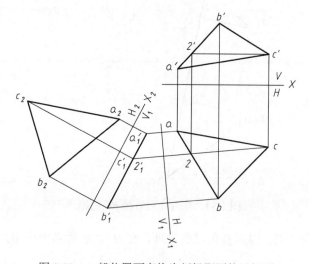

图 2-83 一般位置面变换为新投影面的平行面

当然，也可先以新投影面 H_1 代替 H 面，再以新投影面 V_2 代替 V 面，使一般位置面变换成 V_2 / H_1 投影体系中 V_2 面的平行面。读者不妨自己练习。

二、换面法应用举例

例 2-23 如图 2-84 所示，求点 A 到已知直线 BC 的距离。

【分析】根据直角投影定理可知，互相垂直的两直线，当其中一条直线是投影面的垂直线时，两直线在该面上反映直角。于是，可以用换面法将已知直线 BC 变换为新投影面的平行线，则在新投影体系中，可直接过点 A 点作出与直线 BC 垂直相交的直线 AK，再求出 AK 的实长即为点到直线的距离。

【作图步骤】

（1）如图 2-84 所示，将直线 BC 变换为投影面平行线。作 $X_1 /\!/ bc$，使直线 BC 变为 V_1 面的平行线（变为 H_1 面的平行线也可，但此时必须 $X_1 // b'c'$），求出直线 BC 在 V_1 面的新投影 $b_1'c_1'$。同时，将点 A 随同直线 BC 一起变换，求出点 A 在 V_1 面的新投影 a_1'。

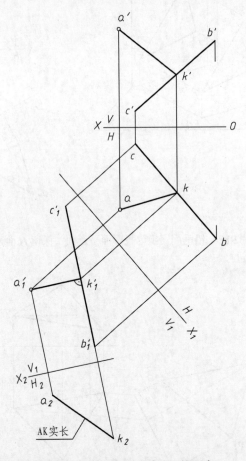

图 2-84   求点 A 到直线 BC 的距离

（2）确定垂线的位置。根据直角投影定理，在 H/V_1 新体系中作出点 A 到直线 BC 的距离 $AK(ak, a_1'k_1')$。

（3）求出线段 AK 的实长。可以用换面法求实长，如图 2-84 所示。当然，也可以用直角三角形法求。

例 2-24   如图 2-85 所示，已知一般位置平面 $\triangle ABC$ 及其外的一点 D，求点 D 到平面 $\triangle ABC$ 的距离。

【分析】根据直线与平面垂直的投影规律可知，当 $\triangle ABC$ 平面垂直于某一投影面时，其法线 DK 是该投影面的平行线，若 K 点为垂足点，DK 在新投影面上的投影反映距离的实长，如图 2-85a 所示。

【作图步骤】

（1）将 $\triangle ABC$ 变换成投影面的垂直面。在 $\triangle ABC$ 平面内取一条水平线 $AI(a1, a'1')$，将直线 AI 变换为 V_1 面的垂直线，$\triangle ABC$ 平面即变换为 V_1 面的垂直面，它在 V_1 面上的投影积聚为一条直线 $a_1'b_1'c_1'$。点 D 随同一起变换成投影点 d_1'，如图 2-85b 所示。

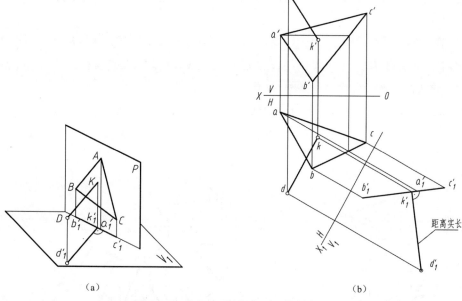

（a）　　　　　　　　　　　　　　（b）

图 2-85　求点 D 到平面 ABC 的距离

（2）作垂线 DK 。过 d_1' 作直线 $d_1'k_1' \perp a_1'b_1'c_1'$ ，则 $d_1'k_1'$ 即为所求，如图 2-85b 所示。

例 2-25　已知两交叉直线 AB 与 CD ，求其公垂线的投影及实长。

【分析】如图 2-86a 所示，当两交叉直线之一（如 AB ）变为新投影面的垂直线时，公垂线 KL 必平行于新投影面，其新投影反映实长，且与另一直线（ CD ）在新投影面上的投影反映直角。因为 AB 、CD 两直线均为一般位置直线，故只需把直线 CD 与 AB 一起进行二次换面，就可以把 AB 换成新投影面的垂直线。

【作图步骤】

（1）将 AB 换成投影面的平行线。如图 2-86b 所示，使 $X_1 /\!/ ab$ ，作出直线 AB 在 V_1 面的新投影 $a_1'b_1'$ 及直线 CD 在 V_1 面的新投影 $c_1'd_1'$ 。

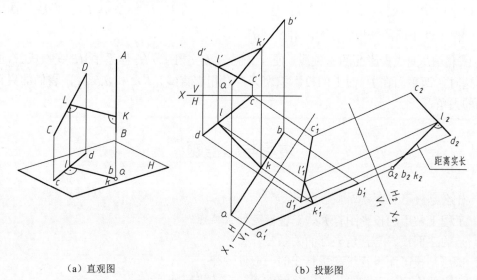

（a）直观图　　　　　　　　　（b）投影图

图 2-86　用换面法求两条交叉直线的公垂线

（2）将 AB 换成投影面的垂直线。使 $X_2 \perp a_1'b_1'$，作出 AB 在 H_2 面的新投影 a_2b_2 及 CD 的新投影 c_2d_2。

（3）作公垂线 KL。由于 a_2b_2 积聚为一点，所以 k_2 点与之重合。自 k_2 点作 c_2d_2 的垂线 k_2l_2，并由 l_2 确定 l_1'。由于 $KL \parallel H_2$ 面，所以，$l_1'k_1' \parallel X_2$ 且 k_2l_2 反映 KL 的实长。

（4）将 KL 返回到原投影体系 V/H 中。

例 2-26   如图 2-87 所示，求两平面的 φ。

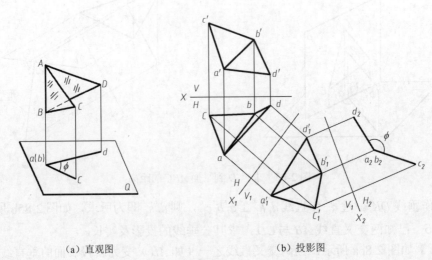

(a) 直观图   (b) 投影图

图 2-87   求平面 ABC 与 ABD 的夹角

【分析】当两平面同时垂直于某一投影面时，它们在该投影面上的投影积聚为两条直线，此两直线的夹角反映两平面夹角的大小。为使平面 ABC 与 ABD 同时垂直于某一投影面，只要使它们的交线 AB 垂直于该投影面即可。从图中 2-101 可知，ABC 与 ABD 的交线 AB 为一般位置直线，需要经过两次换面，才能将其变换为投影面垂直线，进而得到两平面的夹角。

【作图步骤】

（1）将 AB 变成投影面的平行线。使 X_1 轴 $\parallel ab$，在 V_1/H 体系中 AB 变换成 V_1 面的平行线，同时作出两平面的新投影 $a_1'b_1'c_1'$ 和 $a_1'b_1'd_1'$。

（2）将 AB 变成投影面的垂直线。使 X_2 轴 $\perp a_1'b_1'$，在 V_1/H_2 体系中 AB 变换成 H_2 面的垂直线，这时，两平面在 H_2 面上的投影积聚为一对相交直线 $a_2b_2c_2$ 和 $a_2b_2d_2$，它们的夹角就是两平面的夹角 φ。

复习与思考题

1. 什么是投影三要素？
2. 工程上常用的投影图有哪些？各自有什么特点？
3. 点的三面投影与直角坐标的关系是什么？
4. 试总结投影面平行线和垂直线的一般性规律。
5. 两直线有哪三种相对位置？分别叙述各自的投影特性。

6．什么叫重影点？可见性的含义是什么？怎么判断交叉两直线在投影图中重影点的可见性？

7．证明点分线段之比在投影后保持不变。

8．投影图上表示平面的方法有哪些？

9．平面图形平行于投影面、垂直于投影面和倾斜于投影面时，分别有怎样的投影特性？

10．如何在平面内取点和直线？

11．什么叫投影变换？变换的目的是什么？

12．在换面时，点的新、旧投影之间的变换关系是什么？

13．试述用换面法把一般位置直线变为投影面平行线和投影面垂直线的步骤。

第三章　立体及其交线的投影

任何复杂的几何形体都可看作是由若干个基本立体构成，基本立体根据其表面的几何形状，可分为两大类：

- 平面立体——表面全部为平面的立体，如棱柱、棱锥等。
- 曲面立体——表面为曲面或既有曲面又有平面的立体，如圆球、圆环、圆柱和圆锥等。

第一节　平面立体的投影及其表面上的点和线

平面立体的投影及其
表面上的点和线

一、平面立体的投影

由于平面立体是由若干平面多边形围成的，因此，作平面立体的投影图就是作出立体的各个表面的投影。而各个平面均由直棱线围成，所以绘制平面立体的投影图，就是绘制其所有棱线及顶点的投影。绘制平面立体投影时，若棱线的投影为可见，画粗实线；若不可见，画虚线；若粗实线与虚线重合，画粗实线。

1. 棱柱的投影

具有互相平行的两个底面，且其余棱线互相平行的立体称为棱柱。侧棱与上、下底面垂直的称为直棱柱，棱线互相平行与上、下底倾斜的称为斜棱柱。如图 3-1a 所示，四棱柱的顶面和底面为水平面，四个侧棱面为铅垂面，四条侧棱线为铅垂线。如图 3-1b 所示，作投影图时，先画顶面和底面的投影。其水平投影反映实形——四边形，且两面的投影重合，在正面和侧面上的投影分别积聚为与 OX 轴、OY 轴平行的直线段。然后，再画四条棱线的投影。水平投影积聚在四边形的四个顶点上，正面、侧面投影为反映棱柱高的直线段。在正面投影图中，$d'd_1'$ 因被前面的棱面挡住而不可见，故画成虚线。在侧面投影图中，$c''c_1''$ 也因被左面的棱面遮挡而画成虚线。

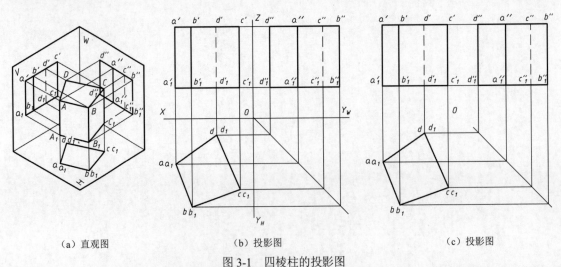

(a) 直观图　　　　　　　　(b) 投影图　　　　　　　　(c) 投影图

图 3-1　四棱柱的投影图

在棱柱的投影体系中，若改变立体与投影面间的距离，则仅会改变立体的各投影与投影轴之间的距离，而各投影的大小、形状始终保持不变。因此，投影图中的投影轴对表达立体的形状并无多大实际意义。为了作图简便，投影图上的投影轴可省略不画，如图 3-1c 所示。但投影规律仍然要遵循，通常简单归纳为：

- 正面投影与水平投影——长对正。
- 正面投影与侧面投影——高平齐。
- 水平投影与侧面投影——宽相等。

2. 棱锥的投影

具有一个多边形底面，各棱面均为三角形且有一个公共顶点的平面立体称为棱锥。如图 3-2a 所示，三棱锥的底面是一个平行于 H 面的三角形，棱线 SA、SB 和 SC 为一般位置线。如图 3-2b 所示，作投影图时，先画底面的投影。其水平投影反映实形，正面及侧面投影都积聚成直线段。然后，再画锥顶 S 的投影；最后，连接锥顶 S 和底面各顶点，即得该三棱锥的三面投影图。由于该三棱锥的三个侧棱面都为一般位置平面，故它们的各个投影都是其本身的类似形——三角形。侧面投影中，棱线 $s''c''$ 因被左面的棱面挡住而画成虚线。

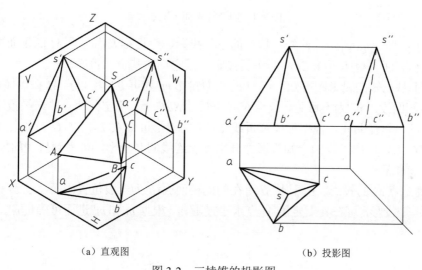

（a）直观图　　　　　　　　　（b）投影图

图 3-2　三棱锥的投影图

二、平面立体表面上的点和线

在平面立体表面上取点，必须首先分清点所处的表面，然后利用平面内取点的方法，确定点和线的投影，并判断其可见性，下面举例说明。

例 3-1 如图 3-3a 所示，已知四棱柱的三面投影及其表面上的点 E、F 的正面投影 e' 和 f'，求作它们的另外两个投影。

【分析】由于四棱柱的各棱面为铅垂面，因此其水平投影有积聚性。再根据 E 点和 F 点正面投影的可见性（e' 可见，f' 不可见），对照水平投影可以看出：点 E 在棱面 BB_1C_1C 上，而点 F 在棱面 DD_1C_1C 上。

【作图步骤】

（1）由 e' 和 f'，利用两个棱面水平投影的积聚性作出 e 和 f，如图 3-3b 所示。

（2）由 e' 和 e 作出 e''（由于棱面 BB_1C_1C 的侧面投影不可见，故 e'' 亦不可见）。

（3）由 f' 和 f 作出 f''（由于棱面 DD_1C_1C 的侧面投影不可见，故 f'' 亦不可见）。

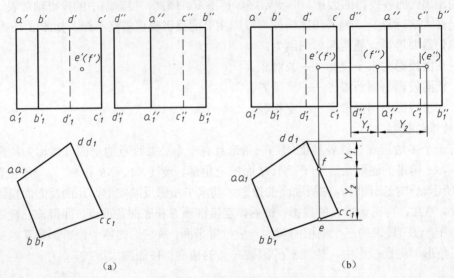

图 3-3   四棱柱表面上取点

例 3-2   如图 3-4a 所示，已知三棱锥的三面投影、三棱锥表面上点 M 的正面投影、点 N 的侧面投影和表面上封闭折线 EFG 的正面投影，求它们的其余二投影。

【分析】 从已知的投影图可知，点 M 的正面投影 m' 为可见，所以点 M 在侧棱面 SAB 上。另一点 N 的侧面投影 n'' 为不可见，故点 N 在侧棱面 SBC 上。确定此两点的未知投影需要在两平面内分别过点作辅助线。根据形体及折线 EFG 的投影可知点 E、F、G 分别位于三条棱线 SA、SB 和 SC 上，作出三点的未知投影并分别顺次连线同名投影，可得到折线的投影。

【作图步骤】

（1）确定点 M 的投影。由于点 M 所在的侧棱面 SAB 为一般位置平面，过 M 作直线 SD，求出 SD 的水平投影，可在其上定出 M 点水平投影 m，根据 m 和 m' 进而可确定 m''，如图 3-4b 所示。

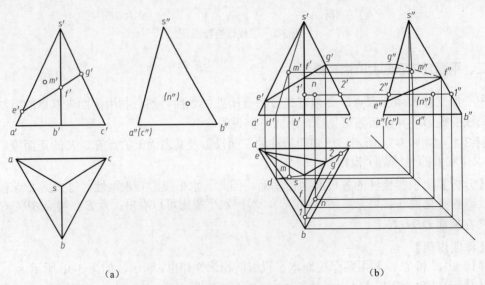

（a）   （b）

图 3-4   三棱锥表面上取点取线

（2）确定点 N 的投影。由于点 N 所在的侧棱面 SBC 也为一般位置平面，故过 N 点作辅助直线 I II 的侧面投影1″2″，求出的水平投影 12 和正面投影1′2′，在 12 和1′2′上作出 N 点的另外两个投影 n 和 n'，如图 3-4b 所示。

（3）可见性判断。由于 M 点所在的侧棱面 SAB 的水平投影和侧面投影均可见，因此 m 和 m'' 均可见；N 点所在的侧棱面 SBC 的水平投影和正面投影均可见，因此 n 和 n' 均可见。

（4）求出封闭折线 EFG 上折点 E、F 和 G 的水平投影 e、f 与 g 及侧面投影 e''、f'' 及 g''，连线同面投影并判别可见性，如图 3-4b 所示。

第二节　平面与平面立体相交

平面与平面立体相交

对工程物体构形、作图时，常常会碰到平面与立体相交、直线与立体相交的问题。在工程实践中，平面与立体相交是构成机械零件形状的一种主要形式。例如，图 3-5 所示的车刀架与钩头楔键及图 3-6 所示的零件。

图 3-5　车刀架与钩头楔键　　　　图 3-6　简化后的连杆零件

平面与立体相交，可以看成是立体被平面所截，如图 3-7 所示，称平面为截平面，所得交线为截交线，截交线所围成的平面图形为断面。

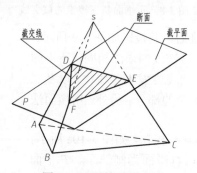

图 3-7　平面与立体相交

由于平面立体的形状以及截平面与立体的相对位置不同，截交线的形状也各不相同，但任何截交线都具有以下基本性质：

（1）截交线是截平面和立体表面的共有线，截交线上的点也必然是截平面和立体表面的共有点。

（2）截交线一定是一个或多个封闭的平面图形。

从图 3-7 可看出，平面与平面立体相交，其截交线是平面多边形，多边形的顶点是截平面与平面体棱线的交点，多边形的边是截平面与平面体表面的交线。因此，求平面体截交线的方法可归纳为：

1）棱线交点法，求出有关棱线与截平面的交点，判别可见性，然后依次相连。

2）表面交线法，求出棱面与截平面的交线，判别各投影的可见性，即得截交线的投影。

例 3-3   正垂面 P 与三棱锥相交，如图 3-8a 所示。

【分析】

（1）从正面投影中可看出，截平面 P 与三棱锥的底面不相交，仅与三个棱面相交，因此截交线是一个三角形。

（2）由于 P 平面为正垂面，它的正面投影有积聚性，所以截平面 P 与参与相交的三个棱面的交线都可直接利用积聚性求出。

【作图步骤】

（1）画出三棱锥的侧投影，如图 3-8a 所示。

（2）求截平面 P 与棱面 SAB 的交线 $I-II$，如图 3-8b 所示。

（3）求截平面 P 与棱面 SBC、SAC 的交线 $II-III$ 和 $III-I$，如图 3-8c 所示。

（4）判断可见性并补全棱线的投影，如图 3-8d 所示。

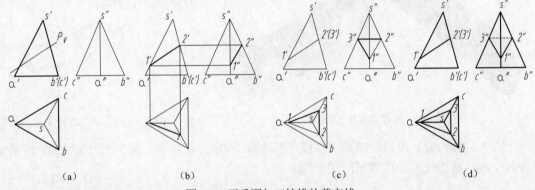

（a）   （b）   （c）   （d）

图 3-8   正垂面与三棱锥的截交线

【讨论】正垂面截切三棱锥后，其投影如图 3-9 所示。将其与图 3-8 作比较可以看出：截交线的求法相同，所不同的是三棱锥被截断后，截交线的可见性发生了变化，以及三棱锥的棱线只需画出截断后所剩余的部分。另外，用换面法可求出截断面的实形。

例 3-4   用 P、Q 两平面截切五棱柱，如图 3-10a 所示。

【分析】 P 平面为正垂面，Q 平面为侧平面。P 平面与 Q 平面的交线为 $III-IV$，Q 平面与五棱柱表面的交线为 $IV-I-II-III$（四边形）；P 平面与五棱柱的交线为

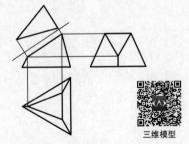

三维模型

图 3-9   正垂面截切三棱锥

$IV-V-VI-VII-III$（五边形）。由于积聚性，交线的正面投影和水平投影可直接求出，然后根据交线的正面投影和水平投影可求出交线的侧面投影。

【作图步骤】

（1）用细实线画出完整五棱柱的侧投影，如图 3-10a 所示。

（2）求出 Q 平面与五棱柱的截交线，如图 3-10b 所示。

（3）求出 P 平面与五棱柱的截交线，如图 3-10c 所示。

（4）判断可见性，加粗五棱柱被截断后所剩的棱线，如图 3-10d 所示。

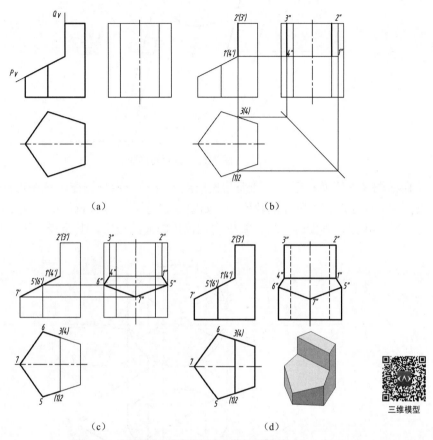

（a） （b）

（c） （d）

三维模型

图 3-10 正垂面 P 和侧平面 Q 截切五棱柱

第三节　曲面立体的投影及其表面上的点和线

曲面立体是由曲面或曲面与平面共同围成的。有的曲面立体有棱线，如圆柱体的两个底圆；有的曲面立体有尖点，如圆锥的锥顶；有的曲面立体完全由曲面围成，如球体和圆环体。对曲面立体在作投影图时，除了要画出棱线和尖点的投影外，还要画出曲面的投影。

工程中常见的曲面立体主要是回转体，即由回转面围成的立体，如圆柱、圆锥、圆球、圆环及由其组合而成的复合立体。

一、曲面的投影

曲面可看作是一条线在空间连续运动所形成的轨迹，称该线为母线，母线处于曲面上任一位置时，称为素线。母线作不规则运动形成不规则曲面；作规则运动形成规则曲面。图 3-11 中，母线 AA_1 沿曲线 ABCD 运动且始终平行于直线 MN，故母线 AA_1 运动时形成的曲面为规则曲面。在形成规则曲面的过程中，控制母线运动而本身不动的几何元素——线、面或点（如 MN 和 ABCD）被称为导元素，即导线、导面和导点。

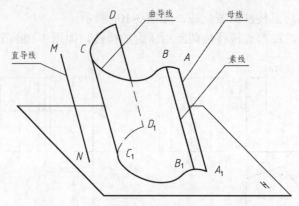

图 3-11　曲面的形成

　　将曲面向某投影面投影时，曲面与投射线若存在一系列切点，这些连续切点构成的直线或曲线，称为曲面对该投影面的轮廓线，如图 3-12 所示。如果该轮廓线又是曲面的一条素线，则称之为轮廓素线。画图时，只需画出它在该投影面的投影，其余投影不必画出。

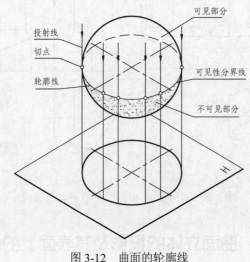

图 3-12　曲面的轮廓线

二、圆柱

圆柱的投影及其
表面上的点和线

　　如图 3-13 所示，圆柱可以看成是由线段 OA、AB 和 O_1B 围绕直线 OO_1 旋转一周形成，其中，直线 OO_1 称为回转轴或轴线。在旋转过程中，三条线段分别形成圆柱体的顶面、柱面和底面。

　　1. 圆柱的投影

　　如图 3-14a 所示，当轴线为铅垂线时，圆柱面上所有素线都是铅垂线，圆柱面的水平投影积聚成一个圆，圆柱面上所有点、线的水平投影都积聚在这个圆周上。圆柱的上顶面和下底面的水平投影反映其实形——圆。当用点画线画出对称中心线时，对称中心线的交点就是轴线的水平投影。

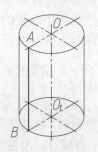

图 3-13　圆柱形成

　　在正面投影中，圆柱的轴线用点画线画出。上顶面和下底面的投影都积聚成直线段，其长度等于圆的直径；而圆柱面的正面投影则为其最左、最右侧的两条轮廓线 AA_1、BB_1 的投影 $a'a_1'$、$b'b_1'$，及其上下轮廓线 $ACBDA$、$A_1C_1B_1D_1A_1$ 的投影。此时，上下轮廓线的正面投影与上顶面、下底面的正面投影刚好重合。由于轮廓线 AA_1 和 BB_1 把圆柱面分为前、后两部分，前半圆柱面在正面投影图中可见，后半圆柱面在正面投影图中不可见，故称之为正面投影的转向轮廓线。

同理，可以得到圆柱体的侧面投影，而且其形状与正面投影一样，如图 3-14b 所示。但是要明白其意义是不同的，即侧面投影中前、后两侧的 $c''c_1''$ 和 $d''d_1''$ 线是圆柱面上最前、最后两条侧面转向轮廓线 CC_1 和 DD_1 的投影。

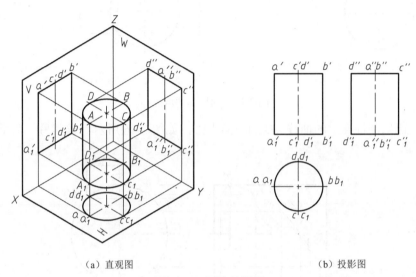

（a）直观图　　　　　　　　　　　　（b）投影图

图 3-14　圆柱的投影

最后，再强调一下这四条转向轮廓线在三个投影中的位置。轮廓线 AA_1 和 BB_1 的正面投影为其左右两条直线段，水平投影积聚为圆周上的最左、最右两点，而侧面投影都与轴线的侧面投影重合。与之类似，侧面轮廓线 CC_1 和 DD_1 的侧面投影为最前、最后两条直线段，水平投影积聚为圆周上的最前、最后两点，而其正面投影都与轴线的正面投影重合。

2. 圆柱表面上的点和线

例 3-5　已知圆柱表面上的点 A、B 和 C 的一个投影，如图 3-15a 所示，求它们的另外两个投影。

【分析】由于圆柱的轴线为铅垂线，圆柱体柱面部分的水平投影具有积聚性，而上顶面和下底面的正面投影与侧面投影具有积聚性。在圆柱表面上取点时，可利用这些积聚性作图。

【作图步骤】

（1）求 a、a'。由 a'' 不可见可以判断点 A 处在圆柱面的右前部，其水平投影 a 必积聚在右前部的 1/4 圆周上，利用这一特性可先求出 a，如图 3-15b 所示，然后再由 a 和 a'' 求出 a'。

（2）求 b、b''。由 b' 的位置及其不可见性，可以判断点 B 必在圆柱面的最后转向线上，利用点的投影特性即可得到 b 和 b''。

（3）求 c'、c''。由 c 可知，点 C 在圆柱底面上。利用底面正面投影的积聚性，可以在正面、侧面投影上找到 c' 和 c''。

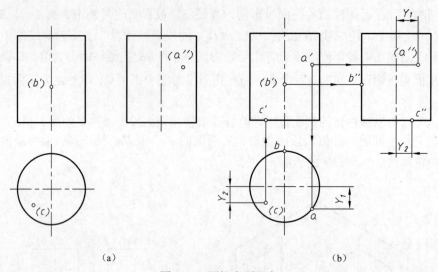

（a）   （b）

图 3-15   圆柱表面取点

例 3-6   已知圆柱面上的曲线 AD 的正面投影，如图 3-16 所示，求其另外两个投影。

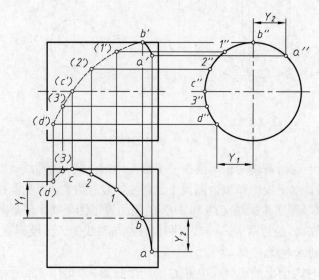

图 3-16   圆柱表面上取线

【分析】根据曲线 AD 的正面投影可知，整个曲线有两段，即 AB 段和 BD 段。AB 段为实线，处在圆柱面的前半部；BD 段为虚线，处于圆柱面的后半部，其中点 C 又将其分成 BC 和 CD 两段，BC 段在圆柱面的后上部，CD 段在圆柱面的后下部。像 B 和 C 这些处于转向轮廓线上的点都属于特殊点，它们不仅是曲线投影可见性的分界点，也控制曲线的轮廓。

【作图步骤】

（1）求出曲线端点 A 和 D 的投影。侧面投影 a″ 和 d″ 积聚在圆周上，可直接求出。根据点的投影特性可作出 a 和 d。

（2）求特殊点 B 和 C 的投影。点 B 在最上轮廓线上，点 C 在最后轮廓线上。根据它们的投影位置，可直接求出这两个点的侧面投影 b″、c″ 和水平投影 b、c。

（3）求一般点 I、II 和 III 的投影。在 a′d′ 上取点 1′、2′ 和 3′，然后求其侧面投影 1″、2″

和 3″ 及水平投影 1、2 和 3。

（4）连线并判别其可见性。将 a、b、…、d 依次连接成光滑曲线。因曲线 ABC 位于圆柱面的上半部，而曲线 CD 位于圆柱面的下半部，故水平投影被 c 点分为可见与不可见两部分。对不可见的 cd 段，用虚线画出。

圆锥的投影及
其表面的点

三、圆锥

如图 3-17 所示，圆锥也可以看成由直线段 SA 和 OA 绕轴线 SO 旋转而成。其中，SA 旋转形成圆锥面，OA 旋转形成底面。

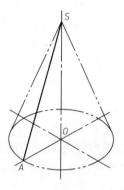

图 3-17　圆锥形成

1. 圆锥的投影

如图 3-18a 所示，当圆锥的轴线为铅垂线时，底面处于水平位置。其水平投影反映底圆的实形，正面投影、侧面投影分别积聚成直线段，长度等于圆的直径。而圆锥面的投影没有积聚性。

【作图步骤】

（1）确定轴线。用点画线画出轴线的三面投影，并在水平投影处用点画线画出对称中心线。

（2）作出底面的投影。首先要确定底面与轴线交点 O 的三面投影，显然，其水平投影 o 就落在对称中心线的交点，而 o′ 和 o″ 则应根据点的投影规律在轴线上确定。

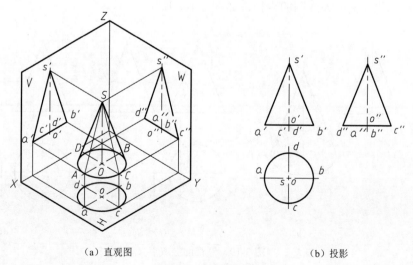

（a）直观图　　　　　　　　　　　（b）投影

图 3-18　圆锥的投影

在水平投影中，以 o 为圆心，底圆半径长为半径画圆，该圆即为底面的水平投影。在正面投影和侧面投影中，分别过 o′ 和 o″ 点作直线段与轴线的相应投影垂直，并对称截取半径长度。

（3）确定锥顶点 S。在正面和侧面投影中，分别自 o′ 和 o″ 向上量取圆锥高度定下 s′ 和 s″ 点（水平投影点 s 与 o 重合）。

（4）绘制圆锥面的投影。在正面投影中，要画出左、右两侧正视转向线 SA、SB 的投影 s′a′ 和 s′b′。同样，在侧面投影中，要画出前、后两侧视转向线 SC、SD 的投影 s″c″ 和 s″d″，而圆锥面的下轮廓线的三面投影则恰好与底面的三面投影重合。

这里要强调的是：①正视转向线 SA、SB 把圆锥分为前、后两部分，前半圆锥面在正面投影中为可见。其正面投影为 s′a′ 和 s′b′，而水平投影 sa 和 sb 与圆的水平方向的对称中心线重合，侧面投影 s″a″ 和 s″b″ 与轴线的侧面投影重合。②侧视转向线 SC、SD 把圆锥分为左、右两部分，左半圆锥面在侧面投影中为可见。其侧面投影为 s″c″ 和 s″d″，而其水平投影 sc 和 sd 与圆的竖直方向的对称中心线重合，正面投影 s′c′ 和 s′d′ 与轴线的正面投影重合。

2. 圆锥表面的点和线

如图 3-19a 所示，已知圆锥面上点 K 的正面投影 k′，试画出其另外两个投影。由于圆锥面的三个投影都没有积聚性，所以需要在圆锥面上通过点 K 作一条辅助线。为了便于作图，选取的线应该简单、易画。比如选素线或垂直于轴线的纬圆（水平圆）作为辅助线，通常形象地称其为素线法和纬圆法。

素线法：参见图 3-19b，连接点 S 和 K，并延长使之交底圆于点 E，因 k′ 为可见，故 SE 位于圆锥面前半部，点 E 也在底圆的前半圆周上。作图步骤如下：

（1）过 k′ 作直线 s′e′（即圆锥面上辅助素线 SE 的正面投影），如图 3-19c 所示。

（2）作出 SE 的水平投影 se 和侧面投影 s″e″。

（3）点 K 在 SE 上，故 k 和 k″ 必分别在 se 和 s″e″ 上。

纬圆法：参见图 3-19b，通过点 K 在圆锥面上作垂直于轴线的水平纬圆，这个圆实际上就是点 K 绕轴线旋转所形成的。作图步骤如下：

（1）过点 k′ 作直线与轴线垂直（纬圆的正面投影），并与左、右两侧正视转向线的投影相交，两交点间的长度即为纬圆的直径，如图 3-19d 所示。

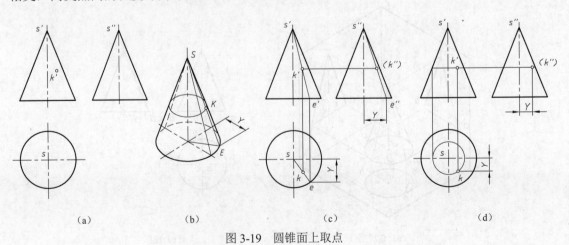

图 3-19　圆锥面上取点

（2）在水平投影中，作出该纬圆的水平投影。

（3）因点 K 在圆锥面的前半部上，故由点 k' 向水平投影作投影连线交前半部纬圆于 k，再由 k' 和 k 求出 k''。

例3-7 如图 3-20 所示，已知圆锥面上曲线 AC 的正面投影，试画出其另外两个投影。

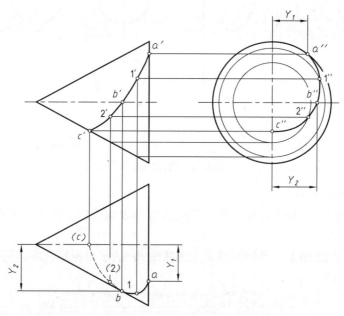

图 3-20 圆锥面上取线

【分析】由正面投影可知，曲线 AC 处于圆锥面的前半部，但被点 B 分为两段，即 AB 段和 BC 段。AB 段在锥面的前上部，BC 段在锥面的前下部。如同圆柱面上定线一样，在圆锥面上定线也必须先确定该曲线上的若干点。

【作图步骤】

（1）作出曲线端点 A、C 的投影。C 点在正视转向线上，A 点在锥底圆周上，故 c、c'' 和 a、a'' 均可直接确定。

（2）求俯视转向线上特殊点 B 的投影。由于转向线的投影位置已知，故可直接求出 b、b''。

（3）求一般点的投影。在曲线的正面投影上选取适当数量的一般点 $1'$、$2'$，利用纬圆为辅助线，求得侧面投影 $1''$、$2''$ 和水平投影 1、2。

（4）连线并判别可见性。依次连接点 A、I、B、II 和 C。因曲线 BC 位于圆锥面的下半部，故在水平投影中 bc 段不可见，画成虚线。由于锥面的侧投影始终可见，故曲线 AC 在侧面投影中也可见。

四、圆球

1. 圆球的投影

如图 3-21a 所示，球在三个投影面上的投影都是与球直径相等的圆。虽然三个投影的形状与大小都一样，但实际意义是不同的，它们分别是圆球的正视转向线 A、侧视转向线 B 和俯视转向线 C 在所视方向上的投影。如图 3-21b 所示，正视转向线 A 在 V 面上的投影为圆 a'，而在 H 面的投影 a 与水平方向的点画线重合，在 W 面上的投影 a'' 与竖直方向的点画线重合。俯视转向线和侧视转向线的投影情况与之类似。

球体的投影及
其表面上的点

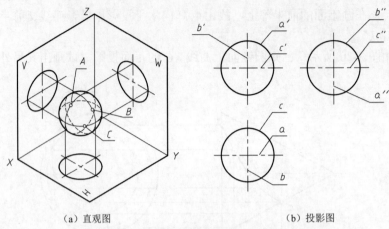

(a) 直观图	(b) 投影图

图 3-21　圆球的投影

2. 圆球表面的点和线

与其他立体一样，球体表面定点也必须先在球体表面取线。为了便于作图，一般取与某一投影面平行的纬圆。

例 3-8　如图 3-22 所示，已知圆球面上的曲线 EF 的水平投影，求其另外两个投影。

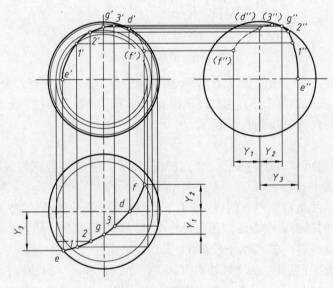

图 3-22　圆球面上取线

【分析】由于曲线 EF 的水平投影可见，所以曲线 EF 在圆球的上方。又因该水平投影跨过前后、左右对称中心线，所以其正面投影与正视转向轮廓圆相交，侧面投影与侧面转向轮廓圆相交。

【作图步骤】

（1）求曲线端点 E、F 的投影。因 E 点在俯视转向线上，故 e' 和 e'' 可直接求出。而 F 点可利用与 H 面平行的纬圆确定。

（2）求正视转向线上点 D 和侧视转向线上点 G 的正面和侧面投影。

（3）求一般点的投影。在水平投影上取点 1、2 和 3，然后利用与 V 面平行的纬圆，求其正面投影及侧面投影。

（4）连线并判别可见性。依次光滑连接各点的正面投影和侧面投影。由水平投影可知，曲线 *EF* 被 *D* 点分成前后两部分。*ED* 在前半球面上，故其正面投影 *e'd'* 可见；曲线 *DF* 在后半球面上，其正面投影 *d'f'* 不可见，画成虚线。同样，侧面投影也被 *G* 点分成两段，*e"g"* 可见，*g"f"* 不可见。

五、圆环

如图 3-23 所示，圆环可以看成是由一个圆绕圆外轴线 *L*（*L* 与圆在一个平面上）旋转一周形成。其中，远离轴线的半圆形成外环面，距轴线比较近的半圆形成内环面。

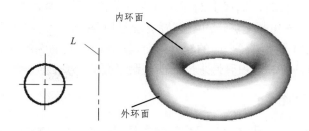

图 3-23　圆环的形成

1. 圆环的投影

图 3-24 为圆环的投影图。在正面投影中，左、右两圆及与之相切的两段直线是圆环面正视转向线的投影，其中两圆是圆环面上最左、最右两素线圆的投影。实线半圆在外环面上，虚线半圆在内环面上（被前半外环面挡住，故画成虚线），上、下两段直线是内、外环面上下两个分界圆的投影。在正面投影图中，外环面的前半部可见，后半部不可见，内环面均为不可见。

在水平投影中，画出的最大圆和最小圆为圆环俯视转向线的投影，这两个圆将圆环面分为上下两部分，上半部在水平投影中可见，下半部不可见。点画线圆为母线圆中心轨迹的投影，也可当作内、外环面的分界线。

2. 圆环面上的点和线

由于圆环面是一个纯曲面体，任一投影都没有积聚性。因此，在圆环表面取点时，只能利用与轴线垂直的纬圆。

例 3-9　如图 3-25 所示，已知圆环面上的点 *A*、*B* 的正面投影与点 *C* 的水平投影，求它们的另一个投影。

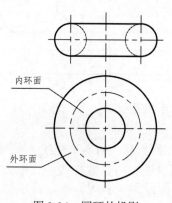

图 3-24　圆环的投影

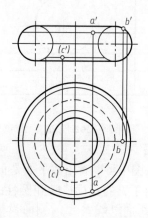

图 3-25　圆环表面取线

【分析】根据已知投影可知 B 点位于圆环面最右素线上，而 A 点位于上半圆环面的外环面部分，C 点在下半圆环面的内环面上。

具体作图过程如图 3-25 所示。

第四节　平面与回转体相交

平面与回转体相交，截交线一般情况下是平面曲线，也可能是平面曲线与直线段的组合图形或完全由直线段围成的图形。

当截交线是平面曲线时，曲线上的任一点都可看作是回转体的曲表面上某一条线（通常指直素线和纬圆）与截平面的交点。若回转体的投影没有积聚性，必须根据回转体表面的性质，用素线法或纬圆法求出曲面与截平面的一系列交点，并依次光滑连接成平面曲线。当曲面体的某一投影有积聚性时，可利用积聚性求出曲面与截平面的一系列交点。

一、平面与圆柱体相交

平面与圆柱体相交时，截平面与圆柱轴线的相对位置不同，截交线有三种情况，见表 3-1。由于圆和直线的截交线画法都比较容易，所以下面以椭圆为例来说明其截交线的画法。

平面与圆柱体相交

表 3-1　平面与圆柱体相交

示意图	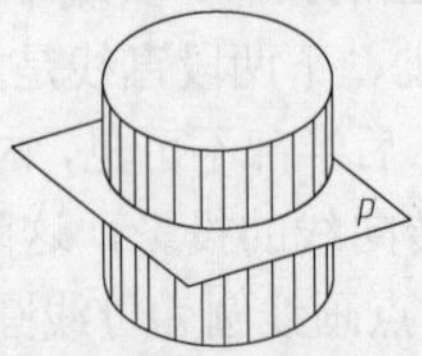	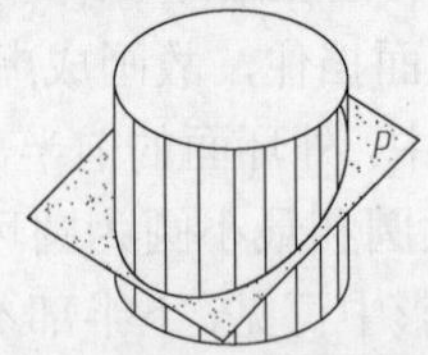	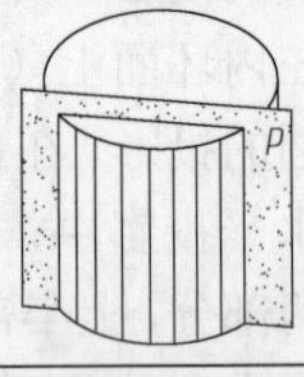
截平面位置	与圆柱轴线垂直	与圆柱轴线倾斜	与圆柱轴线平行
投影图	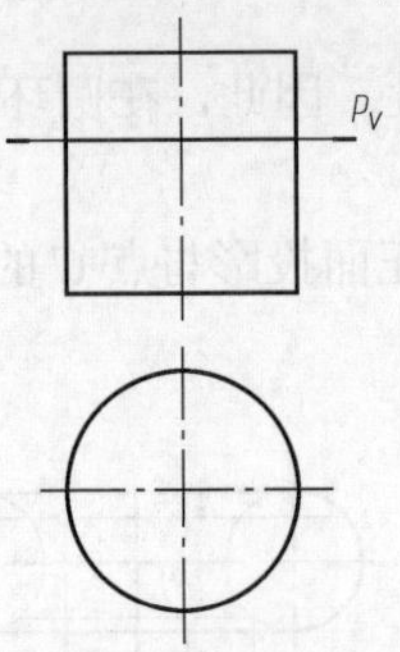 p_V	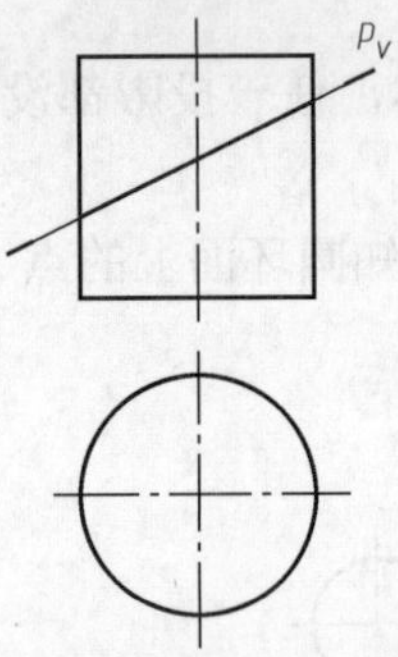 p_V	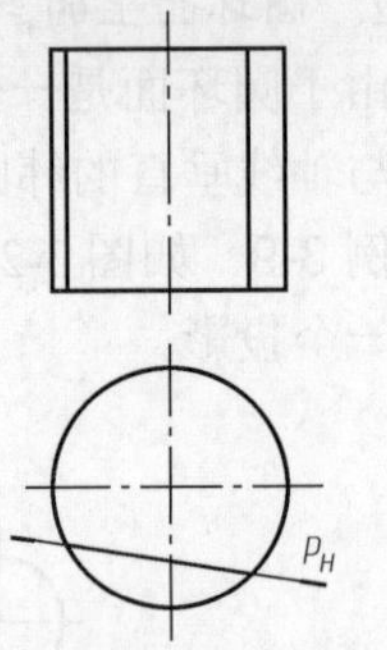
			p_H
截交线形状	圆	椭圆	矩形

例 3-10　如图 3-26a 所示，正垂面 P 与圆柱斜交，求其截交线。

【分析】

（1）从图中可以看出截平面是正垂面且与整个圆柱面斜交，所以截交线是椭圆。

（2）由于 P 的正面投影和圆柱的侧面投影都有积聚性，所以截交线的正面投影积聚在截平面 P 的正面迹线 p_V 上，侧面投影积聚在圆柱的侧面投影（圆周）上，待求的仅是其水平投影。

（3）在曲线的投影中已经讨论过，绘制曲线投影的一般步骤是：先求特殊点（对截交线来讲，即是其上的最高、最低、最左、最右、最前、最后点及立体投影轮廓线上的点，平面曲线的特征点如椭圆长短轴的端点等），然后再根据描述曲线的需要求作适当的一般点。

【作图步骤】

（1）补出圆柱的水平投影，如图 3-26a 所示。

（2）求特殊点的投影，如图 3-26a 所示。

I、II 两点是圆柱正面投影轮廓线上的点，其水平投影在圆柱水平投影的中心线上。III、IV 两点是圆柱水平投影轮廓线上的点，其水平投影在圆柱水平投影轮廓线上。有时某一特殊点可代表几个含义，如 I 点，既是最高点也是最左点，还是正面投影轮廓线上的点和椭圆长（短）轴的一个端点。所以在本例中，只需求出正面投影轮廓线和水平投影轮廓线上的 I、II、III 和 IV 点，即求出了所有特殊点。

（3）求一般点 V、VI、VII、VIII，如图 3-26b 所示。可利用截平面在正面投影上的积聚性确定一般点的适当位置如 5′、6′，再根据圆柱在侧面投影上的积聚性确定 5″、6″，最后根据投影规律求出水平投影 5、6。用同样的方法可以确定 VII、VIII 点。

（4）依次光滑连接各点，并判别可见性，如图 3-26c 所示。III、IV 点是圆柱水平投影轮廓线上的点，也是截交线水平投影可见与不可见的分界点。

（5）加深圆柱的水平投影，如图 3-26c 所示。

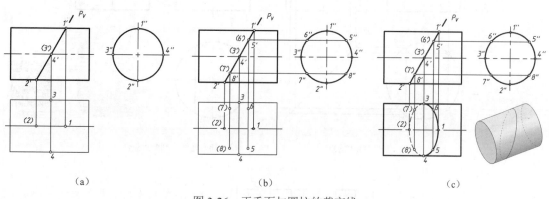

图 3-26 正垂面与圆柱的截交线

【讨论】

（1）图 3-27 是正垂面截切圆柱后的投影图，将其与图 3-26 相比，截交线相同，只是可见性发生了变化，而且圆柱的水平投影轮廓线只加粗截断后所剩余的部分。用换面法可求出截交线的实形。

（2）若正垂面 P 截切空心圆柱，则 P 平面与内、外圆柱面均有交线，如图 3-28 所示。P 平面与内圆柱面的截交线求法与 P 平面与外圆柱面相同。

例 3-11 如图 3-29 所示，用 P、Q 两平面截切圆柱。

【分析】Q 平面为侧平面且与圆柱的轴线平行，故与圆柱的截交线为矩形。P 平面为正垂面且与圆柱的轴线倾斜，但没有完全截切，故与圆柱的截交线为不完整的椭圆。I-IV 是 P 平面与 Q 平面的交线也是矩形和椭圆的分界点。

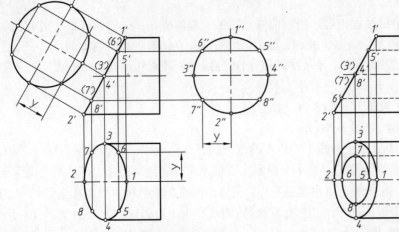
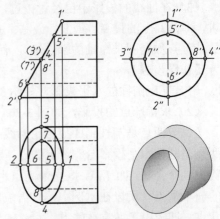

图 3-27　正垂面截切圆柱

图 3-28　正垂面截切空心圆柱

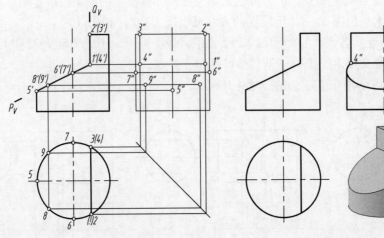
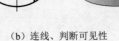

（a）求截交线上的点　　　（b）连线、判断可见性

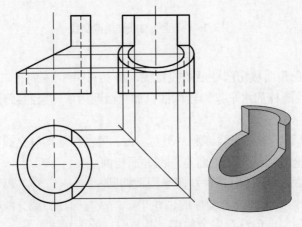

三维模型

（c）截切空心圆柱

图 3-29　两平面截切圆柱

【作图步骤】

（1）如图 3-29 所示，用细实线画出完整圆柱的侧面投影，求出侧平面 *Q* 与圆柱的截交线（矩形）上的点 *I*、*II*、*III*、*VI*，以及正垂面 *P* 与圆柱的截交线（椭圆）上的各点。

（2）依次光滑连接各点，并判别可见性，注意画出两截平面的交线 *I-IV* 的投影。加粗侧面投影上圆柱被截切后剩余的投影轮廓线，完成全图。

【讨论】

（1）当多个平面截切立体时，应将多个截平面分解为单个截平面，然后分别根据单个截平面与立体的相对位置分析其截交线的形状，求出各截交线的投影，并注意画出截平面与截平面交线的投影。

（2）图 3-29c 是正垂面 *P* 和侧平面 *Q* 截切空心圆柱的投影情况。此时，特别要注意实体与虚体投影轮廓线可见性的区别。

阀轴端部的结构（图 3-30a）是由圆柱体被与其轴线平行的平面 P 和与其轴线垂直的平面 Q 切割而成的，图 3-30b 是它的三视图，读者可根据前面的叙述自行分析其交线的求法。另外，图 3-30c 所示为圆柱体中间挖槽，也是机械零件常见结构，读者可自行分析其交线与图 3-30b 所示交线的异同。

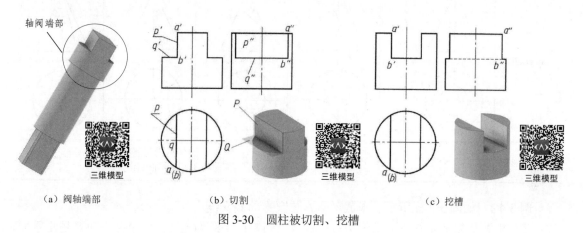

（a）阀轴端部　　　　　（b）切割　　　　　（c）挖槽

图 3-30　圆柱被切割、挖槽

图 3-31 为空心圆柱被切割的情况，截平面与内外圆柱面都有交线，作图方法与上述相同，但要注意交线的可见性。

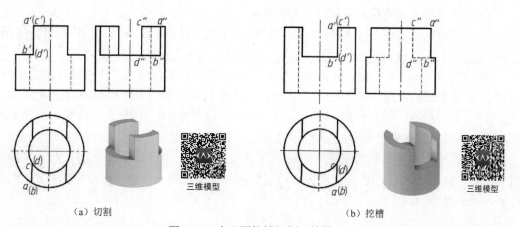

（a）切割　　　　　　　　（b）挖槽

图 3-31　空心圆柱被切割、挖槽

二、平面与圆锥体相交

平面与圆锥体相交

平面与圆锥体相交时，截交线形状也受截平面与圆锥轴线相对位置的影响。根据它们的相对位置不同，截交线共有五种情况，见表3-2。

表 3-2　平面与圆柱体相交

示意图					
截平面位置	垂直于圆锥轴线 $\theta=90°$	倾斜于圆锥轴线 $\theta=\phi$ （平行于一条素线）	倾斜于圆锥轴线 $\theta>\phi$	倾斜于圆锥轴线 $\theta=0$ 或 $<\phi$ （平行于两条素线）	过锥顶 $\theta<\phi$
投影图					
截交线形状	圆	抛物线与直线构成的图形	椭圆	双曲线与直线构成的图形	三角形

例 3-12　如图 3-32a 所示，求截平面 P 与圆锥的截交线。

【分析】 从截平面 P 与圆锥的相对位置可以判断截交线为椭圆。由于截平面 P 是正垂面，截交线的正面投影积聚在 P_V 上，其水平投影和侧面投影均为椭圆。

【作图步骤】

（1）补出圆锥的侧投影，如图 3-32b 所示。

（2）求特殊点，如图 3-32b 所示。投影轮廓线上的点 I、II 和 III、IV，可直接由正面投影1′、2′和3′(4′)确定其水平投影 1、2、3、4 以及侧面投影 1″、2″ 和3″、4″。

椭圆的长轴为 I-II，根据椭圆长、短轴互相垂直平分的几何关系，可知短轴的正面投影5′(6′)一定位于长轴正面投影1′-2′的中点处，其水平投影和侧面投影可用纬圆法确定。

（3）求一般点，如图 3-32b 所示。在已求出的特殊点之间空隙较大的位置上定出7′(8′)两点，同样，用纬圆法求出水平投影 7、8 和侧面投影7″、8″。

（4）光滑连接各点并判断可见性，如图 3-32c 所示。由于截交线的 III-II-IV 线段位于圆锥的右半部，其中3″、4″是侧面投影可见与不可见的分界点，故在侧面投影中3″-2″-4″不可见，画成虚线。

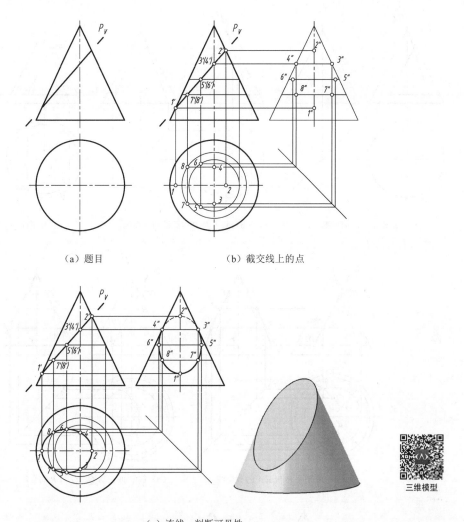

（a）题目　　　　　　　　　（b）截交线上的点

（c）连线、判断可见性

三维模型

图 3-32　正垂面与圆锥的截交线

例 3-13　图 3-33a 中，用三平面截切圆锥，求其截交线。

【分析】

（1）从图中可以看出，三个截平面各有特征。P 平面是通过锥顶的正垂面，它与圆锥面的截交线为相交于锥顶的两条直素线；Q 平面是平行于圆锥最右素线的正垂面，受 P 平面的影响，只与部分圆锥面相交，故截交线为抛物线的一部分；R 平面是垂直于圆锥轴线的水平面，由于与 Q 平面相交，没有完全截切圆锥，其截交线为部分圆。

（2）三个截平面的正面投影都有积聚性，所以截交线的正面投影积聚在截平面的正面迹线 P_V、Q_V 和 R_V 上，待求的只是截交线的水平投影和侧面投影。

【作图步骤】

（1）画出圆锥的侧面投影，如图 3-33a 所示。

（2）分别求三个截平面与圆锥的截交线，如图 3-33b、c、d 所示。

（3）求截平面间的交线，如图 3-33e 所示。

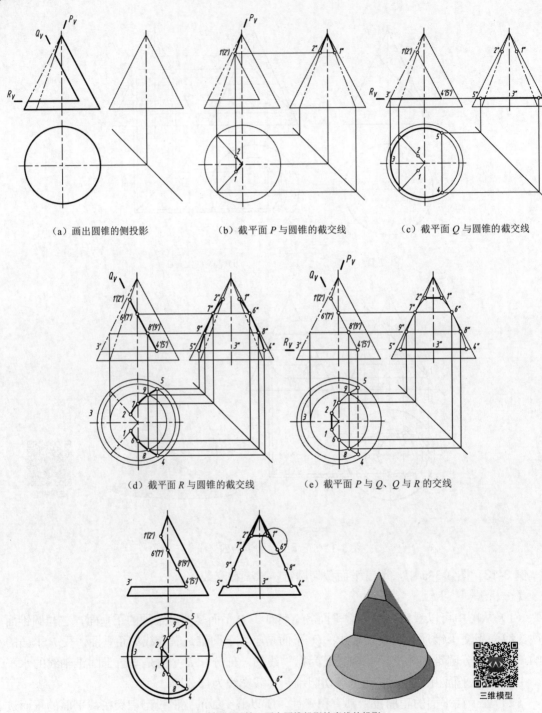

（a）画出圆锥的侧投影   （b）截平面 P 与圆锥的截交线   （c）截平面 Q 与圆锥的截交线

（d）截平面 R 与圆锥的截交线   （e）截平面 P 与 Q、Q 与 R 的交线

三维模型

（f）判别可见性，画全圆锥投影轮廓线的投影

图 3-33   三平面截切圆锥

（4）判别可见性，并画全圆锥侧面投影轮廓线的投影，如图 3-33f 所示。

需要注意的是：①在多个平面截切时，一个平面的截交线，不仅依赖于其所处表面的可见性，还有可能被其他平面的截交线遮挡；②由于截平面 Q 和 R 将圆锥的前后轮廓线截断，所以在侧面投影中，中间这一段轮廓线不存在，只能画到 6″ 和 7″，见图 3-33f 中的局部放大图。

三、平面与圆球体相交

任何截平面与圆球相交，截交线都是圆。但是只有截平面平行于投影面时，截交线在该投影面上的投影才反映实形——圆，而在另外两个投影面上的投影积聚为直线；当截平面垂直于投影面时，截交线在该投影面上的投影积聚为直线，在另外两个投影面上的投影为椭圆；当截平面处于一般位置时，截交线在三个投影面上的投影均为椭圆。

例 3-14　如图 3-34 所示，用 P、Q 两个平面截切球体。

【分析】 P 平面是水平面，与球的截交线是水平圆的一部分；Q 平面是正垂面，截交线的水平投影和侧面投影都是椭圆的一部分。

其作图步骤与例 3-13 一样，此处不再列出，详见图 3-34。

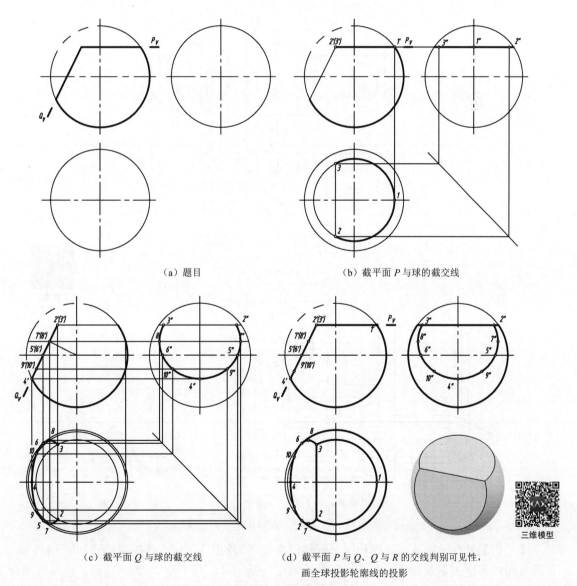

（a）题目　　　　　　　　　　　　（b）截平面 P 与球的截交线

（c）截平面 Q 与球的截交线　　　　（d）截平面 P 与 Q、Q 与 R 的交线判别可见性，画全球投影轮廓线的投影

三维模型

图 3-34　两平面截切圆球

作图时应注意球的投影轮廓线的变化。由于 P、Q 平面的正面投影有积聚性，所以从正面投影中可以看出，球体在 P 平面以上被截掉了，故这部分投影轮廓线在侧面投影中不画出；Q 平面左侧也被截掉了，5、6 是水平投影轮廓线上的点，因此 5、6 左侧这部分投影轮廓线在水平投影中不画出。

四、平面与复合回转体相交

平面与复合回转体相交时，截交线是由截平面与构成复合回转体的各个基本体的截交线组成的平面图形，各段截交线在两个基本体的分界处连接起来。

所以求作复合回转体的截交线，应首先对复合回转体进行形体分析，找出各个基本体的分界线，然后按单一基本体分段求作截交线。

例 3-15 P、Q 两平面截切复合回转体，如图 3-35 所示。

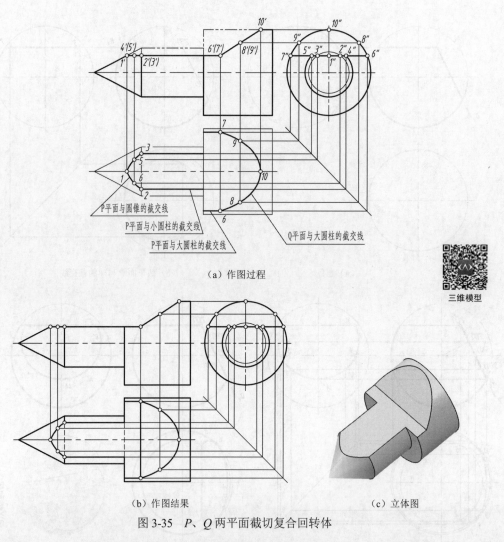

（a）作图过程

三维模型

（b）作图结果   （c）立体图

图 3-35 P、Q 两平面截切复合回转体

【分析】复合回转体由圆锥和两个同轴但直径不同的圆柱组合而成，截平面 P 为水平面，与圆锥面的截交线是双曲线，与两个圆柱的截交线是矩形；截平面 Q 为正垂面，仅与大圆柱相交，截交线是椭圆的一部分。由于两截平面正面投影都有积聚性，而且圆柱和截平面 P 的

侧面投影也有积聚性,故只需求作截交线的水平投影。

【作图步骤】

(1)求作水平面与圆锥的交线。

● 求特殊点 I、II、III:这三个特殊点可直接求出,其中,II、III 是圆锥和圆柱分界线上的点。

● 求一般点 IV、V:在正面投影的适当位置确定 4′(5′),过 4′(5′) 点作一垂直于圆锥轴线的直线段,定出纬圆半径,求作该纬圆的侧面投影,侧面投影中纬圆与截平面的交点即其侧面投影 4″、5″,然后可定出 4、5。光滑连接各点并以实线画出。

(2)求作水平面与小圆柱的截交线。过 2、3 点作线平行于圆柱轴线,并以实线画出。

(3)求作水平面与大圆柱的截交线。VI、VII 是水平面与正垂面的分界点,正面投影中水平面和正垂面的交点是其水平投影 6′(7′),利用圆柱的积聚性可确定 6″、7″,再根据正面投影和侧面投影可求出水平投影 6、7,过 6、7 作线平行于圆柱轴线,并以实线画出。

(4)求作正垂面 Q 与大圆柱的截交线。

● 正垂面 Q 与大圆柱截交线上的特殊点 X 可直接求出。

● 求一般点 VIII、IX:在正面投影的适当位置确定 8′(9′),过 8′(9′) 点向侧投影面连线,在侧面投影中找到 8″、9″ 点,最后定出 8、9 点,光滑连接各点并以实线画出。

(5)画出水平面 P 与正垂面 Q 间的交线 6、7,以及圆锥与小圆柱间、小圆柱与大圆柱间的交线,由于同一平面上不应有分界线,所以中间一段应画成虚线。

【讨论】两个以上的截平面截切复合回转体时,按基本体分段求作截交线后,还应画出截平面间的交线和基本体间的交线,但必须注意同一平面上不应有分界线。

第五节　直线与立体相交

直线与立体相交是指直线从立体一侧表面贯入,又从另一侧表面穿出,直线与立体表面的交点称作贯穿点,如图 3-36 所示。

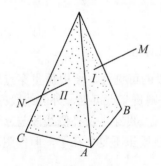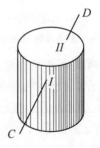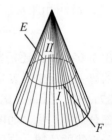

图 3-36　直线与立体的贯穿点

从图 3-36 可以看出,贯穿点有如下特性:

(1)贯穿点是直线与立体表面的公共点,既在直线上又在立体表面上。

(2)由于立体表面围成的是一个封闭的区域,直线与立体相交有一个贯入点,就必有一个穿出点,所以贯穿点个数一般都是偶数。

(3)贯穿点是直线与立体的分界点,直线上两贯穿点之间的部分在立体内部与立体融为一体，所以直线上两贯穿点之间不画线。

　　根据以上性质知：求贯穿点的实质就是求直线与立体表面的交点。求贯穿点时，首先要看立体表面的投影是否有积聚性。若立体表面的投影有积聚性，可直接利用积聚性求出；若立体表面的投影没有积聚性，则求贯穿点的一般方法是包含直线作辅助平面，求出辅助平面与立体表面的截交线，截交线与直线的交点即为所求的贯穿点。

一、直线与表面投影有积聚性的立体相交

　　图 3-37a 是直线 AB 与四棱柱相交的情况。由于直线 AB 与四棱柱的棱面相交，而四棱柱的各棱面均为铅垂面，利用棱面水平投影的积聚性，可直接求出直线 AB 与四棱柱的贯穿点。图 3-37b 是直线 AB 与正圆柱相交的情况。因为正圆柱反映为圆的投影有积聚性（本例是水平投影），所以贯穿点也可利用圆柱水平投影的积聚性直接求出。图 3-37c 是直线 AB 与四棱柱相交的另一种情况。直线 AB 从贯穿点 I 进入四棱柱，从四棱柱的顶面 II 点穿出。四棱柱的各棱面均为铅垂面，其水平投影有积聚性，四棱柱的顶面是水平面，其正面投影有积聚性。两贯穿点均可利用四棱柱表面的积聚性直接求出。

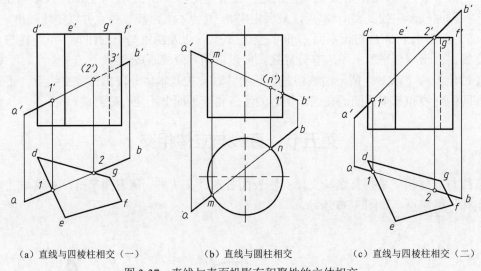

（a）直线与四棱柱相交（一）　　　（b）直线与圆柱相交　　　（c）直线与四棱柱相交（二）

图 3-37　直线与表面投影有积聚性的立体相交

　　求出贯穿点后，还需判断直线上两贯穿点外侧部分线段的可见性，要根据贯穿点所在立体表面的可见性而定。若贯穿点所在立体表面的投影可见，则贯穿点可见，外侧线段亦可见，如图 3-37a 中的 a' 和 1'；若贯穿点所在立体表面的投影不可见，贯穿点及外侧线段与立体投影重合的部分均不可见，如图 3-37a 中的 2'3'。穿入立体内的线段虽不复存在了，但作图时为了明确表示直线的位置，常用细实线画出。

二、直线与表面投影无积聚性的立体相交

　　图 3-38 所示为直线 AB 与三棱锥相交。直线 AB 是正平线，投影没有积聚性，而与之相交的三棱锥的各棱面均为一般位置平面，其各个投影也没有积聚性，只有用辅助平面法求线面的交点。将辅助平面法扩展到直线与立体表面相交求贯穿点可按下列步骤作图：

　　（1）包含直线作辅助平面，如图 3-38 中的正垂面 P。

（2）求辅助平面与立体的截交线，如图 3-38 中的截交线 *I - II -III*。

（3）求直线与立体截交线的交点，如图 3-38 所示，先定出 Δ123 与 *ab* 的交点 *m*、*n*，然后在 P_V 上找出 *m'*、*n'* 。

（4）判断可见性。如图 3-38 所示，因三棱锥的三个棱面水平投影均可见，所以，在水平投影中，*m*、*n* 均可见，故 *am* 和 *nb* 以粗实线画出。在正面投影中，交点 *M* 在三棱柱的前表面，其正面投影 *m'* 可见，*a'm'* 也可见，所以画成粗实线。交点 *N* 在三棱柱的后表面，其正面投影 *n'* 不可见，*n'b'* 线段中的 *n'3'* 段被三棱柱遮住，所以画成虚线。

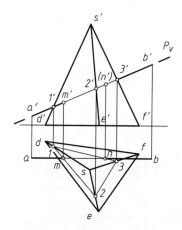

图 3-38　作正垂面求直线与三棱锥的贯穿点

平面与平面体相交，截交线为多边形，而且当平面对某一投影面垂直时，由于其投影有积聚性，所以，可迅速、准确地求出辅助平面与平面体的截交线。如图 3-39 所示就是包含直线 *AB* 的水平投影 *ab* 作辅助正平面 *Q*，求出贯穿点 *M*、*N*。因此上述方法适用于任何平面立体与直线相交的情况。

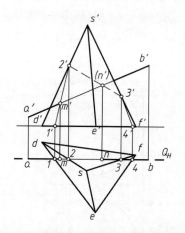

图 3-39　作正平面求直线与三棱锥的贯穿点

图 3-40a 是求水平线 *AB* 与圆锥的贯穿点。因直线 *AB* 是水平线，圆锥的轴线是铅垂线，过直线的正面投影 *a'b'* 作水平面 *P*，则辅助平面 *P* 与圆锥截交线的水平投影为圆。直线 *AB* 的水平投影 *ab* 与该圆的交点 *m*、*n* 即为所求贯穿点的水平投影；根据 *m*、*n* 的位置在 *a'b'* 上，得 *m'*、*n'* 。

直线的水平投影 ab 通过圆锥的锥顶，所以，若过 ab 作铅垂面 Q，则辅助平面 Q 与圆锥截交线的正面投影为三角形。直线 AB 的正面投影 a'b' 与三角形的交点 m'、n' 即所求贯穿点的正面投影；根据 m'、n' 的位置在 ab 上，得 m、n，如图 3-40b 所示。

但是当直线 AB 与圆锥的相对位置如图 3-40c 所示时，则不能以过其水平投影 ab 作铅垂面 Q 为辅助平面，因此时直线的水平投影 ab 不通过圆锥的锥顶，故铅垂面 Q 与圆锥的截交线是双曲线，而非直线，因而求作截交线投影的作图过程繁杂且不能准确作出。

用辅助平面法求直线与曲面立体的贯穿点时，由于不同位置的平面截切同一曲面立体，其截交线的作图难易程度相差悬殊，所以，必须根据立体表面的具体性质来选择适当的辅助平面，应使所作的辅助平面与立体表面的交线为简单易画的直线或平行于投影面的圆，以利于作图。

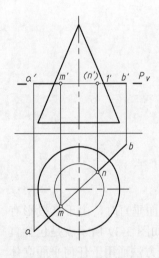
（a）包含直线作辅助水平面

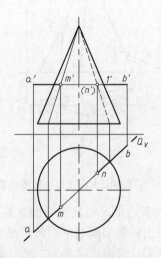
（b）包含直线作辅助铅垂面

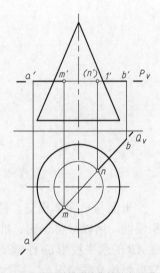
（c）直线不过锥顶故作辅助水平面

图 3-40   求直线与圆锥的贯穿点

例 3-16   求直线 AB 与球的贯穿点，如图 3-41 所示。

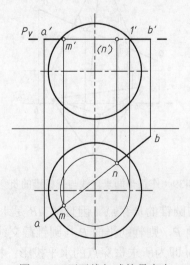

图 3-41   正平线与球的贯穿点

【分析】直线 AB 是水平线，包含直线 AB 所作辅助平面 P 为水平面，水平面 P 与球的截交线为一个水平圆。

【作图步骤】

（1）求贯穿点。包含直线 AB 所作辅助水平面 P，P 与球的截交线为水平圆，在水平投影中反映其实形。它与直线 ab 的交点 m、n 即为贯穿点的水平投影，由 m 和 n 在 a'b' 上可定出贯穿点的正面投影 m' 和 n'。

（2）判断可见性。从正面投影可以看出，AB 从球的上半部穿过，所以，贯穿点的水平投影均可见，故 am 和 nb 段均画成实线。

从水平投影可以看出，AB 是从前向后穿过球面，所以，贯穿点 M 的正面投影 m' 可见，贯穿点 N 的正面投影 n' 不可见。因此，a'm' 段可见画成实线，n'1' 段不可见画成虚线。

第六节　两立体相交

零件表面不仅会出现截交线这样的棱线，还会出现两立体表面相交产生的交线。通常相交的立体被称作相贯体，相贯体表面的交线称为相贯线。图 3-42 为一个具有相贯线的零件模型。

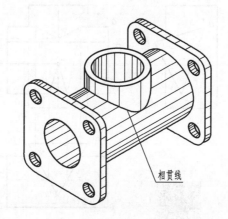

相贯线

图 3-42　相贯线的实例

由于基本立体分为平面体和曲面体两大类，故两立体相交有以下三种情况：两平面立体相交、平面立体与曲面立体相交和两曲面体相交。

两立体相交表面所产生的交线称为相贯线，相贯线具有下列性质：

（1）相贯线是两相交立体表面的共有线，相贯线上的点是两相交立体表面的共有点。

（2）相贯线是两相交立体表面的分界线。

（3）相贯线都是封闭的。

根据相贯线的性质，求相贯线的实质就是求两相交立体表面的共有点。如果将两平面相交求交线的思想扩展，则求共有点的方法与之相同，即利用相交立体表面投影的积聚性或辅助面法。

一、两平面体相交

两平面体相交，一般情况下，相贯线是封闭的空间多边形，如图 3-43a 所示；但随着相交两立体的相对位置不同，相贯线有时可能分裂成两支空间多边形或平面多边形，如图 3-43b 所示。

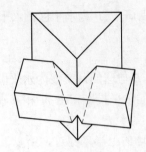

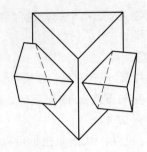

(a) 互贯（相贯线是一支空间多边形）   (b) 全贯（相贯线是两支多边形）

图 3-43 平面体相贯的两种情况

例 3-17 如图 3-44a 所示，求直立三棱柱与横置三棱柱的交线。

【分析】 首先分析两相贯立体上哪些棱线参与了相交。从图中可以看出，横置三棱柱的两条棱线 AA_1、CC_1 与直立三棱柱贯穿，而直立三棱柱的最前棱线 MM_1 与横置三棱柱贯穿，所以两三棱柱是互贯的情况，其相贯线是一支封闭的空间多边形线。

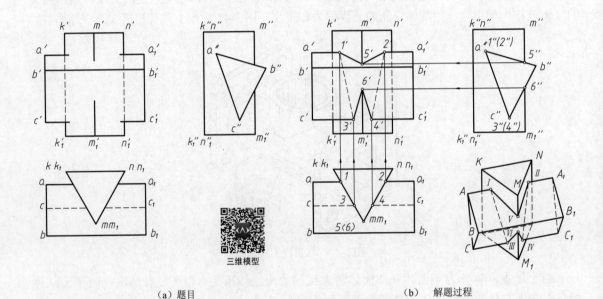

(a) 题目   (b) 解题过程

图 3-44 直立三棱柱与横置三棱柱相贯

由于直立三棱柱的水平投影和横置三棱柱的侧面投影都有积聚性，所以相贯线的水平投影必然积聚在直立三棱柱的水平投影上；而相贯线的侧面投影一定积聚在横置三棱柱的侧面投影上，因此可利用积聚性求出 AA_1、CC_1 和 MM_1 三条棱线对另一立体的贯穿点。故此题用交点法较好。

【作图步骤】

（1）求贯穿点。利用直立三棱柱水平投影的积聚性，确定横置三棱柱的棱线 AA_1、CC_1 与直立三棱柱 KM 和 MN 两棱面的贯穿点 I、II 和 III、IV。

利用横置三棱柱侧面投影的积聚性，求直立三棱柱的棱线 MM_1 与横置三棱柱 AB 和 BC 两棱面的贯穿点 V、VI。

（2）依次连接各贯穿点。因为相贯线的每一段直线段都是相交两棱面的共有线，所以，只有当两点既在甲立体的同一棱面上，又在乙立体的同一棱面上才能连接成直线段，否则不可连接。如 I、V 两点既在直立三棱柱 KM 棱面上，又在横置三棱柱的 AB 棱面上，所以 1′ 和 5′ 两点可以相连。再如 V、VI 两点由于都在直立三棱柱 MM_1 棱线上，可以认为它们都是直立三棱柱 KM 或 MN 棱面上的点；而对横置三棱柱来讲，V 点在 AB 棱面上，VI 点在 BC 棱面上，因此 5′ 和 6′ 不能相连。由此也可得出结论：同一棱线上的两个贯穿点间不能连线。

按上述方法逐点分析，连接 5′ 和 2′、2′ 和 4′、4′ 和 6′、6′ 和 3′、3′ 和 1′，得到相贯线的正面投影。

（3）判别可见性。相贯线可见性的判别规则是：当两个棱面的同面投影都是可见时，它们的交线在该投影面上的投影才可见，否则不可见。例如，在正面投影中，虽然直立三棱柱的 KM 和 MN 棱面都是可见的，但是横置三棱柱上的 AC 棱面是不可见的，所以它们的交线 I–III 和 II–IV 的正面投影 1′3′ 和 2′4′ 均为不可见；而它们与 AB、BC 两棱面的交线，因 AB 和 BC 棱面都可见而可见，即交线的正面投影 1′5′、5′2′、3′6′ 和 6′4′ 都可见。

（4）正确画出相交两立体轮廓线的投影。由于同一棱线上的两个贯穿点间不能连线，所以 1′ 和 2′、3′ 和 4′、5′ 和 6′ 之间不画线；棱线 BB_1 没有参与相贯，故 $b′b_1′$ 应画成粗实线；棱线 KK_1 和 NN_1 虽然也没有参与相贯，但有一段被前面的横置三棱柱遮住了，故其正面投影 $k′k_1′$ 和 $n′n_1′$ 被遮挡的部分画成虚线。

【讨论】

（1）假如将横置三棱柱从直立三棱柱中抽出，则横置三棱柱可看作是虚体，而直立三棱柱仍是实体，如图 3-45 所示。将实体与实体相交（图 3-44）和实体与虚体相交（图 3-45）作一比较会发现：当相贯的两立体的形状、大小及其相对位置相同时，无论参加相贯的形体是实体还是虚体，其相贯线的形状和特殊点完全相同，区别并不是相贯线本身，而是相贯线的可见性和轮廓线的投影。也就是说，无论是立体的外表面（实体）还是空腔的内表面（虚体），都可以把它们抽象为几何元素——面，因此，它们表面的交线都可按两面的共有线来求作。

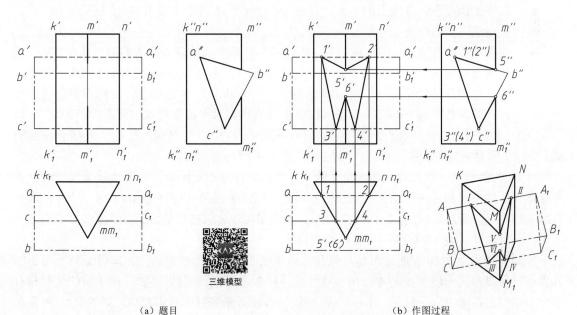

（a）题目 　　　　　　　　　　　　（b）作图过程

图3-45 实体三棱柱与虚体三棱柱相交

（2）在实体与实体相交的情况下，相贯线的可见性是根据相贯两立体表面的可见性来判断的，立体轮廓线的投影遵循的原则是：同一棱线上的两个贯穿点间不能连线，没有参与相贯的棱线的投影应完整画出（实线或虚线）。但是在实体与虚体相交的情况下，由于虚体仅是一个概念体，相贯线的可见性是根据实体表面的可见性来判断的，虚体轮廓线的投影所遵循的原则是：同一棱线上的两个贯穿点之间必须连线（也可看作是两截平面的交线），贯穿点之外的棱线以及没有参与相贯的棱线不画。

二、平面体与曲面体相交

平面体与曲面体相交，相贯线是由若干段平面曲线组成的封闭曲线。每段平面曲线都是平面体某一棱面与曲面体相交所得的截交线，相邻两段平面曲线的交点是平面立体的棱线与曲面立体的贯穿点。因此，求平面立体与曲面立体的相贯线，实质上就是求平面立体的棱面与曲面体的截交线以及平面立体的棱线与曲面体的贯穿点。

例 3-18　求三棱柱与圆锥的相贯线，如图 3-46a 所示。

【分析】三棱柱的正面投影有积聚性，相贯线的正面投影必然积聚在其上，所以只需求出相贯线的水平投影和侧面投影。

相贯线由三段平面曲线组成，即三棱柱的 AB 棱面与圆锥表面的截交线为椭圆，BC 棱面与圆锥表面的截交线为圆，CA 棱面与圆锥表面的截交线为过锥顶的直线。I、II 和 III 点分别是三棱柱的三条棱线与圆锥面的贯穿点，也是三段平面曲线的分界点。

【作图步骤】

（1）用细实线补画出圆锥与三棱柱的侧面投影，如图 3-46a 所示。

（2）求出相贯线上的特殊点，如图 3-46b 所示。

- 贯穿点 I、II、III。过锥顶和 1′、2′ 作素线，其水平投影与 aa、cc 交于点 1、2，并求出其侧面投影 1″、2″；过 3′ 点作纬圆，求出 III 的投影 3 和 3″。

- 圆锥侧面投影轮廓线上的点 IV。根据 AC 棱面的积聚性可直接求出其侧面投影 4″，从而求出其水平投影 4。

- 相贯线的特征点 V。因三棱柱的 AB 棱面与圆锥表面的截交线为椭圆，延长 2′3′ 使其与圆锥的最左、最右两条素线的正面投影相交，取其中点即为椭圆短轴的正面投影 5′；过 5′ 作辅助平面 P，P 与圆锥相交于一条平行于 H 面的圆，圆与投影连线的交点 5 即为特征点 V 的水平投影；根据正面投影和水平投影可求出侧面投影 5″。

（3）求相贯线上的一般点。在适当位置作辅助平面 Q，Q 与圆锥的交线是平行于 H 面的圆，与 AB 棱面交线是一条正垂线，两交线的交点 VI 即为所求。

（4）光滑连接各点，并判断相贯线的可见性，如图 3-46c 所示。只有当相贯线同时处于两立体表面的可见部分时，相贯线的投影才可见。圆锥表面及三棱柱的 AB 和 AC 棱面在水平投影上均可见，所以，1-2 和 2-4-5-6-3 可见，画成粗实线。三棱柱的 BC 棱面在水平投影上不可见，所以，相贯线 1-3 圆弧不可见，画成虚线。

在侧面投影上，AB 棱面虽可见，但 IV 是圆锥侧面投影轮廓线上的点，即可见与不可见的分界点，所以，同一段交线上 4″-5″-6″-3″ 可见，4″-2″ 不可见。交线 1″-2″，由于 AC 棱面和右半个圆锥侧面投影上均不可见，所以画成虚线；BC 棱面侧面投影有积聚性，交线 1″-3″ 积聚在 BC 棱面的侧面投影上。

（5）正确画出参与相贯的两立体轮廓线的投影，并判断可见性，如图 3-46c 所示。由于

I、II、III点是三棱柱对圆锥的贯穿点，所以三棱柱的三条棱线在水平投影和侧面投影上都要画至贯穿点；圆锥的侧面投影轮廓线自锥顶画至4″。

图 3-46d 是三棱柱为虚体时的情况。

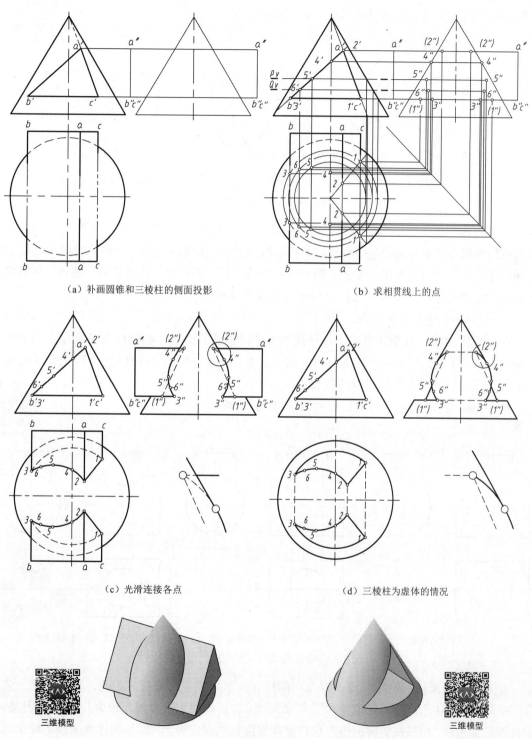

（a）补画圆锥和三棱柱的侧面投影　　　（b）求相贯线上的点

（c）光滑连接各点　　　（d）三棱柱为虚体的情况

三维模型　　　（e）立体图　　　三维模型

图 3-46　三棱柱与圆锥的相贯线

三、两曲面立体相交

两立体相交

两曲面立体相交，表面形成的相贯线一般情况下是封闭的空间曲线；在特殊情况下也可能是平面曲线或直线，如图 3-47 所示。

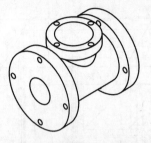 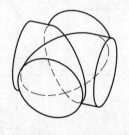 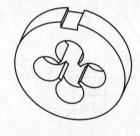

（a）相贯线——空间曲线　　　（b）相贯线——平面曲线　　　（c）相贯线——直线

图 3-47　两曲面体相贯

求作两曲面体表面的相贯线时，通常先求出相贯线上的一些特殊点，如最高、最低点、曲面投影轮廓线上的点等，这些点确定了相贯线的投影范围和形状特征，而且投影轮廓线上的点通常还是相贯线可见性的分界点。确定这些特殊点后，再作出一些适当的一般点。最后将这些共有点光滑连接，并判明可见性，形成相贯线的投影。

1. 利用积聚性求作相贯线

两回转体相交，如果其中之一是轴线垂直于投影面的圆柱，则圆柱面在该投影面上的投影积聚为圆，在该圆柱面上产生的相贯线的投影也位于这个圆上，可利用点、线的两个已知投影求其余投影的方法画出相贯线的投影。

例 3-19　求两轴线正交圆柱的相贯线，如图 3-48 所示。

三维模型

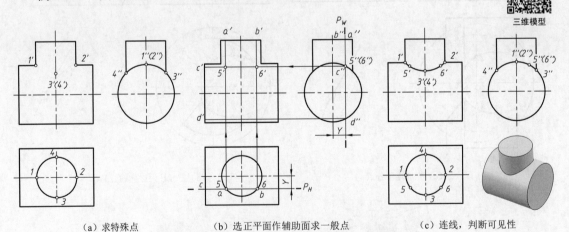

（a）求特殊点　　　　　（b）选正平面作辅助面求一般点　　　　　（c）连线，判断可见性

图 3-48　求作两轴线正交圆柱的相贯线

【分析】两圆柱的轴线正交，直立小圆柱完全贯入横置大圆柱，因此，相贯线是一条闭合的空间曲线。由于小圆柱的水平投影积聚为圆，相贯线的水平投影应积聚其上；大圆柱的侧面投影积聚为圆，相贯线的侧面投影也积聚在大圆柱侧面投影上（即小圆柱侧面投影轮廓线之间的一段圆弧），所以，此例只需求出相贯线的正面投影。

由于两圆柱的轴线都是投影面垂直线，故辅助面可用水平面，也可用正平面和侧平面。

【作图步骤】

（1）求特殊点。如图 3-48a 所示，由于两圆柱的轴线相交，相贯线的最高点（即最左、最右点）就是两圆柱正面投影轮廓线的交点，在正面投影上可直接确定 1′ 和 2′。相贯线的最低点（即最前、最后点）就是小圆柱侧面投影轮廓线上的点，在侧面投影中利用大圆柱的积聚性可直接确定 3″ 和 4″，根据投影规律可求出 3′ 和 4′。

（2）求一般点。在水平投影的小圆上取 5、6 两点（由于对称），根据投影规律在侧面投影的大圆上确定其相应的侧面投影 5″ 和 6″。由于两圆柱垂直相交，前后、左右均对称，所以实际作图中只需求出 5′ 和 6′ 两点。

（3）依次光滑地连接各点，并判断可见性。由于前后对称，相贯线的正面投影的可见与不可见部分重合，只需用粗实线画出其可见部分即可，如图 3-48c 所示。

【讨论】图 3-49a 是水平圆柱为实体，直立圆柱为虚体时，两圆柱相贯的情况。图 3-49b 是两圆柱均为虚体时，两圆柱相贯的情况。图 3-49c 是水平空心圆柱与直立圆柱（虚体）相贯的情况。从图中可以看出，这些相贯线的性质和求解方法与两圆柱均为实体时相同，只是作图时要注意相贯线的可见性和虚体的投影轮廓线。

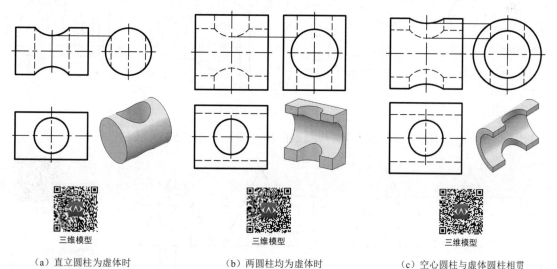

（a）直立圆柱为虚体时　　　　（b）两圆柱均为虚体时　　　　（c）空心圆柱与虚体圆柱相贯

图 3-49　两圆柱虚体、实体变化的讨论

2. 利用辅助平面法作相贯线

辅助平面法的基本原理是三面共点，如图 3-50 所示，用一个辅助平面 R 与两个相贯曲面体相交，平面 R 与圆锥的截交线为圆 L_A，与圆柱面的截交线为直线 L_1 和 L_2，两截交线的交点 I、II（辅助平面和两曲面立体表面的公共点）就是相贯线上的点。

当用辅助平面法求相贯线上的共有点时，必须先求出辅助平面与相交两立体的交线，交线与交线的交点即为共有点——相贯线上的点。所以，用辅助平面求作相贯线时，所选辅助平面与相交两立体的相对位置至关重要，因为它决定了辅助平面与两相交立体的截交线的形状及其投影是否是简单易画的圆和直线。例如，用辅助平面法求作圆柱和圆锥的相贯线时（图 3-51a），可采用水平面（如 P 平面）为辅助平面（图 3-51b）。因为水平面与圆柱和圆锥的截交线都是水平圆，在水平投影上两圆的交点 I、II 就是相贯线上的点。

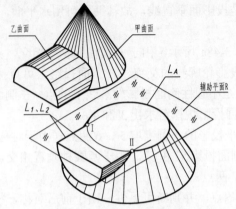

图 3-50   辅助平法的基本原理

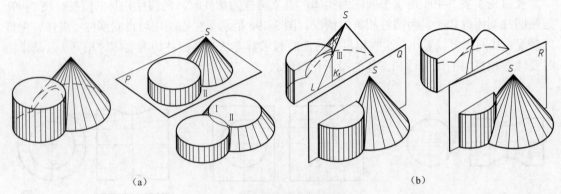

（a）   （b）

图 3-51   辅助平面的选择

例 3-20   求轴线垂直相交的圆柱与圆锥的相贯线，如图 3-52 所示。

三维模型

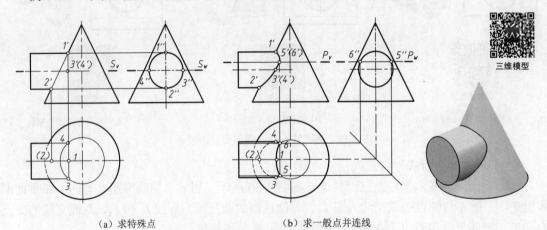

（a）求特殊点   （b）求一般点并连线

图 3-52   求轴线正交的圆柱与圆锥的相贯线

【分析】由于圆柱的侧面投影有积聚性，相贯线的侧面投影与圆柱的侧面投影重合，故只需求出相贯线的正面投影和水平投影。由于圆锥的轴线是铅垂线，圆柱的轴线是侧垂线，故可采用一系列的水平面作为辅助平面。

【作图步骤】

（1）求特殊点。由于圆柱与圆锥的轴线相交，所以，圆柱与圆锥正面投影轮廓线的交点

1′和2′就是相贯线上最高点和最低点 I 、II 的正面投影。

过圆柱的轴线作水平面 S，S 与圆柱交线的水平投影就是圆柱水平投影的轮廓线，与圆锥的交线为一个水平圆，两者水平投影的交点 3 、4 即相贯线上 III 、IV 点的水平投影，也是相贯线的水平投影可见与不可见的分界点。

（2）求一般点。在正面投影1′和3′之间的适当位置作一个水平面 P，P 与圆柱的截交线是两条直线，与圆锥的相交是一个水平圆，两者水平投影的交点 5 、6 即一般点 V 、VI 的水平投影。根据投影特性，再求出5′、6′和5″、6″。同理，可求出相贯线上的其他一般点。

（3）光滑连接各点，并判断可见性。相贯线的正面投影前后对称，其可见与不可见部分投影重合，所以只需用粗实线画出其可见部分。

3 、4 是相贯线水平投影可见与不可见的分界点，故相贯线 3-5-1-6-4 为可见，画成粗实线，相贯线 4-2-3 为不可见，画成虚线。

（4）正确画出立体的投影轮廓线，并判断可见性。水平投影中，圆柱的转向轮廓线应画到3、4点处。圆锥的底圆有一部分被圆柱体遮住，应画成虚线。由于两立体相贯后为一整体，所以，正面投影1′、2′之间无线。

3. 相贯线的特殊情况

两个二次回转曲面（如圆柱、圆锥、圆球等）的相贯线，在一般情况下是封闭的空间曲线；但在某些特殊情况下，相贯线可能是二次曲线（圆或椭圆）或直线。相贯线的这些特殊形式在工程上应用较多，而且有时不需要找点即可直接作出相贯线的投影图。

（1）两个二次曲面公切于第三个二次曲面时，相贯线为平面曲线。当它们的公共对称平面平行于某个投影面时，相贯线在该投影面上的投影为直线，如图 3-53 所示。

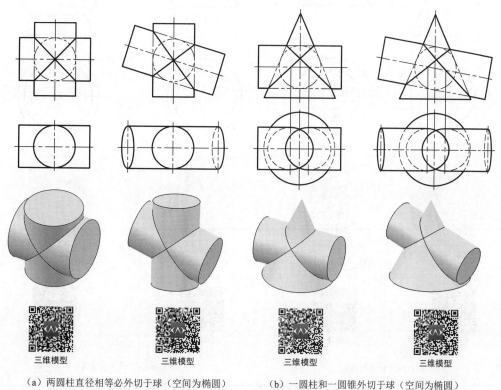

三维模型　　三维模型　　三维模型　　三维模型

（a）两圆柱直径相等必外切于球（空间为椭圆）　　（b）一圆柱和一圆锥外切于球（空间为椭圆）

图 3-53　两二次回转体的相贯线为平面曲线

（2）当两轴线相互平行的柱体或两共锥顶的锥体相交，相贯线为直线，如图 3-54 所示。

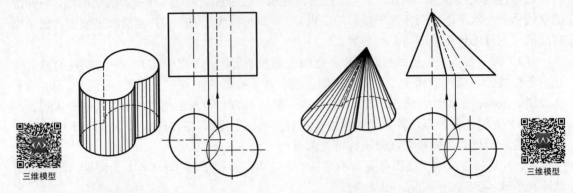

三维模型

（a）两轴线平行的圆柱（相贯线为两平行直线）   （b）两共锥顶的圆锥（相贯线为两相交直线）

图 3-54   相贯线为直线

（3）当两回转体同轴时，无论回转面是几次曲面，相贯线一定是垂直于公共轴线的圆。若两相贯的回转体之中有一个是球，且球心在回转体轴线上，则相贯线为垂直于回转轴的圆，如图 3-55 所示。

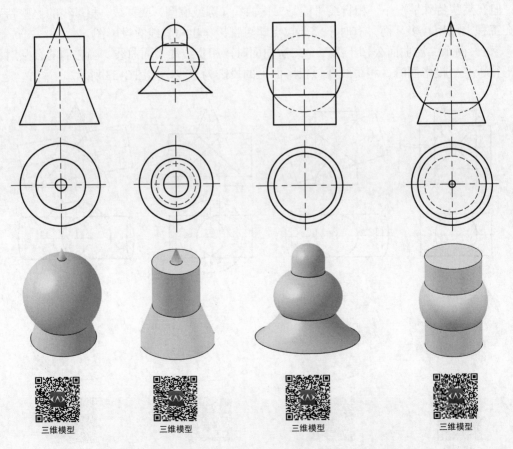

三维模型   三维模型   三维模型   三维模型

（a）两回转体同轴时   （b）球心在回转体轴线上

图 3-55   两二次回转体的相贯线为垂至于公共轴线的圆

四、复合相贯线

一个基本体同时与两个或两个以上的基本体相贯形成的交线称复合相贯线，如图 3-56 所示。尽管是几个基本体同时相贯，但相贯线仍是两基本体表面相交形成的交线，即面面相交的结果，因此复合相贯线总可以分解成几段相贯线，每一段相贯线都是某两个基本体表面相交的结果。各段相贯线的分界点称为连接点，它们是复合相贯体上三个面的共有点，必定在两基本体表面连接的分界线上。所以，绘制复合相贯线时，应首先分析各基本体间表面的连接关系，逐个求出连接点及相贯线上的其他各点，并按正确的连接关系连接各段相贯线。

例 3-21 求三个互交圆柱体的相贯线，如图 3-56 所示。

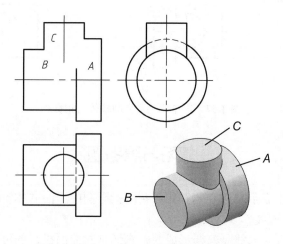

三维模型

图 3-56 求作三个互交圆柱体的相贯线

【分析】 A、B 两圆柱同轴（轴线是侧垂线），但直径不等，两圆柱面通过公共的端面连接。C 圆柱的轴线为铅垂线，分别与 A、B 两圆柱正交。

【作图步骤】

（1）求 A 圆柱和 C 圆柱的相贯线。A 圆柱和 C 圆柱的相贯线由两部分组成，即两圆柱面的交线和 A 圆柱左端面与 C 圆柱面的交线，其中 I 是 A 圆柱和 C 圆柱正面投影轮廓线上的点（特殊点），II、IV 既是 A 圆柱面和 C 圆柱相贯线上的点，也是 A 圆柱左端面与 C 圆柱面交线上的点。由于 A 圆柱的左端平面与 C 圆柱的轴线平行，所以交线是 C 圆柱表面上的两条素线 II-III 和 IV-V，如图 3-57a 所示。

（2）求 B 圆柱和 C 圆柱的相贯线。VI 是 B 圆柱和 C 圆柱正面投影轮廓线上的点，VII、VIII 是 C 圆柱侧面投影轮廓线上的点，III、V 既是 B 圆柱和 C 圆柱相贯线上的点，也是 A 圆柱左端面与 C 圆柱面交线上的点，如图 3-57b 所示。

（3）正确连接各段相贯线，并判别可见性。III、V 点是 B 圆柱和 C 圆柱的相贯线与 A 圆柱左端面与 C 圆柱面交线的连接点，II、IV 点是 A 圆柱和 C 圆柱的相贯线与 A 圆柱左端面与 C 圆柱面交线的连接点。两段圆柱面的相贯线因相贯体前后对称，所以正面投影画成实线，水平投影和侧面投影积聚在相应的圆周上。交线 II-III 和 IV-V 的正面投影和水平投影积聚在 A 圆柱左端面的正面投影和水平投影上，由于交线在 C 圆柱的右半部，所以侧面投影 $2''3''$ 和 $4''5''$ 不可见，应画成虚线，如图 3-57c 所示。

（4）补全各基本体的转向轮廓线。水平投影中，2 到 4 之间的虚线是 A 圆柱左端面下部的水平投影。侧面投影中，A 圆柱右端平面的侧投影有一部分被 C 圆柱遮住，也应画成虚线，如图 3-57c 所示。

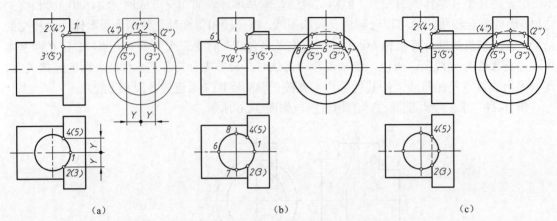

图 3-57　求作三个互交圆柱体的相贯线

复习与思考题

1．怎样在投影图中表示平面立体？如何判断投影图中平面立体轮廓线的可见性？怎样在平面立体表面上取点、取线？

2．曲面投影的转向轮廓线是怎样形成的？它通常对曲面投影的可见性有什么意义？怎样判断曲面投影的转向轮廓线的可见性？怎样在回转面上取点、取线？

3．什么是截交线？截交线是如何形成的？其基本特性是什么？

4．回转体的截交线通常是什么形状？当截平面为特殊位置平面时，怎样求作曲面立体的截交线和断面实形？

5．平面与圆锥面的交线有哪几种情况？圆锥面的三个投影都没有积聚性，可用哪些方法在圆锥面上取点来求作截交线？

6．两曲面立体相贯线的基本性质是什么？怎样求两常见回转体的相贯线？如何判断相贯线的可见性？

7．用辅助平面法求作两回转体表面的相贯线的基本原理是什么？如何恰当地选择辅助平面？

8．两回转体相贯线的两种比较常见的特殊情况是什么？试分别说明这两种情况。

第四章　组　合　体

第一节　形体分析法与线面分析法

一、形体分析法

从构型角度出发，任何形状复杂的机械零件都可抽象成几何模型——组合体，而组合体则是由几何形体（称基本体）按一定的位置关系组合而成的复杂立体。假想把组合体分解为若干个基本体，并确定各基本体间的组合形式和相对位置，这种研究解决组合体问题的方法称为形体分析法。运用形体分析法可以把复杂组合体的投影问题转化为简单基本体的投影问题，因此形体分析法是画组合体三视图、读组合体三视图和组合体尺寸标注最基本的方法之一。

1. 基本体间的组合形式

基本体间的组合形式通常有叠加、挖切和共有。叠加是基本体和基本体合并。挖切是从基本体中挖去一个基本体，被挖去的部分（称为虚体）就形成空腔或孔洞；或者是在基本体上切去一部分。共有是由两个基本体的公共部分形成。表 4-1 为基本体的组合形式举例。

表 4-1　基本体的组合形式举例

基本体	组合形式		
	叠加	挖切	共有

2. 基本体邻接表面间的相对位置

基本体经叠加、挖切、共有任一方式组合后，其邻接表面间可能产生共面、相切和相交三种情况。

（1）共面。两基本体的邻接表面连接为一个表面，即为共面，两基本体邻接表面在共面处不应画出分界线，如图4-1所示。

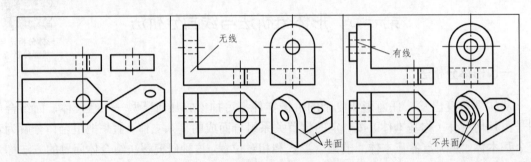

图4-1　邻接表面间共面的画法

（2）相切。若两基本体的邻接表面（平面与曲面或曲面与曲面）相切，邻接表面在切线处光滑过渡，因此，在视图中切线的投影不画，如图4-2所示。

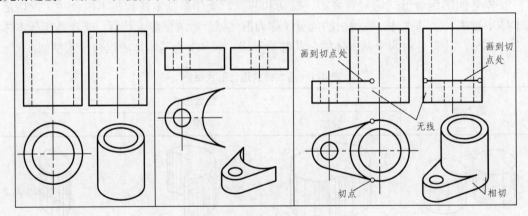

图4-2　邻接表面间相切的画法

（3）相交。若两基本体的邻接表面相交，在视图中一定画出交线的投影，如图4-3所示。

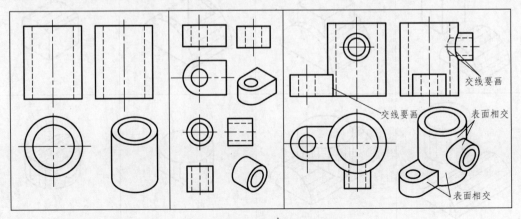

图4-3　邻接表面间相交的画法

图 4-4 为常见组合体上邻接表面相交的图例。

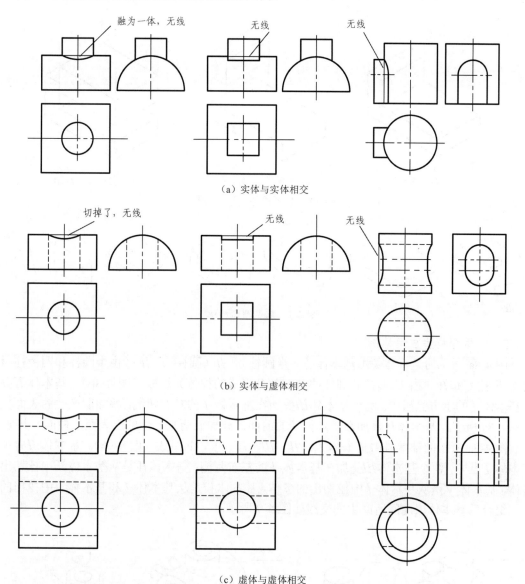

（a）实体与实体相交

（b）实体与虚体相交

（c）虚体与虚体相交

图 4-4　常见形体表面相交的实例

对直径不等且轴线垂直相交的两圆柱表面交线的投影，允许以过特殊点的圆弧代替，具体作图如图 4-5 所示。

运用形体分析法假想分解组合体时，分解的过程并非是唯一和固定的。图 4-6a 所示的 L 形柱体可以分解为一个大四棱柱和一个与其等宽的小四棱柱（图 4-6b）；也可分解为一个大四棱柱挖去一个与其等宽的小四棱柱（图 4-6c）。随着投影分析能力的提高，该形体还可以直接分析为 L 形柱体。尽管分析的中间过程各不相同，但其最终结果都是相同的。因此对一些常见的简单组合体，可以直接把它们作为构

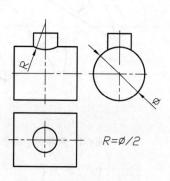

图 4-5　相贯线的近似画法

成组合体的基本形体，不必作过细的分解。图 4-7 为一些常见的组合柱体。

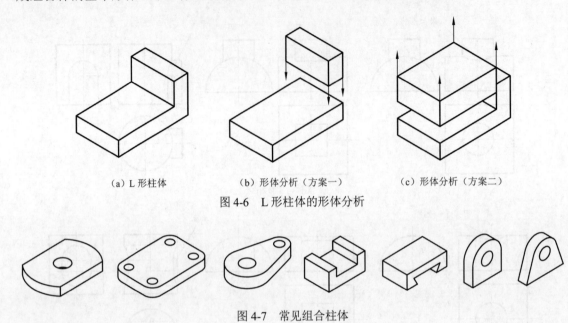

（a）L 形柱体　　　　（b）形体分析（方案一）　　　　（c）形体分析（方案二）

图 4-6　L 形柱体的形体分析

图 4-7　常见组合柱体

3. 形体分析法应用举例

图 4-8a 所示的组合体是由基本体 I（半圆柱）、II（圆柱）、III（ 由半圆柱和四棱柱组成的 U 形柱）和 IV（由 U 形柱和圆柱的共有部分形成的柱体）组成（图 4-8b）。基本体 II 叠加在基本体 I 的上方且居中；两个基本体 III 叠加在基本体 I 的左右两侧，叠加所产生的表面交线如图 4-8a 所示，基本体 IV 叠加在基本体 I 的前面，叠加后两基本体的上表面（柱面）共面。

图 4-9a 所示的轴承盖由基本体 I、II、III、IV、V、VI 组成（图 4-9b）。基本体 II 叠加在基本体 I 上方，两个基本体 III 叠加在基本体 I 的左右两侧；基本体 IV 是从基本体 III 中挖切出的虚体，基本体 V 是从基本体 I 中挖切出的虚体，基本体 VI 是从基本体 I 和基本体 II 中挖出的虚体，组合后基本体表面间所产生的交线如图 4-9 所示。

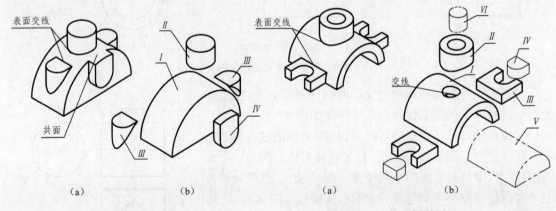

图 4-8　形体分析举例（一）　　　　图 4-9　形体分析举例（二）

把组合体分解为若干个基本体仅是一种分析问题的方法，分解过程是假想的，组合体仍是一个整体。

二、线面分析法

在绘制和阅读组合体的视图时，对比较复杂的组合体通常在运用形体分析的基础上，对不易表达或难以读懂的局部，还要结合线面的投影分析，如分析组合体的表面形状、表面与表面的相对位置以及表面交线等，来帮助表达或读懂这些局部的形状,这种方法称为线面分析法。

线面分析应用举例如下：

对图 4-10a 所示的组合体作形体分析，可知该组合体是两圆柱的共有部分切割后形成的（图 4-10b）。但对其表面上的交线，画图时比较难以处理，因此进一步作线面分析，得知组合体上的交线 C 是上表面的圆柱面 A 和直立圆柱面 B 的交线；I、II、II、III 和 III、IV 是切平面 D 与圆柱面 A 和 B 的交线，如图 4-10a 所示。根据线面分析的结果，便可正确画出组合体上这些交线的投影，如图 4-11 所示。

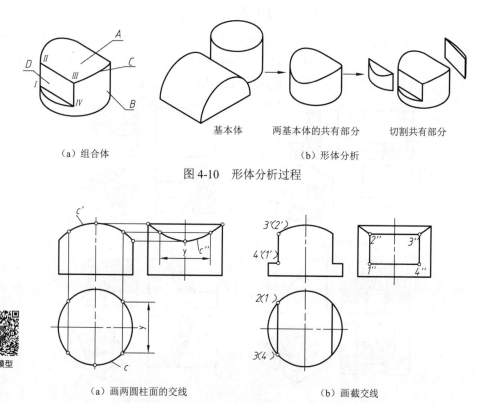

图 4-10 形体分析过程

图 4-11 线面分析应用举例（一）

画图 4-12a 所示组合体的三视图时，作形体分析可知：该组合体为一长方体用 A、B、C、D 四个平面切割而成的。按形体分析的结果，逐步画出基本体长方体的投影及各个切平面的投影，但画各切平面的投影时，还需作线面分析，如分析正垂面 D 的形状，根据其投影特性可知其正面投影积聚为一条直线，侧面投影和水平投影反映其类似性（图 4-12b），然后正确画出正垂面 D 的投影；同样也可对铅垂面 C 和正垂面 D 的交线作分析，可知交线为一般位置直线 MN，根据投影特性确定 $m'n'$ 在正垂面 D 的积聚性投影上，mn 在铅垂面 C 的积聚性投影上，从而正确画出其侧面投影 $m''n''$，如图 4-12b 所示。若要读图 4-12b 所示的三视图时，与画图过程一样，首先用形体分析的方法，得知该三视图表达的组合体的大概形状是一个长方体用几个平面切割而成的，然后对各个切平面的投影进一步作分析，得知各切平面的形状及其相对位置，从而更清楚地想象出组合体的形状。

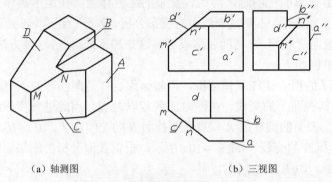

（a）轴测图　　　　　　　　　　（b）三视图

图 4-12　线面分析应用举例（二）

在线面分析的过程中，分析立体表面的投影特性非常重要，特别是垂直面或一般位置平面投影的类似性，因为在画图和读图过程中，通常用类似性检验组合体画图或读图是否正确。图 4-13 列出了组合体上垂直面和一般位置面的投影所具有的类似性。

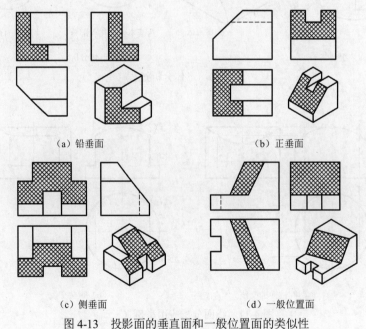

（a）铅垂面　　　　　　　　　　　　（b）正垂面

（c）侧垂面　　　　　　　　　　　　（d）一般位置面

图 4-13　投影面的垂直面和一般位置面的类似性

第二节　画组合体的三视图

画组合体的三视图

一、画组合体三视图的方法和步骤

画组合体三视图时，首先运用形体分析法假想把组合体分解为若干基本体，并分析确定各基本体之间的相对位置及组合形式，判断基本体邻接表面间的连接关系。然后根据分析逐个画出各基本体的三视图，同时分析检查处于共面、相切或相交位置的邻接表面的投影是否正确，即有无漏线和多余线。最后对局部难懂的结构运用线面分析法重点分析校核，以保证正确地绘制组合体的三视图。

以图 4-14a 所示支架为例，说明画组合体三视图的步骤。

1. 形体分析

图 4-14b 所示支架可分解为直立空心圆柱、底板、肋板、耳板、横置空心圆柱五个基本体。肋板叠加在底板上；底板的侧面与直立空心圆柱面相切；肋板和耳板的侧面与直立空心圆柱的柱面相交；耳板的顶面和直立空心圆柱的顶面共面；横置空心圆柱与直立空心圆柱垂直相交，且两孔相通。

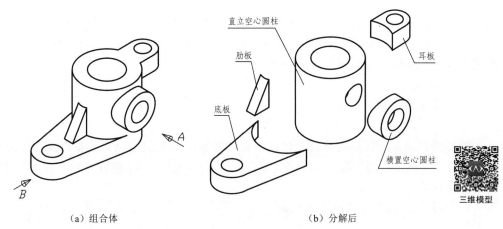

（a）组合体　　　　　　　　　　　（b）分解后

图 4-14　支架的形体分析

2. 确定主视图

组合体在投影系的摆放位置和主视图的投影方向是确定主视图的两个因素。

（1）组合体的摆放位置。选择组合体的自然位置，并考虑使组合体的各表面尽可能多地与基本投影面处于平行或垂直的位置。

（2）主视图的投射方向。主视图是最主要的视图，应能反映组合体的形状特征及结构特征（各基本体的相互位置关系）；主视图一经确定，俯、左两视图亦随之确定。因此，以使主视图能较多地反映组合体的形状特征及结构特征，并尽可能以使各视图中虚线最少为原则来确定投影方向。图 4-15a 是以图 4-14a 中的 A 方向投射所得主视图，图 4-15b 是以图 4-14a 中的 B 方向投射所得主视图。通过比较知：图 4-15a 能较多地表达支架各基本体的形状特征及其相对位置关系。

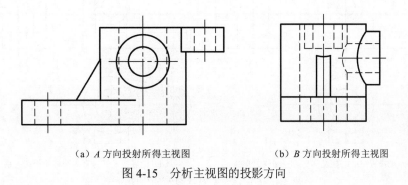

（a）A 方向投射所得主视图　　　　　（b）B 方向投射所得主视图

图 4-15　分析主视图的投影方向

本例选图 4-15a 所示的安放位置，并选 A 方向作为主视图的投射方向。

3. 选比例，定图幅

画图时要按选定的比例（在可能的情况下尽量选用 1:1 的比例，这样既便于直接估量组合体的大小，也便于画图），根据组合体的长、宽、高大致估算出三个视图所占面积，并考虑各视图之间留出标注尺寸的位置和适当的间距，据此选用合适的标准图幅。

4. 布图、画基准线

根据各视图的大小，画出各视图的基准线，以确定各视图的位置。一般以对称中心线、轴线、较大的平面作为基准，如图 4-16a 所示。

5. 绘制底稿

逐个画出各基本体的视图，一般是先画主要基本体，后画次要基本体；先画实体，后画虚体；先大后小。画基本体视图时，要三个视图联系起来画，并从最能反映该基本体形状特征的视图入手。底稿绘制如图 4-16b～e 所示。

6. 标注尺寸

标注尺寸可参考图 4-27。

7. 检查与描深

底稿画完后，应按基本体逐个仔细检查其投影，并对组合体上的垂直面、一般位置面以及邻接表面共面、相切、相交等运用线面分析法重点校核，纠正错误和补充遗漏。最后描深图线（图 4-16f）。

8. 画箭头，填写尺寸数值及标题栏

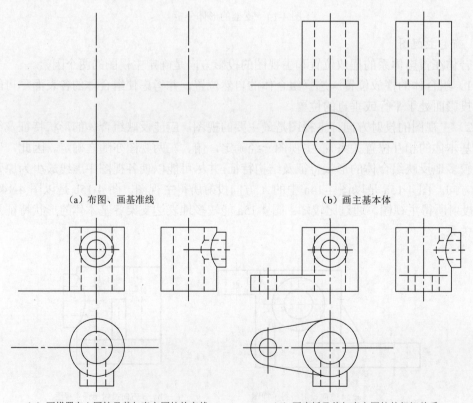

（a）布图、画基准线   （b）画主基本体

（c）画横置空心圆柱及其与直立圆柱的交线   （d）画底板及其与直立圆柱的相切关系

图 4-16（一）   支架三视图的作图过程

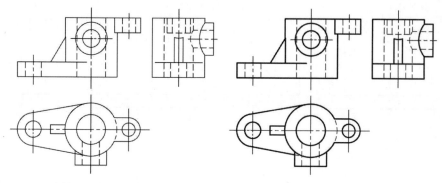

（e）画肋板和耳板及其与它们直立圆柱的交线　　　（f）检查与描深

图 4-16（二）　支架三视图的作图过程

二、画图举例

例 4-1　绘制图 4-17a 所示组合体的三视图。

（1）形体分析。参见图 4-8，该组合体由形体 I、II、III 和 IV 组成。

（2）确定主视图。选择图 4-17a 所示的安放位置，并以箭头所指投射方向确定主视图。

（3）选比例，定图幅。

（4）绘制底稿。画图过程见图 4-17。

（5）标注尺寸。

（6）检查，描深。底稿画完后，应按基本体逐个仔细检查其投影，并对组合体上的垂直面、一般位置面以及邻接表面共面、相切、相交等运用线面分析法重点校核（图 4-17g），纠正错误和补充遗漏。最后描深图线（图 4-17h）。

（7）画箭头，填写尺寸数值及标题栏。

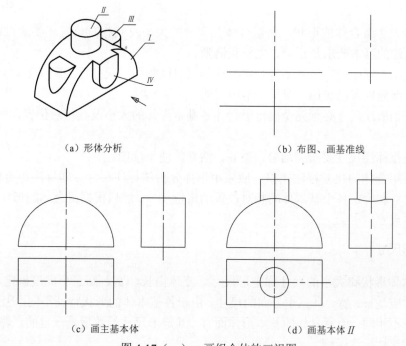

（a）形体分析　　　　　　　　　　　　　　（b）布图、画基准线

（c）画主基本体　　　　　　　　　　　　　（d）画基本体 II

图 4-17（一）　画组合体的三视图

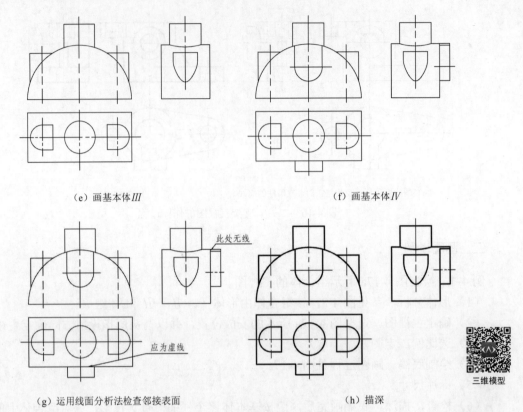

（e）画基本体Ⅲ　　　　　　　　　　　　　（f）画基本体Ⅳ

（g）运用线面分析法检查邻接表面　　　　　　　　（h）描深

三维模型

图 4-17（二）　画组合体的三视图

第三节　组合体的尺寸标注

组合体的尺寸标注

视图只能表达组合体的形状，而组合体各部分的大小及其相对位置还要通过标注尺寸来确定。尺寸标注的基本要求是正确、完整和清晰。

正确：是指图样中所注尺寸要符合国家标准《机械制图　尺寸注法》（GB4448.4—2003）中的规定。这部分内容已在第一章第一节中说明。

完整：是指所注尺寸必须完全确定组合体各基本形体的大小及其相对位置，既不能遗漏，也不能重复。

清晰：是指标注尺寸要布局均匀、整齐、清楚，便于读图。

为了保证组合体的尺寸标注完整，应采用形体分析法标注尺寸，即标注组合体中每个基本体的定形尺寸和确定各个基本体间相对位置的定位尺寸，然后根据组合体的形状、结构特点调整标注总体尺寸。

一、定形尺寸

确定基本体形状和大小的尺寸称定形尺寸。立体由长、宽、高三个向度确定，所以基本体的定形尺寸应是长、宽、高三个方向的尺寸。由于各基本体的形状特征不同，因而其定形尺寸的数量也各不相同。但就具体的基本形体而言，其定形尺寸的数量是一定的。表 4-2 列出了常见基本体的尺寸标注示例。

表 4-2 常见基本体的尺寸标注示例

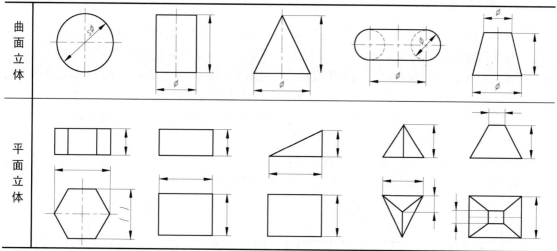

注：带括号的为参考尺寸。

标注组合体的尺寸时，应首先标注出各基本形体的定形尺寸，如图 4-18a 所示。

二、尺寸基准和定位尺寸

尺寸基准是指标注尺寸的起始位置。通常选择组合体的对称面、端面、底面以及主要的轴线。

定位尺寸是确定组合体中各基本体间相对位置的尺寸。

标注定位尺寸时，应首先在组合体的长（x）、宽（y）、高（z）三个方向上，分别选定尺寸基准（根据需要还可选择辅助基准），然后分别标注出各基本体在三个方向上的定位尺寸，如图 4-18b 所示。

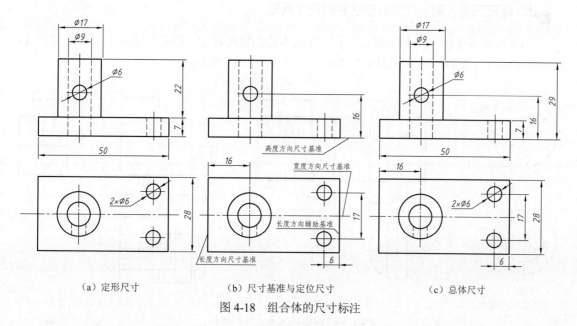

（a）定形尺寸　　　　（b）尺寸基准与定位尺寸　　　　（c）总体尺寸

图 4-18 组合体的尺寸标注

标注回转体的定位尺寸时，一般标注其轴线的位置。

三、总体尺寸

组合体的总长、总高、总宽，称为总体尺寸。为了表达组合体所占空间的大小，尺寸标注中，标注组合体的总体尺寸是必要的。但由于按形体分析法标注定形尺寸和定位尺寸后，尺寸已完整，若加注总体尺寸就会出现重复尺寸，此时必须在同方向减去一个尺寸。如图 4-18c 中标注总高尺寸 29 后，就应在高度方向上去掉一个不太重要的高度尺寸 22。有时定形尺寸或定位尺寸就反映了组合体的总体尺寸，如图 4-18 中底板的宽度和长度就是组合体的总宽、总长，此时不必另外标注总宽尺寸和总长尺寸。

当组合体的端部不是平面而是回转面时，该方向一般不直接标注总体尺寸，而是由确定回转面轴线的定位尺寸和回转面的定形尺寸来间接确定（图 4-19）。

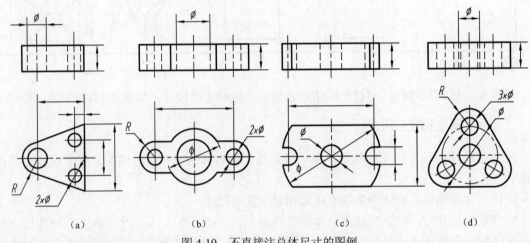

| （a） | （b） | （c） | （d） |

图 4-19　不直接注总体尺寸的图例

四、标注定形、定位尺寸时应注意的几个问题

（1）当基本体被平面截切时，除了标注基本体的定形尺寸，还需标注截平面的定位尺寸，而不能标注截交线的尺寸。如图 4-20 中打"×"的尺寸不能标注。

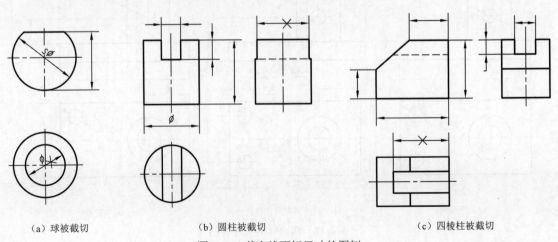

（a）球被截切　　　　　　　（b）圆柱被截切　　　　　　　（c）四棱柱被截切

图 4-20　截交线不标尺寸的图例

（2）当立体表面有相贯线时，需标注产生相贯线的两基本体的定形尺寸及其定位尺寸，而不能标注相贯线的尺寸。如图 4-21 中打"×"的尺寸不能标注。

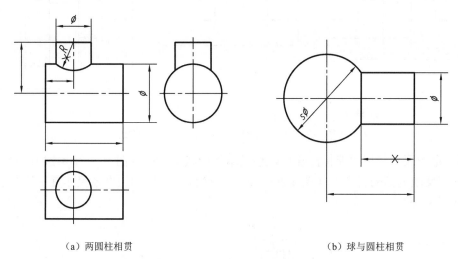

（a）两圆柱相贯   （b）球与圆柱相贯

图 4-21 相贯线不标尺寸图例

（3）图 4-22 为常见的底板结构，在俯视图上，矩形板四个角上圆弧的圆心可能与圆孔同心，也可能不同心。标注尺寸时，四个角的圆弧应按连接圆弧处理，所以仅标注定形尺寸 R，而四个圆孔与底板是不同的基本体，所以必须标注定位尺寸。

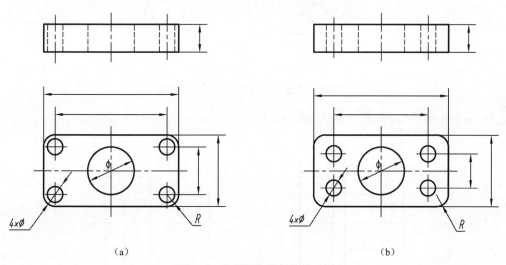

（a）   （b）

图 4-22 必须标注孔的定位尺寸

五、标注尺寸要清晰

为了使尺寸标注清晰，标注时应考虑以下几点：

（1）尺寸应尽量标注在视图外面，并配置在与之相关的两视图之间（如长度尺寸标注在主视图和俯视图之间）。同一方向上的串联尺寸应尽量配置在少数的几条线上，如图 4-23 所示。

（2）同一基本体的定形和定位尺寸应尽量集中，以方便读图。

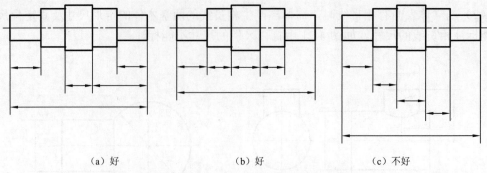

(a) 好　　　　　　　(b) 好　　　　　　　(c) 不好

图 4-23　同一方向上串联尺寸的标注图例

（3）定形尺寸应尽可能标注在反映该基本体形状特征的视图上（图 4-24），如半径尺寸必须标注在反映为圆的视图上（图 4-24a、b）；几个同轴圆柱体的直径尺寸宜标注在非圆视图上（图 4-24b、c）。

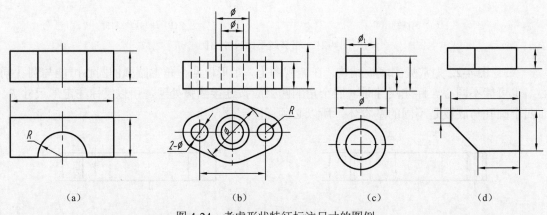

(a)　　　　　　　(b)　　　　　　　(c)　　　　　　　(d)

图 4-24　考虑形状特征标注尺寸的图例

（4）内外结构尺寸要分开标注（图 4-25）。

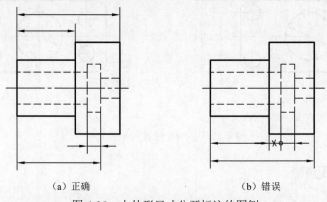

(a) 正确　　　　　　　(b) 错误

图 4-25　内外形尺寸分开标注的图例

六、标注组合体尺寸的步骤与方法

首先选定三个方向的尺寸基准，然后根据组合体画图时所作形体分析的结果，分别标注各基本体的定形尺寸及其定位尺寸，调整标注总体尺寸，最后检查标注是否正确。

例 4-2　标注组合体（图 4-26a）的尺寸。

（1）形体分析。根据形体分析的结果，初步考虑每个基本体的定形尺寸和定位尺寸（参见图 4-26b）。

（2）确定尺寸基准。组合体在长度方向对称，所以选其左、右对称面为长度方向的基准；高度方向和宽度方向不对称，因此分别选较大的底面和后表面为高度和宽度方向的基准，如图 4-26c 所示。

（3）标注定形尺寸和定位尺寸。

1）基本体 *I* 为半圆柱，有两个定形尺寸 *R*32 和 30（图 4-26d）。定位尺寸不用标注，因为基本体 *I* 的底面、后面和轴线分别与该组合体的长、宽、高三个方向的尺寸基准重合。

2）基本体 *II*（凸台），标注了定形尺寸 ϕ20，就确定了其长度和宽度方向的形状大小；凸台的轴线位于长度方向的基准上，因此不用标注长度方向的定位尺寸；凸台与基本体 *I* 宽度方向的相对位置由定位尺寸 14 可确定；由于凸台是叠加在半圆柱上的，在高度方向上只要凸台和半圆柱的相对位置确定，凸台的高度就确定了，因此仅标注凸台和半圆柱高度方向的定位尺寸 44 即可（图 4-26e）。

3）尺寸 *R*8 是基本体 *III* 长度和宽度方向的定形尺寸；由于基本体 *III* 对称叠加在基本体 *I* 的两侧，因此其长度方向和高度方向的定形尺寸及其与基本体 *I* 间的定位尺寸，由长度方向的对称定位尺寸 44 和高度方向的定位尺寸 26 即可确定；宽度方向的定位尺寸与基本体 *II* 用同一尺寸。特别要注意基本体 *III* 和基本体 *I* 叠加时，表面所产生的交线不允许标注尺寸，所以图 4-26f 中带 "×" 的尺寸 32 不应标注。

4）尺寸 *R*8 和 6 是基本体 *IV* 长度和宽度方向的定形尺寸；基本体 *IV* 长度方向的对称面与基准重合，故不标注定位尺寸；尺寸 6 既是其宽度方向的定形尺寸，也是定位尺寸；高度方向的定形尺寸和定位尺寸由尺寸 18 确定（图 4-26g）。

（4）调整标注总体尺寸。在本例中，总长尺寸由定形尺寸 *R*32 确定，增加总宽尺寸 36，去掉一个宽度方向尺寸 6；总高尺寸由定位尺寸 44 确定（图 4-26h）。

（5）检查、校核。按完整、正确、清晰的要求检查、校核所注尺寸，如有不妥，则作适当修改或调整。主要是核对尺寸数量，同时检查所注尺寸配置是否明显、集中和清晰（图 4-26h）。

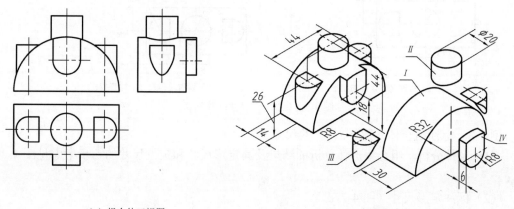

（a）组合体三视图　　　　　　　　　（b）组合体尺寸

图 4-26（一）　尺寸标注举例

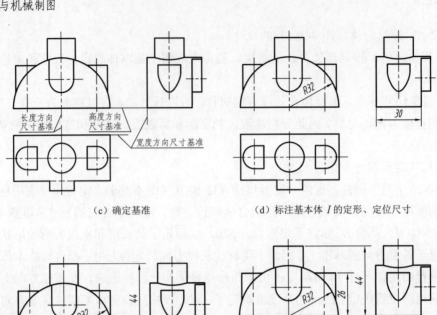

（c）确定基准   （d）标注基本体 I 的定形、定位尺寸

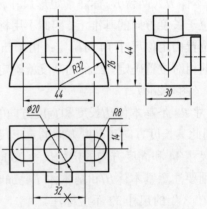

（e）标注基本体 II 的定形、定位尺寸   （f）标注基本体 III 的定形、定位尺寸

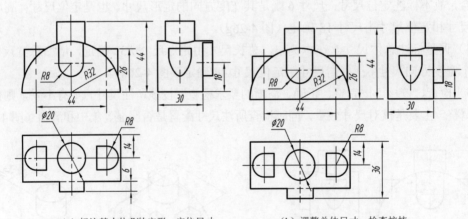

（g）标注基本体 IV 的定形、定位尺寸   （h）调整总体尺寸，检查校核

图 4-26（二）   尺寸标注举例

例 4-3 标注组合体（图 4-27a）的尺寸。

（1）形体分析。组合体形体分析的结果及其定形尺寸和定位尺寸的初步考虑见图 4-27a、b、c。

（2）标注定形尺寸（图 4-27d）。

（3）标注定位尺寸（图 4-27e）。

（4）调整总体尺寸并检查、校核（图 4-27f）。

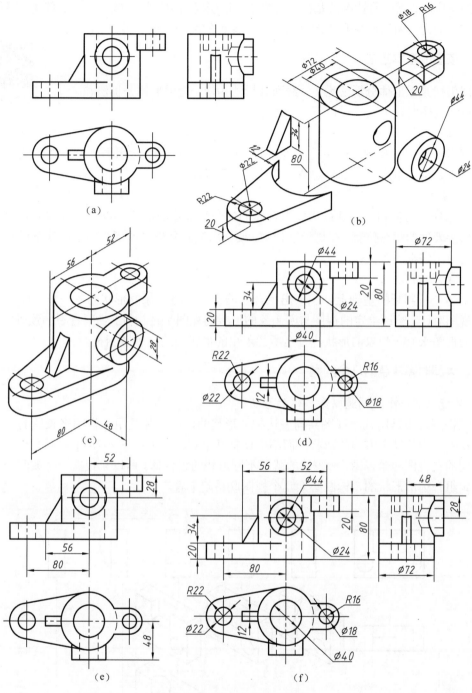

图 4-27　组合体的尺寸标注

第四节　读组合体的三视图

　　画图是将空间物体用正投影的方法表达在平面的图纸上，而读图则是根据平面图纸上已画出的视图，运用正投影的投影特性和规律，分析空间物体的形状和结构，进而想象空间物体。

从学习的角度看，画图是读图的基础，而读图不仅能提高空间构思能力和想象能力，又能提高投影的分析能力，所以画图和读图一直都是本课程的两个重要环节。

读组合体视图的
方法及要领

一、读图的基本方法

读图仍然是以形体分析法为主，线面分析法为辅。运用形体分析法和线面分析法读图时，大致经过以下三个阶段。

1. 粗读

根据组合体的三视图，以主视图为核心，联系其他视图，运用形体分析法辨认组合体是由哪几个主要部分组成的，初步想象组合体的大致轮廓。

2. 精读

在形体分析的基础上，确认构成组合体的各个基本体的形状，以及各基本体间的组合形式及其邻接表面的相对位置。在这一过程中，要运用线面分析法读懂视图上的线条以及由线条所围成的封闭线框的含义。

3. 总结归纳

在上述分析判断的基础上，想象出组合体的形状，将想象的形状向各个投影面投影并与给定的视图对比，验证给定的视图与所想象的形状的视图是否相符。当两者不一致时，必须按照给定的视图来修正想象的形状，直至所想象出的形状与给定视图相符。

二、读图时要注意的几个问题

1. 不能只凭一个视图臆断组合体的形状

在工程图样中是用几个视图共同表达物体形状的，组合体是用三视图来表达的。每个视图只能反映组合体某个方向的形状，而不能概括其全貌，例如：图 4-28 中，同一个主视图，配上不同的左视图和俯视图，所表达的就是不同形状的组合体。所以只根据一个或两个视图是不能确定组合体的形状的，读图必须几个视图联系起来看。

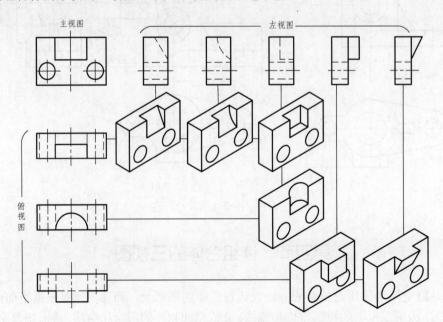

图 4-28   一个视图不能确定物体的形状

2. 找出反映形体特征的视图

对于基本体来说，在几个视图中，总有一个视图能比较充分地反映该基本体的形状特征，如图 4-29 的左视图和图 4-30 的俯视图。在形体分析的过程中，若能找到形体的特征视图，再联系其他视图，就能比较快而准确地辨认基本体。

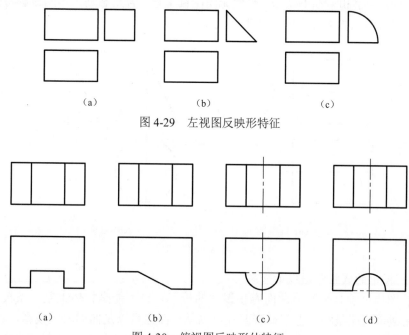

图 4-29　左视图反映形特征

图 4-30　俯视图反映形体特征

但组合体是由若干基本体组合而成的，它的各个基本体的形状特征并非都集中在一个视图上，而是可能每个视图上都有一些，图 4-31 中的支架是由四个基本体叠加而成，主视图反映了基本体 I 和基本体 IV 的形状特征，左视图反映了基本体 III 的形状特征，俯视图反映了基本体 II 的形状特征。读图时就要抓住能够反映形体形状特征的线框，联系其他视图，来划分基本体。

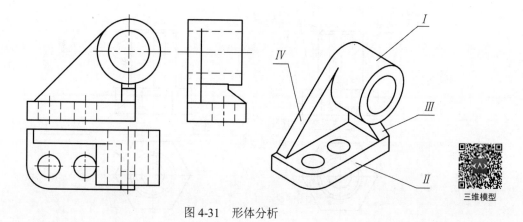

图 4-31　形体分析

3. 熟悉基本体的投影特性，多做形体积累

即使是初学制图，看到图 4-32 所示的三视图都会马上反映出：图 4-32a 表达的是一个横

置的圆柱体，图 4-32b 表达的是一个直立的圆锥体。这是因为通过学习基本体的投影，已经了解并熟悉了圆柱体、圆锥体的投影特性，并能随时根据其投影反映出立体形状来；另一原因是图上所表达的物体就是你经常看到和摸到的实物，或是类似的实物，读图时就会产生一种"好像见过面"的感觉，这就是形体积累在读图过程中的作用。构成组合体的各个基本体就像一篇文章里的字和词，若字和词都不认识，当然无法阅读文章。若熟悉基本体的投影特性且形体积累增多，就能很快提高投影分析能力和形体识别能力。

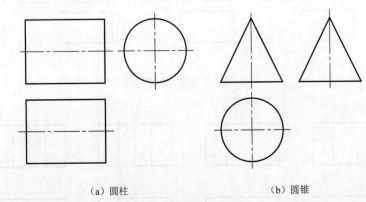

（a）圆柱　　　　　　　　　（b）圆锥

图 4-32　基本体的三视图

4. 明确视图中的线框和图线的含义

视图中的图线可能是平面或曲面有积聚性的投影，也可能是物体上某一条棱线的投影；视图中的封闭线框可能是物体上某一表面（可以是平面也可以是曲面）的投影，也可能是孔、洞的投影。因此，明确视图中图线和线框的含义，才可能正确识别基本体邻接表面间或基本体和基本体邻接表面间的相对位置和连接关系。

视图中图线（粗实线或虚线）的含义分别有以下三种不同情况：

（1）物体上垂直于投影面的平面或曲面有积聚性的投影（图 4-33a）。

（2）物体上相邻两表面交线的投影（图 4-33a）。

（3）物体上曲面转向轮廓线的投影（图 4-33a）。

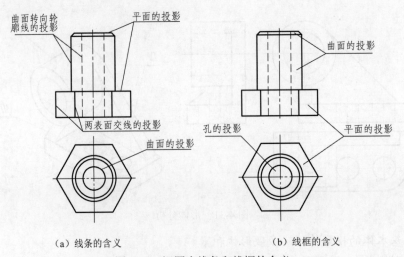

（a）线条的含义　　　　　　　　　　（b）线框的含义

图 4-33　视图中线条和线框的含义

视图中封闭线框的含义，分别有以下三种情况：

（1）平面的投影（图 4-33b）。

（2）曲面的投影（图 4-33b）。

（3）孔、洞的投影（图 4-33b）。

视图中相连的线框或重叠的线框则表示了物体上不同位置的面，并反映了组合体邻接表面间的相对位置和连接关系（图 4-34）。读图时，通过对照投影，区分出它们的前后、上下、左右和相交、相切、共面等连接关系，可帮助想象物体。

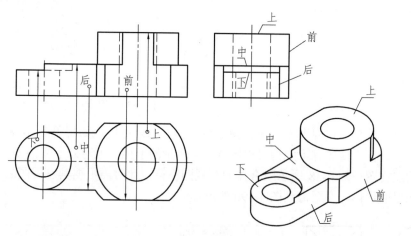

三维模型

图 4-34　表面间的相对位置

5. 要善于构思形体的空间形状，在读图过程中不断修正空间想象的结果

我们所说的形体积累除柱、锥、球、环这些基本体外，还包括一些基本体经简单切割或叠加构成的简单组合体，读图时要善于根据已知视图构思出这些形体的空间形状。

例如：在某一视图上看到一矩形线框，可以想象出很多形体，如四棱柱、圆柱等（图 4-35a），看到一个圆形线框，可以想象是圆柱、圆锥、圆球等形体的某一投影（图 4-35b）。此时再从相关的其他视图上找对应的投影，便会作出正确判断。

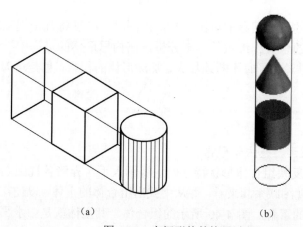

(a)　　　　　　　　　(b)

图 4-35　空间形体的构思过程

如图 4-36 所示是某一形体的三视图。通过主视图的最外线框是一个矩形，俯视图是一个圆形线框知：其主体一定是一个圆柱（图 4-37a）。再联系左视图（外形是三角形）分析，可

知圆柱体用两个侧垂面在前后各切去一部分；主视图矩形线框内有侧垂面与圆柱体表面截交线的投影（半个椭圆），俯视图圆形线框中间的粗实线为两侧垂面交线的投影，从而得出图 4-36 所表达的组合体是圆柱体用两个侧垂面切去前后两块后的形体，如图 4-37b 所示。

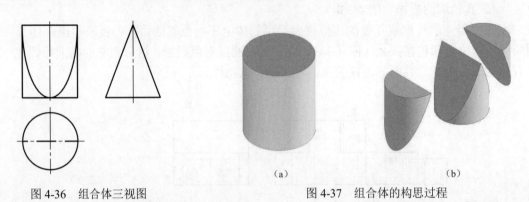

图 4-36   组合体三视图   图 4-37   组合体的构思过程

读图的过程就是根据视图不断修正想象组合体的思维过程。如想象图 4-38 所示组合体形状时，根据主、俯两视图有可能构思出图 4-39a 所示的形体，但对照左视图就会发现图 4-39a 所示形体的左视图与图 4-38 所示组合体的左视图不符，此时需根据其左视图之间的差异来不断修正所构思的形体，直至得到图 4-39b 的形体。

图 4-38   三视图   图 4-39   构思过程

通过对读图时要注意的几个问题的讨论可知，读图时，必须将几个视图联系起来看，还要对视图中的线框和图线的含义作细致的投影分析，在构思形体的过程中不断修正想象的形体，才能逐步得到正确的结论。同时不断地加大、加深形体的积累，也是培养读图能力的一个途径。

三、读图的一般步骤

1. 分析视图，对照投影，想主体形状

分析视图应先从能够反映组合体形状特征的主视图入手，弄清各视图之间的关系，按照三视图投影规律，将几个视图联系起来看，并从中找出组合体的主体，以便在短时间内对组合体的大致轮廓有一个初步的了解。图 4-40 所示的组合体，其主体就是由水平圆柱和梯形多面体构成的（图 4-41a）。

2. 识别各基本形体及其相对位置，明确组合关系

梯形多面体在圆柱上方，从主视图（图 4-40）上看一目了然，从左视图上看，构成梯形多面体的 A、B 两平面分别切于圆柱面上，空间情况如图 4-41b 所示，切线在主视图上不画出。从主视图上看，构成梯形多面体的 C、D 两平面与圆相交。D 是侧平面，C 是正垂面，C 平面与圆柱的交线是一段椭圆，其水平投影为俯视图上的 e 线段。

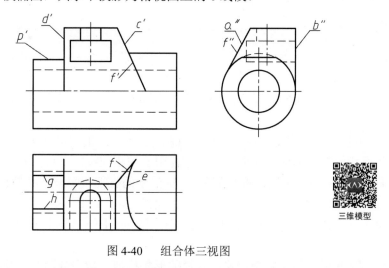

三维模型

图 4-40　组合体三视图

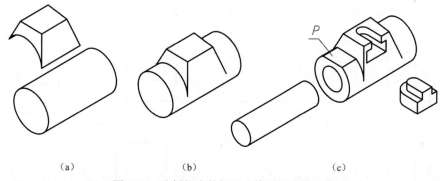

(a)　　　　　　　　(b)　　　　　　　　(c)

图 4-41　分析组合体投影、构思组合体形状

3. 线面分析攻难点

在视图上有些线条的含义往往一下不易看懂，如图 4-40 中俯视图上的 f、g、h 等直线，这时就需要把几个视图联系起来分析它们的投影。通过线面分析知：F 线段是梯形多面体上 A（侧垂面）和 C（正垂面）两平面的交线，由于其三个投影（f′、f、f″）都是倾斜的，所以是一条一般位置直线。从俯视图上看 g、h 平行于圆柱体的轴线，对照主视图和左视图可知，g、h 是由平面 P 截切圆柱体所产生的截交线的水平投影（图 4-41c）。

4. 对照投影，分析细部形状

主体形状读懂后，再读细节部分。

从图 4-40 中的主视图上看，梯形多面体的投影范围内有一个"凸"形线框，对照俯视图相应的投影可知，梯形多面体上有后部为圆端的 T 形槽，如图 4-41c 所示。此外，从主视图和左视图上可知，圆柱体轴向有通孔（图 4-41c）。

5. 综合起来想象组合体全貌

读图的最后要求是读懂组合体的全貌，也就是要求把构成组合体的基本形体的形状和个别线、面以及细部的形状全面地综合起来，想象出组合体的形状。图 4-41 正是说明了这样一个综合想象的过程。

　　上述步骤只是一般的读图步骤，不是一成不变的，读图时各步骤之间互相交织，有时遇到复杂的物体还要重复上述步骤才能读懂。

四、读图举例

读图举例

　　例4-4　看懂图4-42a所示轴承座的三视图，补画俯视图和左视图中所缺的图线。

　　（1）分析视图，对照投影，想主体形状。从主视图入手，按主视图的线框将组合体分解为 I、II、III三个基本形体（图4-42a）。

　　（2）辨识各基本形体及其相对位置，明确组合关系。根据主视图上基本形体 I 的投影，按照投影关系找到基本形体 I 在俯视图和左视图上的相应投影。可知基本形体 I 是一个长方块，在它上部挖去一个半圆柱，所以在图4-42a给出的三视图中，俯视图上缺两条粗实线（半圆槽轮廓线的投影），正确投影如图4-42b中的粗线框。

　　同样可分析基本形体 II 的其余两投影（图 4-42c 中的粗线框），可知形体 II 为三角形肋板。

　　基本体III（底板）的左视图反映了底板的形状特征，从主视图和左视图可以看出，底板是一个 L 形柱体，上面钻了两个圆孔，所以俯视图上缺了一条虚线，如图4-42d 所示。

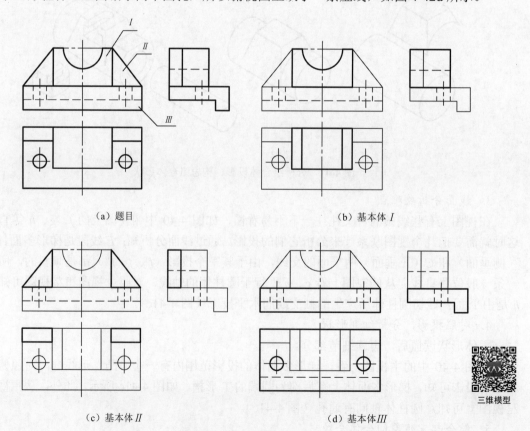

（a）题目　　　　　　　　　（b）基本体 I

（c）基本体 II　　　　　　　（d）基本体III

三维模型

图4-42　轴承座的三视图

　　从主视图和俯视图可以清楚地看出：基本体 I 在基本体III 的上面，位置是中间靠后，其后表面与基本体Ⅲ的后表面共面。基本体Ⅱ位于基本体Ⅰ的两侧和基本体Ⅲ的上面,且后表面与基本体Ⅲ后表面共面,如图 4-43a 所示。

（3）综合起来想整体。在读懂每个基本形体及其相对位置的基础上,最后对组合体的形状有一个完整认识（图 4-43b）。

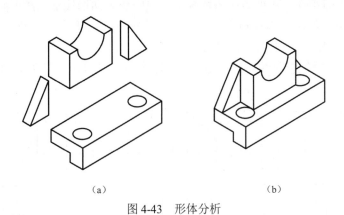

(a)　　　　　　　　(b)

图 4-43　形体分析

例 4-5　根据图 4-44a 给出的压块主视图和俯视图,补画左视图。

（1）分析视图,对照投影,想主体形状。由于压块的主俯两个视图的外轮廓线基本都是长方形,且主视图中下部有一矩形缺口,对照俯视图中的虚线作投影分析,知压块的基本体是 冂 形柱体（图 4-44b）。

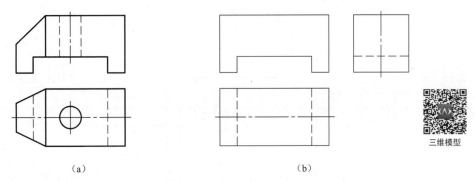

三维模型

(a)　　　　　　　　(b)

图 4-44　形体分析

（2）辨识形体定位置,明确组合关系。该组合体主视图的 冂 形线框左上部缺一个角,说明基本形体的左上方被斜切去一角。俯视图长方形线框的左侧缺两个角,说明基本形体的左端前、后各斜切去一角。

这样从形体分析的角度对组合体的轮廓有了大致的了解,但那些被切去的部分究竟是被什么样的平面切割的,切割以后的投影如何,还必须进行细致的线面分析。

（3）线面分析攻难点。做线面分析一般都是从某个视图上的某一封闭线框开始,根据投影规律找出封闭线框所代表的面的投影,然后分析其在空间的位置,及其与形体上其他表面相交后所产生交线的空间位置及投影。

1）首先分析俯视图上的梯形封闭线框 p,图 4-45a 中的粗线框。由于主视图上没有与它对应的梯形线框,所以它的正面投影只能对应于斜线 p',由此判断 P 平面是一个正垂面,或者说基本体用正垂面 P 切去一块，根据投影规律画出 P 平面与基本体的顶面和侧面相交后在俯视图和左视图上的投影（图 4-46a）。

2）再分析主视图上的六边形 q'（图 4-45b 中的粗线框），在俯视图上找到它的对应投影是 q 积聚为一条直线，从而可知 Q 平面是铅垂面，也就是说，基本体用两个铅垂面前后各切去一块。Q 平面与 P 平面相交，P 平面在俯视图上的投影变为梯形线框，P 平面和 Q 平面相交后产生交线 I-II（图 4-45b），根据投影规律找出 Q 平面与基本形体左侧面交线 I-VI 的三个投影 $1'6'$、16、$1''6''$，及与 P 平面交线 I-II 的三个投影 12、$1'2'$ 和 $1''2''$（图 4-46b），直线 I-II 在空间的位置是一般位置直线。P 平面在左视图上的对应投影应是类似的梯形线框 p''。

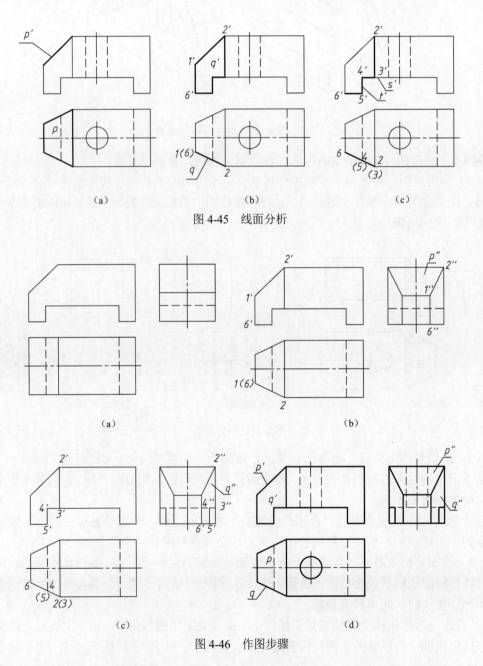

（a）　　　　　　　（b）　　　　　　　（c）

图 4-45　线面分析

（a）　　　　　　　　　　　（b）

（c）　　　　　　　　　　　（d）

图 4-46　作图步骤

Q 平面截切基本形体后，与 ⊓ 形体的前表面产生交线 II-III，与 ⊓ 形体中间的水平面 S 产生交线 III-IV，与 ⊓ 形体中间的侧平面 T 的交线是铅垂线 IV-V，与 ⊓ 形体的底面交线是水平线 V-VI，如图 4-45c 所示，画出它们的侧面投影如图 4-46c 所示，Q 平面在左视图上的对应投影是六边形线框 q''。

3）俯视图中的圆形线框对应主视图上的两条虚线，可知该组合体从上往下穿了一个圆孔。画出圆孔的侧面投影（图 4-46d）。

（4）综合起来想整体。根据以上所做的形体分析和线面分析，逐步补画出压块的左视图，想象出压块的整体形状（图 4-47）。

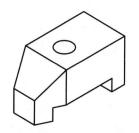

图 4-47　压块的整体形状

（5）检查读图结果，并描深所补视图的图线。

重点检验投影面的垂直面，看其投影是否符合投影特性，如检验图 4-46d 中的 P 平面和 Q 平面的侧面投影是否反映平面的类似形。

例 4-6　根据图 4-48a 给出的主视图和俯视图，补画组合体的左视图。

（1）分析视图，对照投影，想主体形状。按主视图上的线框大致可将组合体分为四部分：空心圆柱体 I、底板 II、凸台 III、肋板 IV（图 4-48b）。

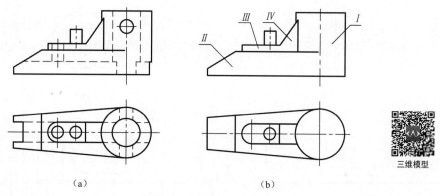

（a）　　　　　　　　　　（b）

图 4-48　读图

（2）辨识基本形体及其相对位置，明确组合关系。

1）由主视图俯视图可看出，主体是一个空心圆柱体，画出其侧面投影（图 4-49a）。

2）空心圆柱体右侧是一块梯形底板，底板前表面与圆柱面相切，画出底板的侧面投影，其上表面的投影应画至切点处（图 4-49b）。

3）底板上方有一凸台，图 4-49c 中的粗线框，画出其侧面投影。

4）三角形肋板在底板的上方，左侧与凸台相连，右侧与空心圆柱体相连，其前、后位置在组合体的主要对称面上（图 4-49d）。由于凸台与肋板的前表面共面，所以从主视图上看凸台的投影线框与肋板的投影线框连为一个线框，且它们的宽度相等。画出三角形肋板的侧面投影（图 4-49d）。

（3）线面分析攻难点。

1）底板的左侧用一正垂面 *P* 切去一块，其主视图积聚为一条直线 *p'*，俯视图上的对应投影是一梯形线框 *p*，*P* 平面与底板左侧表面的交线为 *AB* 直线，*P* 平面与底板上表面的交线为 *CD* 直线，根据投影关系在左视图上找出 *A*、*B*、*C*、*D* 四点的投影 *a"*、*b"*、*c"*、*d"*，并顺次连接 *a"b"d"c"a"* 得到交线的左视图（图 4-49e）。

2）分析组合体下部细节可知：下部有一个左右贯通的矩形槽，是由 *R*、*S*、*T* 三个平面截切组合体而形成的。*R*、*S*、*T* 三个平面在组合体的左端与 *P* 平面相交所产生的交线分别为 *I*-*II*、*II*-*III*、*III*-*IV*（图 4-49f）。矩形槽在组合体的右端与主体的内、外圆柱表面亦产生交线。由于 *R*、*S*、*T* 三平面在空间的位置分别为特殊位置平面，其侧面投影都有积聚性，画出其侧面投影如图 4-49f 所示。

3）在主视图圆柱体投影的中部有一个圆形线框（图 4-49g 中的粗线框），找到它在俯视图上的对应投影，可知在空心圆柱体中部有一个前后贯通的圆孔。圆孔表面与主体的内、外圆柱表面产生相贯线，圆孔及相贯线的侧面投影如图 4-49g 所示。

4）三角形肋板与圆柱体表面相连，其斜面与圆柱体的外表面产生交线，交线上特殊点的侧面投影如图 4-49g 所示。

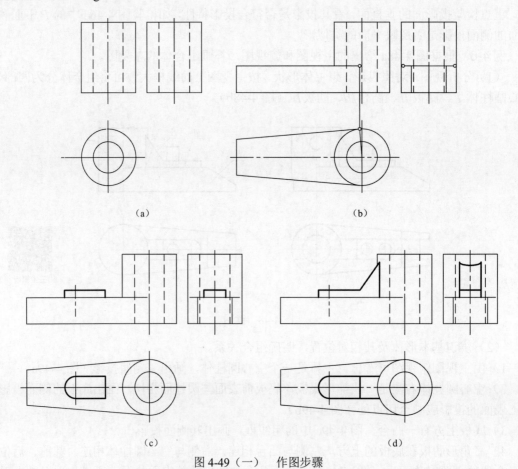

(a) (b)

(c) (d)

图 4-49（一） 作图步骤

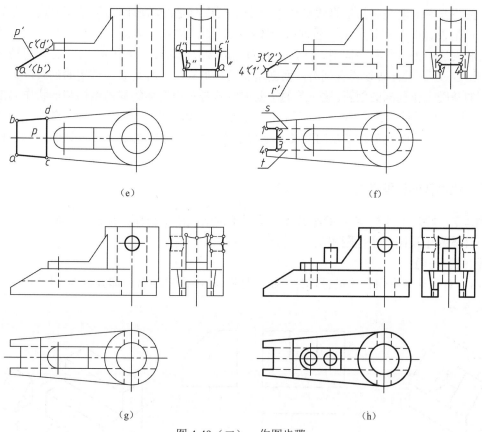

(e)　　　　　　　　　　　　　　　　　　(f)

(g)　　　　　　　　　　　　　　　　　　(h)

图 4-49（二）　作图步骤

（4）对照投影，分析细部形状。在俯视图中，凸台的投影
线框内部有两个圆形线框（图 4-49h），对照它们在主视图上的
投影可看出，凸台左侧是一个通孔，而右侧则是向上叠加的一
个小圆柱，左视图如图 4-49h 所示。

（5）综合起来想整体。通过上述形体分析和线面分析，逐
步补出了所缺的视图，想出组合体形状如图 4-50 所示。

（6）检查读图结果的正确性。用类似形检查读图结果的正
确性，并描深所补视图的图线（图 4-49h）。

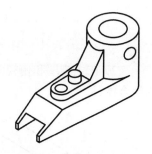

图 4-50　组合体形状

第五节　组合体的构型设计

一、概述

所谓组合体构型设计并不等同于产品的造型设计，因为工业产品的造型设计所包含的内
容十分丰富，涉及的知识范围也非常广泛。它不仅仅是单纯的产品外形设计，还包括了产品形
态的艺术性、观赏性设计，以及与如何实现产品的形态、产品的所需功能有关的一系列诸如材
料、结构、构造工艺等多方面的技术性设计，是融工程技术、美学艺术、社会经济为一体的一

门新型应用学科。但是产品造型设计中的一个重要内容是产品形体的构思和表达。本节关于组合体构型设计的内容就是试图通过组合体构型设计，培养、训练工程设计人员对产品形体的构思和表达能力。称其为构型设计，是因为它符合人们对设计下的定义："将构思转化为现实的创造过程"。设计必须要有创新，而创新有两种形式：一种是整体结构的创新，另一种是在现有的基础上作局部的创新。这一节的主要内容就是对组合体的局部结构和形状作局部的创新，即比照、修改已有组合体。通过已有组合体的结构和形状，捕捉、追踪、激发设计者的创作思维，从而开发出较多的潜在构型设计方案，以了解、实践、熟悉构型设计的构思过程和设计过程。

二、组合体的构型举例

例 4-7　参照图 4-51 所示的组合体，构思不同形状的组合体，使构思的组合体与图 4-51 所示组合体的主视图和俯视图相同。

【解题步骤】

（1）首先对原有组合体进行形体分析，把图 4-51 所示的组合体分解为如图 4-52 所示的三个基本体。

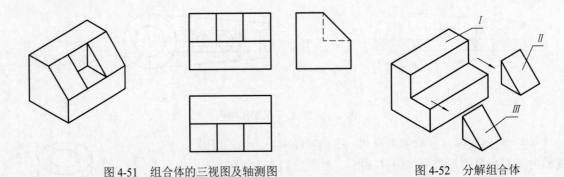

图 4-51　组合体的三视图及轴测图　　　　　图 4-52　分解组合体

（2）在主视图和俯视图不变的情况下，修改基本体 I 的形状可以得到如图 4-53 所示的不同组合体。

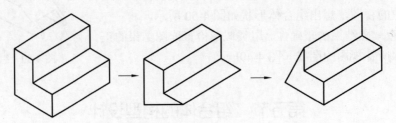

图 4-53　修改基本体 I

（3）在主视图和俯视图不变的情况下，修改基本体 II 和基本体 III 的形状如图 4-54 所示。

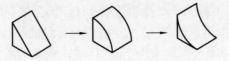

图 4-54　修改基本体 II 和 III

（4）把经过修改的三个基本体重新叠加组合，可以得到不同形状的组合体，并且使它们的主视图和俯视图不变（图 4-55）。

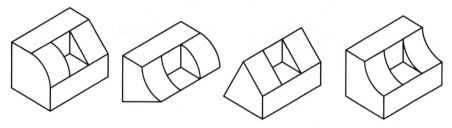

图 4-55　构型方案（修改基本体的形状）

（5）改变基本体的数量和相对位置，构思新的组合体，如图 4-56 所示。

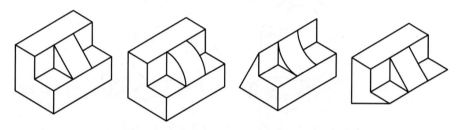

图 4-56　构型方案（修改基本体的数量和相对位置）

例 4-8　在图 4-57 所示组合体的基础上，修改其局部结构，构思新的组合体。

【解题步骤】

（1）进行形体分析，把图 4-57 所示的组合体分解为四个基本体（如图 4-58 所示）。

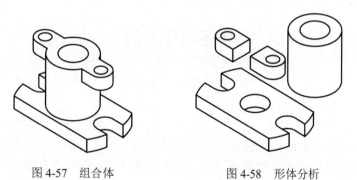

图 4-57　组合体　　　　　　　图 4-58　形体分析

（2）改变四个基本体的相对位置，并重新组合，所得组合体如图 4-59 所示。

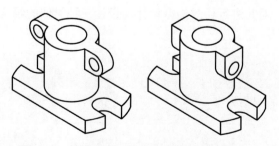

图 4-59　构型方案（改变基本体的相对位置）

（3）修改三个基本体中任意一基本体的形状，也可得到不同的组合体，如图4-60所示。

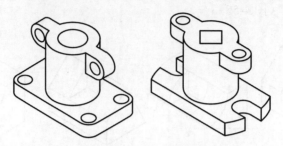

图 4-60　构型方案（改变基本体的形状）

（4）改变组合体中基本体的数量和组合方式，亦可得不同的组合体，如图4-61所示。

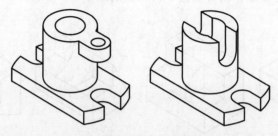

图 4-61　构型方案（改变基本体的数量和组合方式）

通过以上两个例子可知：组合体的形状是千变万化的，而比照、修改构型是组合体构型最基本的方法。组合体的形状与组成组合体的基本体的数量、形状、形体间的相对位置及组合形式有关。在做组合体的构型设计时，对已有组合体的形体结构进行分析，从而做修改构型，设计出较多的构型方案，以激发和培养创新意识及构型能力。

复习与思考题

1．什么是形体分析法？组合体的组合形式有哪些？组合体中各个基本体邻接表面间的关系有哪些？它们各自的画法有什么特点？

2．什么是线面分析法？

3．画组合体的三视图时，如何确定其主视图？

4．组合体的尺寸标注有哪些基本要求？怎样才能满足这些要求？标注组合体尺寸时，应按哪些步骤来标注？

5．阅读组合体投影图的基本方法是什么？你在读图中积累了哪些经验？

6．根据现有木模，对其进行修改构型设计，设计三种类似的组合体。

第五章 轴 测 图

多面投影图作图方便，度量性好，因此它是工程上应用最广的图样（图 5-1a）。但是多面投影图缺乏立体感，看图时必须应用正投影原理把几个视图联系起来，有一定的读图能力的人方可看懂。物体的轴测图（图 5-1b）是单面投影图，立体感较好，但不能反映物体表面的实形，且度量性差，作图也较复杂。工程上常用轴测图作为辅助图样。

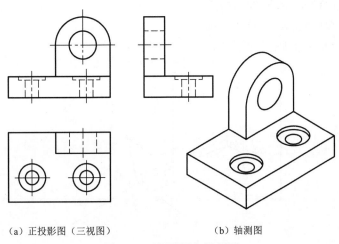

（a）正投影图（三视图）　　　　　　（b）轴测图

图 5-1　正投影图与轴测图

第一节　轴测投影的基础知识

轴测投影的基础知识

一、轴测投影的形成

用平行投影法将物体连同表示其长、宽、高三个向度的直角坐标系沿不平行于任一坐标轴的 S 方向，向投影面 P 投射，在 P 平面上所得的投影称为轴测投影，也称轴测图（图 5-2）。其中：P 平面称为轴测投影面，空间直角坐标轴 OX、OY、OZ 在轴测投影面上的投影 O_1X_1、O_1Y_1、O_1Z_1 称为轴测轴。

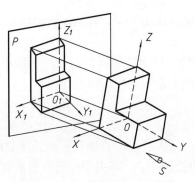

图 5-2　轴测投影的形成

二、轴间角及轴向伸缩系数

1. 轴间角

图 5-2 中两轴测轴之间的夹角（$\angle X_1O_1Y_1$、$\angle X_1O_1Z_1$、$\angle Y_1O_1Z_1$）称为轴间角，轴测图中不允许任何一个轴间角等于零。

2. 轴向伸缩系数

如图 5-3 所示，各轴测轴的单位长度（分别用 i、j、k 表示）与空间相应直角坐标轴的单位长度（用 u 表示）之比，称为轴向伸缩系数，其中：

（1）$p=i/u$ 为 OX 轴的轴向伸缩系数。

（2）$q=j/u$ 为 OY 轴的轴向伸缩系数。

（3）$r=k/u$ 为 OZ 轴的轴向伸缩系数。

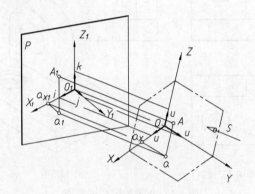

图 5-3　轴间角及轴向伸缩系数

三、轴测投影的基本性质

1. 平行性

空间平行的线段经过轴测投影后仍然保持平行。

2. 定比性

空间互相平行的线段之比等于它们的轴测投影之比。

根据以上性质可知：平行于坐标轴 OX、OY、OZ 的线段，其轴测投影必然相应地平行于轴测轴 O_1X_1、O_1Y_1、O_1Z_1，且具有和 OX、OY、OZ 坐标轴相同的伸缩系数。

3. 从属性

空间从属于坐标轴 OX、OY、OZ 上的点，其轴测投影仍从属于相应的轴测轴 O_1X_1、O_1Y_1、O_1Z_1。

根据以上性质，若已知各轴的轴向伸缩系数，在轴测图中便可计算出平行于坐标轴各线段的轴测投影，并画出其轴测投影，轴测投影因此而得名。

四、轴测图的分类

轴测图根据所用投影法分为两大类，即正轴测图和斜轴测图

（1）投射方向垂直于轴测投影面 P，即由平行正投影法得到的称为正轴测图。

（2）投射方向倾斜于轴测投影面 P，即由平行斜投影法得到的称为斜轴测图。

根据三根轴的轴向伸缩系数是否相等，将这两类轴测图又各分为三种。

1. 正轴测图

（1）当 $p=q=r$，称正等轴测图，简称正等测。

（2）当 $p=q\neq r$，或 $p\neq q=r$，或 $p=r\neq q$，称正二轴测图，简称正二测。

（3）当 $p\neq q\neq r$，称正三轴测图，简称正三测。

2. 斜轴测图

（1）当 $p=q=r$，称斜等轴测图，简称斜等测。

（2）当 $p=q\neq r$，或 $p\neq q=r$，或 $p=r\neq q$，称斜二轴测图，简称斜二测。

（3）当 $p\neq q\neq r$，称斜三轴测图，简称斜三测。

本章仅介绍工程上常用的正等测及斜二测的画法。

第二节 正等测轴测图

一、正等测的轴间角和轴向伸缩系数

设法让物体的三根坐标轴 OX、OY、OZ 与投影面的空间夹角相等，经过正投影后就形成了正等轴测投影。理论计算表明，正等轴测投影各轴向伸缩系数及三个轴间角均相等，且 $p=q=r\approx0.82$，$\angle X_1O_1Y_1=\angle X_1O_1Z_1=\angle Y_1O_1Z_1=120°$。画正等测图时，一般将轴测轴 O_1Z_1 画成竖直位置，此时 O_1X_1 轴和 O_1Y_1 轴与水平线成30°角，利用30°角三角板可方便地作出 O_1X_1 和 O_1Y_1 轴，如图5-4所示。

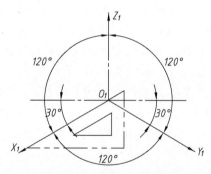

图5-4 正等测的轴间角

正等测的轴向伸缩系数为 $p=q=r\approx0.82$，为了免除作图时计算尺寸的麻烦，使作图方便，常采用简化轴向伸缩系数即 $p=q=r=1$，按此简化轴向伸缩系数作图时，画出的轴测图沿各轴向的长度分别放大了 $1/0.82\approx1.22$ 倍。

二、平面立体的正等轴测图

根据物体的三视图画轴测图的基本方法是坐标法，即根据物体的尺寸确定各顶点的坐标，画出顶点的轴测投影，然后将同一棱线上的两顶点连线即得物体的轴测图。下面举例说明平面立体正等测图的画图步骤。

平面立体的正等轴测图

例5-1 作出如图5-5所示三棱锥的正等测图。

【分析】三棱锥由四个不同位置的平面组成，绘制时应根据其形状特点，确定恰当的坐标系和相应的轴测轴，再用坐标法画出三棱锥各顶点的轴测投影，连接各顶点后得三棱锥的正等测图。

【作图步骤】

（1）在三视图上建立坐标系 O-XYZ，如图 5-5 所示。

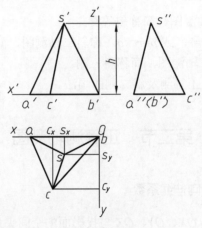

图 5-5　三棱锥

（2）画出正等测的轴测轴 O_1-$X_1Y_1Z_1$ 如图 5-6a 所示。

（3）由图 5-5 可知：B 点与坐标原点 O 重合，所以 O_1 点即为 B 点的轴测投影 B_1；A 点在 OX 轴上，因此可沿 O_1X_1 轴量取 O_1A_1=oa 得 A_1 点。

（4）C 点在 XOY 平面上，因此根据 C 点的 X、Y 坐标可确定 C_1 点，如图 5-6a 所示，即

● 沿 O_1Y_1 轴量取 O_1c_{y1}=oc_y，（C 点的 Y 坐标），得 c_{y1} 点。

● 过 c_{y1} 点作 O_1X_1 轴平行线，并截取 C_1c_{y1}=oc_x（C 点的 X 坐标），得 C_1 点。

（5）根据 S 点的坐标确定 S_1 点，如图 5-6b 所示，即

● 由 S 点的 X、Y 坐标在 $X_1O_1Y_1$ 轴测坐标面上确定 s_1，方法与确定 C_1 点相同。

● 过 s_1 向上作 O_1Z_1 轴的平行线，量取 s_1S_1=h（h 为 S 点的 Z 坐标），得 S_1 点。

（6）在 A_1、B_1、C_1、S_1 各点之间连线并判别可见性，加深可见棱线得三棱锥的正等测图，如图 5-6c 所示。

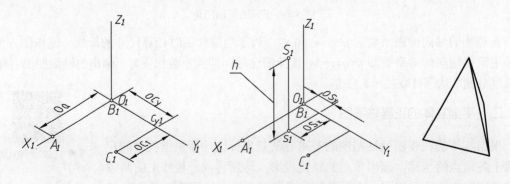

（a）画出轴测轴及 A、B、C 各点的轴测投影　　（b）作出锥顶 S 的轴测投影　　（c）棱锥的正等侧图

图 5-6　三棱锥正等测的作图步骤

例 5-2 作出如图 5-7 所示正六棱柱的正等测图。

【分析】由于六棱柱前后、左右均对称，且绘制轴测图时一般不画虚线，因此为减少不必要的作图线，选正六棱柱顶面的中心为坐标原点。

【作图步骤】

（1）在视图上建立坐标系 $O\text{-}XYZ$，如图 5-7 所示。

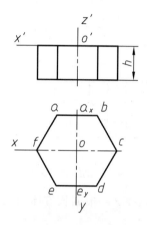

图 5-7 正六棱柱

（2）画出正等测的轴测轴 $O_1\text{-}X_1Y_1Z_1$，如图 5-8a 所示。

（3）沿 O_1Y_1 轴量取 $O_1a_{y1}=oa_y$、$O_1e_{y1}=oe_y$，得到 a_{y1} 和 e_{y1} 两点，沿 O_1X_1 轴量取 $O_1C_1=oc$、$O_1F_1=of$，得 C_1 和 F_1 两点。

（4）分别过点 a_{y1} 和 e_{y1} 作 O_1X_1 的平行线，量取 $A_1a_{y1}=aa_y$、$B_1a_{y1}=ba_y$、$D_1e_{y1}=de_y$、$E_1e_{y1}=ee_y$，得 A_1、B_1、D_1、F_1 四点。

（5）顺次连接 A_1、B_1、C_1、D_1、E_1、F_1 各点，得正六棱柱顶面的轴测投影，分别过 A_1、D_1、E_1、F_1 四点向下作 O_1Z_1 轴的平行线，如图 5-8b 所示。

（6）在各平行线上截取等于正六棱柱高 h 的一段长度，顺次连接各截取点，如图 5-8c 所示。

（7）加深可见轮廓线得正六棱的正等测图，如图 5-8d 所示。

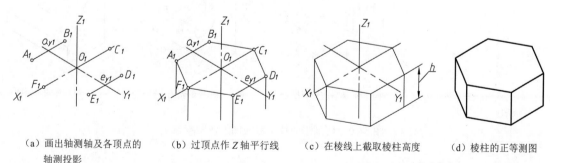

（a）画出轴测轴及各顶点的轴测投影　（b）过顶点作 Z 轴平行线　（c）在棱线上截取棱柱高度　（d）棱柱的正等测图

图 5-8 正六棱柱正等测的作图步骤

例 5-3 作出图 5-9 所示组合体的正等测图。

【分析】图 5-9 所示组合体的基本体为长方体，长方体的前面被一侧垂面切去一块，长方体的上面从前往后穿了一个梯形槽。

【作图步骤】

（1）建立坐标系 O-XYZ。

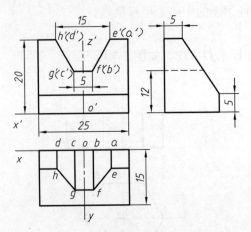

图 5-9　切割组合体的三视图

（2）画出正等测的轴测轴 O_1-$X_1Y_1Z_1$，根据长方体的长、宽、高尺寸画出基本体的轴测图，如图 5-10a 所示。

（3）根据宽度方向尺寸 5 和高度方向尺寸 5，在长方体的上表面和前表面上画出平行于 O_1X_1 轴的作图线 M_1N_1、S_1T_1，并连接 N_1T_1 和 M_1S_1 得侧垂面的轴测投影，如图 5-10b 所示。

（4）根据图 5-9 所示尺寸，用坐标法定出 $X_1O_1Z_1$ 轴测面上的 A_1、B_1、C_1、D_1，过 A_1、B_1、C_1、D_1 各点作 O_1Y_1 轴平行线，并相应截取 E、F、G、H 各点的 Y 坐标，得 E_1、F_1、G_1、H_1 各点。顺次连接 A_1、B_1、C_1、D_1 和 E_1、F_1、G_1、H_1 得各交线的轴测投影，如图 5-10c 所示。

（5）描深可见轮廓线，得切割组合体的轴测图，如图 5-10d 所示。

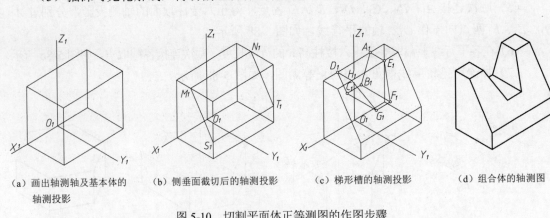

（a）画出轴测轴及基本体的　　（b）侧垂面截切后的轴测投影　　（c）梯形槽的轴测投影　　（d）组合体的轴测图
　　　轴测投影

图 5-10　切割平面体正等测图的作图步骤

三、圆的正等轴测投影

1．圆的正等测画法

（1）坐标法。图 5-11a 为 XOY 坐标面上的圆，其正等测作图步骤如图 5-11b 所示，即先画出轴测轴 O_1X_1、O_1Y_1，并在其上按直径大小直接定出 I_1、II_1、III_1、IV_1 点；在直径上作一系列 ox 轴的平行弦，根据坐标相应地作出这些平行弦的轴测投影及圆与平行弦各交点的轴测

投影 V_1、VI_1、VII_1、VIII_1，光滑连接各点，即画出该圆的轴测投影。

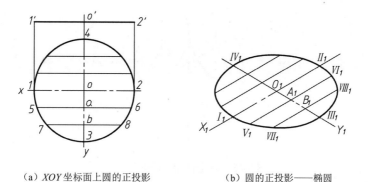

（a）XOY 坐标面上圆的正投影　　　（b）圆的正投影——椭圆

图 5-11　圆的正等测坐标法画法

（2）菱形法。

● 通过圆心 O 作圆的外切正方形，切点为 A、B、C、D 各点，正方形的边与相应坐标轴 OX 和 OY 平行，如图 5-12a 所示。

● 确定圆心的轴测投影并画出轴测轴 O_1X_1 和 O_1Y_1，按圆的半径 R 在 O_1X_1 和 O_1Y_1 上量取点 A_1、B_1、C_1、D_1；过点 A_1、C_1 与 B_1、D_1 分别作 O_1Y_1 和 O_1X_1 的平行线，所形成的菱形 $E_1F_1G_1H_1$ 即为圆的外切正方形的轴测投影，如图 5-12b 所示。

● 菱形的对角线 E_1G_1 和 F_1H_1 为椭圆的长轴和短轴，F_1、H_1 为四段圆弧中两大弧圆的圆心。过 F_1、H_1 点分别与对边的中点 A_1、B_1、C_1、D_1 相连，得到四段圆弧中两小弧圆的圆心 M_1、N_1，如图 5-12c 所示。

● 分别以 F_1 和 H_1 为圆心，以 F_1A_1 或 H_1B_1 为半径作两个大圆弧 A_1D_1 和 B_1C_1；分别以 M_1 和 N_1 为圆心，以 M_1A_1 或 N_1C_1 为半径作两个小圆弧 A_1B_1 和 C_1D_1，如图 5-12d 所示。显然所作的近似椭圆内切于菱形，点 A_1、B_1、C_1、D_1 是大、小圆弧的切点，也是椭圆与菱形的切点。

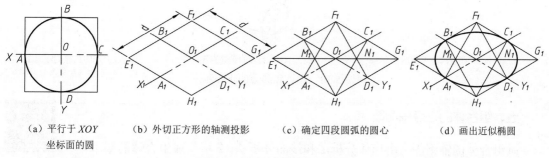

（a）平行于 XOY 坐标面的圆　　（b）外切正方形的轴测投影　　（c）确定四段圆弧的圆心　　（d）画出近似椭圆

图 5-12　圆的正等测近似画法

此过程虽是 XOY 面或平行于 XOY 面上圆的轴测投影的画法，但对于 XOZ 和 YOZ 面或其平行面上圆的轴测投影，除了长、短轴方向不同外，其画法完全相同。图 5-13 为各坐标面上圆的正等测图。

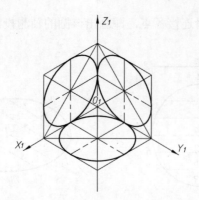

图 5-13   各坐标面上圆的正等测

曲面立体的
正等轴测图

四、曲面立体的正等轴测图

图 5-14a 为圆柱正等测图的画法。由于圆柱的上、下底面为直径相同的圆，作图时，可先画出顶面的正等轴测图——椭圆，然后用移心法作出底面的椭圆，再画圆柱正等测投影的外视轮廓线（即两椭圆的公切线）。

图 5-14b 为圆台正等轴测图的画法。圆台两端面的正等测图——椭圆的画法同圆柱，但圆台轴测图的外视轮廓线应是大、小椭圆的公切线。

图 5-14c 为圆球正等轴测图的画法。圆球的正等测仍是一个圆。为增加轴测图的立体感，一般采用切去 1/8 球的方法来表达。

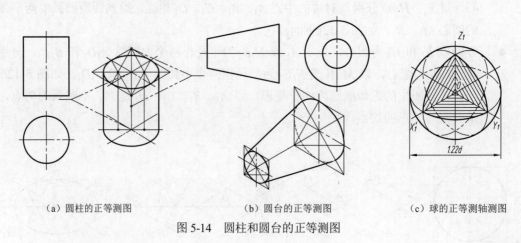

（a）圆柱的正等测图   （b）圆台的正等测图   （c）球的正等测轴测图

图 5-14   圆柱和圆台的正等测图

五、组合体的正等轴测图

组合体的正
等轴测图

画组合体的轴测图采用形体分析法和线面分析法，分析构成组合体的基本体及其组合方式，然后按形体分析的过程来画轴测图。

例 5-4   绘制如图 5-15a 所示轴承座的正等测图。

【分析】轴承座是由带有圆角和小圆孔的底板、空心圆柱以及在底板上直立的支撑板和肋板四部分组成的。

【作图步骤】首先选择恰当的坐标系，如图 5-15a 所示，并画出轴测轴，如图 5-15b 所示，然后绘制构成组合体主要结构的基本体，如先画底板，再确定空心圆柱的位置，然后依次从上而下、由前向后分别画出其他各基本体的轴测图，再画出各基本体连接处的交线及底板上的圆角等细节，作图过程如图 5-15b～d 所示。

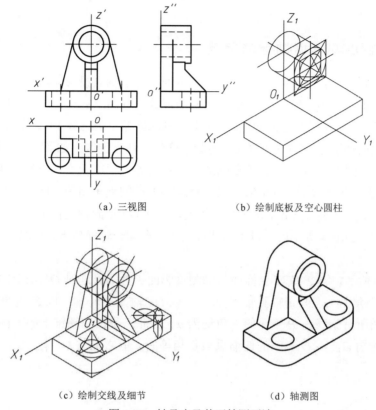

（a）三视图　　　（b）绘制底板及空心圆柱

（c）绘制交线及细节　　　（d）轴测图

图 5-15　轴承座及其正等测画法

机件底板或底座的圆角可看作整圆柱面的 1/4，因此可运用与画圆的轴测图相同的方法作图，也可采用图 5-16 所示的简便画法。

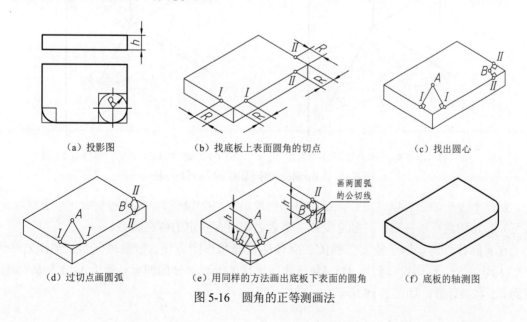

（a）投影图　　　（b）找底板上表面圆角的切点　　　（c）找出圆心

（d）过切点画圆弧　　　（e）用同样的方法画出底板下表面的圆角　　　（f）底板的轴测图

图 5-16　圆角的正等测画法

第三节　斜二测轴测图

一、斜轴测图的轴间角和轴向伸缩系数

使投射方向倾斜于轴测投影面，XOZ 坐标平面平行于轴测投影面，得到的轴测图称为正面斜轴测图。在正面斜轴测投影中，XOZ 坐标面或其平行面上的任何图形在轴测投影面上的投影都反映实形，故无论投射方向如何，X 和 Z 的轴向伸缩系数总等于 1，轴间角 $X_1O_1Z_1=90°$。但是 OY 轴的轴向伸缩系数和轴间角大小可独立变化，任意选取。如图 5-17a 所示，令 XOZ 坐标面与轴测投影面 P 重合，则轴测轴 O_1X_1、O_1Z_1 与 OX、OZ 重合。分别采用投射方向 S_1、S_2、$S_3\cdots$，得到的轴测轴 O_1Y_1、O_1Y_2、$O_1Y_3\cdots$ 都与 O_1X_1 的夹角相等，即轴间角不变，但这时投影线与投影面 P 的夹角 α_1、α_2、$\alpha_3\cdots$ 是不等的，因而 OY 轴的轴测投影 O_1Y_1、O_1Y_2、$O_1Y_3\cdots$ 是不等的，即轴向伸缩系数不同。以上叙述证明了，在同一轴间角下，OY 轴的轴向伸缩系数可以任意选取。

如图 5-17b 所示，仍令 XOZ 坐标面与轴测投影面 P 重合。通过 OY 轴上的一点作投射线 S_1 与 P 平面的夹角为 α，得到轴测轴 O_1Y_1。若以 OY 轴为旋转轴，以 S_1 为母线作一回转圆锥，则圆锥上的所有素线与 P 平面的夹角均为 α。因此，若以此圆锥上的不同素线作为投射线，得到的轴测轴 O_1Y_1、$O_1Y_2\cdots$ 的伸缩系数是相等的，但它们与 O_1X_1、O_1Z_1 间的轴间角是不同的。

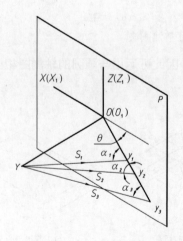
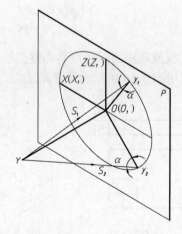

（a）OY 的轴间角不变，轴向伸缩系数任意选取　　　（b）OY 的轴向伸缩系数不变，轴间角任意选取

图 5-17　斜轴测轴间角和轴向伸缩系数分析

从以上分析结果可以看出：在正面斜轴测投影中，OY 轴的轴向伸缩系数（小于或等于 1 都可）和轴间角可以任取，并独立变化，两者之间没有固定的内在联系。

在实际作图时，为了使斜二测图的立体感较强和作图方便，常取轴间角 $\angle X_1O_1Z_1=90°$、$\angle X_1O_1Y_1=135°$，这样可以利用 45° 三角板作图。且 X 轴和 Z 轴的伸缩系数为 1，Y 轴的伸缩系数为 0.5 容易计算，如图 5-18 所示。

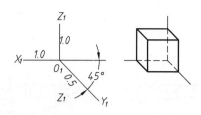

图 5-18　斜轴测图的轴间角和轴向伸缩系数

二、圆的斜二测投影

在斜二测图中，三个坐标面（或其平行面）上圆的轴测投影如图 5-19 所示。由于 XOZ 面（或其平行面）的斜二测投影反映实形，因此 XOZ 面上圆的轴测投影仍为与该圆直径相等的圆。在 XOY 和 YOZ 面（或其平行面）上圆的斜二测投影为椭圆，其长轴分别与 O_1X_1 轴或 O_1Z_1 轴倾斜大约 7°，如图 5-19 所示，椭圆可采用坐标法作图，也可采用如图 5-20 所示的近似画法。

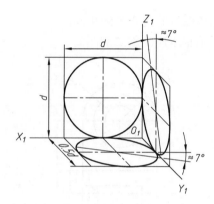

图 5-19　坐标面上圆的斜二测

作图步骤如下：

（1）首先作斜二测的轴测轴 O_1X_1 和 O_1Y_1，并按直径 d 在 O_1X_1 轴上量取点 A_1、B_1，按 $0.5d$ 在 O_1Y_1 轴上量取点 C_1、D_1，如图 5-20a 所示。

（2）过点 A_1、B_1 与 C_1、D_1 分别作 O_1X_1 轴和 O_1Y_1 轴的平行线，所形成的平行四边形为已知圆外切正方形的斜二测投影，过 O_1 点作与 O_1X_1 轴成 7° 的斜线（长轴位置），因为 $\tan 7° \approx 1/8$，故用图 5-20b 所示的近似作图法画出 7° 斜线。过 O_1 点作长轴的垂线即为短轴的位置。

（3）在短轴上取 $O_1E_1 = O_1F_1 = d$，分别以 E_1 和 F_1 为圆心，以 E_1C_1 或 F_1D_1 为半径作两个大圆弧。连接 F_1A_1 和 E_1B_1 于长轴相交与 M_1、N_1 两点，即为两个小圆弧的中心，如图 5-20c 所示。

（4）分别以 M_1 和 N_1 为圆心，M_1A_1 或 N_1B_1 为半径作两个小圆弧与大圆弧相切，如图 5-20d 所示。

$Y_1O_1Z_1$ 面（或平行面）上的椭圆仅长、短轴的方向不同，其画法与 $X_1O_1Y_1$ 面（或平行面）上的椭圆完全相同。

由于在 XOY 和 YOZ 面（或其平行面）上，圆的斜二测投影为椭圆，该椭圆的画法较正等测中的椭圆复杂，因此，当物体上有平行于坐标面 XOY 和 YOZ 的圆时，最好避免选用斜二测，而以选正等测为宜。

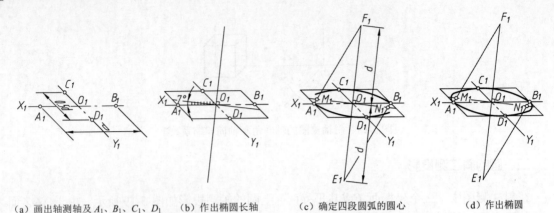

（a）画出轴测轴及 A_1、B_1、C_1、D_1　　（b）作出椭圆长轴　　　（c）确定四段圆弧的圆心　　　（d）作出椭圆

图 5-20　XOY 面（或平行面）上圆的斜二测投影的近似画法

三、斜二测轴测图的画法

画斜二测轴测图的方法和作图步骤与正等测相同。

例 5-5　绘制如图 5-21 所示轴承座的斜二测图。

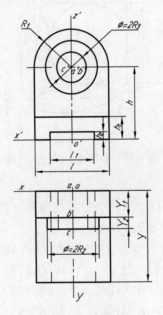

图 5-21　轴承座

【分析】该组合体在主视图方向的投影，圆和圆弧较多。

【作图步骤】

（1）在正面投影中选择坐标系 O-XYZ，如图 5-21 所示。

（2）画出斜二测轴测轴 O_1-$X_1Y_1Z_1$，如图 5-22a 所示。

（3）根据组合体尺寸和轴向伸缩系数（p=r=1，q=0.5）画底板的斜二测图，如图 5-22a 所示。

（4）沿 O_1Z_1 轴量取 O_1A_1=h，得 A_1 点，过 A_1 点作 O_1Y_1 的平行线，量取 A_1B_1=1/2y_1，B_1C_1=1/2y_2，得 B_1 和 C_1 点，如图 5-22a 所示。以 A_1 和 B_1 为圆心，以 R_1 为半径画圆；以 B_1 和 C_1 为圆心，以 R_2 为半径画圆；以 C_1 和 A_1 为圆心，以 R_3 为半径画圆。分别作出相应两圆的公

切线，当为虚线时不画，如图 5-22b 所示。

（5）绘制底板与大圆柱间的连接板。作与两大圆（半径为 R_1）相切且平行于 O_1Z_1 轴的直线，并画出底板与连接板间的表面交线，如图 5-22c 所示。

（6）描深可见轮廓线，如图 5-22d 所示。

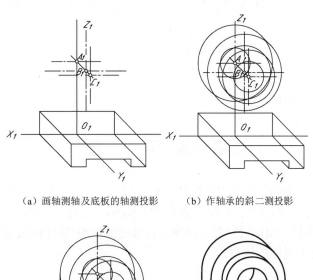

（a）画轴测轴及底板的轴测投影　　（b）作轴承的斜二测投影

（c）作连接板的轴测投影　　（d）轴承座的斜二测

图 5-22　轴承座斜二测的作图步骤

复习与思考题

1. 轴测图分哪两大类？与三视图相比有哪些特点？

2. 正等轴测投影和斜二轴测投影的轴间角和轴向伸缩系数有何区别？为什么？

3. 如何求作点的正等轴测投影和斜二轴测投影？

4. 在正等测轴测图中用"菱形法"作物体上不同位置的投影面平行圆时，应如何确定投影椭圆长、短轴的方向？

5. 正等测轴测图和斜二测轴测图有哪些区别？什么样的形体采用斜二测轴测图表达较好？

第六章 机件的各种表达方法

在生产实际中，当机件的形状和结构比较复杂时，如果仍用前面所讲的两视图或三视图，就难以把它们的内外形状准确、完整、清晰地表达出来。为此，国家标准规定了机件的各种表达方法——视图、剖面图、断面图、局部放大图、简化画法，以满足实际生产的需要。本章重点介绍一些机件的常用表达方法。

第一节 视 图

为了便于看图，视图通常用来表达机件的外部形状，所以一般只画出机件的可见部分，必要时才用虚线表达其不可见部分。视图种类有基本视图、向视图、局部视图和斜视图四种。《技术制图 图样画法 视图》（GB/T 17451—1998）和《机械制图 图样画法 视图》（GB/T 4458.1—2002）是国家标准关于视图的规定。

一、基本视图

1. 基本视图的形成

在原有三投影面的基础上，再增设三个投影面，组成一个正六面体，六面体的六个面称作基本投影面。机件向基本投影面投射所得的视图，称作基本视图。这六个基本视图分别为主视图、俯视图、左视图、后视图、仰视图、右视图。各投影面按图 6-1 展开在一个平面上，各基本视图的配置如图 6-2 所示。在同一张图纸内，按图 6-2 配置视图时，一律不标注视图的名称。

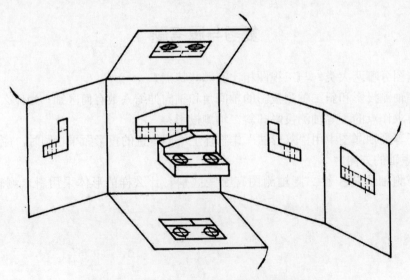

图 6-1 六个基本视图的形成及投影面展开方法

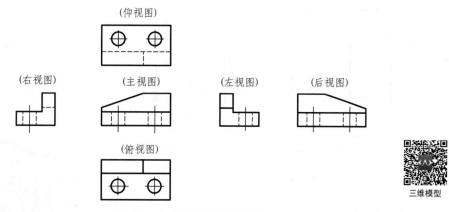

图 6-2　六个基本视图的配置

六个基本视图之间仍然符合"长对正、高平齐、宽相等"的投影规律，如图 6-3 所示。

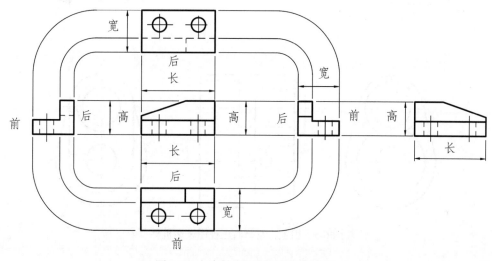

图 6-3　六个基本视图间的投影关系

2. 基本视图的选用原则及应用举例

确定机件表达方案时，主视图是必不可少的，其他视图的取舍要根据机件的结构特点而定。一般的原则是在完整、清晰地表达机件各部分形状的前提下，力求制图简便。图 6-4 为某一机件的主、俯、左三视图，可以看出采用主、左两个视图，即可将机件的各部分形状表达完整，俯视图可以不画。但由于该机件左、右部分的结构有差异，且形状较复杂，因此左视图上虚线和实线重叠，影响图面清晰度。若添加右视图来表达该机件右边的形状，那么左视图上用于表达机件右侧形状的虚线可不画，如图 6-5 所示。显然从完整、清晰的角度出发，图 6-5 的表达方案较图 6-4 的表达方案好。

二、向视图

向视图是可自由配置的视图。绘图时由于考虑到各视图在图纸中的合理布局等问题，机件的基本视图若不按规定的位置（图 6-2）配置，可绘制向视图（图 6-6）。绘制向视图时，应在向视图的上方用大写拉丁字母标注视图名称"×"，并在相应的视图附近用箭头指明投射方向，注写相同字母，如图 6-6 中的 A、B、C 三个向视图。

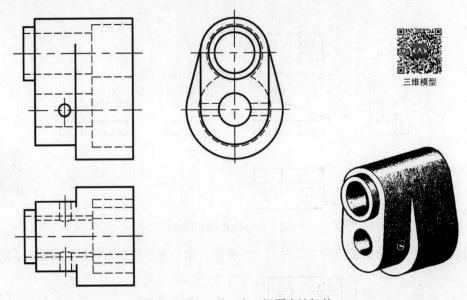

三维模型

图 6-4　用主、俯、左三视图表达机件

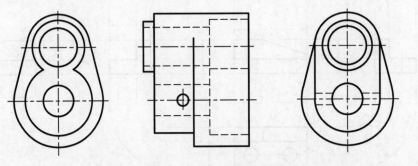

图 6-5　用主、左、右三视图表达机件

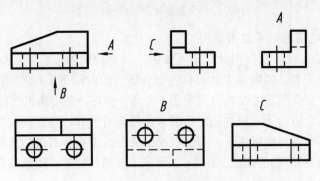

图 6-6　向视图的标注方法

局部视图

三、局部视图

　　将机件的某一部分向基本投影面投射所得的视图，称为局部视图。当采用一定数量的基本视图表达机件后，机件上仍有尚未表达清楚的局部结构，可采用局部视图。图 6-7 为机件的左侧凸台。

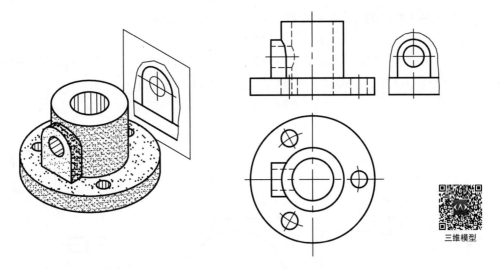

图 6-7　机件的左侧凸台（局部视图）

1. 局部视图的画法

（1）画局部视图时，其断裂边界用波浪线或双折线绘制（图 6-7）。可将波浪线理解为机件断裂边界的投影，但要用细实线绘制，所以波浪线不应超出机件的外轮廓线，也不能画在机件的中空处。

（2）当所表达的局部结构形状完整且外轮廓线封闭时，波浪线可省略不画（图 6-8）。

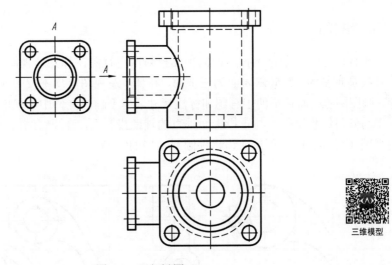

图 6-8　局部视图

2. 局部视图的标注

局部视图可按基本视图的配置形式配置，若中间没有其他图形隔开，则不必标注（图 6-7）。局部视图也可按向视图的配置形式配置并标注，即在局部视图上方用大写的拉丁字母标出视图的名称"×"，并在相应的视图附近用箭头指明投影方向，注上相同的字母。如图 6-8 中的"*A*"局部视图。

3. 局部视图的配置

在机械制图中，局部视图的配置可选用以下方式：

（1）按基本视图的配置形式配置，见图 6-7 中的左视图。

（2）按向视图的配置形式配置，见图 6-8。

（3）按第三角投影法（见 GB/T 14692）配置在视图上所需表示物体局部结构的附近，并用细点画线将两者相连。见图 6-9。第三角投影法见本章第六节。

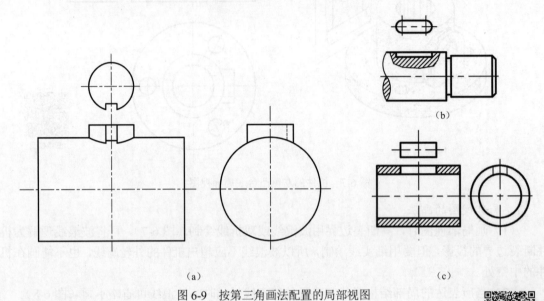

（a）   （b）

（c）

图 6-9   按第三角画法配置的局部视图

斜视图

四、斜视图

将机件向不平行于基本投影面的平面投射所得视图，称为斜视图。如图 6-10 所示，压紧杆的耳板是倾斜的。其倾斜表面为正垂面，在俯、左视图上均不反映实形，不但形状表达不够清楚，画图困难，而且不便于看图和标注尺寸。基于画法几何中用换面法求解实形的思想，添加一个与倾斜结构平行且与正投影面垂直的辅助投影面，将倾斜结构向该辅助投影面投射，得到斜视图（图 6-10b），可反映该机件倾斜结构的实形。

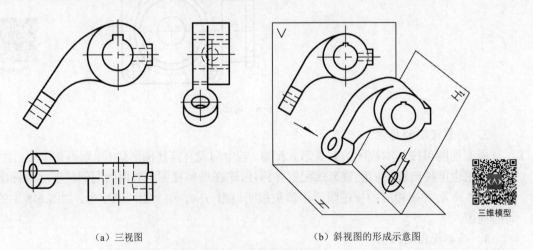

三维模型

（a）三视图   （b）斜视图的形成示意图

图 6-10   机件斜视图的形成

1. 斜视图的画法

斜视图通常用来表达机件倾斜结构的形状，所以在斜视图中非倾斜部分不必全部画出，其断裂边界用波浪线或双折线绘制，如图 6-11 所示。

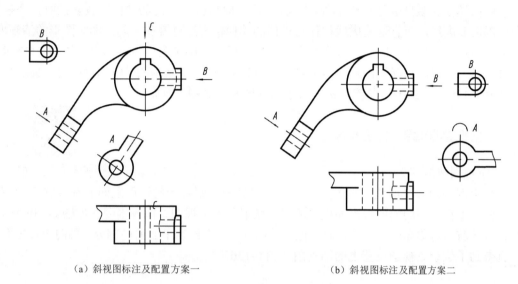

（a）斜视图标注及配置方案一　　　　　　　　　　（b）斜视图标注及配置方案二

图 6-11　压紧杆斜视图的两种标注及配置方案

2. 斜视图的标注

斜视图通常按投影关系配置，也可按向视图的配置形式配置并标注。有时为方便作图，允许将图形旋转某一角度后再画出，但在旋转后的斜视图上方需加注旋转符号"⌒"或"⌒"（旋转符号是半径为字高的半圆弧，箭头指向应与图形的实际旋转方向一致），表示视图名称的大写拉丁字母"×"应靠近旋转符号的箭头一侧（图 6-11b）。若要特别表明图形旋转角度时，可将角度值注写在字母之后。

需要特别说明的是：表示视图名称的大写拉丁字母必须水平书写，指明投射方向的箭头应与要表达倾斜结构的实形表面垂直（图 6-12b）。

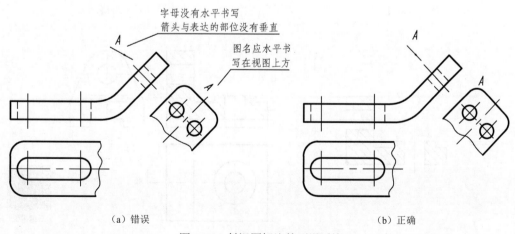

（a）错误　　　　　　　　　　　　　　　　　（b）正确

图 6-12　斜视图标注的正误对比

第二节 剖 视 图

视图虽然能完整地表达机件的外部形状结构，但当机件的内部结构比较复杂时，在视图中会出现很多虚线，而且这些虚线往往与机件的其他轮廓线重叠在一起，影响图形的清晰度，不便于看图及标注尺寸。因此，国家标准规定用常用剖视图来表达机件的内部结构。《技术制图 图样画法 剖视图和断面图》（GB/T 17452—1998）和《机械制图 图样画法 剖视图和断面图》（GB/T 4458.6—2002）是国家标准关于剖视图和断面图的规定。

一、剖视图的概念、画法和标注

剖视图的概念、画法和标注

1. 剖视图概念

假想用剖切面（平面或曲面）剖切机件，将处在观察者和剖切面之间的部分移去，而将其余部分向平行于剖切面的投影面投射所得的图形称为剖视图，简称剖视。如图 6-13b 所示，用通过机件前后对称面的正平面，假想把机件剖开，移去剖切平面前的部分，再向正投影面投射，就得到了位于主视图位置上的剖视图（图 6-13d）。

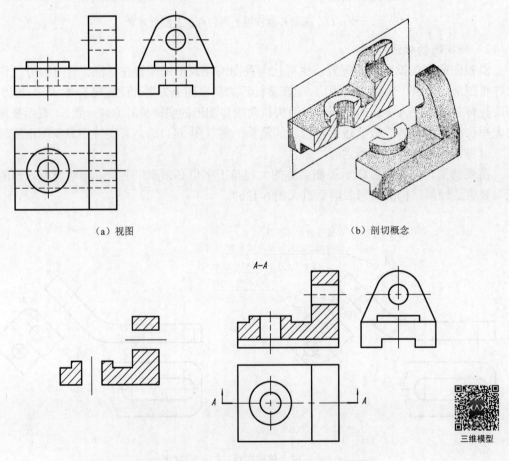

（a）视图   （b）剖切概念

（c）剖面区域（断面图）   （d）剖视图

图 6-13 剖视图的概念和画法

2. 剖面区域的表示法

剖切面与机件的接触部分称为剖面区域（图 6-13c）。国标规定，剖视图中剖面区域内应画上剖面符号，且不同的材料采用不同的剖面符号（见表 6-1）。机械零件大多是由金属材料制成。在同一金属零件图中，剖视图、断面图中的剖面符号应画成间隔相等、方向相同且一般与剖面区域的主要轮廓线或对称线成 45°平行线（见图 6-13），也称为剖面线。

表 6-1 剖面符号

材料名称	剖面符号	材料名称	剖面符号	材料名称	剖面符号
金属材料（已有规定剖面符号者除外）		红圈绕组元件		混凝土	
非金属材料（已有规定剖面符号者除外）		转子、电枢、变压器、电抗器等的叠钢片		钢筋混凝土	
木材　纵剖面		型沙、添沙、砂轮、陶瓷及硬质合金刀片、粉末冶金		砖	
木材　横剖面		液体		基础周围的泥土	
玻璃及供观察用的其他透明材料		木质胶合板（不分层数）		格网（筛网、过滤网等）	

剖面线用细实线绘制，必要时也可画成与主要轮廓线成适当角度（见图 6-14）。在制图作业中，未指明材料的机件均按金属材料处理。

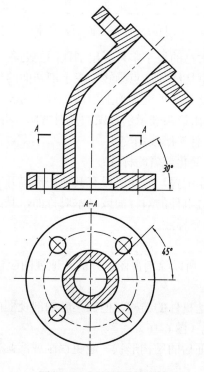

三维模型

图 6-14 剖面符号的画法

3. 画剖视图的一般方法与步骤

由于画剖视图的目的在于清楚地表达机件的内部结构形状。因此，画剖视图时，首先应根据机件的结构特点，考虑哪个视图应画成剖视图，采用何种剖切面，在什么位置剖切才能清楚、确切地表达出机件的内部结构形状。剖切面一般是平行于相应投影面的平面（必要时也可是柱面），而且应尽量使其通过较多的内部结构（孔或沟槽）的轴线或对称中心线。因此画剖视图步骤如下：

（1）根据机件的结构特点确定剖切面的种类和位置（图 6-13a、b）。

（2）画出机件剖面区域的投影，再画上剖面符号（图 6-13c）。

（3）画出剖切面后所有可见部分的投影（图 6-13d）。

（4）标注剖切平面的位置、投射方向和剖视图名称，并按规定描深图线（图 6-13d）。

4. 剖视图的标注

为了便于看图，一般情况下剖视图均要进行标注，国标规定，剖视图的标注应包含三个要素（图 6-15）。

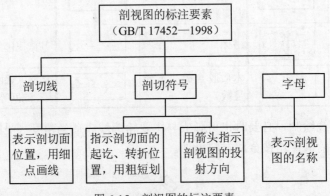

图 6-15　剖视图的标注要素

（1）在剖视图的上方用大写的拉丁字母标出剖视图的名称"X-X"。

（2）在相应的视图上用剖切线（细点画线）表示剖切面的位置，也可省略不画。

（3）在剖切面两端的起讫和转折位置画上剖切符号（约 5～10mm 的粗短画），在表示剖切面起讫位置的粗短画外侧画出箭头表示剖视图的投射方向，并在旁边标注相应的字母"X"（图 6-13d）。粗短画不能与机件轮廓线相交。

剖视图在下列情况下可以简化或省略标注：

（1）当剖视图按投影关系配置，中间又没有其他图形隔开时，可省略箭头。

（2）当单一剖切平面通过机件的对称面或基本对称面，且剖视图按投影关系配置，中间又没有其他图形隔开时，可省略标注。

5. 画剖视图应注意的问题

（1）由于剖切是假想的，所以除剖视图以外的其他视图应按完整机件画出（图 6-13 中的俯视图）。

（2）通常不用虚线来表达机件的结构，但在不影响剖视图的清晰度又可减少视图的情况下，在剖视图上可画少量虚线（图 6-16）。

（3）应仔细分析剖切平面后的结构形状，避免误画或漏画剖切平面后的可见轮廓线（图 6-17）。

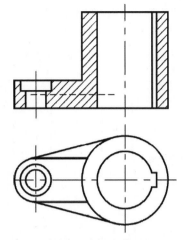

三维模型

图 6-16　在剖视图中用少量虚线表达结构

（4）未剖开孔的轴线应在剖视图中画出（图 6-18a）。

（5）对机件上的肋板、轮辐、紧固件、轴，其纵向剖视图通常按不剖绘制，即这些结构上不画剖面符号，而用粗实线将它与其邻接部分隔开（图 6-18b）。

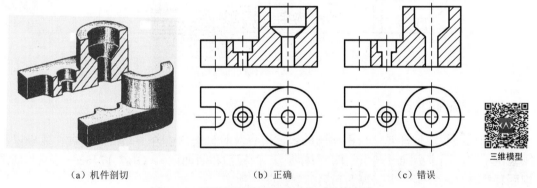

（a）机件剖切　　　　　　　（b）正确　　　　　　　（c）错误

图 6-17　不要漏画剖切平面后的可见轮廓线

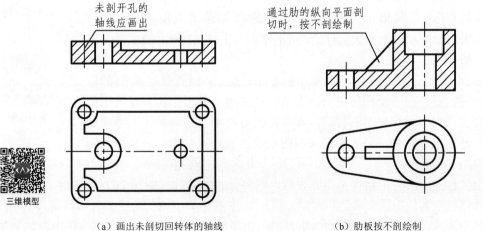

（a）画出未剖切回转体的轴线　　　　　　（b）肋板按不剖绘制

图 6-18　剖视图中的规定画法

（6）基本视图的配置规定同样适用于剖视图和断面图，即剖视图和断面图应尽量配置在基本视图的位置上，如图 6-19 中的 *B-B* 剖视图。剖视图和断面图也可按投影关系配置在与剖切符号相对应的位置上，如图 6-19 中的 *A-A* 剖视图。必要时允许配置在其他适当位置。

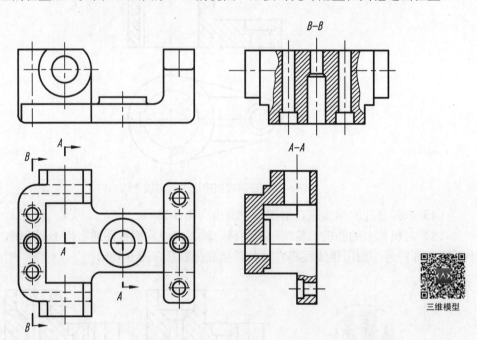

三维模型

图 6-19　剖视图的配置

二、剖视图的种类

用剖视图表达机件时，按剖视图的表达内容及对机件内、外形结构的取舍、兼顾以及兼顾范围不同，国家标准《技术制图　图样画法　剖视图和断面图》（GB/T 17452—1998）规定剖视图种类有全剖视图、半剖视图和局部剖视图三种。

1. 全剖视图

用剖切面把机件剖开后向相应投影面投射，画出所得剖视图称为全剖视图。当机件的外形比较简单（或外形已在其他视图上表达清楚），内部结构较复杂时，常采用全剖视图来表达机件的内部结构。如图 6-13 所示的主视图。

全剖视图

2. 半剖视图

如图 6-20 所示，当机件的内、外形结构都比较复杂，但具有对称平面时，为了减少视图数量，在一个图形上同时表达机件的内、外形结构，常采用剖切面把机件剖开后向相应投影面投射，以视图的对称中心线为界，一半画成剖视图以表达其内形结构，另一半画成视图以表达其外形结构，这种剖视图称为半剖视图。

半剖视图

所以当机件的内、外形结构都需要表达，同时该机件对称（图 6-20）或接近于对称，但其不对称部分已在其他视图中表达清楚时（图 6-21 中右边的小槽在俯视图表达清楚），都可以采用半剖视图表达。采用半剖视图表达机件时，由于机件的内形结构已在剖视图中表达清楚，所以在视图的另一半中，表示内形结构的虚线不画。

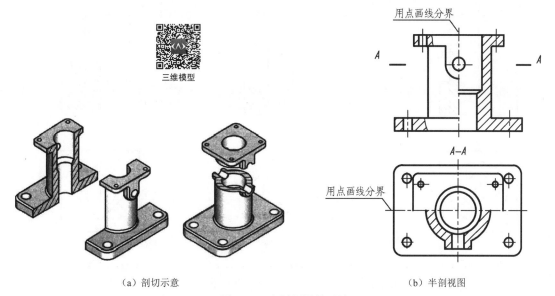

（a）剖切示意　　　　　　　　　　（b）半剖视图

图 6-20　半剖视图的画法

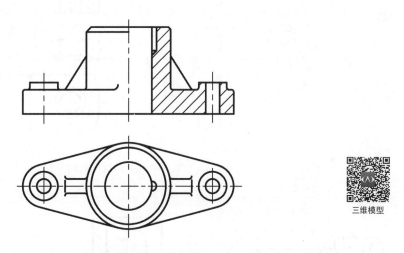

图 6-21　机件接近对称时用半剖视图表达

　　在半剖视图中，剖视图和视图必须以中心线为分界线，在分界线处不能出现轮廓线（粗实线或虚线），如果在分界线处存在轮廓线，则应避免使用半剖视图，如图 6-22 所示的主视图中。

3.　局部剖视图

　　用剖切面剖开机件后向相应投影面投射，根据表达需要仅画出一部分剖视图，其他部分仍画成视图，称为局部剖视图（如图 6-23 所示）。

　　画局部剖视图应注意以下几点：

　　（1）局部剖视图中机件剖开部分与未剖部分的分界线（断裂线）一般用波浪线表示。

　　可将波浪线理解为机件断裂边界的投影，但要用细实线绘制，所以波浪线不能超出图形的外轮廓线，也不能在穿通的孔或槽中连起来，而且波浪线不应和图形上的其他图线重合或成为其他图线的延长线，以免引起误解（图 6-24）。

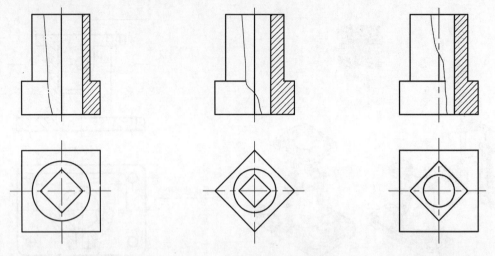

（a）对称线与内部轮廓线重合　　　（b）对称线与内外部轮廓线均重合　　　（c）对称线与外部轮廓线重合

图 6-22　对称线与轮廓线重合时，不宜采用半剖视图而采用局部剖视图

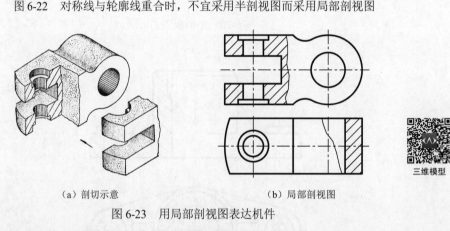

（a）剖切示意　　　　　　　　　　　（b）局部剖视图

图 6-23　用局部剖视图表达机件

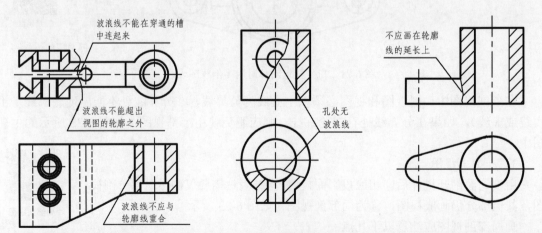

图 6-24　波浪线的画法

（2）当被剖切结构为回转体时，允许将该结构的回转中心线作为局部剖视图与视图的分界线，如图 6-25 所示摇杆臂左端；图 6-25b 中摇杆臂右端因有凸台，在俯视图中的局部剖视图就不能用中心线作为分界线。

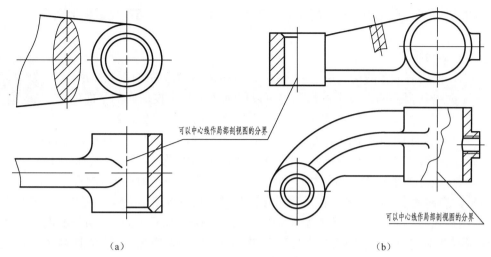

（a） （b）

图 6-25 中心线作为分界线的局部剖视图

局部剖视图是一种非常灵活的表达方法，常应用于下列情况：

（1）机件的内部结构只需局部地表达，不必或不宜画成全剖视图（图 6-23）。

（2）机件的内、外形均需表达，且不宜画成半剖视图（图 6-22）。

通常局部剖视图表达范围的大小取决于机件的内、外形结构。一般在不影响机件外部形状结构表达的情况下，局部剖视图可灵活地画在任一基本视图中，也可将局部剖视图单独画出。局部剖视图运用恰当，可使机件的表达简明清晰，但在同一视图中，局部剖视图的数量不宜过多，否则会使图形显得过于零碎，使机件失去整体感，不便于看图。

图 6-26 为一轴承座的表达方案。在主视图上，零件下部的外形较简单，内部结构的内腔需用剖视图表达，上部的圆柱形凸缘及其上三个螺孔的分布情况需用视图表达，故不宜采用全剖视图。左视图则相反，上部需剖开以表示其内部不同直径的孔，而下部则需表达机件左端的凸台外形。因而根据机件的形状结构特点和表达需要，在主、左视图中均画出了相应的局部剖视图。在这两个视图上尚未表达清楚的基座底面及其上的长圆形孔和右边的耳板等结构，采用"B"局部视图和"A-A"局部剖视图表达。

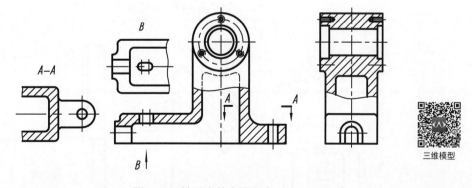

图 6-26 轴承座的表达方案

三、剖切面的种类

剖切机件时，根据机件结构的不同，常采用以下三种剖切面剖开机件，即单一剖切面、几个平行的剖切平面或几个相交的剖切面。此处所述剖切面的种类不仅适用于剖视图，也适用于断面图。

1. 单一剖切面

单一剖切面用得最多的是投影面的平行面，前面所举图例中的剖视图都是用这种平面剖切得到的。单一剖切面也可以用垂直于基本投影面的平面，当机件上有倾斜的内部结构时，可采用此剖切面剖切机件。如图 6-27（a）

单一剖切面

所示，用基本投影面的垂直平面剖切时，需添加一个与剖切平面平行的辅助投影面，然后将剖切平面与辅助投影面之间的部分机件向辅助投影面投射得到图 6-27（b）中的 "*A–A*" 剖视图，而且应尽量按投射关系配置在与剖切符号相对应的位置上，必要时也可配置在其他适当位置（图 6-28）。有时为了方便作图，在不致引起误解时，允许将图形旋转后画出，但应加注旋转符号，标注形式为 " ⌒ *X–X*" 或 "*X–X* ⌒"，如图 6-27（b）中的 "*A–A*" 剖视图也可如方框中所示将图形旋转画出。当需要标注图形的旋转角度时，应将角度值标注在图名 "*X–X*" 之后。

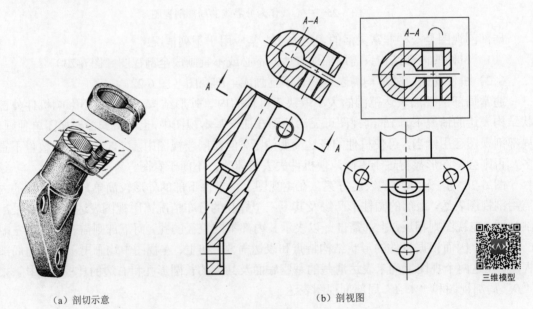

（a）剖切示意　　　　　　　　　　　　　（b）剖视图

图 6-27　单一剖切平面获得的剖视图（一）

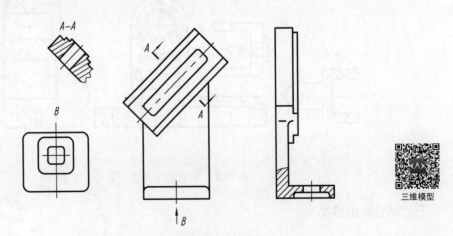

图 6-28　单一剖切平面获得的剖视图（二）

一般用单一剖切平面剖切机件，也可用单一柱面剖切机件。对于在机件上沿圆周分布的孔、槽等结构，常采用圆柱面剖切。采用柱面剖切时，应将剖切柱面和机件的剖切结构展开投射得到剖视图，而且在剖视图的名称后需加注"展开"二字，如图 6-29 所示。

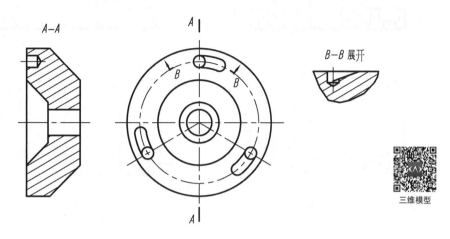

三维模型

图 6-29　单一剖切柱面获得的剖视图

2. 几个平行的剖切平面

如图 6-30 所示，采用两个或两个以上平行的剖切平面剖开机件。几个平行的剖切平面一般与基本投影面平行。

多个平行平面剖切

三维模型

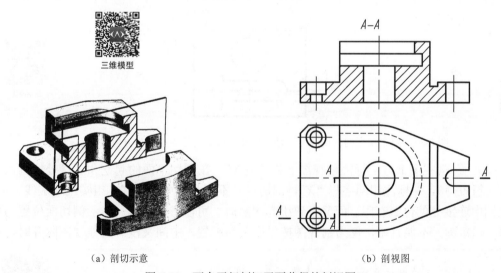

（a）剖切示意　　　　　　　　　　（b）剖视图

图 6-30　两个平行剖切平面获得的剖视图

用几个平行的剖切面剖切时，应注意以下几点：

（1）虽然是采用两个或两个以上相互平行的剖切平面剖切机件，但各剖切平面剖切后所得的剖视图是一个视图，所以画图时不应在剖视图中画出各剖切平面连接处分界线的投影（图 6-31a）。

（2）在剖视图内不应出现不完整的结构要素（图 6-31b）。仅当两个要素在图形上具有公共对称线或轴线时才可各画一半，此时应以对称线或轴线为分界线（图 6-32）。

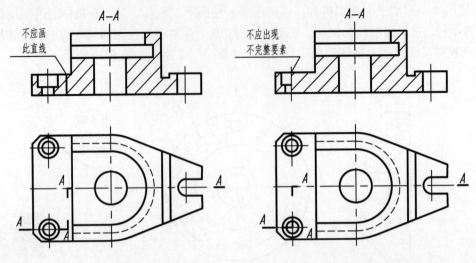

(a) 剖切平面连接处不画分界线 　　　　(b) 不应出现不完整结构要素

图 6-31　几个平行剖切平面获得的剖视图容易出现的错误

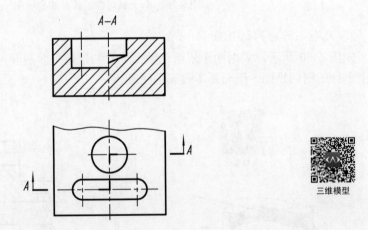

三维模型

图 6-32　两个平行的剖切面可以是以内部结构的对称中心线为分界线的剖视图

（3）在剖视图上方应标注剖视图名称"X-X"，在剖切平面的起讫和连接处应画出剖切符号（粗短画），并标注相同字母"X"，剖切符号不应与图中轮廓线（粗实线或虚线）重合。若视图中连接处的位置有限，而又不致引起误解时，可以省略字母。表示剖切面位置的剖切符号（粗短画）不能省略，仅当剖视图按投影关系配置，中间又没有其他视图隔开时，可省略箭头。

3. 几个相交的剖切平面（交线垂直于某一投影面）

图 6-33 和图 6-34 中的剖视图就是采用几个相交的剖切平面。采用这种方法绘制剖视图时，先假想按剖切位置剖开机件，然后将倾斜剖切平面剖切机件的剖面区域及其有关部分旋转到与平行剖切平面重合后再进行投射，如图 6-35、图 6-36 所示；或采用展开画法，此时应标注"X-X 展开"（见图 6-37）。

多个相交平面剖切

根据图 6-33 所示机件的结构特征，假想用一个侧平面和一个正垂面剖切机件，然后将正垂面连同被剖开的结构一起旋转到与侧面投影面平行后再投射,这样可在一个剖视图上反映出用两个相交剖切平面所剖切到的结构。

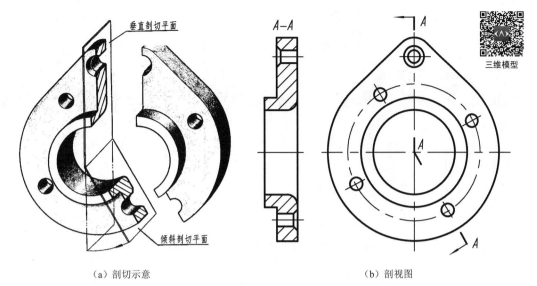

（a）剖切示意   （b）剖视图

图 6-33　采用几个相交的剖切平面剖切机件（一）

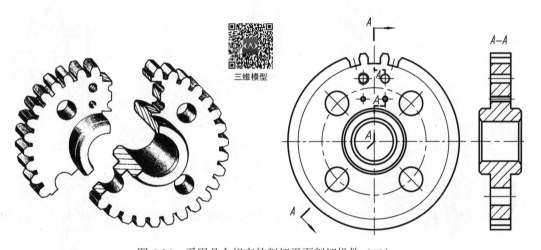

图 6-34　采用几个相交的剖切平面剖切机件（二）

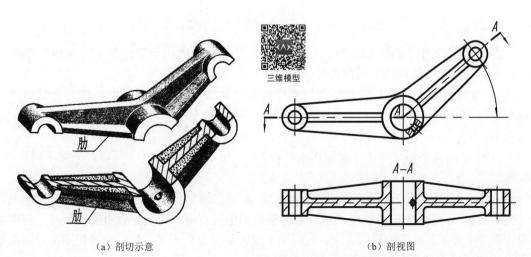

（a）剖切示意   （b）剖视图

图 6-35　采用几个相交的剖切平面剖切机件（三）

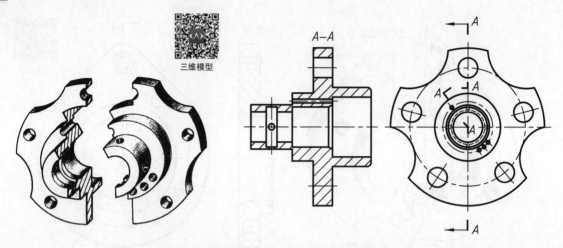

图 6-36 采用几个相交的剖切平面剖切机件（四）

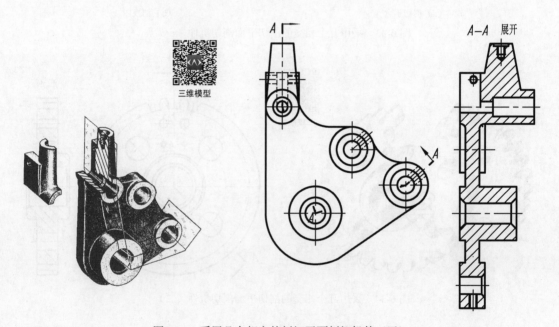

图 6-37 采用几个相交的剖切平面剖切机件（五）

几个相交的剖切平面剖切不仅适用于盘盖类机件，也适用于摇杆类（图 6-35）等机件。

采用几个相交的剖切平面剖切时，应注意以下几点：

（1）倾斜的剖切面必须旋转到与平行的剖切面重合后再进行投射，使剖开结构在剖视图上反映其实形（图 6-33）。而剖切平面后的其他结构应按原来的位置投射（图 6-35b 中的油孔）。

（2）采用几个相交剖切平面剖切机件后，若产生不完整要素时，则该部分按不剖处理（图 6-38）。

（3）在剖视图上方应标注剖视图名称 "X-X"。在剖切平面的起讫和转折处应画出剖切符号（粗短画），并标注相同字母 "X"。若转折处的位置有限，而又不致引起误解时，可省略字母。箭头仅表示剖视图的投射方向，与剖切平面的旋转方向无关，所以当剖视图按投射关系配置，中间又没有其他图形隔开时，可省略箭头。

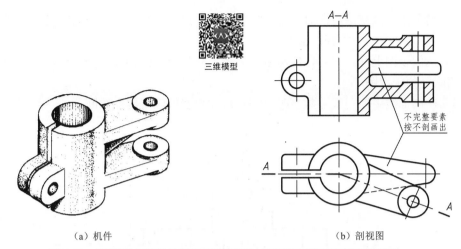

（a）机件　　　　　　　　　　　　　　（b）剖视图

图 6-38　采用两个相交的剖切平面剖切时出现不完整要素按不剖处理

四、剖视图标注的补充说明

（1）全剖视图、半剖视图、局部剖视图仅是剖视图的某一种画法，而不是某一种剖切方法。剖视图中的剖切符号仅表示剖切面的位置，并不表示剖切范围。因此，剖视图中的剖视图名称和剖切符号的标注与剖视图种类无关。图 6-39 中剖视图的标注是错误的。

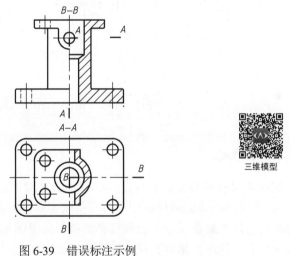

图 6-39　错误标注示例

（2）通常局部剖视图所采用的单一剖切平面的位置明显时，均省略标注（图 6-23 和图 6-25）。

五、剖视图中的尺寸标注

在前面学习的组合体尺寸标注的基本规定同样适用于剖视图。除此之外还应注意以下几点（图 6-40）：

（1）同轴线的不同直径的多个圆柱孔或圆锥孔的直径尺寸，一般应标注在剖视图上，尽量避免标注在投影为同心圆的视图上。但在特殊情况下，如在剖视图上标注直径尺寸确有困难时，可以标注在投影为圆的视图上。

（2）当采用半剖视图后，对于不能完整标注的尺寸，则尺寸线应略超过圆心或对称中心线，此时仅在尺寸线的一端画出箭头。

（3）在剖视图上标注尺寸，应尽量把外形尺寸和内部结构尺寸分别标注在视图的两侧，这样既清晰又便于看图。

（4）在剖面线中注写尺寸数字时，则在尺寸数字处应将剖面线断开。

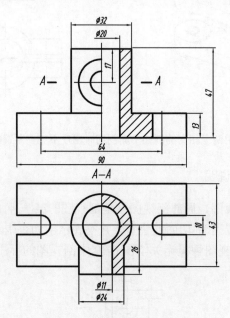

三维模型

图 6-40   剖视图中的尺寸标注

第三节   断 面 图

一、断面图的概念

根据国家标准《机械制图》的规定，假想用剖切面剖切机件可得断面图和剖视图两种图形（图 6-41）。假想用剖切面剖切机件，将所得断面向投影面投射得到的图形称为断面图；将断面和剖切面后机件的剩余部分一起向投影面投射所得图形称为剖视图。断面图常用来配合视图表达机件（如肋、轮辐、轴的孔槽）断面的形状。

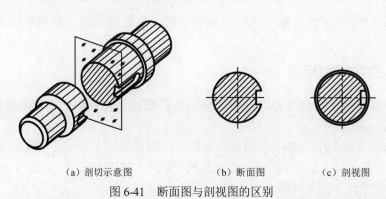

（a）剖切示意图   （b）断面图   （c）剖视图

图 6-41   断面图与剖视图的区别

二、断面图的种类及画法

断面图分为移出断面图和重合断面图。

1. 移出断面图

画在视图外的断面图为移出断面图,简称移出断面(图 6-42)。

移出断面图

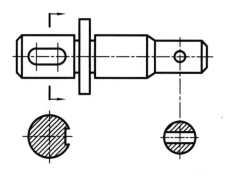

三维模型

图 6-42　移出断面

(1)移出断面的轮廓线用粗实线绘制,配置在剖切线(表示剖切位置的细点画线)的延长线上(图 6-42)或其他适当位置。在不致引起误解时,允许将移出断面的图形旋转(图 6-43)。当断面图形对称时,可画在视图的中断处(图 6-44)。

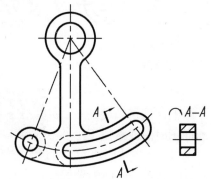

图 6-43　将移出断面旋转后画出

图 6-44　断面图画在视图的中断处

(2)当剖切平面通过回转面形成孔或凹坑的轴线时,则这些结构应按剖视图要求绘制,如图 6-45 所示。当剖切平面通过非圆孔导致出现完全分离的两个断面时,则该结构也应按剖视图要求绘制(图 6-43)。

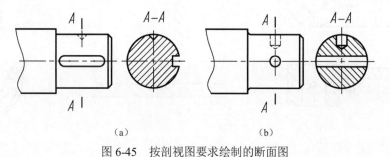

(a)　　　　　　　　　　　(b)

图 6-45　按剖视图要求绘制的断面图

（3）为了表示断面的实形，剖切平面应与被剖切部位的主要轮廓线垂直（图6-46）或通过回转面的轴线。由两个或多个相交剖切平面剖切得到的移出断面图，中间应断开（图6-47）。

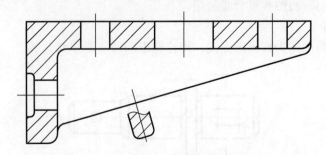

图 6-46　剖切平面应与剖切部位的轮廓线垂直

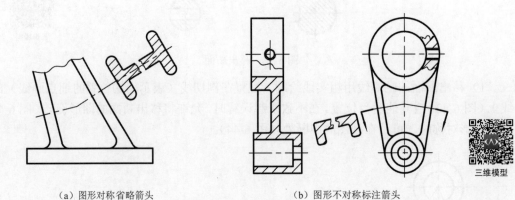

（a）图形对称省略箭头　　　　　　　　　（b）图形不对称标注箭头

图 6-47　用两个相交剖切平面剖切得到的移出断面画法

2. 重合断面图

画在视图内的断面图称为重合断面图（图6-48）。不影响图形清晰度的情况下，采用重合断面图可使图纸的布局紧凑。画重合断面图时应注意以下两点：

重合断面图

（1）重合断面的轮廓线用细实线绘制。当视图的轮廓线与重合断面的轮廓线重合时，视图中的轮廓线必须连续画出，不可间断（图6-48b）。

（2）肋板的重合断面图可省略波浪线（图6-48a中俯视图）。

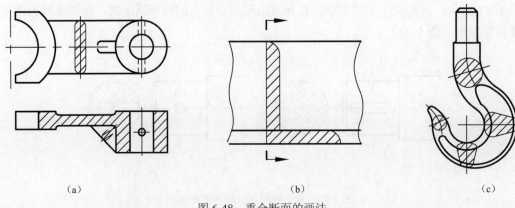

（a）　　　　　　　　　　　（b）　　　　　　　　　　　（c）

图 6-48　重合断面的画法

三、断面图的标注

1．移出断面图的标注

（1）一般应用大写的拉丁字母标注移出断面图的名称"X—X"，在相应的视图上用剖切符号表示剖切位置，用箭头表示投射方向，并标注相同的字母（图 6-49）。经过旋转后画出的移出断面图，其标注形式与用单一的投影面垂直平面剖切机件所得剖视图的标注相同（图 6-43）。

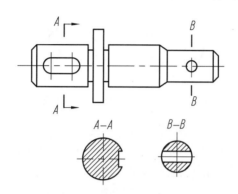

图 6-49　移出断面的标注

（2）配置在剖切符号延长线上的不对称移出断面图，可省略标注字母，如图 6-42 所示。

（3）对称的移出断面图配置在剖切符号延长线上（图 6-42、图 6-47a）或配置在视图中断处（图 6-44），可省略全部标注。其他对称的移出断面图（如图 6-49 中的"B—B"断面图）可省略标注箭头。

（4）按投影关系配置的移出断面图（图 6-45），可省略标注箭头。

2．重合断面图的标注

（1）不对称的重合断面图只标注剖切符号及投影方向（箭头），可省略标注字母（图 6-48b）。

（2）对称的重合断面可省略标注（图 6-48a、c）。

第四节　局部放大图和简化画法

局部放大图

一、局部放大图

将机件的部分结构用大于原图形所采用的比例画出的图形，称为局部放大图。机件的某些细小结构，在给定比例的视图中，由于图形过小而表达不够清晰，或不便于标注尺寸，这时可采用局部放大图。如图 6-50 所示轴上的退刀槽和挡圈槽等。

局部放大图可画成视图、剖视图或断面图，它与原图形被放大部分的表达方法无关（图 6-50）。绘制局部放大图时，应注意以下几点：

（1）局部放大图应尽量配置在被放大部位的附近。一般应在原图形上用细实线圈出被放大部位。

（2）当同一机件上有几处被放大的部位时，须用罗马数字依次标注被放大部位，并在局部放大图的上方各自标注相应的罗马数字和所采用的比例，其形式如图 6-50 所示。当机件上被放大的部分仅一处时，则只需在局部放大图上方注明所采用的比例（图 6-51）。

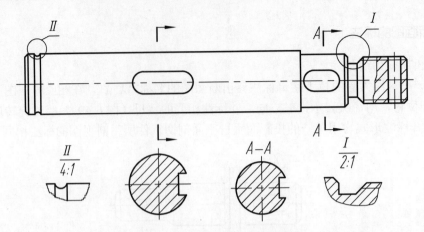

图 6-50　用罗马数字标注放大部位

（3）局部放大图上标注的比例是指放大图形与机件实际大小之比，而不是与原图之比。

（4）同一机件上不同部位的局部放大图，当图形相同或对称时，只需画出一处（图 6-52）。

（5）如果局部放大图上有剖面区域出现，那么剖面符号要与机件被放大部位的相同（图 6-51 和图 6-52）。

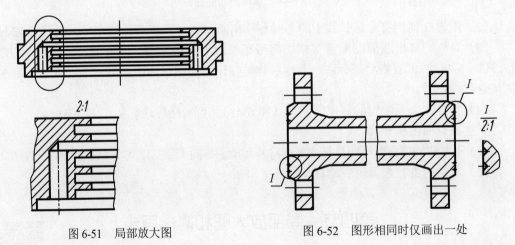

图 6-51　局部放大图　　　　　　图 6-52　图形相同时仅画出一处

（6）局部放大图一般常采用局部视图或局部剖视图表示，其断裂处一般用波浪线表示。

二、简化画法

制图时，在不影响完整和清晰度地表达机件的前提下，应力求作图简便。为此，国家标准规定了简化画法，GB/T 16675.1—2012 是关于图样简化画法的规定，以下介绍几种常用的简化画法。

简化画法

1. 均布肋、孔的简化画法

当零件回转体上均匀分布的肋、轮辐、孔等结构不处于剖切平面上时，可将这些结构绕回转体轴线旋转到剖切平面上画出，如图 6-53 所示。

2. 对称机件的简化画法

对称机件的视图可只画一半或四分之一（图 6-54），并在对称中心线的两端画出对称符号（两条平行且与对称中心线垂直的细实线）。

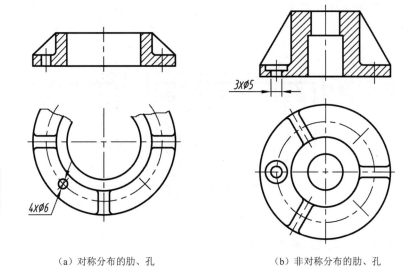

（a）对称分布的肋、孔　　　　　　　（b）非对称分布的肋、孔

图6-53　均匀分布的肋与孔的简化画法

三维模型

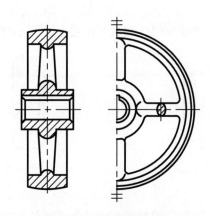

图6-54　对称机件的画法

3. 相同要素的简化画法

（1）当机件具有若干相同结构（如齿、槽等），并按一定规律分布时，只需画出几个完整的结构，其余用细实线连接（图6-55），但须注明该结构的总数。

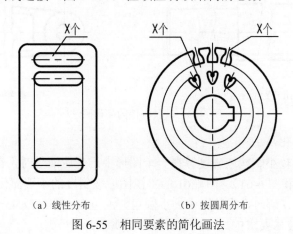

（a）线性分布　　　　　　　　（b）按圆周分布

图6-55　相同要素的简化画法

（2）若干直径相同且成规律分布的孔（圆孔、螺孔、沉孔等），可以仅画出一个或少量几个，其余只需用点画线表示其中心位置，但应注明孔的总数（图6-56）。

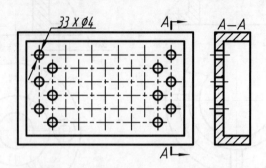

图 6-56　成规律分布的孔的简化画法

4. 使用平面符号和滚花的简化画法

（1）当回转体上的平面在图形中不能充分表达时，可用平面符号（相交的两条细实线）表示。图 6-57 为一轴端圆柱体被平面切割后在视图上的表示方法。

（2）机件上的滚花部分，一般采用在轮廓线附近用粗实线局部画出的方法表示，也可省略不画，但应在零件图上或技术要求中注明其具体要求（图 6-58）。

三维模型

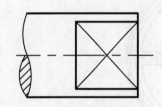

图 6-57　平面符号

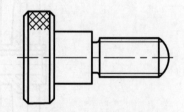

图 6-58　滚花的简化画法

5. 较长机件的简化画法

较长的机件（如轴、杆、连杆、型材等）沿长度方向的形状一致（图 6-59a）或按一定规律变化（图 6-59b）时，可以断开后缩短绘制。

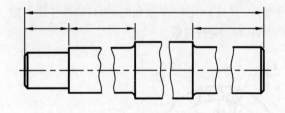

（a）截面无变化

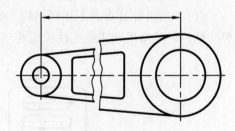

（b）截面按一定规律变化

图 6-59　较长机件的简化画法

6. 较小结构的简化画法

（1）当机件上的较小结构或斜度等在一个图形中已表达清楚时，在其他图形中应当简化或省略不画（图 6-60 和图 6-61）。图 6-61 的主视图应按斜度的小端简化画出。

（2）在不致引起误解时，零件图中的小圆角、锐边的小倒角或 45°小倒角允许省略不画，但必须注明尺寸或在技术要求中加以说明（图 6-62）。

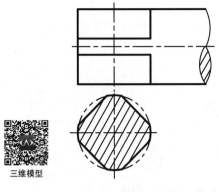

三维模型

图 6-60　交线省略不画

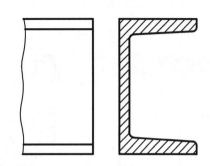

图 6-61　斜度不大的倾斜结构画法

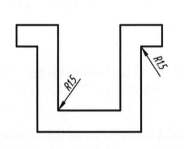

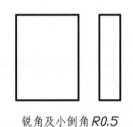

锐角及小倒角 *R0.5*

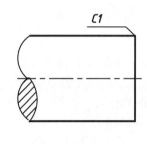

（a）较小圆角省略不画　　　　　（b）较小圆角省略不画且统一标注　　　　（c）较小倒角省略不画

图 6-62　小圆角及小倒角等的省略画法

7. 移出断面的省略画法

在不致引起误解的情况下，零件图中的移出断面，允许省略剖面线，但剖切位置和断面图的标注必须遵照国家标准（图 6-63）。

局部视图可按第三角投影法配置在视图上所需表达物体局部结构的附近，并用细点画线相连。

8. 圆柱形法兰和类似机件上均布孔的简化画法

图 6-64 所示为圆柱形法兰上均布孔的简化画法。

三维模型

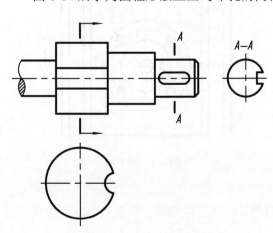

图 6-63　移出剖面的省略画法

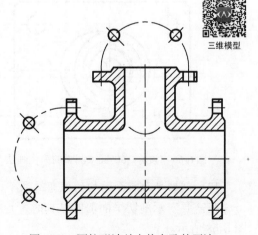

图 6-64　圆柱形法兰上均布孔的画法

9. 过渡线和相贯线的简化画法

在不致引起误解时，图形中的过渡线和相贯线允许简化，例如可用圆弧或直线代替非圆曲线（图 6-65）。

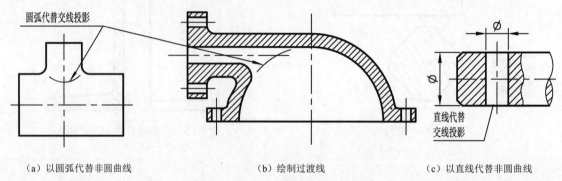

（a）以圆弧代替非圆曲线　　　　（b）绘制过渡线　　　　（c）以直线代替非圆曲线

图 6-65　过渡线和相贯线的简化画法

10. 倾角≤30°圆或圆弧的简化画法

手工绘制与投影面倾斜角度小于或等于 30°的圆或圆弧时，其投影可用圆或圆弧代替，如图 6-66 所示。

11. 剖中剖

必要时，在剖视图的剖面中可再作一次剖切，但须画成局部剖视图。而且两个剖面的剖面线方向应相同，间隔一致，但要互相错开，并用引出线标注局部剖视图的名称，如图 6-67 中的"B-B"剖视图。

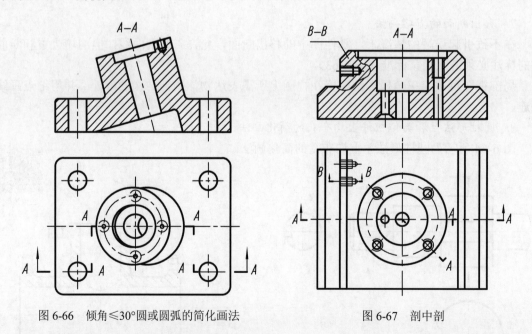

图 6-66　倾角≤30°圆或圆弧的简化画法　　　　图 6-67　剖中剖

12. 剖切平面前面结构的假想画法

在需要表示剖切平面前的结构时，这些结构的轮廓线用假想线（即双点划线）绘制，如图 6-68 所示。

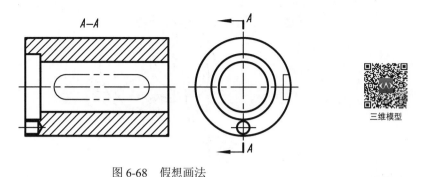

图 6-68 假想画法

三维模型

第五节 机件的各种表达方法综合举例

规定画法和综合应用

前面所讲视图、剖视、剖面等各种表达方法都有各自的特点和适用范围，当表达一个机件时，应根据机件的形状结构特征，适当地选用本章所介绍的机件常用表达方法，以一组视图完整、清楚地表达机件的形状。其原则是，用较少的视图完整、清楚地表达机件，力求制图简便，便于读图。

例 6-1 分析图 6-69a 所示支架的表达方案。

如图 6-69b 所示，主视图采用了局部剖视图，主要表达了斜支架的外部形状结构、上部圆柱上的通孔以及下部斜板上的四个小通孔；为了表达上部圆柱与十字肋的相对位置关系，左视图采用了一个局部视图；为了表达十字肋的形状，采用了一个移出断面图；斜视图 "A⌒" 表达了下部斜板的实形。

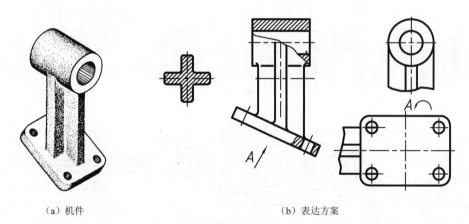

（a）机件　　　　　　　　（b）表达方案

图 6-69 斜支架的表达方法

例 6-2 根据支承座的轴测剖视图（图 6-70），选择适当的表达方案。

（1）形体分析。支承座的主体是一个圆柱体，它的前后两侧都有圆柱形凸缘；沿着圆柱体轴线从前往后的方向，前方被切割了一个上下壁为圆柱面而左右壁为侧平面的沉孔，后方有一个圆柱形通孔；圆柱体的顶部有一个圆柱凸台；支承座的底板下部有一长方形通槽，底板的左右两侧有带沉孔的圆柱形通孔；主体圆柱与底板之间由截面为十字形的肋板连接，十字形肋板左右两侧面与主体圆柱面相切。

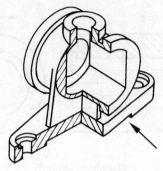

图 6-70   轴承座

（2）表达方案的确定与比较。

1）方案一（图 6-71）。按图 6-70 所示的投影方向和位置确定主视图。分析形体可知，需要表达的内部结构有上部的圆柱凸台和底板上的圆柱孔，因此主视图虽然为对称图形，但可采用局部剖视图以表达局部内部结构；主视图采用局部剖视图后，还需用较少的虚线表示出主体圆柱与"十"字形支承板的连接关系。左视图由于上下、前后不对称，外形比较简单，所以采用全剖视图，使主体内腔各个层次得以清楚地展现。

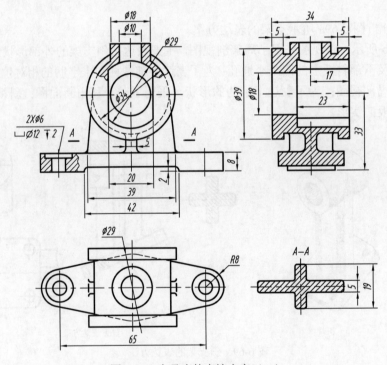

图 6-71   支承座的表达方案（一）

由于内部形状在主、左视图中已表达清楚，俯视图可只画外形，但为了完整地表达底板的形状，应画出它在俯视图中的虚线投影。为了更清楚地显示支承板的结构，添加了"A-A"移出剖面。

2）方案二（图 6-72）。方案二与方案一不同的之处在于俯视图直接采取了用水平面剖切后的"A-A"剖视图，就不需要另画移出剖面，但圆柱凸台的外形却不能在俯视图中表达，因此，左视图则保留一小部分外形而画成局部剖视图，由相贯线来表达凸台的形状。

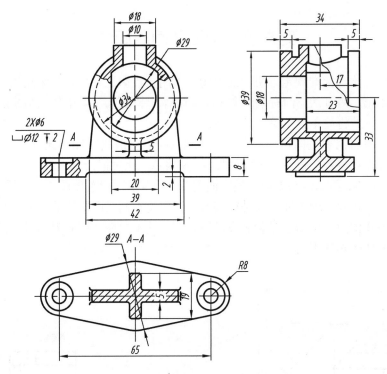

图 6-72　支承座的表达方案（二）

3）方案三（图 6-73）。主视图采用了半剖视图，俯视图采用了全剖视图，左视图采用了局部剖视图。

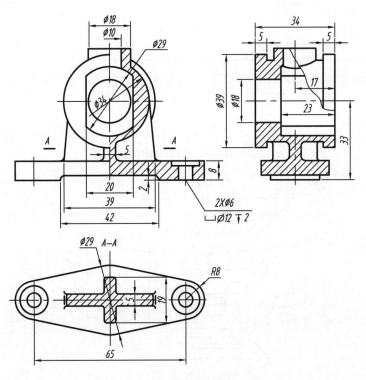

图 6-73　支承座的表达方案（三）

第六节　第三角画法简介

《机械制图》国家标准规定，机件的视图应采用正投影法，并优先采用第一角画法绘制，必要时允许采用第三角画法。但有些国家（如美国、日本等）是采用第三角画法。为了便于国际间技术交流，本节将简单介绍第三角画法。

第三角画法是将需表达的机件放在第三分角内投射生成投影图。此时投影面处在观察者和物体之间，即"观察者—投影面—物体"（图6-74a），此时把投影面看作是透明的投射生成投影图后，按图6-74a所示箭头方向将投影面展开，所得视图配置如图6-74b所示。显而易见，第一角画法与第三角画法的主要区别是视图的配置位置不同，其投影原理和投影规律不变。第三角画法也可将物体向六个基本投影面投射得到六个基本视图（图6-75），展开后的六个基本视图的配置关系如图6-76所示。

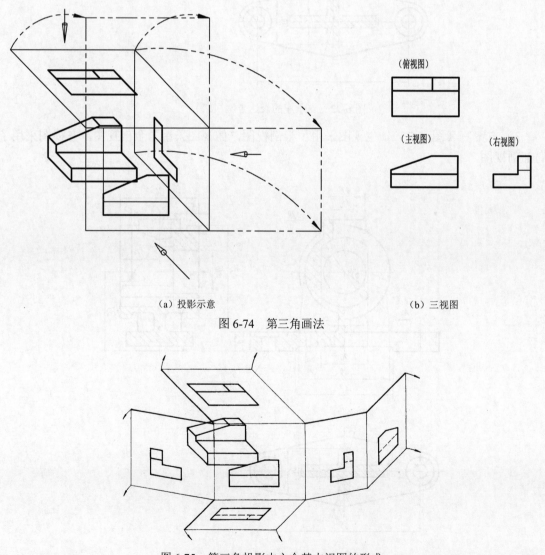

（俯视图）

（主视图）　　　（右视图）

（a）投影示意　　　　　　　　　　　　　　　（b）三视图

图 6-74　第三角画法

图 6-75　第三角投影中六个基本视图的形成

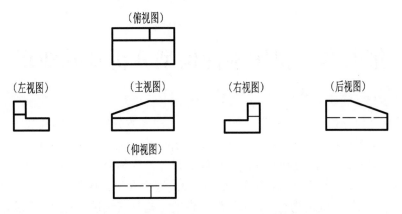

图 6-76　第三角投影中六个基本视图的配置

按 GB/T 14692—1993 规定，采用第三角画法必须在图样标题栏附近画出第三角画法的识别符号，如图 6-77a 所示。当采用第一角画法时，在图样中一般不画第一角画法的识别符号，但必要时，画出第一角画法的识别符号如图 6-77b 所示。

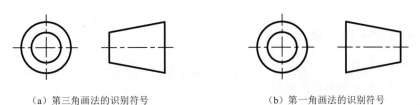

（a）第三角画法的识别符号　　　　　　　　　　（b）第一角画法的识别符号

图 6-77　第三角和第一角画法的识别符号

复习与思考题

1. 按现行国家制图标准的规定，主要用于表达机件外部形状结构的视图共分为哪四种？

2. 向视图、局部视图、斜视图在图样中应如何配置和标注？在哪些情况下可以省略标注？

3. 剖视图有哪几种？各有什么特点？

4. 剖切方法有哪几种？剖切平面纵向剖切机件的肋板、轮辐及薄壁时，这些结构应如何画出？

5. 剖视图应如何标注？在什么情况下可以省略标注？

6. 断面图和剖视图有什么区别？断面图又分为哪两类？在画法上有什么区别？

7. 试述局部放大图所注比例的含义，局部放大图的比例与基本视图的绘图比例是否有联系？

第七章　机械零件构型分析基础知识

组合体是从几何分析的观点出发，分析其形状（即形体分析），绘制其视图，标注其尺寸。而零件则需要根据其在机器中的功能、工艺要求，并考虑经济、美观等因素确定出零件的结构形状和尺寸（即构型分析），绘制其视图，标注其尺寸。形体分析和构型分析有联系，但决不能混同。它们的区别主要是零件的结构形状不能脱离零件在机器中的功能，以及制造的可能与方便，不能单纯从几何角度去构型，必须了解零件的结构与其制造、装配、使用等之间的关系。因此从图样的完整性和正确性出发，结合本章学习一些有关机械及其设计的常识，学会运用构型分析是非常必要的。

第一节　机械零件的合理构型

一、零件和部件的基本概念

从制造的角度来看，任何机器都是由零件装配而成，比较复杂的机器常常是由零件和机构组成部件，再由部件和零件组成机器。

1. 零件

机器中每一个单独加工的单元体称为零件。

2. 部件

按功能划分的装配单元称为部件，每个部件中包含若干零件，各零件间有确定的相对位置，可能实现某种相对运动（机构），也可能相对静止（构件），它们为完成同一功能而协同工作。有少数零件在装配机器时，不参加任何部件而单独作为一个装配单元与其他部件一起直接装配在机器上。因此，机器由若干部件和零件组成，部件由零件组成。

二、零件的合理构型

尽管零件的设计方法有区别，零件的形状也是各式各样，但构成零件形状的主要因素总是与零件的设计要求、加工方法、装配关系及使用和维护密切相关。也就是说，零件的构型不能脱离开零件在机器中的地位和作用，不能单纯从几何角度去构型。必须了解零件的形状与其加工过程、加工方法有何关系，零件之间通常有哪些装配关系等。在零件设计的实际过程中，除了考虑上述问题外，还应考虑强度、刚度和经济性等问题。由于在学习本书时，还未学习与设计计算、校核计算有关的课程，所以本书主要讨论如何根据零件的功能合理构型。我们把确定零件的合理形状称为零件的合理构型，简称构型。所谓合理形状，是指在满足设计性能要求的前提下，尽可能使零件的形状简单、便于制造、结构紧凑、重量轻、成本低等。

1. 零件的构型原则

（1）零件的形状、大小必须满足性能要求，即所设计的零件能在机器正常运转中发挥它预期的作用。

（2）组成零件的各基本体应尽可能简单，一般采用常见的回转体（圆柱、圆锥、球、圆环）和各种平面立体，尽量不采用不规则曲面。

（3）构成零件的各基本体间应互相协调，使零件结构紧凑，便于制造，造型美观。

2. 零件的构型规律

任何零件都不是孤立存在的，它必须与其他零件组合成机器或机构，完成一定的工作任务。因此零件间必须有连接、定位、协调、配合等要求。根据对大量零件进行构型分析的结果表明，尽管零件的形状各式各样，但大体上总可以把它们分成三大组成部分，即"工作部分""安装部分"和"连接部分"。为了使零件满足一定的功能要求，零件必须要有"工作部分"；为了与其他零件连接、装配，还必须要有"安装部分"；"工作部分"和"安装部分"又通过"连接部分"连成一体。

如图 7-1 所示是一个齿轮油泵的泵体，其中空腔部分用于容纳齿轮及支承齿轮轴，可看成是"工作部分"；泵体左侧的凸缘及其上面的螺纹孔，实现泵体与泵盖的连接，泵体下部的底板实现泵体与基座的连接，所以是泵体的"安装部分"；将"工作部分"与"安装部分"连接起来的部分可看成是"连接部分"。

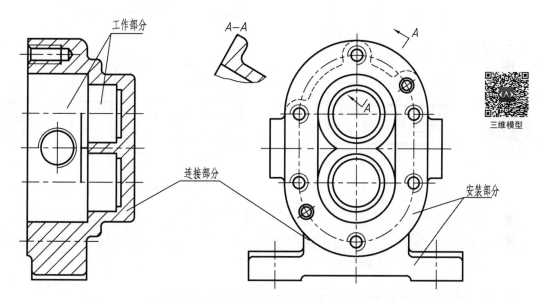

图 7-1 齿轮油泵泵体的构形分析

图 7-2 是两个支架类零件，它们也是由"工作部分""安装部分"和"连接部分"三部分组成。

再比如轮盘类零件中的齿轮，其轮齿部分可看成是"工作部分"；带有轴孔和键槽的轮毂是"安装部分"；而轮幅（或幅板）则是"连接部分"。与其类似的皮带轮、链轮等各种轮盘类零件的总体构型思路是相同的，仅仅是"工作部分"有所变化。依此类推，轴类零件，其安装传动或操纵零件（如齿轮、手柄等）的部分可看作是"工作部分"，通常这一部分的轴上带有键槽、平面等。支承在轴承上的部分是"安装部分"，其余可看作是连接部分（图 7-3a）。

但并不是所有的零件都具备上述三个部分，有时由于工作条件或空间的限制，零件中的这三个组成部分中会有一个或两个发生变形或退化（主要是连接部分），致使其特征不太明显，但其构型规律仍然不变。如图 7-4 所示的盖类零件，其"工作部分"就是零件的内腔，零件上的凸缘、凸台、平面是"安装部分"，其外形部分起到连接"工作部分"和"安装部分"的作用，可看作是"连接部分"。又如图 7-3b 所示的套筒零件，只有"工作部分"和"连接部分"，其"安装部分"退化为台肩右侧的定位表面。有时若零件本身比较复杂，可能会有几个"工作部分"等。一般情况下，"工作部分""安装部分""连接部分"这三部分是机械零件共有的形体特征，是具有普遍意义的零件构型规律。

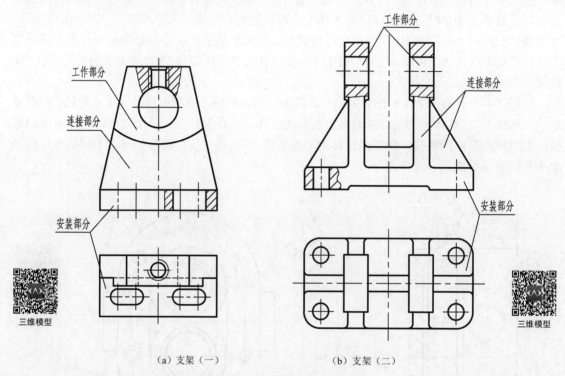

(a) 支架（一）   (b) 支架（二）

图 7-2　支架类零件的构型分析

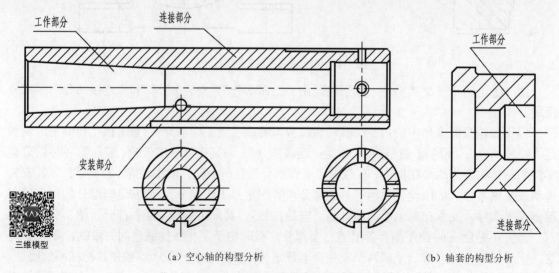

（a）空心轴的构型分析   （b）轴套的构型分析

图 7-3　轴套类零件的构型分析

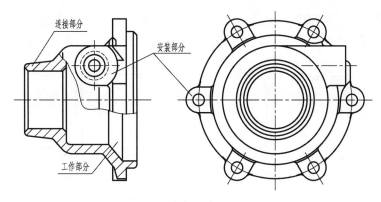

图 7-4 阀盖的构型分析

总之，零件的形状各种各样，构型的情况也是各种各样的，尽管如此，按照零件的构型规律，总是可对任何零件的组成进行分析。这一点很重要，它能使我们把握住哪怕是一个很复杂的零件的构型特征和过程，而不至于在设计零件时束手无策。这正是合理构型及构型分析观点给零件的形状、结构设计带来的好处。

第二节　与零件构型分析有关的几个问题

一、零件的工艺结构

零件的构型除需要满足上述功能设计要求外，其结构形状还应满足加工、测量、装配等制造过程所提出的一系列工艺要求，使零件具有良好的结构工艺性。

1. 毛坯制造的工艺结构

制造毛坯主要有铸造、锻造、焊接三种方法，机械工程中大多数零件的毛坯是通过铸造获得的。对于铸造毛坯设计时应考虑：

毛坯制造的工艺结构

（1）拔模斜度——在铸造时，为了便于将木模从砂型中取出，在铸件的内外壁上沿拔模方向设计出拔模斜度（图 7-5b）。拔模斜度的大小：木模通常为 1°～3°；金属模用手工造型时 1°～2°；用机械造型时为 0.5°～1°。

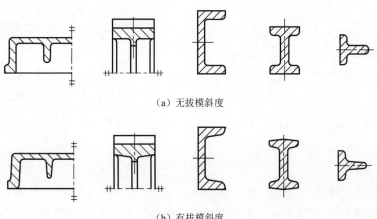

（a）无拔模斜度

（b）有拔模斜度

图 7-5 铸件上的拔模斜度

绘制零件图时，拔模斜度在图上一般不必画出，而在技术要求中用文字说明。若拔模斜度已在某一个视图中画出且已表达清楚时，其他视图允许只按小端画出（图7-6）。

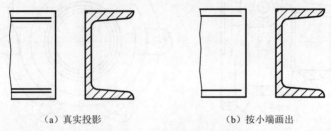

（a）真实投影   （b）按小端画出

图 7-6　拔模斜度的画法

（2）铸造圆角——为满足铸造工艺要求，防止砂型在尖角处落砂，避免金属冷却时，因应力集中产生裂纹和缩孔，在铸件两表面相交处应铸造圆角（图7-7）。

铸造圆角半径一般取壁厚的 0.2～0.4 倍，也可从机械设计手册中查取。同一铸件圆角半径的种类应尽可能少（图7-8）。铸造圆角半径在图中不标注，而是在技术要求中统一注写。

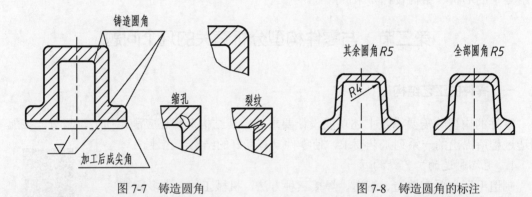

图 7-7　铸造圆角　　　　　　　　图 7-8　铸造圆角的标注

（3）铸件应壁厚均匀——铸件的壁厚不均匀时，由于厚薄部分的冷却速度不一样，容易形成缩孔或产生裂纹。所以在设计铸件时，壁厚应尽量均匀。

● 使各处壁厚尽量一致，防止局部肥大（图 7-9）。在设计时，可用作内切圆的方法来检验，内切圆的直径差别不能大于20%～25%（图7-9）。

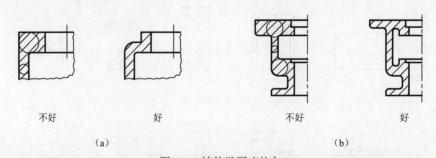

不好　　　　　好　　　　　不好　　　　　好

（a）　　　　　　　　　　（b）

图 7-9　铸件壁厚应均匀

● 不同壁厚的连接要逐渐过渡（图7-10）。
● 内部的壁厚应适当减少，从而使整个铸件能均匀冷却（图7-11）。

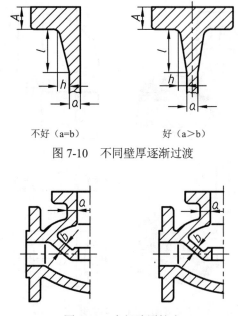

不好（a=b） 好（a>b）

图 7-10　不同壁厚逐渐过渡

图 7-11　内部壁厚较小

为补偿壁厚减薄后对铸件强度及刚度的影响，可增设加强肋（图 7-12）。肋的厚度通常为 0.7～0.9 壁厚，高度不大于壁厚的 5 倍。

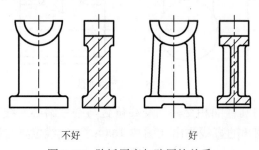

不好　　　　　好

图 7-12　肋板厚度与壁厚的关系

（4）铸件各部分形状应尽量简化——为了便于制模、分型、清理，去除浇、冒口和机械加工，铸件外形应尽可能平直，内壁也应减少凸起或分支部分（图 7-13）。

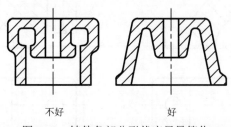

不好　　　　　好

图 7-13　铸件各部分形状应尽量简化

（5）过渡线的形成及画法——由于铸件上有圆角、拔模斜度的存在，铸件表面上相贯线就不明显，称为过渡线（图 7-14）。过渡线的画法实质上就是按没有圆角的情况求出相贯线的投影，即画到理论上的交点处（图 7-15）。

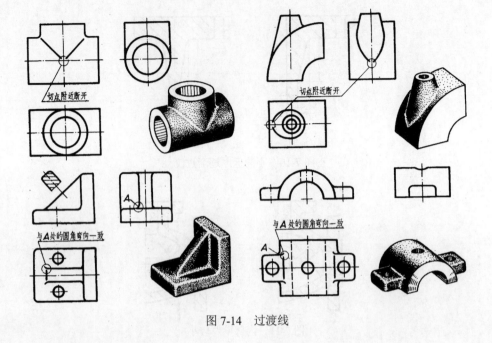

图 7-14　过渡线

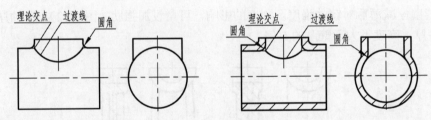

图 7-15　过渡线画法

铸件底板的上表面与圆柱面相交，当交线位置与圆柱圆心连线的圆心角大于或等于 60°时，过渡线按两端带小圆角的直线画出（图 7-16a）；当交线位置与圆柱圆心连线的圆心角小于 45°时，过渡线按两端不到头的直线画出（图 7-16b）。

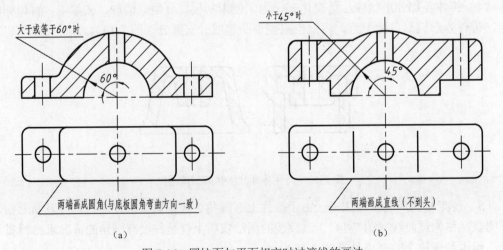

图 7-16　圆柱面与平面相交时过渡线的画法

零件上的肋板与圆柱和底板相交（或相切）时，过渡线的画法取决于肋板的断面形状，以及相交或相切的关系（图 7-17）。

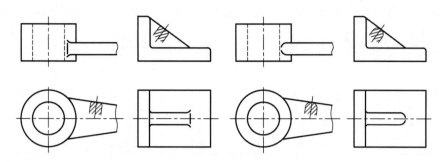

（a）肋板断面为方头　　　　　　　　（b）肋板断面为圆头

图 7-17　肋板过渡线的画法

2. 机械加工的工艺结构

（1）倒角——为了便于装配和保护装配表面，常将尖角加工成倒角。常见的倒角为 45°，也有 30° 和 60° 的。倒角大小的确定可根据轴或孔的直径尺寸查阅机械设计手册。倒角尺寸的常见注写方式如图 7-18 所示。

机械加工的工艺结构

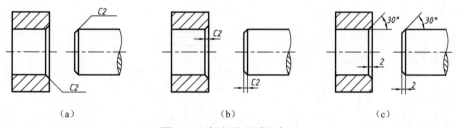

（a）　　　　　　　　　（b）　　　　　　　　　（c）

图 7-18　倒角的画法与标注

（2）退刀槽和砂轮越程槽——为了切削加工零件时便于退刀，以及在装配时使其与相邻零件保证靠紧，常在零件的台肩处预先加工出退刀槽和砂轮越程槽（图 7-19）。它们的结构尺寸可根据轴或孔的直径尺寸查阅机械设计手册。

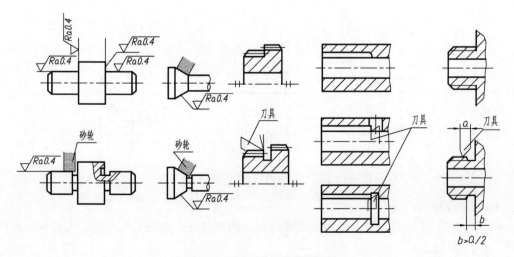

图 7-19　退刀槽和砂轮越程槽

（3）凸台、凹坑和沉孔——为了保证零件间的接触面接触良好，零件上凡与其他零件接触的表面一般都要加工，但为了减少加工面、降低加工费用并且保证接触良好，一般采用在零件上用设计凸台或凹坑的方法尽量减少加工面（图 7-20）。为便于加工和保证加工质量，凸台应在同一平面上。

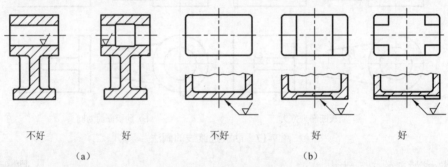

不好　　　　　好　　　　　　不好　　　　　好　　　　　好
（a）　　　　　　　　　　　　　　　　　（b）

图 7-20　尽量减少加工面

在螺纹连接的支承面上，常加工出凹坑或凸台，如图 7-21a 所示。图 7-21b 是螺栓连接常用的沉孔形式及其加工方法。图 7-22 是螺钉连接常用的沉孔形式。

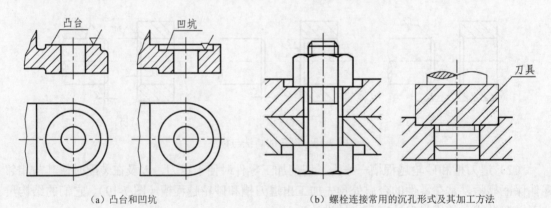

（a）凸台和凹坑　　　　　　　　　　　（b）螺栓连接常用的沉孔形式及其加工方法

图 7-21　凸台、凹坑和沉孔

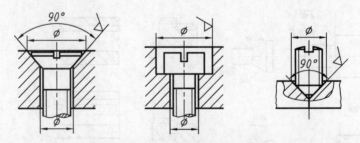

图 7-22　螺钉连接常用的沉孔形式

（4）钻孔结构。

● 图 7-23 是用钻头加工盲孔（不通的孔）和两直径不同的通孔时的加工过程、画法和尺寸注法。

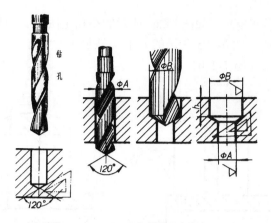

（a）盲孔　　　　　（b）通孔及台阶孔

图 7-23　钻头加工孔的过程和画法

● 用钻头在零件上钻孔时，要尽量使钻头垂直于被钻孔的零件表面，以保证钻孔准确和避免钻头折断，如遇有斜面或曲面，应预先作出凸台或凹坑（图 7-24）。同时还要保证钻孔工具的工作条件（图 7-25）。

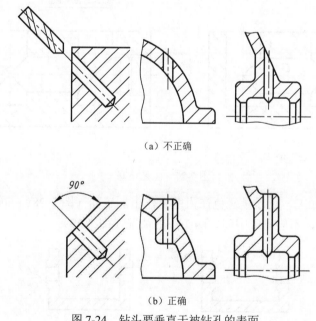

（a）不正确

（b）正确

图 7-24　钻头要垂直于被钻孔的表面

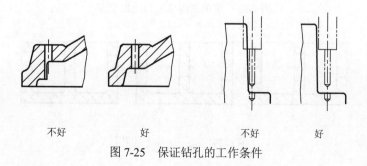

不好　　　　　好　　　　　不好　　　　　好

图 7-25　保证钻孔的工作条件

- 考虑钻孔加工的可能性,如图 7-26a 所示的小孔无法加工,此时可在其上方设计一工艺孔(图 7-26b)。图 7-27a 所示的 C 孔无法加工,可将其一侧打通,加工好 C 孔后用工艺堵塞封口(图 7-27b)。

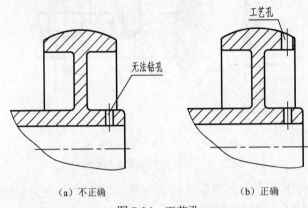

(a)不正确　　　　　　　　(b)正确

图 7-26　工艺孔

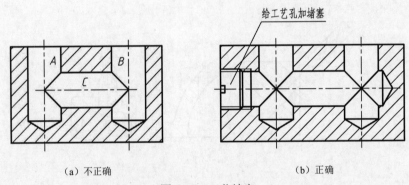

(a)不正确　　　　　　　　(b)正确

图 7-27　工艺堵塞

(5)为了便于加工,应尽量避免在内壁上作出加工面(图 7-28)。同一轴线上的孔径不同时,必须依次递减,不应出现中间大两头小的情况(图 7-29)。

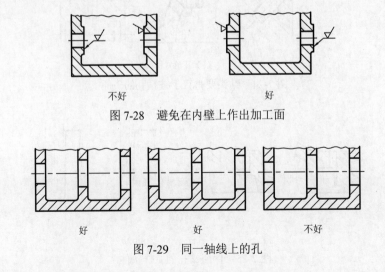

不好　　　　　　　　好

图 7-28　避免在内壁上作出加工面

好　　　　　　好　　　　　　不好

图 7-29　同一轴线上的孔

二、零件的强度、刚度与构型

零件的形状与零件的受力状况也有密切关系，同一零件受力大的部分应该厚一些，或增设加强肋等。图 7-30a 所示的零件，由于左边凸出部分根部受力最大，因此外形设计成圆锥状，使壁厚逐渐变厚。而图 7-30b 则将外形设计成圆柱状使壁厚相同，但增设加强肋。必要时，也可将外形既设计成圆锥状，又增设加强肋。

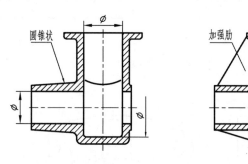

（a）外形圆锥状　　　　　　　　　（b）外形圆柱状并增设加强肋

图 7-30　零件的强度、刚度与合理构型

图 7-31 是手柄、摇臂类零件，其构型采用与上述零件相同的思路，在受力较大的部位，设计宽厚一些。

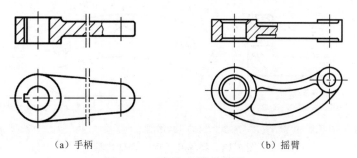

（a）手柄　　　　　　　　　　　（b）摇臂

图 7-31　手柄与摇臂的构型

三、零件的重量与构型

在保证零件有足够的强度、刚度的情况下，如何使零件的重量轻、用料省，也是设计人员构型时，面临的一个必须考虑的问题。

1. 由内形定外形

箱体类和盖类零件的内腔形状确定后，根据内形向外扩展，采用相同壁厚（图 7-32b），在某些情况下也是可使零件的重量减轻的方法之一。

2. 局部加强与整体减薄

通常等壁厚对于减轻零件的重量是不理想的。应该使其受力部位加厚，其他部位减薄，如图 7-32a 所示，这样从整体来说重量减轻了，而且构型也趋于合理。零件上的凸缘就是这种构型思路的结果。图 7-33b 是某个零件的凸缘，凸缘上有若干均匀分布的螺栓孔，由于螺栓孔附近受力最大，为了保证足够的刚度和强度，以及减轻零件的重量，将螺栓孔附近局部加厚，而凸缘整体减薄，如图 7-33a 所示。

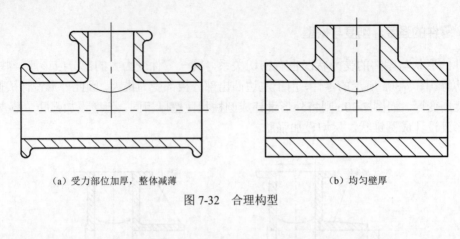

（a）受力部位加厚，整体减薄　　　　　　　　　　（b）均匀壁厚

图 7-32　合理构型

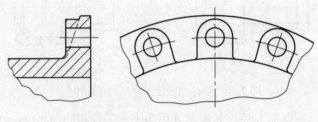

（a）受力部位加厚，整体减薄

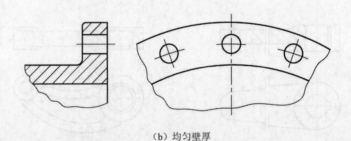

（b）均匀壁厚

图 7-33　螺栓孔的局部合理构型

3. 去掉多余金属

图 7-34 的零件原型是一直径较大的圆柱凸缘，为了减轻零件的重量，在不影响强度和刚度的情况下，可考虑去掉多余部分，图 7-34 的几种构型方案都比较好。又如：轮盘类零件采用辐条、辐板形式，以及在辐板上开设减轻孔（图 7-35）都是相同的构型思路。

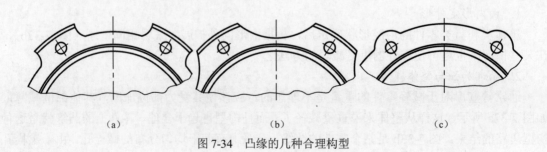

（a）　　　　　　　　　　（b）　　　　　　　　　　（c）

图 7-34　凸缘的几种合理构型

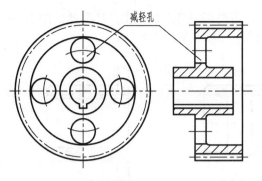
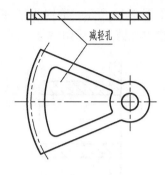

图 7-35　减轻孔的作用

四、零件的使用寿命与构型

机器中有些零件经常磨损。如何提高这类零件的寿命是提高整机寿命的关键问题。如图 7-36a 所示调压阀，由于阀瓣在工作中常上下跳动，与阀体撞击，从而使阀体易于损坏。为此，在阀体内嵌入一个阀座（图 7-36b），需要时更换小阀座即可，这无形中提高了阀体的寿命。

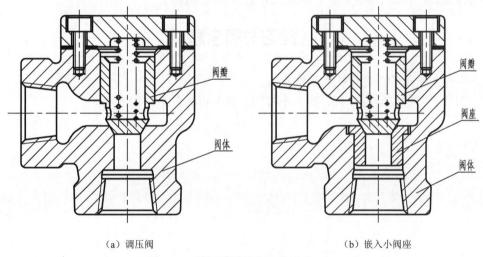

（a）调压阀　　　　　　　　　　　（b）嵌入小阀座

图 7-36　易损零件的合理构型（一）

图 7-37a 是一铝制零件的连接凸缘，由于经常拆卸，螺纹部分极易损坏，致使整个零件报废。如果在铝制零件上嵌入一钢制螺套（图 7-37b），可相应提高整个零件的寿命。

（a）凸缘　　　　　　　　　　　（b）加钢制螺套

图 7-37　易损零件的合理构型（二）

如图 7-38 所示，有时为了使零件耐磨，还可先在零件上加工出一环型槽（图 7-38b），然后在槽中浇铸上一层耐磨合金（图 7-38a），以提高零件寿命。

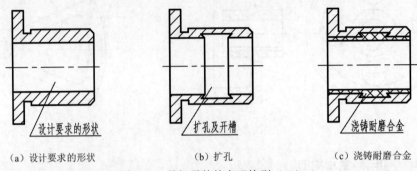

（a）设计要求的形状   （b）扩孔   （c）浇铸耐磨合金

图 7-38   易损零件的合理构型（三）

任何一个零件都不是孤立存在的，它一定要与其他零件发生某种联系，这种联系体现在零件间的装配关系或某些特殊要求上，即零件间的配合关系、连接关系、传动关系以及定位、锁紧、密封等。因此，零件的构型与其装配关系有密切的联系，关于装配结构及其合理性和与装配有关的构型问题，见本书第十章第三节中的相关内容。

复习与思考题

1. 零件上常见的工艺结构有哪些？
2. 为什么要进行结构分析？找一个零件，试分析其各个结构的功能。

第八章　标准结构、标准件与常用件

在各种机械产品、设备中，大量使用各种零件和部件，为了简化设计、便于生产、保证通配性和互换性，在结构、尺寸方面均为标准化的零件，称为标准件，如螺栓、螺母、键等；部分重要参数标准化、系列化的零件，称为常用件，如齿轮、弹簧等。

本章应重点掌握有关螺纹的画法以及标准件和常用件的结构特点、规定画法、代号、标记，掌握查阅相关标准的方法。

第一节　螺 纹 连 接

螺纹连接是利用螺纹紧固件构成的一种可拆连接，它具有结构简单、装拆方便、工作可靠、类型多样等优点，所以螺纹连接是机械制造和结构工程中应用最广泛的一种连接。

一、螺纹

1. 螺纹的形成

一个平面图形如三角形、矩形、梯形，绕一圆柱（锥）面做螺旋运

螺纹的基本知识

动，形成的圆柱（锥）螺旋体称为螺纹。图 8-1 为螺纹加工的示意图。在圆柱（锥）外表面上加工的螺纹，称为外螺纹；在圆柱（锥）内表面上加工的螺纹，称为内螺纹。在加工螺纹的过程中，由于刀具的切入构成了凸起和沟槽两部分，凸起的顶端称为牙顶，沟槽的底部称为牙底，如图 8-2 所示。

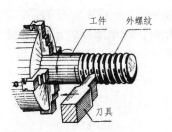
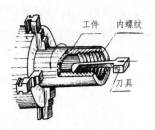

（a）在车床上加工外螺纹　　　　　　　　　（b）在车床上加工内螺纹

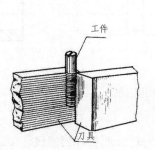

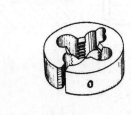

（c）用模具碾制外螺纹　　（d）丝锥（加工内螺纹）　　（e）板牙（加工外螺纹）

图 8-1　螺纹的加工

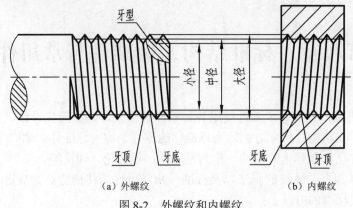

（a）外螺纹　　　　　　　　　　（b）内螺纹

图 8-2　外螺纹和内螺纹

2. 螺纹的结构

（1）螺纹末端。为了防止螺纹的起始圈损坏和便于装配，通常在螺纹起始处做出一定形式的末端，如倒角、圆端等，如图 8-3 所示。

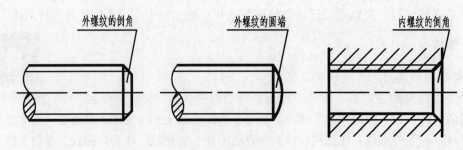

图 8-3　螺纹末端

（2）螺纹的收尾和退刀槽。在实际生产中，当车削螺纹的刀具快到达螺纹终止处时，要逐渐离开工件，因而螺纹终止处附近的牙型将逐渐变浅，形成不完整的螺纹牙型，这段螺纹称为螺尾，如图 8-4a 中的 l 处。当需要表示螺纹收尾时，螺尾部分的牙底用与轴线成 30°的细实线表示。为避免产生螺尾，可在螺纹终止处先车削出一个槽，便于刀具退出，这个槽称为退刀槽，如图 8-4b 所示。螺纹收尾、退刀槽已标准化，各部分尺寸均可查阅机械设计手册。

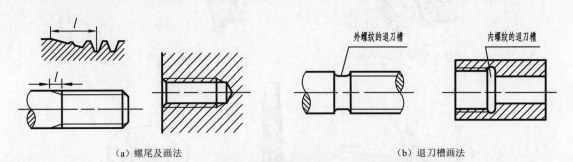

（a）螺尾及画法　　　　　　　　　　　　　　（b）退刀槽画法

图 8-4　螺纹的收尾和退刀槽

3. 螺纹的要素

（1）牙型——在通过螺纹轴线的剖面上，螺纹的轮廓形状称为螺纹牙型。常见的螺纹牙型有三角形、梯形、锯齿形等，图 8-2 为三角形。

（2）公称直径——公称直径是代表螺纹尺寸的直径，指螺纹大径的基本尺寸。如图 8-2 所示，螺纹大径是与外螺纹牙顶或内螺纹牙底相重合的假想圆柱面的直径，内、外螺纹的大径分别用 D 和 d 表示；螺纹小径是与外螺纹牙底或内螺纹牙顶重合的假想圆柱面的直径，内、外螺纹的小径分别用 D_1 和 d_1 表示；螺纹中径是母线通过牙型上沟槽和凸起宽度相等处的一个假想圆柱面的直径，内、外螺纹的中径分别用 D_2 和 d_2 表示。

（3）线数 n——当圆柱面上只有一条螺旋线所形成的螺纹称单线螺纹，有两条或两条以上沿轴向等距分布的螺旋线所形成的螺纹称双线或多线螺纹，如图 8-5 所示。连接螺纹一般用单线螺纹。

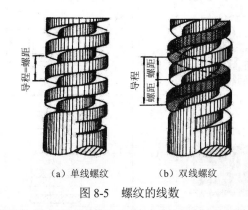

（a）单线螺纹　　　（b）双线螺纹

图 8-5　螺纹的线数

（4）旋向——当螺旋体的轴线垂直放置时，所看到的螺纹自左向右升高者（符合右手定则），称为右旋，反之为左旋（符合左手定则），如图 8-6 所示。在实践中顺时针方向旋转能够拧紧、逆时针方向旋转能够松开的螺纹即为右旋螺纹，反之为左旋螺纹，工程上常用右旋螺纹。

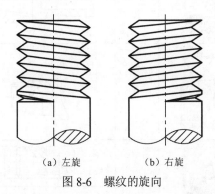

（a）左旋　　　　（b）右旋

图 8-6　螺纹的旋向

（5）螺距 P 和导程 P_h——螺纹中径线上相邻两牙对应点之间的轴向距离称为螺距，用 P 表示。同一条螺纹线相邻两牙在中径线上对应点间的轴向距离称为导程，用 P_h 表示。螺距 P 和导程 P_h 之间的关系为：$P_h=nP$，其中 n 为螺纹线数（图 8-5）。

只有上述五个要素都完全相同的一对内、外螺纹才能互相旋合，起到连接和传动作用。为了便于设计计算和加工制造，国家标准对螺纹诸要素中的牙型、大径和螺距都作了规定，凡这三要素都符合标准的称为标准螺纹。而牙型符合标准，大径或螺距不符合标准的称为特殊螺纹。螺纹牙型不符合标准（如方牙螺纹），则称为非标准螺纹。

4. 螺纹的种类

（1）按牙型可将螺纹分为普通螺纹、梯形螺纹、锯齿形螺纹等，见表 8-1。

表 8-1　螺纹的种类、代号及标注

螺纹类别		外形图	螺纹种类代号	标注图例	说明
连接螺纹	粗牙普通螺纹		M		粗牙普通螺纹不标注螺距，右旋螺纹不注旋向，左旋加注"LH"表示，最常用的连接螺纹
	细牙普通螺纹				细牙普通螺纹必须注明螺距，右旋螺纹不注旋向，左旋加注"LH"表示，用于细小的精密零件和薄壁零件
	非螺纹密封管螺纹		G		外螺纹公差等级代号有两种 A、B，内螺纹公差等级仅有一种，不必标注代号，用于水管、油管、气管等低压管路连接
	螺纹密封管螺纹		Rc Rp R		Rc——圆锥内管螺纹； Rp——圆柱内管螺纹； R——圆锥外管螺纹
	60°圆锥管螺纹		NPT		内外管螺纹均加工在 1:16 的圆锥面上，具有很高的密封性，常用于系统压力要求为中、高压的液压或气压系统
传动螺纹	梯形螺纹		Tr		单线螺纹省略标注线数和导程 多线螺纹必须注明导程及螺距

（2）按用途可将螺纹分为连接螺纹和传动螺纹。

（3）按基本要素标准化的程度可将螺纹分为标准螺纹、特殊螺纹和非标准螺纹。

5. 螺纹的规定画法

螺纹的真实投影很复杂，而制造螺纹又常采用专用刀具和机床。为了方便作图，国家标准 GB/T 4459.1—1995 规定螺纹在图样中采用规定画法。

螺纹画法

（1）外螺纹的规定画法。外螺纹的牙顶（大径）及螺纹终止线用粗实线表示，牙底（小径）用细实线表示，在平行于螺杆轴线投影面的视图中，还要画出螺杆的倒角或倒圆。在垂直于螺杆轴线投影面的视图中表示牙底的细实线圆只画约 3/4 圈（空出约 1/4 圈的具体位置不作规定），在此视图中螺纹的倒角圆省略不画，如图 8-7 所示。小径通常画成大径的 0.85 倍，其实际数值可查阅有关标准。

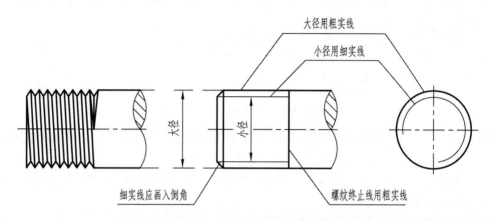

图 8-7　外螺纹的规定画法

（2）内螺纹的规定画法。内螺纹沿其轴线剖开时，牙底（大径）用细实线表示，牙顶（小径）及螺纹终止线用粗实线表示。剖面线应画至表示小径的粗实线处。不剖时，牙顶、牙底及螺纹终止线皆用虚线表示。在垂直于螺杆轴线投影面的视图中，牙底（大径）画成约 3/4 圈的细实线圆，螺纹孔的倒角圆省略不画，如图 8-8 所示。

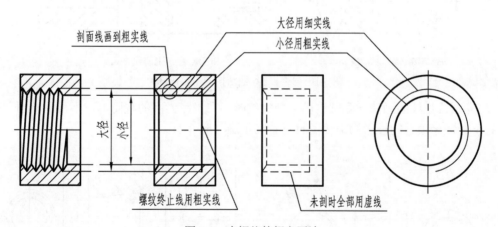

图 8-8　内螺纹的规定画法

（3）螺纹连接的规定画法。在剖视图中表示螺纹连接时，其旋合部分按外螺纹的画法绘制，非旋合部分按各自的画法绘制。内螺纹的牙顶线（粗实线）与外螺纹的牙底线（细实线）应对齐画在一条线上；内螺纹的牙底线（细实线）与外螺纹的牙顶线（粗实线）应对齐画在一条线上，如图 8-9 所示。

（4）螺纹其他结构的规定画法。

● 无论是外螺纹还是内螺纹，在作剖视处理时，剖面线符号应画至表示大径或表示小径的粗实线处。

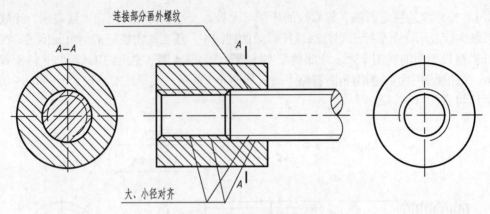

图 8-9 螺纹连接的规定画法

- 绘制不穿通的螺孔时，一般应将钻孔深度和螺纹深度分别画出，如图 8-10a 所示。钻孔深度一般应比螺纹深度大 0.5D，其中 D 为螺纹大径。钻孔底部锥面是由钻头钻孔时不可避免产生的工艺结构，其锥顶角为 120°，且尺寸标注中的钻孔深度也不包括该锥顶角部分。

- 图 8-10b 表示了螺纹孔中相贯线的画法。

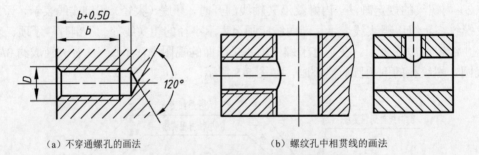

（a）不穿通螺孔的画法   （b）螺纹孔中相贯线的画法

图 8-10 螺纹与其他结构的规定画法

（5）圆锥螺纹的画法。画圆锥内、外螺纹时，在投影为圆的视图上，不可见端面牙底圆的投影不画，牙顶圆的投影为虚线圆时可省略不画（图 8-11）。

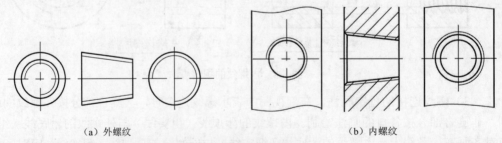

（a）外螺纹   （b）内螺纹

图 8-11 圆锥螺纹的规定画法

（6）非标准螺纹的画法。非标准螺纹指牙型不符合标准的螺纹，所以应画出螺纹牙型，并标注出牙型所需加工尺寸及有关要求，如图 8-12 所示。

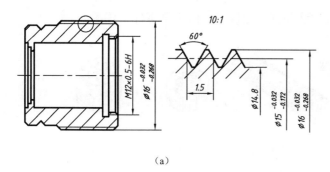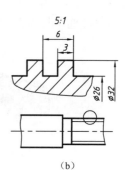

（a）

（b）

图 8-12 非标准螺纹的画法

6. 螺纹的标注

因为各种螺纹均采用统一的规定画法，绘制的螺纹不能完全表示出螺纹的基本要素及尺寸，故必须在图上用规定代号进行标注（见表 8-1）。

（1）普通螺纹、梯形螺纹、锯齿形螺纹的标注如下所示：

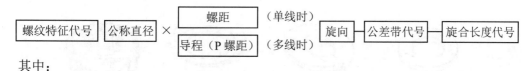

其中：

● 螺纹特征代号见表 8-1。单线螺纹，导程和线数省略不注；右旋螺纹则旋向省略不注；左旋螺纹用 LH 表示；普通粗牙螺纹螺距省略不注。

● 螺纹公差带代号是由表示其大小的公差等级数字和表示其位置（基本偏差）的字母所组成（内螺纹用大写字母，外螺纹用小写字母），例如 6H、6g 等。当螺纹的中径公差带与顶径公差带代号不同时，应分别注出，如 M10-5g6g，其中 6g 为顶径公差带代号，5g 为中径公差带代号。当中径与顶径公差带代号相同时，则只注一个代号，如 M10-6g。梯形螺纹、锯齿形螺纹只标注中径公差带代号。

● 旋合长度代号。螺纹的配合性质与旋合长度有关。普通螺纹的旋合长度分为短、中、长三组，分别用代号 S、N、L 表示。梯形螺纹为 N、L 两组。当旋合长度为 N 时可省略标注，必要时可用数值注明旋合长度。旋合长度的分组可根据螺纹大径及螺距从有关规范中查取。

（2）管螺纹的标注如下所示：

螺纹特征代号	尺寸代号	公差等级代号

由于管螺纹的标注中，尺寸代号是指管子内径的大小，而不是螺纹的大径，所以管螺纹必须采用旁注法标注，而且指引线从螺纹大径轮廓线引出。其公差等级代号仅限于非螺纹密封的外管螺纹，有 A 级和 B 级两种之分，其他管螺纹无此划分，故不需要标注。

（3）非标准螺纹。非标准螺纹必须画出牙型并标注全部尺寸，见图 8-12。

二、螺纹紧固件

1. 螺纹紧固件的种类、用途及其规定标记

螺纹紧固件类型很多，机械中常见的螺纹紧固件有螺栓、双头螺柱、螺钉、垫圈和螺母等（图 8-13）。螺纹紧固件的结构型式和尺寸都已标准化，都是标准件，各种紧固件都有相应

的规定标记。通常只需在技术文件中注写其规定标记，而不画零件工作图。

| 六角头螺栓 | 双头螺柱 | 六角螺母 | 六角开槽螺母 |

| 内六角圆柱头螺钉 | 开槽圆柱头螺钉 | 半圆头螺钉 | 开槽沉头螺钉 | 紧固螺钉 |

| 平垫圈 | 弹簧垫圈 | 圆螺母用止动垫圈 | 圆螺母 |

图 8-13 常用的螺纹紧固件

螺纹紧固件的标记方法见 GB/T 1237—2000，表 8-2 列出了一些常用螺纹紧固件及其规定标记。螺纹紧固件的规定标记应包含如下内容：名称标准编号、规格尺寸、性能等级。其中标准编号由该螺纹紧固件编号和颁发标准年号组成；规格尺寸一般由螺纹代号×公称长度组成；性能等级是标准规定的常用等级时，可省略不注。

表 8-2 常用螺纹紧固件的图例及规定标记

名称	规定标记示例	名称	规定标记示例
六角头螺栓	螺栓 GB/T 5782—2016—M10×45	1 型六角螺母	螺母 GB/T 6170—2015—M12
双头螺柱	螺柱 GB/T 898—1988—M10×40 螺柱 GB/T 898—1988—AM10×40	1 型六角开槽螺母	螺母 GB/T 6178—1986—M12

续表

名称	规定标记示例	名称	规定标记示例
开槽圆柱头螺钉 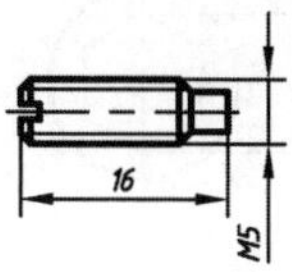	螺钉 GB/T 75—2016—M5×20	十字槽沉头螺钉 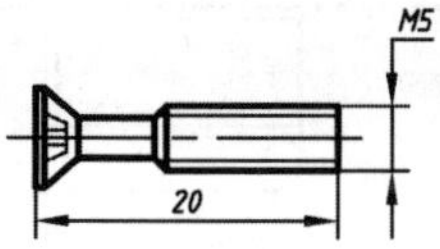	螺钉 GB/T 819.1—2016—M5×20
开槽沉头螺钉 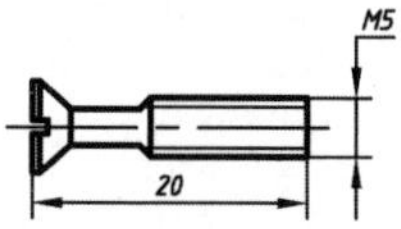	螺钉 GB/T 68—2016—M5×20	内六角圆柱头螺钉 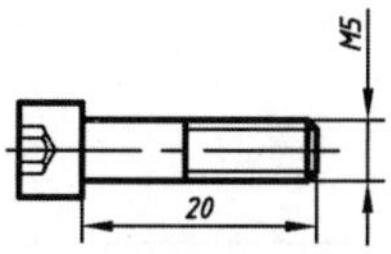	螺钉 GB/T 70.1—2008—M5×20
开槽锥端紧定螺钉 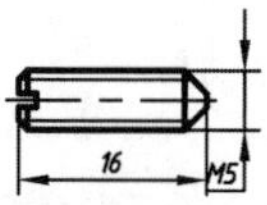	螺钉 GB/T 71—2018—M5×16	平垫圈 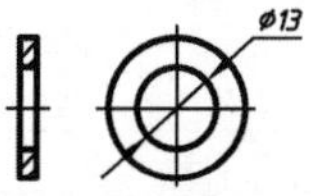	GB/T 97.1—2002—12
开槽长圆柱端紧定螺钉 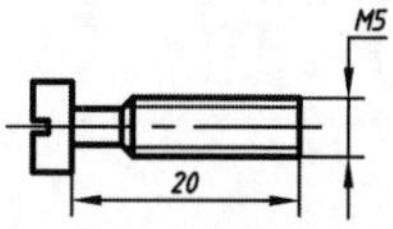	螺钉 GB/T 65—2016—M5×16	标准型弹簧垫圈 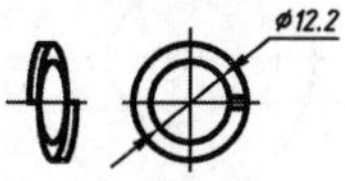	垫圈 GB/T 93—1987—12

2. 螺纹紧固件的绘制

在装配图中为表示连接关系还需画出螺纹紧固件。绘制螺纹紧固件的方法有两种：

（1）查表画法。通过查阅设计手册，按国家标准规定的数据画图，所有螺纹紧固件都可用查表方法绘制。

（2）比例画法。为了提高画图速度，螺纹紧固件各部分的尺寸（除公称长度 l 和旋合长度 b_m 外），是以螺纹大径 d（或 D）为基础数据，根据相应的比例系数得出的，根据计算出的尺寸绘制紧固件，称比例画法。画图时，螺纹紧固件的公称长度 l 根据被连接零件的厚度确定，旋合长度 b_m 与被连接零件的材料有关。各种常用紧固件的比例画法见表 8-3。

表 8-3 各种螺纹紧固件的比例画法

名称	比例画法
螺栓、螺母	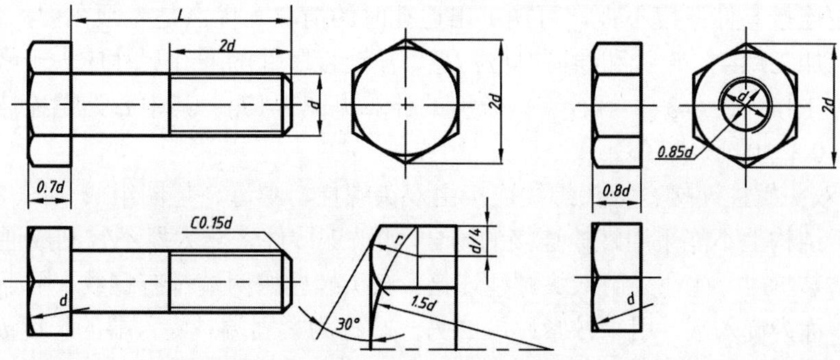

续表

名称	比例画法
双头螺柱、内六角圆柱头螺钉	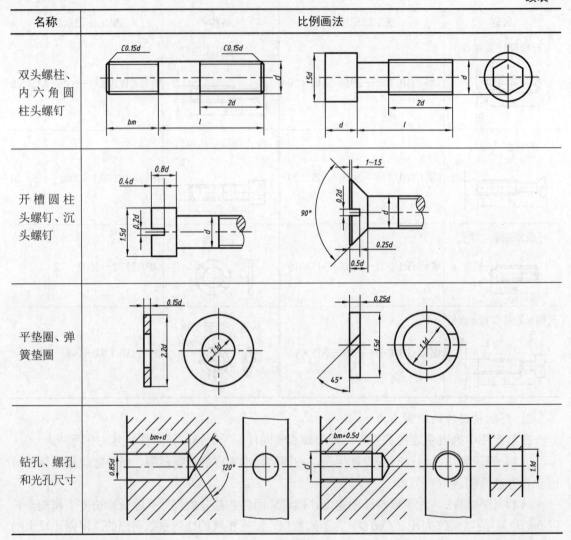
开槽圆柱头螺钉、沉头螺钉	
平垫圈、弹簧垫圈	
钻孔、螺孔和光孔尺寸	

三、螺纹连接的画法

1. 常见的三种螺纹连接

（1）螺栓连接。螺栓连接由螺栓、螺母、垫圈组成（图 8-14）。螺栓连接用于被连接零件厚度不大，可加工出通孔时的情况，优点是无须在被连接零件上加工螺纹。设计和绘图时应注意，被连接零件的通孔尺寸应大于螺栓的大径，一般通孔直径是 $1.1d$（表 8-3）。螺栓有效长度的计算见图 8-17a，其中 a 为螺栓伸出螺母的长度，一般应取（$0.3\sim0.4$）d。

（2）双头螺柱连接。双头螺柱连接由双头螺柱、螺母、垫圈组成（图 8-15）。双头螺柱连接适用于结构上不能采用螺栓连接的场合，如被连接件之一太厚不宜制成通孔，或材料较软，且需要经常装拆时，往往采用双头螺柱连接。双头螺柱的两端都有螺纹，用于旋入被连接件螺孔的一端，称为旋入端，用来拧紧螺母的另一端称为紧固端。旋入端的长度 bm 值根据被旋入零件的材料和螺柱大径确定（如图 8-17d），对于钢、青铜零件取 $bm=d$（GB/T 897—1988）；

螺纹紧固件及
螺纹连接的画法

铸铁零件取 $bm=1.25d$（GB/T 898—1988）；材料强度介于铸铁和铝之间的零件取 $bm=1.5d$（GB/T 899—1988）；铝合金、非金属材料零件取 $bm=2d$（GB/T 900—1988）。双头螺柱有效长度的计算见图 8-17b，其中 a 的取值与螺栓相同。

（3）螺钉连接。螺钉连接由螺钉、垫圈组成（图 8-16）。螺钉直接拧入被连接件的螺孔中，不用螺母，在结构上比双头螺柱连接更简单、紧凑。其用途与双头螺柱连接相似，但如果经常装拆则容易使螺孔磨损，导致被连接件报废，故多用于受力不大，或不需要经常拆装的场合。螺钉有效长度的计算见图 8-17c，其中 bm 的取值与双头螺柱相同。

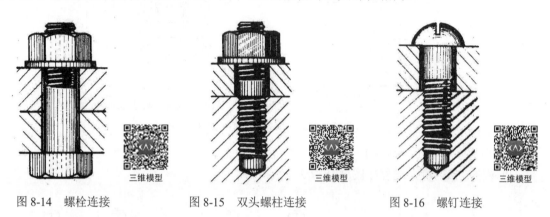

图 8-14 螺栓连接   图 8-15 双头螺柱连接   图 8-16 螺钉连接

2. 常见螺纹连接的规定画法

图 8-17a～c 为常见的三种螺纹连接的规定画法。螺纹连接的视图实际上是一个简单结构的装配图，因此，无论哪种螺纹连接，其视图的绘制均应符合装配图画法的基本规定。图 8-17d 为旋入端长度 bm 与钻孔深度和螺孔深度的关系。

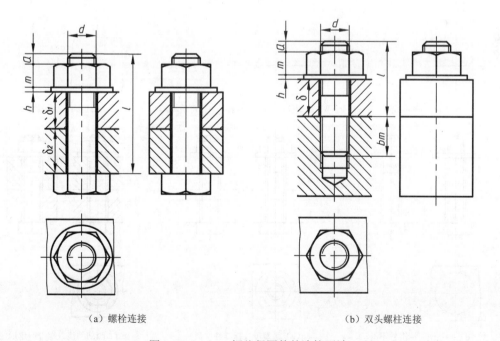

（a）螺栓连接   （b）双头螺柱连接

图 8-17（一） 螺纹紧固件的连接画法

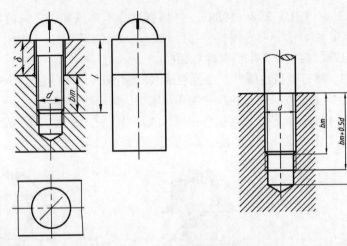

（c）螺钉连接   （d）旋入端长度、钻孔和螺孔深度

图 8-17（二）   螺纹紧固件的连接画法

3. 画图步骤（比例画法）

以螺栓连接为例，过程如图 8-18 所示。

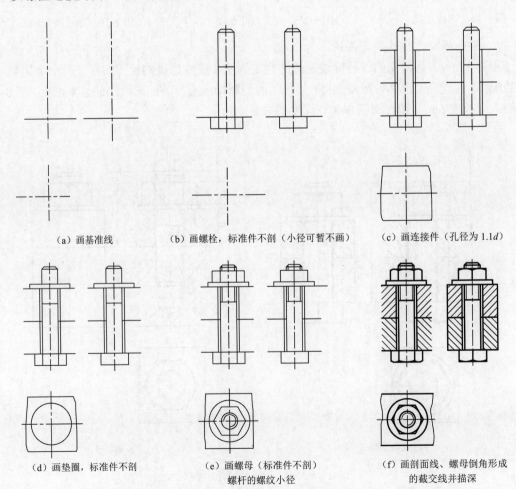

（a）画基准线   （b）画螺栓，标准件不剖（小径可暂不画）   （c）画连接件（孔径为 1.1*d*）

（d）画垫圈，标准件不剖   （e）画螺母（标准件不剖）   （f）画剖面线、螺母倒角形成
                              螺杆的螺纹小径   的截交线并描深

图 8-18   螺栓连接的画图步骤

4. 各种螺纹连接画法的注意点

螺纹连接的画法比较烦琐，容易出错，下面以正误对比的方法，分别指出三种螺纹连接中容易画错的地方。

（1）螺栓连接（图 8-19）。

①处两零件的接触面画一条粗实线，此线应画至螺栓轮廓。

②处螺栓大径与孔径不等，有间隙，应画两条粗实线。

③处应为 30°斜线。

④处应为直角。

⑤处应为粗实线及 3/4 圈的细实线（按螺栓画），倒角圆不画。

⑥处应画出螺纹小径，且螺纹小径的细实线应画入倒角内。

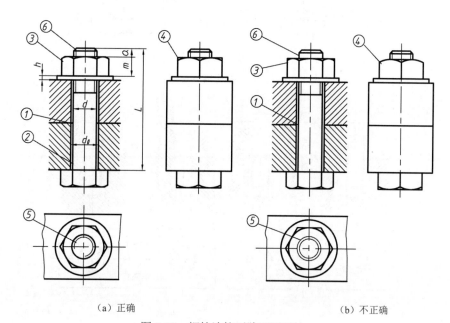

（a）正确   （b）不正确

图 8-19 螺栓连接画法正误对比

（2）双头螺柱连接（图 8-20）。

①处被连接零件的孔径按螺柱大径的 1.1 倍画，所以此处应画成两条粗实线。

②处螺柱旋入端的螺纹终止线应与两零件接触面画在一条线上，表示旋入端已全部拧入机体。

③处螺孔的牙底线和牙顶线与螺柱的牙顶线和牙底线应分别对齐画在一条线上。

④处螺柱伸出螺母的长度应取 $(0.3\sim0.4)d$，如图 8-20a 所示。

⑤处钻头角应按 120°作图。

⑥处弹簧垫圈开口处的倾斜方向应与螺纹旋向相同，如图 8-20a 所示。

⑦处机体的剖面线应画至表示内螺纹牙顶的粗实线处。

（3）螺钉连接（图 8-21）。

①处零件上的沉孔，其直径大于螺钉头部直径，应画两条粗实线。

②处上部制有光孔的零件，其光孔直径大于螺钉大径，作图时按 $1.1d$ 画出，所以此处应画两条粗实线。

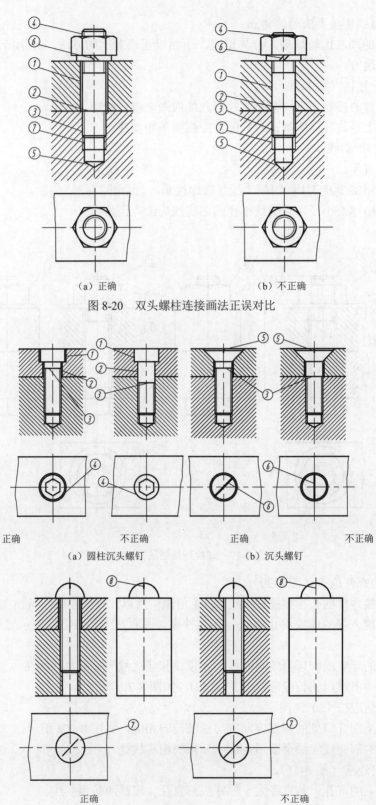

（a）正确　　　　　　　　　　（b）不正确

图 8-20　双头螺柱连接画法正误对比

正确　　　　　　不正确　　　　　　正确　　　　　　不正确

（a）圆柱沉头螺钉　　　　　　（b）沉头螺钉

正确　　　　　　　　　　　　　　不正确

（c）半圆头螺钉

图 8-21　螺钉连接画法的正误对比

③处螺纹终止线应高于两零件的接触面。

④处俯视图上应有沉孔的投影，如图 8-21a 所示。

⑤处螺钉拧紧后，不论其头部的一字槽位置如何，在与螺钉轴线平行的视图上，一字槽都按图 8-21b 所示的位置绘制。

⑥处在与螺钉轴线垂直的视图上，一字槽都按图 8-21b 所示，画成与水平线倾斜 45°的斜线。在装配图中表示螺钉头部槽宽的两条轮廓线，也可画成宽度为粗实线 2 倍的 45°斜线。

⑦处半圆头螺钉的一字槽不应与半圆头的投影圆相接，如图 8-21c 所示。

⑧处螺钉头部的一字槽在主视图和左视图上应画成一样，如图 8-21c 所示。

5. 螺纹连接的简化画法

画螺纹连接装配图时可采用简化画法，即不画倒角和因倒角而产生的截交线；对于不穿通的螺纹孔，可以不画钻孔深度，仅画螺纹部分的深度，如图 8-22 所示。

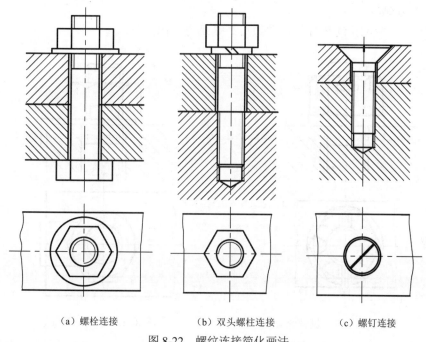

（a）螺栓连接　　　　　（b）双头螺柱连接　　　　　（c）螺钉连接

图 8-22　螺纹连接简化画法

四、螺纹连接的防松措施及其画法

在机器运转时，螺纹连接由于受到震动或冲击，容易自动松动，因此，在机器中的螺纹连接常设有防松装置，以下是几种常见防松装置的结构形式及画法。

1. 双螺母锁紧

双螺母在拧紧后，依靠螺母之间产生的轴向力，使螺母牙与螺栓牙之间的摩擦力增大而防止螺母自动松动（图 8-23）。

2. 弹簧垫圈锁紧

当螺母拧紧后，垫圈受压变平，依靠这个变形力，使螺母牙与螺栓牙之间的摩擦力增大，并用垫圈开口处的刀刃阻止螺母转动而防止螺母松动（图 8-24）。

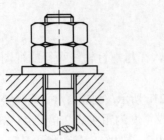

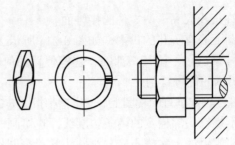

图 8-23　双螺母锁紧　　　　　　　　图 8-24　弹簧垫圈锁紧

3. 开槽螺母与开口销防松

开口销与六角开槽螺母同时使用，开口销分叉后直接锁住了开槽螺母，使之不能松动（图 8-25）。

4. 止动垫片锁紧

螺母拧紧后，弯倒止动垫片的止动边可锁紧螺母（图 8-26）。

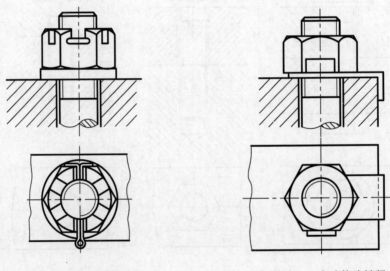

图 8-25　开口销锁紧　　　　　　　　图 8-26　止动垫片锁紧

5. 止动垫圈防松

这种结构常用来固定安装在轴端部的零件，轴端开槽，止动垫圈与圆螺母联合使用，可直接锁住螺母（图 8-27）。

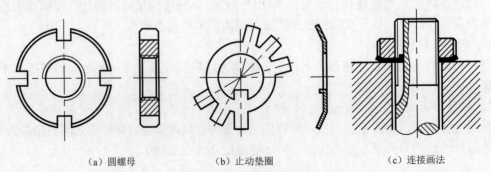

（a）圆螺母　　　　　　（b）止动垫圈　　　　　　（c）连接画法

图 8-27　止动垫圈锁紧

键和销

第二节 键 连 接

键连接主要用于实现轴与轴上的传动零件（如齿轮、皮带轮等）间，在圆周方向的固定以及传递扭矩。其种类较多，常用的有普通平键、半圆键和花键。普通平键、半圆键、钩头楔键的分类、规定标记及画法见表 8-4。

表 8-4　普通平键、半圆键与钩头楔键的规定标记示例及画法

名称	轴测图及标准号	画法	标记示例
普通平键	GB/T 1096—2003		键 6×20　GB/T 1096—2003 表示圆头普通平键（A 型可不标出 A 字） 其中：键宽 b=6mm 　　　　键长 l=20mm
半圆键	GB/T 1099—2003		键 6×22　GB/T 1099—2003 表示：键宽 b=6mm 　　　　d=22mm
钩头楔键	GB/T 1565—2003		键 18×100　GB/T 1565—2003 表示：键宽 b=18mm 　　　　l=100mm

一、平键连接

平键工作时靠键与键槽侧面的挤压来传递扭矩，故平键的两个侧面是工作面，平键的上表面与轮毂孔键槽的顶面之间留有间隙。平键连接的对中性好，装拆方便，常用于轮和轴的同心度要求较高的场合。

在绘制平键连接的装配图时，由于其两侧面是工作面，因此也是接触面，所以只画一条线。而平键与轮毂孔的键槽顶面之间是非接触面，应画两条线，如图 8-28 所示。在零件图上，轴上的键槽常采用局部剖视图（沿轴线方向）和移出断面图表达，轮毂孔上的键槽常采用全剖视图（沿轴线方向）和局部视图表达，如图 8-29 所示。键槽的尺寸可根据轴的直径从机械设计手册中查取。键的长度应选取标准参数，但须小于轮毂长度（图 8-28）。

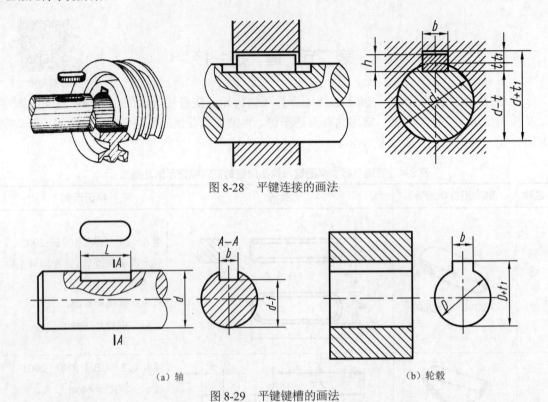

图 8-28 平键连接的画法

（a）轴　　　　　　　　　　　　　　　（b）轮毂

图 8-29 平键键槽的画法

二、半圆键连接

半圆键的连接情况与平键连接相似，半圆键安装在轴的半圆形键槽中，两侧面与轮毂孔和轴的键槽紧密接触，顶面留有间隙。半圆键联结的优点是工艺性较好、装配方便、能自动调位，尤其适用于锥形轴端与轮毂的连接。但键槽较深，对轴的强度削弱较大，一般仅用于轻载。半圆键连接的装配图如图 8-30 所示。

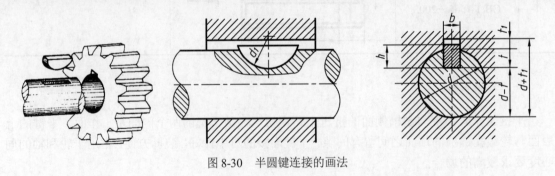

图 8-30 半圆键连接的画法

三、楔键连接

楔键的上表面有 1:100 的斜度，轮毂孔键槽底面也有 1:100 的斜度（图 8-31）。工作时，靠键的楔紧作用来传递扭矩，同时还能承受单方向的轴向载荷，因此楔键的上下两面是工作面。由于装配打紧楔键时破坏了轴与轮毂的对中性，故楔键仅适用于传动精度要求不高、低速和载荷平稳的场合。楔键连接的装配图画法如图 8-31 所示。

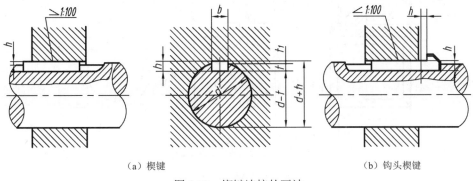

（a）楔键　　　　　　　　　　　　（b）钩头楔键

图 8-31　锲键连接的画法

四、花键连接

花键连接的情况如图 8-32 所示。轴上的纵向键（称为齿）放在轮毂内相应的键槽中，用以传递扭矩。花键连接与普通平键连接相比，有键和键槽数较多的特点，所以连接可靠，能传递较大扭矩，对中性好以及沿轴线方向的导向性好。

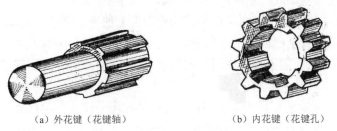

（a）外花键（花键轴）　　　　　　（b）内花键（花键孔）

图 8-32　花键

花键根据其齿形不同，分为矩形花键、渐开线花键及三角形花键等，其中矩形花键应用最广，且已标准化，各部分尺寸均可由相应标准中查取。下面只介绍矩形花键的画法及尺寸注法。

1. 矩形花键的各部分名称

与轴一体的花键称为外花键，与轮毂一体的花键称为内花键。图 8-33 和图 8-34 中的 D 为花键大径，d 为花键小径，b 为花键齿宽，6 齿为花键齿数。

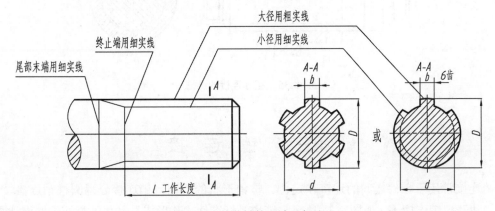

图 8-33　外花键的画法及标注

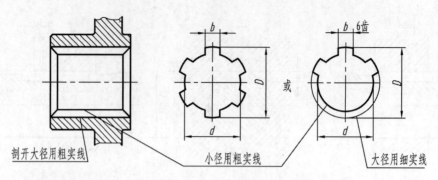

剖开大径用粗实线   小径用粗实线   大径用细实线

图 8-34 内花键的画法及标注

2. 矩形花键的规定画法及标注

为了简化作图，绘制花键时不按其真实投影绘制。国家标准 GB 4459.3—2000 规定了内、外花键及其连接的画法。

（1）外花键的画法。在平行于外花键轴线投影面的视图中，大径画粗实线，小径画细实线，并用断面图画出全部或一部分齿形（但要注明齿数）。工作长度的终止端和尾部长度的末端均用细实线绘制，尾部则画成与轴线成 30°的斜线（图 8-33）。

（2）内花键的画法。在平行于内花键轴线的投影面上的剖视图中，大径、小径均用粗实线绘制；并用局部视图画出全部或一部分齿形，但要注明齿数（图 8-34）。

（3）花键连接的画法。用剖视图或断面图表示花键连接时，其连接部分采用外花键的画法（图 8-35）。

（4）花键的标注。花键的标注方法有两种：一种是在图中注出公称尺寸 D（大径）、d（小径）、B（槽宽）和 N（齿数）等；另一种是用指引线标出花键代号，花键代号形式为 N（齿数）×d（小径）×D（大径）×B（齿宽），如 6×28×32×7。无论采用哪种注法，花键的工作长度 l 都要在图上直接注出。

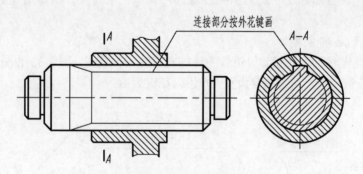

连接部分按外花键画   A—A

图 8-35 花键连接的画法

第三节 销 连 接

销连接常用于零件之间的连接和定位。按销形状的不同，销连接分为圆柱销连接、圆锥销连接和开口销连接等，如图 8-36 所示。销也是标准件，其形式、尺寸可查阅机械设计手册。

（a）圆柱销　　　　　　（b）圆锥销　　　　　　（c）开口销

图 8-36　常用的销

　　圆柱销是靠轴孔间的过盈量实现连接，因此不宜经常装拆，否则会降低定位精度和连接的紧固性，图 8-37 和图 8-39 是圆柱销孔的零件图画法和连接时的装配图画法。在零件上除标记销孔的尺寸与公差外，还须注明与其相关联的零件配件的字样。圆锥销具有 1∶50 的锥度，小头直径为公称直径。圆锥销安装方便，多次装拆对定位精度影响不大，应用较广。图 8-38 和图 8-40 是锥销孔的画法及其连接画法。开口销常要与六角开槽螺母配合使用，它穿过螺母上的槽和螺杆上的孔以防螺母松动，如图 8-41 所示。

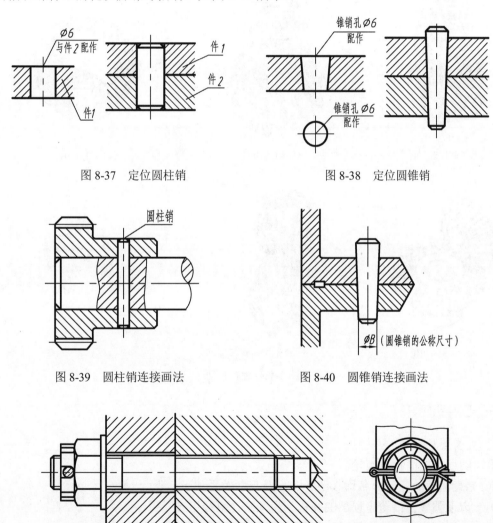

图 8-37　定位圆柱销　　　　　　　　　　图 8-38　定位圆锥销

图 8-39　圆柱销连接画法　　　　　　　　图 8-40　圆锥销连接画法

图 8-41　开口销连接画法

齿轮

第四节　齿轮和蜗轮蜗杆

　　齿轮是机器中的传动零件，常用来传递两轴间的动力和变换运动方向、运动速度，是机械传动中最常用的一类传动。齿轮的参数中只有模数、压力角已经标准化，因此它属于常用件。

　　齿轮的种类很多，按齿廓曲线来分有摆线、渐开线等。一般机械传动中常采用渐开线齿轮。按传动方式分齿轮传动有以下两种：圆柱齿轮传动（图 8-42a～c），常用于两平行轴的传动；圆锥齿轮传动（图 8-42d），常用于两相交轴的传动；螺旋圆柱齿轮传动（图 8-42e），常用于两交叉轴的传动；齿轮与齿条啮合（图 8-42f），常用于改变运动方式（即旋转运动和直线运动相互改变）。按齿轮的方向分有直轮、斜齿、人字齿和螺旋齿等几种。

（a）圆柱直齿轮　　　　　　　　（b）圆柱斜齿轮　　　　　　　　（c）齿轮内啮合

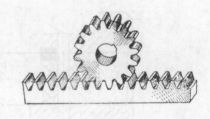

（d）圆锥直齿轮　　　　　　　　（e）螺旋圆柱齿轮　　　　　　　　（f）齿轮与齿条

图 8-42　齿轮传动

一、圆柱齿轮

1. 直齿圆柱齿轮
直齿圆柱齿轮简称直齿轮。

　　（1）直齿轮的各部分名称（图 8-43）及尺寸关系如下：
- 齿顶圆直径：轮齿顶部的圆称为齿顶圆，直径用 d_a 表示。
- 齿根圆直径：轮齿根部的圆称为齿根圆，直径用 d_f 表示。
- 节圆直径和分度圆直径：两啮合齿轮齿廓在两齿轮中心的连心线 O_1O_2 上的啮合接触点 P 称为节点，以 O_1、O_2 为圆心，O_1P、O_2P 为半径作出的两个相切的圆称为节圆，

直径用 d' 表示。作为齿轮轮齿分度的圆称为分度圆，是设计、计算和制造齿轮的基准，直径用 d 表示。一对正确安装的标准齿轮，其分度圆是相切的，即分度圆和节圆重合，$d'=d$。

- 齿距、齿厚、槽宽：在分度圆上，相邻两个轮齿同侧齿面间的弧长称为齿距，用 p 表示；在分度圆上，一个轮齿齿廓间的弧长称为齿厚，用 s 表示；在分度圆上，一个齿槽齿廓间的弧长称为槽宽，用 e 表示。在标准齿轮的分度圆的圆周上，齿厚 s 和槽宽 e 相等，即 $s=e=p/2$。

- 节点：一对啮合齿轮两节圆的切点用 P 表示。

- 齿全高、齿顶高、齿根高：齿顶圆与齿根圆的径向距离，称为齿全高，用 h 表示。分度圆把齿高分为两个不等的部分。齿顶圆与分度圆的径向距离称为齿顶高，用 h_a 表示；分度圆与齿根圆的径向距离称为齿根高，用 h_f 表示；$h=h_a+h_f$。

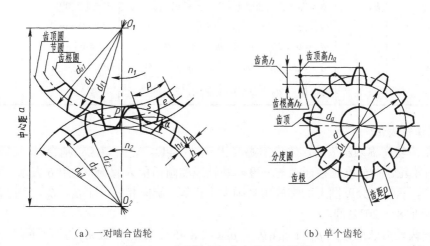

（a）一对啮合齿轮   （b）单个齿轮

图 8-43   直齿轮各部分名称及其代号

（2）直齿轮的基本参数。

- 齿数 z：齿数是齿轮轮齿的数目。

- 模数 m：齿轮分度圆周长 $=\pi d=zp$，等式变换得 $d=(p/\pi)z$，取 $m=p/\pi$，故 $d=mz$。式中 m 称为模数。因为两啮合齿轮的齿距必须相等，所以它们的模数也必须相等。

由于模数是齿距 p 和 π 的比值，因此齿轮的模数大，其齿距就大，齿轮的轮齿就厚。若齿数一定，模数大的齿轮，其分度圆直径就大。模数是设计和制造齿轮的基本参数。为简化设计和便于制造，我国已经将模数标准化（表 8-5）。

表 8-5   标准模数（GB/T 1357—2003）   单位：mm

系列	模数
第一系列	1，1.25，1.5，2，2.5，3，4，5，6，8，10，12，16，20，25，32，40，50
第二系列	1.125，1.375，1.75，2.25，2.75，3.5，4.5，5.5，(6.5)，7，9，11，14，18，22，28，35，45

注：在选用模数时，优先采用第一系列。

- 压力角 α（啮合角、齿形角）。两个相啮合的轮齿齿廓在节点 P 处的公法线与两分度圆公切线的夹角，称为压力角 α。我国标准齿轮的压力角为 $\alpha=20°$。两相互啮合的齿轮的模数 m 和压力角 α 必须都相同才能啮合。

- 传动比 i。传动比 i 为主动齿轮转速 n_1（r/min）与从动齿轮转速 n_2（r/min）之比。由于转速与齿数成反比，因此传动比亦等于从动齿轮齿数 z_2 与主动齿轮齿数 z_1 之比，即 $i = n_1/n_2 = z_2/z_1$。

（3）直齿轮基本尺寸的计算关系（表 8-6）。

表 8-6　直齿轮基本尺寸的计算关系

名称	符号	计算公式	计算举例 （已知模数 m=2，齿数 z=30）
齿距	p	$p = \pi m$	$p = 6.28$ mm
齿顶高	h_a	$h_a = m$	$h_a = 2$ mm
齿根高	h_f	$h_f = 1.25m$	$h_f = 2.5$ mm
齿高	h	$h = h_a + h_f = m + 1.25m = 2.25m$	$h = 4.5$ mm
分度圆直径	d	$d = mz$	$d = 60$ mm
齿顶圆直径	d_a	$d_a = d + 2h_a = mz + 2m = m(z+2)$	$d_a = 64$ mm
齿根圆直径	d_f	$d_f = d - 2h_f = mz - 2.5m = m(z-2.5)$	$d_f = 55$ mm
中心距	a	$a = (d_1 + d_2)/2 = m(z_1 + z_2)/2$	

2. 圆柱斜齿轮

圆柱斜齿轮简称为斜齿轮，轮齿呈螺旋状（图 8-44）。一对斜齿轮啮合时，二轴线仍保持平行。斜齿轮轮齿在分度圆柱面上与分度圆柱轴线的倾角称为螺旋角，用 β 表示。一对斜齿轮要正确啮合，两齿轮分度圆上的螺旋角必须大小相等，旋向相反，即 $\beta_1 = -\beta_2$。圆柱斜齿轮的螺旋角 β 一般在 8°～20°之间。

圆柱斜齿轮有法向齿距 p_n 与端面齿距 p_t（图 8-45）、法向模数 m_n 与端面模数 m_t 之分。加工斜齿轮的刀具，其轴线与轮齿的法线方向一致，为了和加工直齿轮的刀具通用，将斜齿轮的法向模数取为标准模数（见表 8-5），标准的法面齿形角 α=20°，齿高也由法向模数确定。斜齿轮啮合的运动分析是在平行于端面的平面内进行的，所以分度圆直径由端面模数确定。标准斜齿轮各基本尺寸的计算公式见表 8-7。

图 8-44　斜齿轮

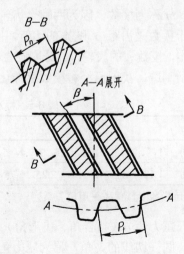

图 8-45　斜齿轮分度圆柱面展开图

表 8-7 标准斜齿轮各基本尺寸的计算公式

名称及符号	计算公式	名称及符号	计算公式
法向齿距 p_n 端面齿距 p_t 端面模数 m_t 齿顶高 h_a 齿根高 h_f 齿高 h	$p_n = \pi m n$ $p_t = \pi m_t = \pi m_n / \cos \beta$ $m_t = p_t / \pi = m_n / \cos \beta$ $h_a = m_n$ $h_f = 1.25 m_n$ $h = h_a + h_f = 2.25 m_n$	分度圆直径 d 齿顶圆直径 d_a 齿根圆直径 d_f 中心距 a	$d = m_t z = m_n z / \cos \beta$ $d_a = d + 2h_a = d + 2m_n$ $d_f = d - 2h_f = d - 2.5m_n$ $a = (d_1 + d_2)/2$ $= m_n(z_1 + z_2)/2\cos\beta$

注：法向模数 m_n，齿数 z，螺旋角 β。

3. 圆柱齿轮的规定画法（GB/T 4459.2—2003）

（1）单个圆柱齿轮的画法。按国标规定，齿轮的齿顶圆（线）用粗实线绘制，分度圆（线）用细点画线绘制，齿根圆（线）用细实线绘制（也可省略不画），如图 8-46a 所示。在剖视图中，剖切平面通过齿轮的轴线时，轮齿按不剖处理，齿顶线和齿根线用粗实线绘制，分度线用细点画线绘制。若为斜齿或人字齿，则该视图可画成半剖视图或局部剖视图，并用三条细实线表示轮齿的方向，如图 8-46b、c 所示，其中 β 和 δ 为齿轮螺旋角，相关参数的计算参见有关标准和规范。

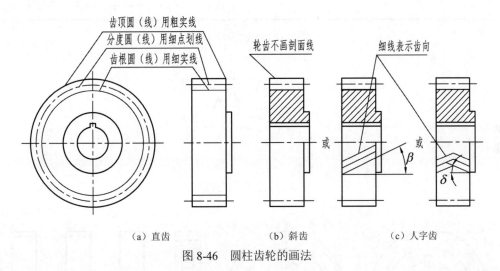

图 8-46 圆柱齿轮的画法

（2）圆柱齿轮工作图。图 8-47 为齿轮零件工作图。在齿轮工作图中，应包括足够的视图及制造时所需的尺寸和技术要求；除具有一般零件工作图的内容外，齿轮齿顶圆直径、分度圆直径及有关齿轮的基本尺寸必须直接注出，齿根圆直径规定不标注；在图样右上角的参数表中注写模数、齿数等基本参数。有时，在齿轮工作图上还需画出一或两个齿形，以标注尺寸。齿形的近似画法如图 8-48 所示。

（3）圆柱齿轮啮合的画法。只有模数和压力角都相同的齿轮才能互相啮合。两个相互啮合的圆柱齿轮，在反映为圆的视图中，啮合区内的齿顶圆均用粗实线绘制（图 8-49a），也可省略不画（图 8-49b）；用细点画线画出相切的两分度圆；两齿根圆用细实线画出，也可省略不画。在非圆视图中，若画成剖视图，由于齿根高与齿顶高相差 $0.25m$（m 为模数），一个齿轮的齿顶线与另一个齿轮的齿根线之间应有 $0.25m$ 的间隙（图 8-50），将一个齿轮的轮齿用粗实线绘制，按投影关系另一个齿轮的轮齿被遮挡的部分用虚线绘制（图 8-49c、图 8-50），也可省略不画。若不剖（图 8-49d），则啮合区的齿顶线不需要画出，节线用粗实线绘制，非啮合区的节线仍用细点画线绘制。图 8-51 为一对圆柱齿轮内啮合的画法。

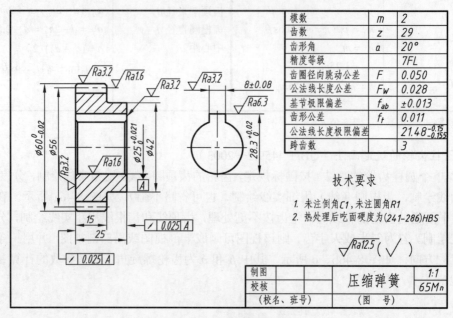

模数	m	2
齿数	z	29
齿形角	a	20°
精度等级		7FL
齿圈径向跳动公差	F	0.050
公法线长度公差	F_w	0.028
基节极限偏差	f_{ab}	±0.013
齿形公差	f_t	0.011
公法线长度极限偏差		$21.48^{-0.15}_{-0.155}$
跨齿数		3

技术要求

1. 未注倒角C1，未注圆角R1
2. 热处理后吃面硬度为(241~286)HBS

$\sqrt{Ra12.5}$ ($\sqrt{}$)

制图		压缩弹簧	1:1
校核			65Mn
（校名、班号）		（图 号）	

图 8-47　圆柱齿轮工作图

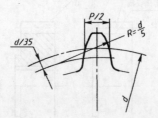

图 8-48　齿形的近似画法

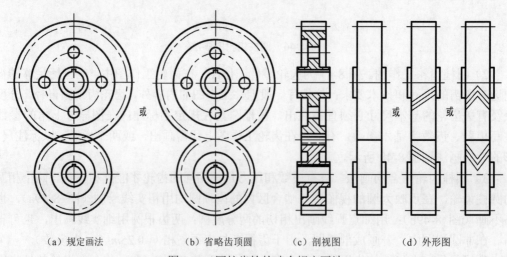

（a）规定画法　　　（b）省略齿顶圆　　　（c）剖视图　　　（d）外形图

图 8-49　圆柱齿轮的啮合规定画法

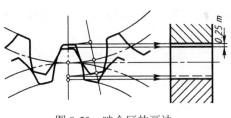

图 8-50　啮合区的画法

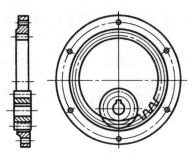

图 8-51　圆柱齿轮内啮合的画法

二、圆锥齿轮

圆锥齿轮用于传递两相交轴之间的运动，常用的轴交角是 90°，即 $\delta_1+\delta_2=90°$，如图 8-52b 所示。圆锥齿轮的齿形有直齿、斜齿、螺旋齿、人字齿等。锥齿轮的轮齿位于圆锥面上，所以一端大而另一端小，沿齿宽方向轮齿大小不同，轮齿全长上的模数、齿高、齿厚等也都不相同。为了设计和制造方便，规定以大端模数 m 为标准模数，并根据大端模数来计算和决定其他基本尺寸。直齿圆锥齿轮各部分名称代号见图 8-52。

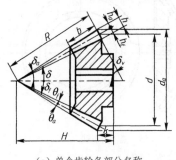

（a）单个齿轮各部分名称

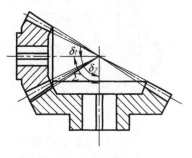

（b）啮合图

图 8-52　圆锥齿轮各部分名称及啮合图

1. 直齿锥齿轮的尺寸计算

规定以大端的模数和分度圆来决定其他各部分的尺寸。因此一般所说的直齿锥齿轮的齿顶圆直径 d_a、分度圆直径 d、齿顶高 h_a、齿根高 h_f 等都是对大端而言（如图 8-52 所示）。直齿锥齿轮各部分的尺寸计算见表 8-8。

表 8-8　直齿锥齿轮的尺寸计算

名称及代号	公式	名称及代号	公式
分度圆锥角	$\delta_1 + \delta_2 = 90°$	齿顶圆直径 d_a	$d_a = m(z + 2\cos\delta)$
δ_1（小齿轮）	$\tan\delta_1 = z_1/z_2$	齿顶角 θ_a	$\tan\theta_a = 2\sin\delta/z$
δ_2（大齿轮）	$\tan\delta_2 = z_2/z_1$	齿根角 θ_f	$\tan\theta_f = 2.4\sin\delta/z$
传动比 i	$i = z_2/z_1$	顶锥角 δ_a	$\delta_a = \delta + \theta_a$
分度圆直径 d	$d = mz$	根锥角 δ_f	$\delta_f = \delta - \delta_f$
齿顶高 h_a	$h_a = m$	外锥距 R	$R = mz/2\sin\delta$
齿根高 h_f	$h_f = 1.2m$	齿宽 b	$b = (0.2 \sim 0.35)R$
全齿高 h	$h = h_a + h_f = 2.2m$		

2．直齿圆锥齿轮的画法（GB/T 4459.2—2003）

（1）单个锥齿轮的画法。单个锥齿轮的主视图常画成剖视图，而在左视图上用粗实线画出齿轮大端和小端的齿顶圆，用细点画线画出大端的分度圆（图 8-53d）。单个圆锥齿轮的画图步骤见图 8-53。

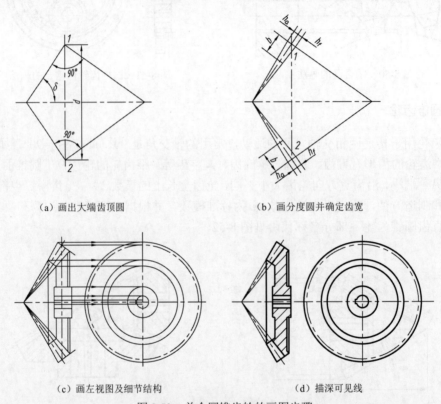

（a）画出大端齿顶圆　　　　　　　（b）画分度圆并确定齿宽

（c）画左视图及细节结构　　　　　　（d）描深可见线

图 8-53　单个圆锥齿轮的画图步骤

（2）锥齿轮的啮合画法。锥齿轮啮合时，两分度圆锥相切，它们的锥顶交于一点。画图时主视图多为剖视图，左视图用粗实线画出两齿轮的大端和小端的齿顶圆（齿顶线、啮合区小端的齿顶圆可不画出），用细点画线画出两齿轮的分度圆（线），如图 8-54d 所示。锥齿轮啮合的画图步骤见图 8-54。

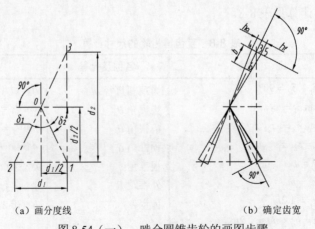

（a）画分度线　　　　　　　　　（b）确定齿宽

图 8-54（一）　啮合圆锥齿轮的画图步骤

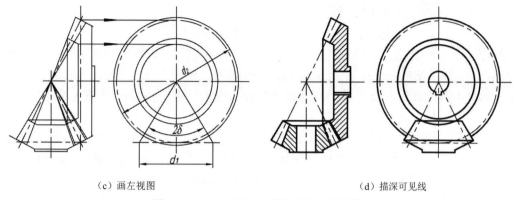

（c）画左视图　　　　　　　　　　　　　　　　（d）描深可见线

图 8-54（二）　啮合圆锥齿轮的画图步骤

三、蜗轮蜗杆传动及其画法

蜗轮蜗杆传动（图 8-55a）用来传递空间两垂直交叉轴之间的运动和动力。蜗轮蜗杆传动常用于降速，即以蜗杆为主动件，蜗轮为从动件。当蜗杆为单头时，蜗杆转一圈，蜗轮转过一个齿。因此蜗轮蜗杆传动可获得较大传动比（动力传动时，$i=8\sim80$，分度机构及传递运动时，$i=1000$），结构紧凑，传动平稳，噪声小；当蜗杆的导程角小于当量摩擦角时，可实现自锁。蜗轮蜗杆传动的缺点是效率低，蜗杆蜗轮啮合处滑动速度较大；蜗轮齿圈常采用价格较贵的有色金属制造。

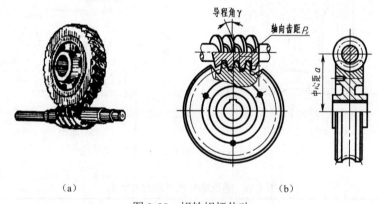

（a）　　　　　　　　　　　　　　　　（b）

图 8-55　蜗轮蜗杆传动

1. 蜗轮蜗杆的主要参数

（1）模数 m 和压力角 α。蜗轮蜗杆的模数是在通过蜗杆轴线并垂直于蜗轮轴线的主平面内度量的。在主平面内，蜗轮的截面形状相当于一齿轮，其轮齿模数称端面模数。蜗杆的截面形状相当于一齿条，其轮齿模数称轴向模数。所以互相啮合的蜗轮蜗杆，在主平面内的模数和压力角应分别相等，即

$$m_{a1}=m_{t2}=m \qquad \alpha_{a1}=\alpha_{t2}=\alpha=20°$$

（2）蜗杆分度圆直径 d_1 和蜗杆直径系数 q。为了简化刀具尺寸系列，减少滚刀数目，将蜗杆分度圆直径 d_1 定为标准值。蜗杆分度圆直径 d_1 与蜗杆轴向模数 m 的比值称为蜗杆直径系数 q，即 $q=d_1/m=z_1/\tan\gamma$，因 m 和 d_1 均为标准值，q 为导出值，不一定是整数。蜗杆的标准模数和蜗杆直径系数参见有关标准。

（3）蜗杆头数 z_1 和蜗轮齿数 z_2。

蜗轮蜗杆传动比 $i=$蜗杆转速 $n_1/$蜗轮转速 $n_2=z_2/z_1$

蜗杆头数 z_1 一般为 $1\sim10$，常用为 1、2、4、6。z_1 过大时，制造较高精度的蜗杆和蜗轮滚刀困难大。单头蜗杆可获得较大的传动比，但效率低，适用于分度机构、传递运动及有自锁要求的场合。蜗轮齿数 $z_2=iz_1$，为保证传动平稳性和避免根切，$z_2>27$；为避免蜗轮尺寸太大，致使蜗杆刚度不足，应 $z_2<80$。

（4）蜗杆导程角。蜗杆的形成原理与螺杆相同，设其头数为 z_1，螺旋线的导程为 p_z，轴向齿距为 p_x，则 $p=z_1p_x=z_1\pi m$，而蜗杆分度圆柱面上的导程角为 $\tan\gamma=z_1p_x/\pi d_1=z_1\pi m/\pi d_1=z_1m/d_1$，式中 d_1 为蜗杆分度圆直径。导程角大，效率高；导程角小，效率低，一般认为 $\gamma<3°30'$ 的蜗杆传动具有自锁性。

2.　蜗轮蜗杆各部分名称代号及尺寸计算

蜗轮蜗杆各部分名称代号见图 8-56，几何尺寸计算见表 8-9。

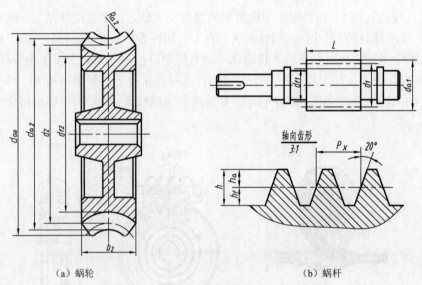

（a）蜗轮　　　　　　　　　　　　（b）蜗杆

图 8-56　蜗轮、蜗杆各部分名称代号及画法

表 8-9　蜗轮蜗杆的几何尺寸计算

名称及代号	公式	名称及代号	公式
轴向齿距 p_x	$p_x=\pi m$	导程角 γ	$\tan\gamma=z_1m/d_1=z_1/q$
蜗杆齿顶高 h_a	$h_a=m$	螺牙导程 pz	$p_z=z_1p_x=z_1\pi m$
蜗杆齿根高 h_f	$h_f=1.2m$	蜗轮分度圆直径 d_2	$d_2=mz_2$
蜗杆齿高 h	$h=h_a+h_f=2.2m$	蜗轮齿顶圆直径 d_{a2}	$d_{a2}=m(z_2+2)$
蜗杆分度圆直径 d_1	$d_1=mq$	蜗轮齿根圆直径 d_{f2}	$d_{f2}=m(z_2-2.4)$
蜗杆齿顶圆直径 d_{a1}	$d_{a1}=d_1+2h_a=m(q+2)$	中心距 a	$a=m(q+z_2)/2$
蜗杆齿根圆直径 d_{f1}	$d_{f1}=d-2h_f=m(q-2.4)$		

3.　蜗轮蜗杆的规定画法（GB/T 4459.2—2003）

（1）蜗轮的画法。在剖视图上，蜗轮齿的画法与圆柱齿轮相同，在投影为圆的视图中，只画分度圆和外圆，齿顶圆和齿根圆不必画出，如图 8-56a 所示。

（2）蜗杆的画法与圆柱齿轮轴相同。为表明蜗杆的牙型，一般都采用局部剖视图画出几个牙型，或画出牙型的放大图，如图8-56b所示。

（3）蜗轮蜗杆的啮合画法。蜗轮蜗杆啮合的画图步骤见图8-57。在垂直于蜗轮轴线的投影面的视图上，蜗轮的分度圆与蜗杆的分度线相切，啮合区内的齿顶圆和齿根线用粗实线画出；在垂直于蜗杆轴线的视图上，啮合区只画蜗杆不画蜗轮，如图8-57c所示。在剖视图中，当剖切平面通过蜗轮轴线并垂直于蜗杆轴线时，在啮合区内将蜗杆的轮齿用粗实线绘制，蜗轮的轮齿被遮挡的部分可省略不画；当剖切平面通过蜗杆轴线并垂直于蜗轮轴线时，在啮合区内，蜗轮的外圆、齿顶圆和蜗杆的齿顶线可省略不画，如图8-57d所示。

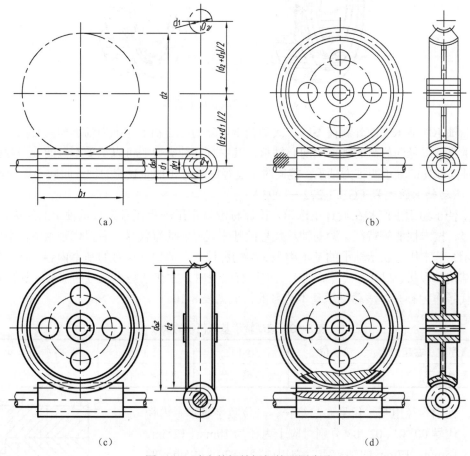

图 8-57　啮合的蜗轮蜗杆的画图步骤

第五节　滚　动　轴　承

滚动轴承

滚动轴承是支持机器转动（或摆动）并承受其载荷的标准部件。由于滚动轴承的摩擦系数低，起动阻力小，而且它已标准化，对设计、使用、润滑、维护都很方便，因此，在一般机器中应用较广。

1. 滚动轴承的基本构造和类型

滚动轴承的基本构造如图8-58所示。由内圈1、外圈2、滚动体3和保持架4四部分组成。

内圈与轴颈装配，外圈和轴承座孔装配。通常内圈随轴颈回转，外圈固定。但也可用于外圈回转而内圈不动，或是内、外圈同时回转的场合。当内、外圈相对转动时，滚动体则在内、外圈滚道间滚动。常用的滚动体有钢球、圆柱滚子、圆锥滚子、滚针等几种。保持架的主要作用是均匀地隔开滚动体，减少摩擦和磨损。

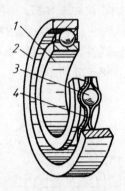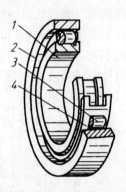

图 8-58　滚动轴承的基本结构

按照轴承所能承受的外载荷不同，滚动轴承可分为向心轴承、推力轴承和向心推力轴承三大类。主要承受径向载荷的轴承叫向心轴承，其中有几种类型还可以承受不大的轴向载荷；只能承受轴向载荷的轴承叫推力轴承；能同时承受径向载荷和轴向载荷的轴承叫向心推力轴承。

2. 滚动轴承的代号（GB/T 272—1993）

为了便于组织生产和在设计中选用，国家标准规定用轴承代号来表示轴承的结构、尺寸、公差等级、技术性能等特征。滚动轴承代号由基本代号、前置代号、后置代号组成，用字母和数字表示。基本代号表示轴承的基本类型、结构和尺寸，是轴承代号的基本内容。只有当滚动轴承在结构、形状、尺寸、公差、技术要求等有改变时，才在其基本代号的前后添加前置代号和后置代号作为补充。滚动轴承基本代号的构成见表 8-10。

表 8-10　滚动轴承基本代号的构成

数字位置序数（右起）	第 5 位	第 4 位	第 3 位	第 2 位	第 1 位
表示内容	类型代号	宽度系列代号	直径系列代号	内径代号	

- 轴承内径用基本代号右起第一、二位数字表示。内径代号 00、01、02、03 分别对应于内径为 10mm、12mm、15mm、17mm 的轴承，对常用内径 d=20～495mm 的轴承，内径是内径代号数的 5 倍，如 12 表示 d=60mm。对于内径小于 10mm 大于 500mm 的轴承，内径表示方法可参看 GB/T 272—1993。

- 轴承的直径系列是指结构相同、内径相同的轴承由于负载的需求在外径和宽度方面的变化系列（图 8-59），用基本代号右起第三位数字表示。例如，对于向心轴承和向心推力轴承，0、1 表示特轻系列，2 表示轻系列，3 表示中系列，4 表示重系列。推力轴承除了用 1 表示特轻系列之外，其余与向心轴承一致。

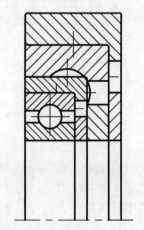

图 8-59　滚动轴承的直径系列

- 轴承的宽度系列指结构、内径、外径系列都相同的轴承。在宽度方面的变化系列，用基本代号右起第四位数字表示。宽度系列代号 0 可不标出，因此常见的滚动轴承代号为四位数。
- 轴承类型代号用基本代号右起第五位数字（或字母）表示。

代号举例：

6308——表示内径为40mm，中系列深沟球轴承。

51203——表示内径为17mm，尺寸系列代号为12的向心推力球轴承。

3．滚动轴承的结构形式和画法（GB/T 4459.7—1998）

滚动轴承的类型很多，常用滚动轴承的结构形式、规定画法和特征画法见表 8-11。表中尺寸除 A 可以计算得出外，其余尺寸均可从机械设计手册或有关标准中查取。

表 8-11　常用滚动轴承的画法

名称、标准号、结构和代号	由标准查数据	结构形式	规定画法	特征画法
深沟球轴承 GB/T 276—1994 6000 型	D d B		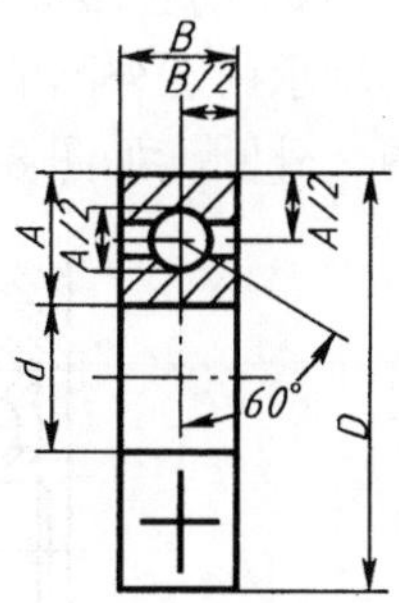	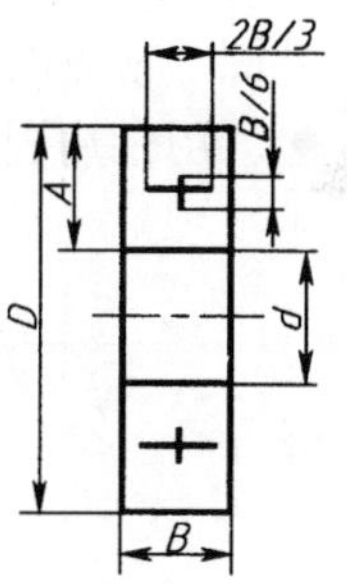
圆锥滚子轴承 GB/T 297—1994 30000 型	D d T	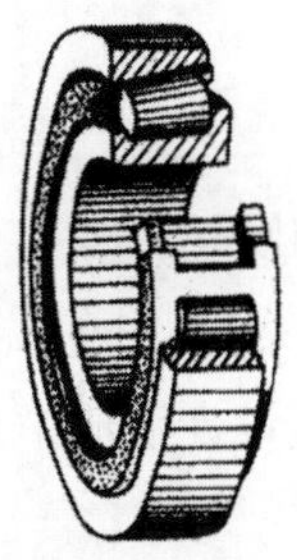	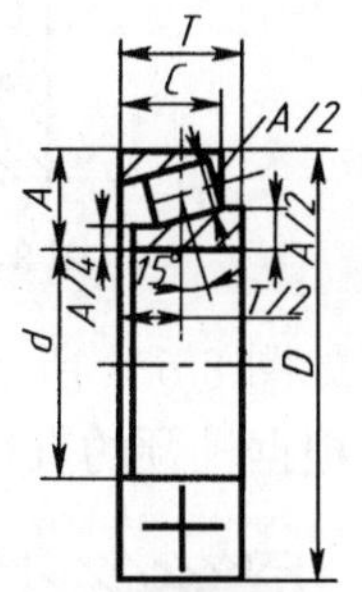	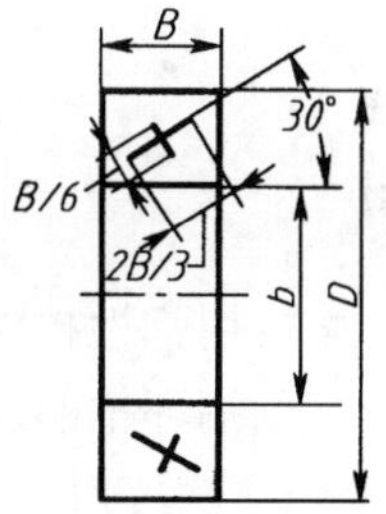
推力球轴承 GB/T 301—1995 51000 型	D d T		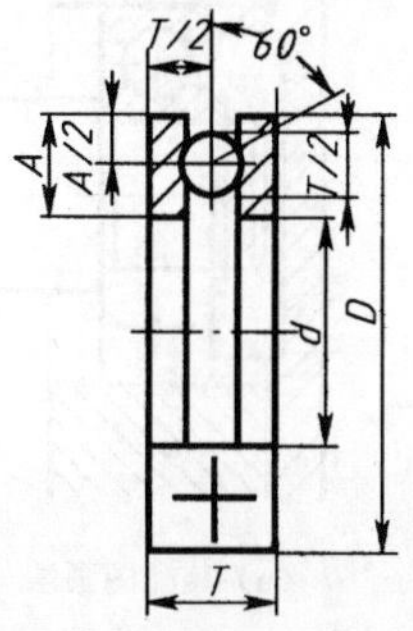	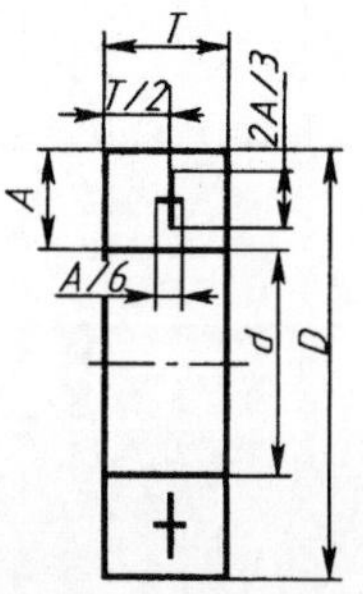

滚动轴承是标准部件，因此，在画图时不必画出零件图。在装配图中，滚动轴承一般按规定画法画出，注意轴承的内圈和外圈的剖面线方向及间隔均要相同（图 8-60），而且在明细

栏中须写出其代号。所有滚动轴承在轴线垂直于投影面的视图中，一般按图 8-61 绘制。

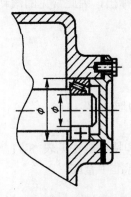

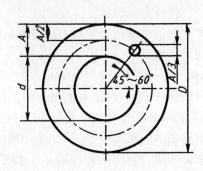

图 8-60   装配图中滚动轴承用规定画法   图 8-61   滚动轴承轴线垂直于投影面的特征画法

4. 滚动轴承固定、润滑密封及其画法

（1）滚动轴承的固定。为了防止滚动轴承产生轴向窜动，必须采用一定的结构来固定其内、外圈。常见的固定滚动轴承内、外圈的结构分述如下。

● 用轴肩固定轴承内、外圈，如图 8-62 所示。

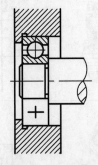

图 8-62   轴肩固定

● 用弹性挡圈固定，如图 8-63a 所示。弹性挡圈（图 8-63b）为标准件。弹性挡圈和轴端环槽的尺寸，可根据轴颈的直径从机械设计手册中查取。

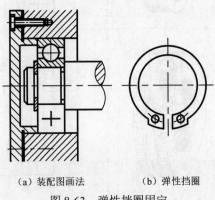

（a）装配图画法   （b）弹性挡圈

图 8-63   弹性挡圈固定

● 用轴端挡圈固定，如图 8-64a 所示。轴端挡圈（图 8-64b）为标准件。为了使挡圈能够压紧轴承内圈，轴颈的长度要小于轴承的宽度，否则挡圈起不了固定轴承的作用。

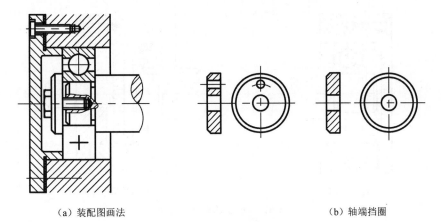

（a）装配图画法　　　　　　　　　　　　　（b）轴端挡圈

图 8-64　轴端挡圈固定

● 用圆螺母及止动垫圈固定，如图 8-65a 所示。圆螺母（图 8-65b）和止动垫圈（图 8-65c）均为标准件。

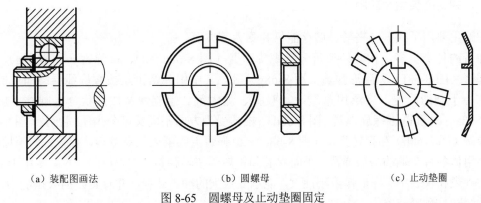

（a）装配图画法　　　　　　　　　　（b）圆螺母　　　　　　　　　（c）止动垫圈

图 8-65　圆螺母及止动垫圈固定

● 用套筒固定，如图 8-66 所示。图中双点画线表示轴端安装一个带轮，中间安装套筒，以固定轴承内圈。

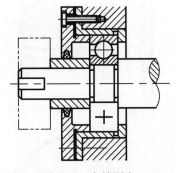

图 8-66　套筒固定

（2）滚动轴承间隙的调整。由于轴在高速旋转时会引起发热、膨胀，因此在轴承和轴承盖的端面之间要留有少量的间隙（一般为 0.2mm～0.3mm），以防止轴承转动不灵活或卡住。滚动轴承工作时所需要的间隙可随时调整。常用的调整方法有：更换不同厚度的金属垫片（图 8-67a）；或用螺钉调整止推盘（图 8-67b）。

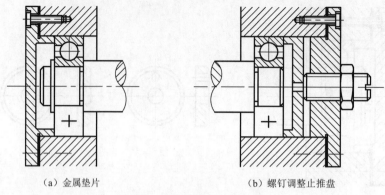

(a) 金属垫片 　　　　　　　　　　　(b) 螺钉调整止推盘

图 8-67　滚动轴承的间隙调整

第六节　弹　　簧

弹簧

一、弹簧的类型及功用

弹簧主要用于减振、夹紧、储存能量和测力等方面。

弹簧的种类很多，按其外形可分为螺旋弹簧（图 8-68a～d）、板弹簧（图 8-68e）、平面涡卷弹簧（图 8-68f）和碟形弹簧（图 8-68g）等。其中用弹簧钢丝按螺旋线卷绕而成的螺旋弹簧，由于制造简便，广泛用来缓冲、吸振、测力等。螺旋弹簧按形状分为圆柱螺旋弹簧（图 8-68a～c）和圆锥螺旋弹簧（图 8-68d）；根据受力方向不同又可分为压缩弹簧（图 8-68a）、拉伸弹簧（图 8-68b）和扭转弹簧（图 8-68c）。板弹簧主要用来承受弯矩，有较好的消振能力，所以多用作各种车辆的减振弹簧。平面涡卷弹簧属于扭转弹簧，作为储能元件，多用于受转矩不大的钟表和仪表中。碟形弹簧刚性大，能承受很大的冲击载荷，并有良好的吸振能力，常用于各种缓冲、预紧装置中。

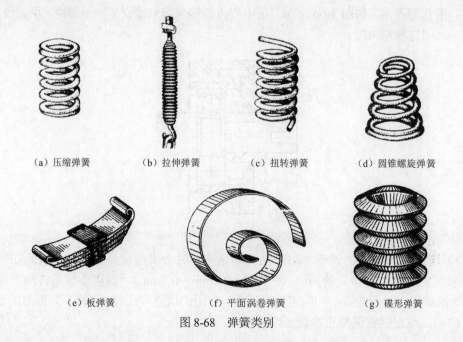

(a) 压缩弹簧　　　(b) 拉伸弹簧　　　(c) 扭转弹簧　　　(d) 圆锥螺旋弹簧

(e) 板弹簧　　　　　(f) 平面涡卷弹簧　　　　(g) 碟形弹簧

图 8-68　弹簧类别

二、弹簧的规定画法

国家标准 GB/T 4459.4—2003 对弹簧的画法作了具体规定。本书重点介绍应用最广泛的圆柱螺旋压缩弹簧的画法。

1. 圆柱螺旋压缩弹簧的参数名称及尺寸关系（图 8-69）

（1）簧丝直径 d：制造弹簧的钢丝直径。

（2）弹簧中径 D：弹簧的平均直径。

（3）弹簧内径 D_1：圆柱螺旋弹簧的最小直径，$D_1 = D - d$。

（4）弹簧外径 D_2：圆柱螺旋弹簧的最大直径，$D_2 = D + d$。

（5）节距 t：除支承圈外，相邻两圈对应点间的轴向距离。

（6）有效圈数 n、支承圈数 n_2、总圈数 n_1：为使螺旋压缩弹簧工作时受力均匀，增加弹簧的平稳性，故将弹簧的两端并紧，且将端面磨平。并紧、磨平的各圈仅起支承作用，称支承圈。支承圈有 1.5 圈、2 圈、2.5 圈三种，大多数螺旋压缩弹簧的支承圈为 2.5 圈。除支承圈外，其他各圈保持相等节距，称有效圈数（或称工作圈数）。有效圈数与支承圈数之和，称为总圈数，即 $n_1 = n + n_2$。

（7）自由高度 H_0：弹簧在不受外力作用时的高度，$H_0 = nt + (n_2 - 0.5)d$。

（8）簧丝展开长度 L：制造弹簧时，用去簧丝坯料的长度。由螺旋线的展开知 $L \approx n_1 \sqrt{(\pi D)^2 + t^2}$。

2. 圆柱螺旋弹簧的规定画法

（1）弹簧在平行于轴线的投影面上的视图中，各圈的投影轮廓线均应画成直线（图 8-70）。

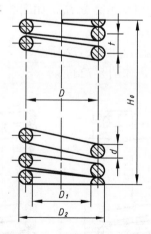

图 8-69 弹簧的参数名称

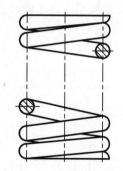

图 8-70 圆柱螺旋弹簧画法

（2）有效圈数在四圈以上的弹簧，可只画出两端的 1～2 圈（支承圈除外），中间各圈可省略不画，仅用通过簧丝断面中心的细点画线连起来（图 8-70）。若簧丝为非圆形断面的弹簧，则中间用细实线连起来。

（3）在图样中，右旋螺旋弹簧必须画成右旋。左旋螺旋弹簧可画成左旋或右旋，但一律要在图上加注"LH"字样表示左旋。

（4）在装配图中，被弹簧挡住的零件轮廓不画出，其可见部分应从弹簧的外轮廓线或从簧丝的中心线画起（图 8-71a）。

（5）在装配图中，弹簧被剖切时，在剖视图中，当簧丝直径在图形上小于或等于 2mm 时，可用涂黑代替簧丝断面，且允许只画出簧丝断面（图 8-71b），或采用示意画法（图 8-71c）。

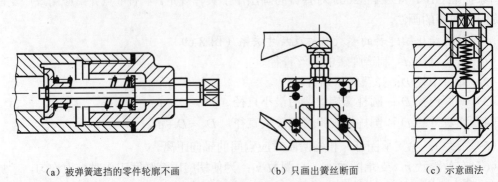

（a）被弹簧遮挡的零件轮廓不画　　　　（b）只画出簧丝断面　　　　（c）示意画法

图 8-71　弹簧在装配图中的画法

3. 圆柱螺旋压缩弹簧的画图步骤

对于两端并紧且磨平的圆柱螺旋压缩弹簧，不论支承圈的圈数多少和端部并紧情况如何，均可按支承圈为 2.5 圈绘制。必要时，允许按支承圈的实际结构绘制。

例 8-1　已知弹簧外径 $D_2 = 45\,\text{mm}$，簧丝直径 $d = 5\,\text{mm}$，节距 $t = 10\,\text{mm}$，有效圈数 $n = 8$，支承圈数 $n_2 = 2.5$，右旋，试画出该弹簧的投影图。

（1）计算弹簧中径和自由高度：

弹簧中径 $D = D_2 - d = 40\,\text{mm}$

自由高度 $H_0 = nt + (n_2 - 0.5)d = 90\,\text{mm}$

（2）以弹簧中径 D 为间距画两条平行点画线，并定出自由高度 H_0，如图 8-72a 所示。

（3）画支承圈部分，d 为簧丝直径，如图 8-72b 所示。

（4）按节距画工作圈部分（允许只画四圈），t 为节距，如图 8-72c 所示。

（5）按右旋方向作相应圆的公切线，再加画剖面线，如图 8-72d 所示。

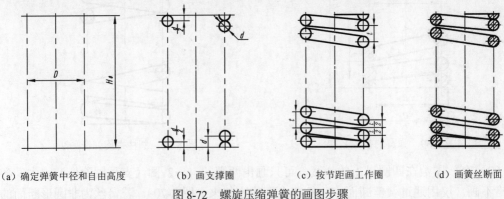

（a）确定弹簧中径和自由高度　　　（b）画支撑圈　　　（c）按节距画工作圈　　　（d）画簧丝断面

图 8-72　螺旋压缩弹簧的画图步骤

4. 圆柱螺旋压缩弹簧零件工作图

图 8-73 是一个圆柱螺旋压缩弹簧的零件图，弹簧的参数应直接标注在视图上，若直接标注有困难，可在技术要求中说明；图中还应注出完整的尺寸、尺寸公差和形位公差及技术要求。当需要表明弹簧的机械性能时，须在零件图中用图解表示。

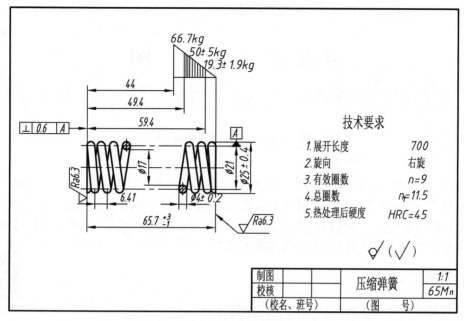

图 8-73 圆柱螺旋弹簧零件工作图

复习与思考题

1. 机器上常见的零件间连接方式有哪些？
2. 螺纹连接的优点是什么？
3. 螺纹紧固件有哪些？它们的规定标记包含哪些内容？
4. 花键与螺纹的画法有何不同？
5. 常用的销有哪几种？销 GB/T 119.2 6×30 表示的是什么销？
6. 直齿圆柱齿轮的基本参数有哪些？如何根据这些参数计算齿轮的几何尺寸？
7. 滚动轴承如何标记？
8. 试述圆柱螺旋压缩弹簧的画法及其零件图的特征。

第九章 零 件 图

第一节 零件的表达

在生产中，根据零件图制造零件，根据装配图把零件装配成机器或部件。因此，零件图是表达机器零件结构形状、尺寸及其技术要求的图样，是设计部门提交给生产部门的重要技术文件之一，是制造和检验零件的技术依据。本章主要讨论零件的表达、零件图中尺寸的合理标注、技术要求的标注以及典型零件的表达和构型等。

一、零件图的内容

一张完整的零件图（图 9-1）应包括以下四项内容。

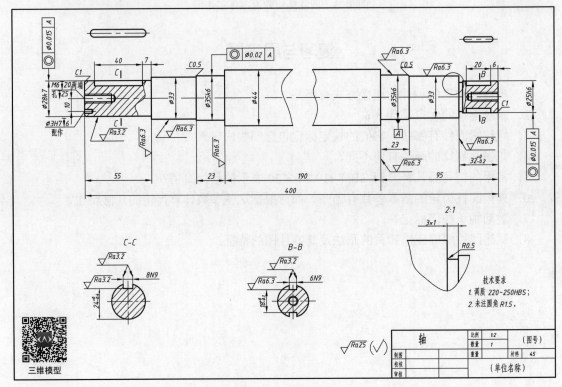

图 9-1　轴的零件图

1. 一组视图

用一组视图（包括视图、剖视图、断面图、局部放大图和简化画法等）完整、清晰地表达零件各部分的结构形状。

2. 完整的尺寸

零件图中应正确、完整、清晰、合理地标注出制造零件所需的全部尺寸，以确定零件各部分的大小及其相对位置。

3. 技术要求

零件图中必须用规定的代号、符号标注出，或用文字简要地说明零件在制造时应达到的一些技术要求，如表面结构、尺寸公差、几何公差、材料的表面处理和热处理要求等。

4. 标题栏

标题栏的位置在零件图的右下角，标题栏中填写该零件的名称、材料、比例、图号，以及设计、制图、校核人员签名等内容。

二、零件的分类

根据零件的用途和作用把零件划分为以下三大类。

1. 一般零件

如图 9-2 所示的铣刀头是由 18 种零件组成，其中皮带轮、转轴、座体等都是一般零件。按照零件的结构特征，一般零件又可细分为轴套类零件（如转轴）、箱体类零件（如座体）、轮盘类零件（如皮带轮）和叉架类零件。

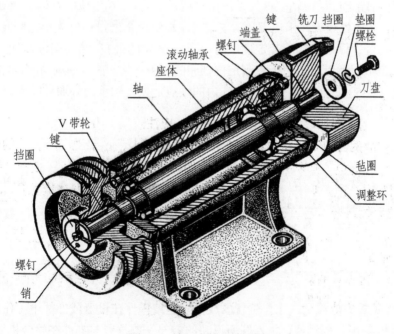

图 9-2　铣刀头装配轴测图

2. 常用件

如齿轮、弹簧等，这类零件的部分结构要素已经标准化，并有规定画法要遵循。

3. 标准件

如螺栓、螺钉、螺母、垫圈、键、销、滚动轴承、密封圈等，这类零件主要起连接、密封等作用。

标准件由标准件厂专门生产，用户只需购买即可使用，至于标准件的所有尺寸，只要根据其规定标记从设计手册查阅即可，所以不需要绘制零件图。至于一般零件以及常用件，则都需要绘制其零件图。

零件图的表达方案

第二节   零件图的视图选择原则

在表达零件时，应根据零件的结构特点，用恰当的表达方法及适当的图形数量正确、完整、清楚地表达零件内、外部结构形状，这一过程即零件表达方案的确定。所选的方案应力求制图简单，读图容易。为零件确定一个较好的表达方案，一般需要经过零件结构分析、主视图的选择以及其他视图的选择等。

一、零件的结构分析

零件的结构取决于零件在机器或部件中的功能以及零件的制造工艺要求。图 9-1 所示的铣刀头轴是图 9-2 所示铣刀头中的一个主要零件，它在铣刀头中的主要作用是由皮带轮通过键联结，将扭矩传递给该轴，在左右滚子轴承的支承下，轴上的动力通过双键联结传递给铣刀盘，从而实现铣刀的铣削加工。根据其作用，铣刀轴左、右端均需加工出键槽，以便连接皮带轮与铣刀盘，皮带轮右端定位需在轴上该处设计出轴肩，铣刀盘左端定位需在轴上该处设计出轴肩，考虑工艺要求，在此处还设计出退刀槽。皮带轮左端定位是通过螺钉连接挡圈起定位作用，而铣刀盘右端是通过螺栓连接挡圈起定位作用，所以，该轴的最左、最右两侧需加工出中心螺孔，最左端还需加工出销孔以便于用销起到定位挡圈的作用；为了轴与轴承的配合，在配合处需加工出适当尺寸（$\phi35$）的轴颈，并设计出向内的轴肩定位，轴承向外通过端盖起定位作用，所以，通过校核设计出 $\phi33$ 的轴颈。

二、主视图的选择

主视图是一组视图的核心，主视图的选择是否合理，直接关系到其他视图的选择以及是否易于画图和便于读图。选择主视图时，应考虑下述两个方面的问题。

1. 确定零件的安放位置

一般零件的安放位置有两种：一种是零件在机器或部件中的工作位置；另一种是零件主要工作部位所处的主要加工位置。不管采用哪一种方式，都应使主视图尽量多地反映该零件的形状特征。

（1）工作位置安放原则。工作位置安放原则是按零件在机器或部件中工作时所处的位置确定的。如图 9-4a 所示的尾座，主视图所反映的零件安放位置与零件在整台机器（图 9-3）中的工作位置一致。该方法适用于结构复杂、加工工序较多、加工过程中装夹位置经常变化的零件，如支架类、箱体类零件。选择这种安放位置便于将零件图与装配图联系，便于把零件和机器（部件）联系起来，分析零件的结构特征和尺寸。

值得指出的是，有些零件的工作位置处于倾斜位置，如按其倾斜位置安放主视图则会给绘图与看图带来不便，所以一般将这些零件放正画出，并尽量使零件上的较多表面处于基本投影面的平行面的位置。

（2）加工位置安放原则。加工位置安放原则是从制造过程中，特别是切削加工中，零件在机床上的装夹位置来考虑零件的放置位置。适用于主要结构为回转体的零件，如轴、套、轮和盘等零件，主要结构都在车床或磨床上加工完成。如图 9-3 所示为轴类零件的加工位置，如图 9-1 所示轴类零件的主视图所反映的零件安放位置符合加工位置原则，便于在加工中看图方便，减少差错。

图 9-3　轴类零件的加工位置

2. 确定投射方向

在确定零件的安放位置后，主视图的投射方向应按照国标规定的原则：将尽量多地反映零件结构特征的那个方向作为主视图的投射方向，也就是较明显反映零件的主要结构形状和各部分相对位置的投影作为主视图的投射方向。如图 9-4 所示是机床尾座零件，主视图投射方向应选择 B 向投射方向。

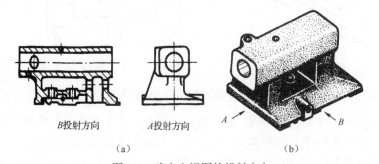

B投射方向　　　　　A投射方向

（a）　　　　　　　　　　　（b）

图 9-4　确定主视图的投射方向

三、其他视图的选择

主视图确定后，一般来说还要根据零件的形状、结构特征选择其他视图，才能完整地将零件表达清楚。其他视图的选取应按下列原则进行：

（1）优先选用基本视图，并尽可能地在基本视图上做适当的剖视、断面，在表达清楚的前提下，使视图数量越少越好。

（2）基本视图之间以及采用局部视图或局部剖视图、断面图时，应尽量按投影关系配置。

（3）尽量避免使用虚线表达零件的轮廓。

（4）避免重复表达零件结构。另外，通过标注尺寸可表达清楚的结构，可考虑不再用视图重复表达，如图 9-1 中的中心孔的结构。

根据以上原则，在制定零件图的表达方案时，首先应确定主视图，之后运用组合体形体分析的方法，分析该零件中还有哪些结构尚未表述清楚，针对这些结构选定所需的其他视图。每个视图的表达要有重点，基本视图没有表达清楚的次要结构、细小结构和局部形状可用局部视图、局部放大图、断面图等方法补充表达。

四、表达方案选择举例

例 9-1　试选择图 9-5 所示零件的表达方案。

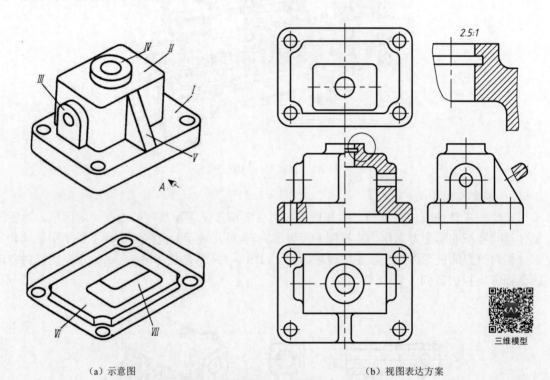

（a）示意图　　　　　　　　　　　（b）视图表达方案

图 9-5　视图表达方案选择举例

【分析】分析、了解零件的形状、结构特征。图 9-5 所示零件由五个简单形体组成，零件左右对称，底板下部有凹槽，属箱体类零件，内、外部结构形状都需表达。

【选择表达方案】

（1）主视图的投影方向选择图 9-5a 中箭头 A 的方向，并按零件的自然位置放置。

（2）共选用四个基本视图（主、俯、仰、左）和一个断面图来表达该零件，如图 9-5b 所示。由于零件左右对称，所以主视图采用半剖视图，在一个视图上同时表达零件的内、外部结构形状，主视图左侧的局部剖视图表达了底板上的通孔；俯、仰、左三个视图方向上均未做剖切，采用视图来表达，俯视图的表达重点是底板及基本体 II 的形状特征，仰视图重点表达底板的凹槽和基本体 II 的内腔形状，左视图重点表达基本体 III 和肋板的形状特征；并用移出断面图（重合断面图亦可）表达肋板的断面形状。

【讨论】当零件的几个部分按同一方向投影均未被遮住时，用一个视图就可以表达清楚，如图 9-5b 中的主视图。当同一投影方向上，零件的某一部分被遮住时，则应增加视图才能表达清楚。例如在图 9-5a 所示零件的内腔左、右两侧各加一凸台，则左视图方向就得再增加一个视图，视图数量及表达方法如图 9-6 所示。

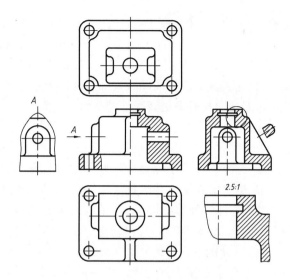

图 9-6 添加内部结构后的视图表达方案

例 9-2 试选择图 9-7 所示零件的表达方案。

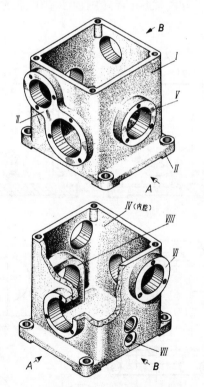

三维模型

图 9-7 确定主视图的投影方向

【分析】该零件由八部分简单形体组成，零件的内、外结构形状均较复杂，其外形前后相同，左右各异，上下不完全一样，而零件的内部结构形状也是前后基本相同，左右各异，因此在选择视图数量和表达方法时，最好考虑外形与内形结合起来表达。

【选择表达方案】

（1）主视图的投影方向选择如图 9-7 中箭头 A 的方向。零件安放位置按工作位置放置。

（2）其他视图的选择，共选用七个视图（主、俯、左、C-C、D、E、F）来表达（图 9-8）。零件的前后方向，即主视图采用 A-A 剖切并画成局部剖视图，同时兼顾零件在该投影方向上内、外部结构的表达。用左视图（B-B 全剖视图）、C-C 局部剖视图、D 向和 E 向局部视图共同表达零件左右各异的内、外部结构。俯视图画成局部剖视图表达零件上下方向的内、外部主要结构、形状，添加 F 向局部视图补充表达其底部的凸台。

【讨论】当某个投影方向上，零件的内、外部结构形状都需表达，则在选择视图数量和表达方法时，应首先考虑是否可采用半剖视图或局部剖视图，将零件的内、外形结合起来表达，如图 9-8 中的主视图。若内、外形不能兼顾，则需增加视图（包括剖视图）。如图 9-8 所示零件，在左视图上用 B-B 全剖视图主要表达了零件的内部结构形状，则需添加 D 向局部视图补充表达该投影方向上零件的外部结构形状。在某一投影方向上，究竟是以视图为主，还是以剖视图为主，需根据零件的结构形状特点来决定。若内部结构较复杂，一般以剖视图为主；若外部形状较复杂，一般以视图为主。是采用完整的基本视图还是局部视图，也需根据零件的结构形状特点来决定。若在某个投影方向上，零件的大部分结构、形状未表达清楚，一般应采用完整的基本视图；若仅是部分形状未表达清楚，则采用局部视图，图 9-8 中，用 C-C 局部剖视图来表达尚未表达清楚的内部结构形状Ⅷ；用 E 向和 F 向局部视图分别表达尚未表达清楚的外部结构形状Ⅶ和底座凸台；主视图中用虚线表达出内部结构和右壁上螺孔（Ⅶ）的结构及其位置关系。

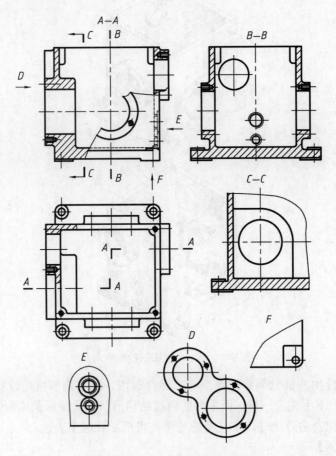

图 9-8　确定表达方案

五、特殊问题的处理

在选择确定零件的表达方案时，应处理好下面三个问题。

1. 零件内、外部结构形状的表达问题

当零件无对称平面，且外部结构形状简单时，宜采用全剖视图，如图 9-6 中的左视图；当零件有对称平面，且内、外部结构形状都很复杂时，宜采用半剖视图，在同一视图中，兼顾零件内、外形状的表达，如图 9-5 中的主视图；当零件无对称平面，内、外部结构形状都很复杂，但内、外形投影不重叠时，宜采用局部剖视图，如图 9-8 中的主视图；若内、外形投影重叠，则应分别表达，如图 9-8 中的"D"局部视图与"B-B"全剖视图。

2. 集中与分散的表达问题

当局部视图、局部剖视图、斜视图等分散表达的图形处于同一投影方向时，应尽可能地、适当地集中表达，并优先选用基本视图。当某一投影方向仅有一部分结构未表达清楚时，若采用局部图形分散表达，则更加清晰和简明，且重点突出。

3. 是否用虚线表达的问题

一般情况下，为了便于看图和标注尺寸，不提倡用虚线表达。但如果零件上的某部分结构的大小已确定，仅形状或位置没有表达完全，且不会造成看图困难时，可用虚线表达，如图 9-8 中的主视图。

六、零件表达方案的比较分析

零件的表达方案并不是唯一的，对于任一具体零件来讲，应该灵活应用上述原则选择表达方案，做到正确、完整、清晰和简洁地表达零件，在表达正确、完整的基础上，还要力求做到清晰和简洁，以便看图和画图。

例 9-3 试比较图 9-9 所示蜗轮减速器箱体的三个表达方案。

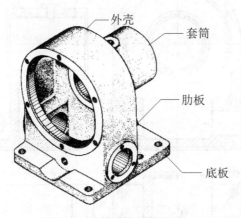

外壳
套筒
肋板
底板

三维模型

图 9-9 涡轮减速器箱体

方案一（图 9-10）：共用了四个视图，包括剖视图以及一个重合断面图。其中主视图采用全剖视图，主要反映了箱体的结构特征；俯、左视图均采用半剖视图，将内、外形结合起来表达，在左视图中，还用了简化画法表达前、后端面上螺孔的分布情况；"C"局部视图采用简化画法表达安装部分底板的凹槽。在此方案中视图配置简明、重点突出，是一个较优的表达方案。

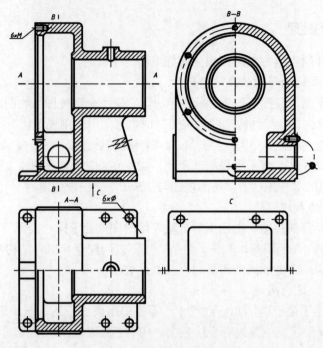

图 9-10　涡轮减速器表达方案一

　　方案二（图 9-11）：共用了六个视图，包括剖视图以及一个重合断面图。其主视图主要反映了零件的形状特征，但采用了较多的局部视图，所以整个方案视图数量较多，显得零散，不够简明。

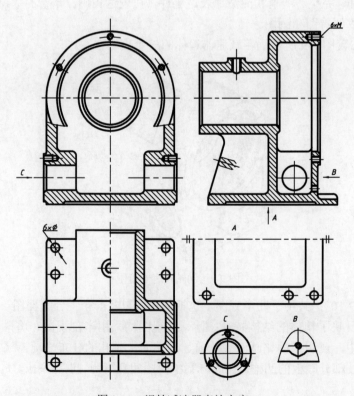

图 9-11　涡轮减速器表达方案二

方案三（图 9-12）：共用了四个视图和一个重合断面图。主视图与方案一相同，俯视图采用半剖视图表达箱体内腔底部的凸台，并用虚线表达了安装底板的凹槽，因此少用了一个局部视图。

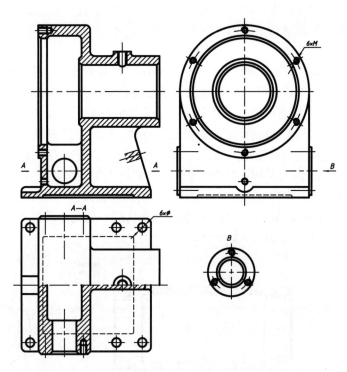

图 9-12　涡轮减速器表达方案三

对蜗轮减速器箱体来讲，还会有第四、第五方案，所以说零件可选择的表达方案不是唯一的，确定表达方案时，应进行比较，择优而取。

第三节　零件图的尺寸标注

在零件图上标注尺寸，除了要符合正确、完整、清晰的要求外，还应尽可能做到合理。使之不但能符合设计要求，保证机器的使用性能，还能满足加工工艺要求，符合生产实际，便于零件的加工、测量和检验。所以在标注零件尺寸时，必须对零件进行构型分析，才能够结合具体情况合理地选择零件的尺寸基准、标注形式，从而保证尺寸标注完整而且尽可能合理。

一、尺寸基准

尺寸基准是量度尺寸的起点。在标注尺寸时，应在零件的长、宽、高三个方向上至少各选一个基准。零件上较大的加工面、对称面、重要的端面、与其他零件的结合面、轴肩、轴和孔的轴线、对称中心线、圆心等都可作为尺寸基准，即基准可以是点、线、面等几何元素。

1. 尺寸基准的分类

零件的尺寸基准通常分为两类：设计基准和工艺基准。

（1）设计基准。根据零件在机器中的作用、装配关系以及机器的结构特点，以及对零件的设计要求等所选定的基准称为设计基准。

（2）工艺基准。满足零件在加工、测量和检验等方面的要求所选定的基准称为工艺基准。

零件有长、宽、高三个方向的尺寸。因此，每个方向应至少选一个尺寸基准为主要基准（一般是设计基准），另外，根据加工、测量等的需要，还需选用一个或几个辅助基准（一般是工艺基准）。主要基准与辅助基准之间应有尺寸联系。

2. 尺寸基准的选择举例

在如图 9-2 所示的铣刀头座体中，因为转轴通常需要两个轴承座孔（$\phi80$）支承，因此，底面 A 为箱体高度方向的设计基准，轴承孔的中心高必须从设计基准出发直接标注，以保证轴承座孔到底面的高度；而宽度方向的设计基准为箱体的前后对称面 B，因此，在标注底板上两对安装孔的定位尺寸时，应以对称面为基准进行标注，以保证其对轴承座孔的对称关系。底面 A 和对称面 B 都是满足设计要求的基准，该基准是为了实现铣刀头座体的功能及装配时的要求，所以是设计基准；但为了加工时有利于测量，底板上的四个安装孔的锪平孔的孔深尺寸（尺寸 2）则不必从设计基准出发标注，而应从底板的顶面直接注出，因此顶面 C 为工艺基准，高度方向的设计基准（主要基准）与工艺基准（辅助基准）有尺寸联系（尺寸 18）；箱体长度方向的基准为左右两端面，如图 9-13 所示。

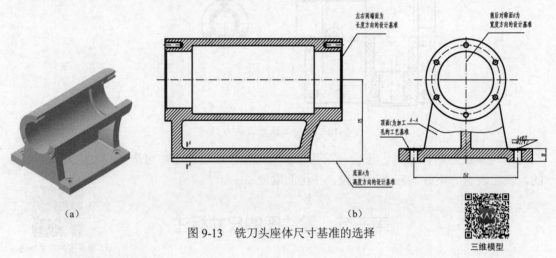

（a）　　　　　　　　　　　　　　　　　（b）

图 9-13　铣刀头座体尺寸基准的选择

三维模型

二、合理标注尺寸

1. 零件的主要尺寸应直接注出

零件的尺寸一般分为主要尺寸和非主要尺寸。主要尺寸一般指零件的规格尺寸、确定该零件与其他零件相互位置的尺寸、有配合要求的尺寸、连接尺寸和安装尺寸等。主要尺寸是为了保证零件在机器中的正确位置和装配精度，以保证零件的使用性能。零件上的主要尺寸直接注出，能够直接提出尺寸公差、形位公差的要求，以保证设计要求。图 9-13 中轴承孔的中心高是主要尺寸，因此必须从底面（高度方向的设计基准）直接注出尺寸 115。同理，为了保证座体上的孔（$4\times\phi11$）与基座上的孔准确装配，该孔的定位尺寸也应从尺寸基准（前后对称面）直接标注尺寸 150。

2. 避免注成封闭尺寸链

封闭尺寸链是头尾相连，绕成一整圈的一组尺寸，每个尺寸是尺寸链中的一环，如图 9-14a 所示。

从加工角度来看，在一个尺寸链中，总有一个尺寸是在加工完其他尺寸后自然形成的，因此，应选其中一个不重要的尺寸空出不注，作为开口环，如图9-14b所示，这样，使尺寸误差集中在开口环上，以保证重要尺寸的精度。而注成封闭尺寸链，会使零件在加工时难以保证设计要求。有时为了设计或加工的需要，也可注成封闭尺寸链，但应根据需要把某一环的尺寸数字加括号，作为参考尺寸，如图9-15所示。

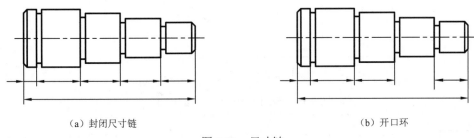

（a）封闭尺寸链　　　　　　　　（b）开口环

图9-14　尺寸链

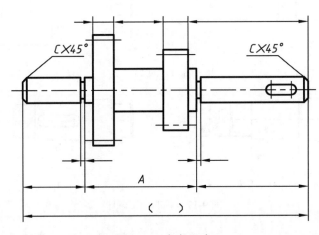

图9-15　参考尺寸

3. 考虑工艺要求

非主要尺寸是指不影响零件的工作性能和装配精度的尺寸。这类尺寸应从便于加工、测量方面考虑标注。

（1）标注尺寸要符合加工顺序。图9-16中的小轴是按加工顺序标注尺寸的，这样便于加工和检测。考虑到该零件在车床上要调头加工，因此其轴向尺寸分别以两端面为基准，而尺寸51±0.1则是主要尺寸（长度方向），需直接注出。图9-17所示为该轴的加工工序。

（2）同一加工方法的相关尺寸尽量集中标注。一个零件一般要经过几种加工方法（如车、铣、刨、磨、钻等）才能制成。标注尺寸时，应尽量将同一加工方法的相关尺寸集中标注。如图9-16轴上的键槽是铣削加工的，所以键槽的尺寸集中在两处（主视图上的3、45和断面图上的12、35.5）标注，这样便于加工时阅读和测量。

（3）标注尺寸应考虑测量方便。标注尺寸时，在满足设计要求的前提下，应尽量考虑使用通用测量工具进行测量，避免或减少使用专用量具。如图9-18a中所注高度方向尺寸A在加工和检验时测量均较困难。图9-18b的标注形式则使测量较为方便。又如图9-18a中的键槽尺寸，测量困难，若标注成图9-18b的形式，则便于测量。

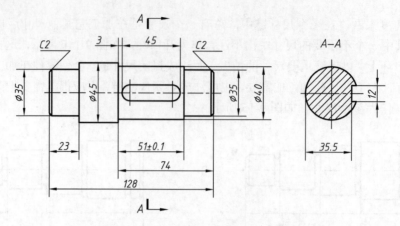

图 9-16　按加工顺序标注轴的尺寸

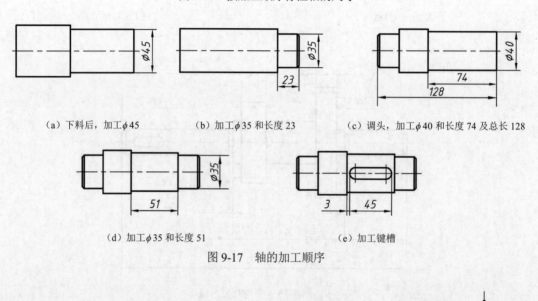

（a）下料后，加工φ45　　　（b）加工φ35 和长度 23　　　（c）调头，加工φ40 和长度 74 及总长 128

（d）加工φ35 和长度 51　　　　　（e）加工键槽

图 9-17　轴的加工顺序

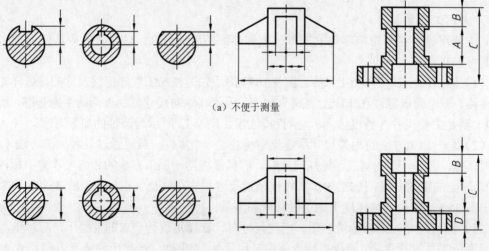

（a）不便于测量

（b）便于测量

图 9-18　考虑测量方便的尺寸注法

（4）加工面与非加工面之间应按两组尺寸分别标注。毛坯面之间的尺寸一般应按基本体单独注出，不但便于铸造毛坯时制作木模，而且可使毛坯的尺寸精度得到保证。对于经铸、锻后再机械加工的零件，毛坯面与加工基准面间最好只有一个尺寸联系。如图 9-19b 为合理注法，其中 88 和 8 为铸造尺寸，毛坯面只有一个尺寸 20 与加工基准面联系。图 9-19a 为不合理注法，因为所有尺寸都以零件的右端面为基准，而且不是同一种加工方法，当加工右端面时，要同时满足 18、20、100、108 和 120 几个尺寸的精度是困难的。

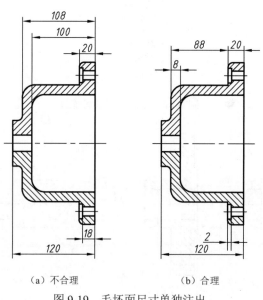

（a）不合理　　　（b）合理

图 9-19　毛坯面尺寸单独注出

（5）考虑刀具尺寸及加工的可能性。凡由刀具保证的尺寸，应尽量给出刀具的相关尺寸，刀具轮廓可用双点画线画出，如图 9-20 所示的衬套，在其左视图中给出了铣刀头直径。

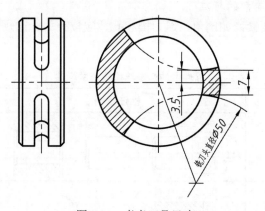

图 9-20　考虑刀具尺寸

图 9-21 为加工斜孔时标注尺寸的实例。根据加工的可能性，孔 A 的定位尺寸 5 最好从外面标注，因钻头只能从外面加工；孔 B 则应从里面标注定位尺寸 2.4，因钻头只能从里面进行加工。如果将孔的定位尺寸标注成图 9-21 中的尺寸 A_1 和 B_1 的形式，将给加工造成困难。

（6）对于一些装配后一起加工的零件，在零件图上标注相应尺寸时需加以说明，如图 9-22 所示。

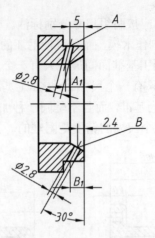

图 9-21 考虑加工的可能性

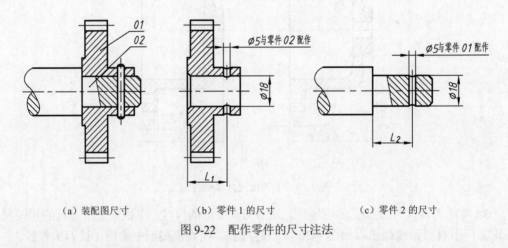

| (a) 装配图尺寸 | (b) 零件 1 的尺寸 | (c) 零件 2 的尺寸 |

图 9-22 配作零件的尺寸注法

4. 零件中标准结构要素的标准

零件中的标准结构要素,如倒角、退刀槽和孔,应按有关标准规定的形式标注,见表 9-1 和表 9-2。

表 9-1 零件中的标准结构要素的标注(一)

结构类型		标注示例	说明
倒角	45°倒角注法		倒角 45°时,可与倒角的轴向尺寸连注,如 C1 或 1×45°,倒角不是 45°时,要分开注出
	30°倒角注法		
退刀槽、越程槽注法			退刀槽宽度应直接标出,其直径 φ8 可直接标出也可注出切入深度

表 9-2　零件中的标准结构要素的标注（二）

类型	旁注法		普通注法	说明
光标	4×Ø4▼10 C1	4×Ø4▼10 C1	4×Ø4 C1	"▼"为孔深符号，"C"为45°倒角符号
	4×Ø4 H7▼10 孔▼12	4×Ø4H7▼10 孔▼12	4×Ø4 H7	钻孔深度为 12，精加工（铰孔）深度为 10，H7 表示孔的配合要求
螺孔	3×M6-7H	3×M6-7H	3×M6-7H	EQS 为孔均布的缩写词。各类孔均可采用旁注加符号的方法进行简化标注，应注意：引出线应在装配时的装入端引出
	3×M6-7H▼10 EQS	3×M6-7H▼10 EQS	3×M6-7H EQS	
	3×M6-7H▼10 孔▼12EQS	3×M6-7H▼10 孔▼12EQS	3×M6-7H EQS	
沉孔	6×Ø7 ⌵Ø13×90°	6×Ø7 ⌵Ø13×90°	90° Ø13 6×Ø7	"⌵"为埋头孔符号，该孔为安装开槽沉头螺钉所用
	4×Ø6.4 ⌴Ø12▼4.5	4×6.4 ⌴Ø12▼4.5	Ø12 4.5 4×Ø6.4	该孔为安装内六角圆柱头螺钉所用，承装头部的孔深应注出
	4×Ø6.4 ⌴Ø20	4×6.4 ⌴Ø20	Ø20 1 4×Ø9	"⌴"为锪平，沉孔符号，锪孔通常只需锪出圆平面即可，因此沉孔深度一般不标注

三、合理标注尺寸的步骤

零件不同于经过几何抽象的组合体，零件每一部分的形状和结构都与设计要求、工艺要求有关。因此，标注零件尺寸时，既要进行形体分析，把零件抽象成组合体，考虑各部分的定形和定位尺寸，以保证零件的尺寸"完整、清晰"，还要对零件进行构型分析，考虑该零件与其他零件的装配关系及该零件与加工工艺的关系，使零件的尺寸与其他零件的尺寸配合协调且符合加工要求等，以满足尺寸标注合理的要求。

总之，要做到合理标注尺寸，必须具备一定的实际生产经验和专业知识，合理标注零件尺寸的方法和一般步骤可归纳如下：

（1）确定尺寸基准。

（2）考虑设计要求，直接标注主要尺寸。

（3）考虑工艺要求，标注一般结构尺寸。

（4）用形体分析法检查尺寸是否完整，补齐尺寸，避免产生封闭尺寸链。

例 9-4　标注铣刀头轴（图 9-1）的尺寸。

【分析】铣刀头轴的形体分析较简单，都是同轴回转体，构型分析如图 9-23a 所示。

【标注分析】如图 9-23a 所示，由于四段轴颈处（$\phi35$、$\phi28$、$\phi25$）需要安装滚动轴承、皮带轮和铣刀盘，所以这四个尺寸是主要径向尺寸，并有尺寸公差的要求。为了使轴转动平稳，则要求这四段圆柱体在同一轴线上，因此，径向设计基准为轴线，而加工轴的工艺基准也为此轴线。所以，一般来说，标注轴套类零件的尺寸时，常以它的轴线为径向主要基准；而轴套类零件轴向设计基准常选择重要的端面、轴肩等。在铣刀头轴上 $\phi35$ 处轴颈是安装轴承的，轴承的轴向位置（由两处轴肩来保证）是保证该轴平稳转动的重要因素，因此，该处轴肩为轴向方向的设计基准（主要基准），从设计基准出发直接标注轴向主要尺寸 190，轴向方向的其余尺寸按加工顺序标注，其他基准均为轴向方向的辅助基准，如以右端面为辅助基准，标注总长 400、95、32，以左端面为辅助基准标注 55，如图 9-23b 所示。

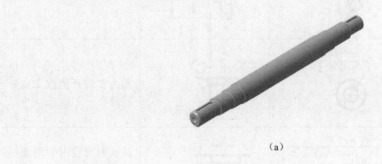

(a)

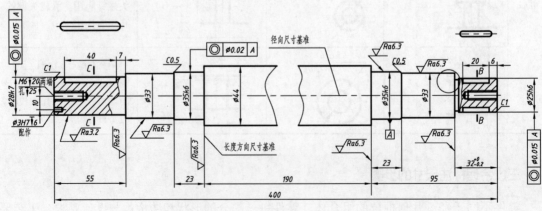

(b)

图 9-23　铣刀头轴的尺寸标注

例 9-5　标注铣刀头座体的尺寸（图 9-24）。

【标注步骤】

（1）根据图 9-2 可知该座体零件在部件中的作用及装配关系，零件的结构形状特征，如图 9-13a 所示。据此确定零件长、宽、高三个方向的主要基准，如图 9-24 所示。

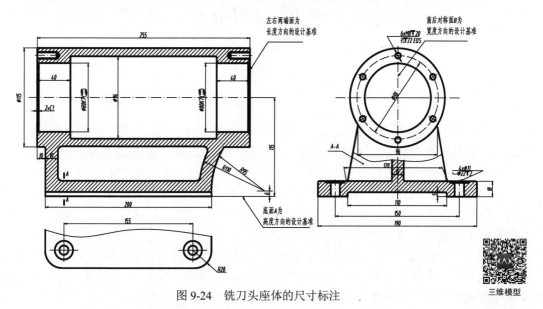

图 9-24　铣刀头座体的尺寸标注

（2）分析座体与相邻零件的装配关系，直接标注主要尺寸 115、ϕ80、155、150、ϕ98。

（3）采用形体分析法标注分析每部分的定形、定位尺寸，标注一般结构尺寸应遵照国家标准规定，如倒角尺寸、安装孔等。

1）标注底板尺寸 200、R20、190、4×ϕ11、18、110、5。

2）标注支撑板、肋板尺寸 120、15、96、10、6、R95、R110。

3）标注水平大圆筒尺寸 ϕ115、ϕ96、255、40、2×C1、6×M8。

4）标注总体尺寸，注意不要注成封闭尺寸链。

第四节　零件图中的技术要求

在零件图中，除了表达零件结构形状与大小的视图和尺寸标注外，还要注写出制造零件应达到的一些机械加工的质量指标，这些质量指标我们统称为技术要求，技术要求是为了保证加工制造零件时的加工精度。在加工零件时，要使每个尺寸绝对准确，表面绝对平滑，这在制造工艺上是不可能做到的，同时在使用中也没有必要，对尺寸的准确度要求越高，表面要求越平滑，会使零件的制造成本大大地增加。如何既保证零件的加工质量，又要降低成本，是零件设计制定技术要求时必须考虑的问题。

零件的加工精度主要包括表面结构、尺寸精度、形状和位置精度等。

一、零件的表面结构

1. 表面结构的基本概念

肉眼看到的零件表面不管加工得多么平滑，在微观条件下（放大镜或显微镜）观察都是

表面结构

高低不平的，如图9-25所示。实际表面的结构轮廓包含表面粗糙度轮廓（R轮廓）、表面波纹度轮廓（W轮廓）和表面原始轮廓（P轮廓）三类结构特征。

图9-25　表面轮廓

（1）表面粗糙度轮廓。粗糙度轮廓是表面轮廓具有较小间距和峰谷的那部分，它所具有的微观几何特征称为表面粗糙度，它是由加工过程中刀具和零件被加工表面之间的摩擦、切削分离时的塑性变形等因素所引起的。通常波距在1～10mm，呈周期性变化。

（2）表面波纹度轮廓。波纹度轮廓是表面轮廓中不平度的间距比粗糙度轮廓大得多的那部分，它通常包含工件表面加工时由意外因素（如工件或刀具的失控运动）引起的不平度。通常波距在1～10mm，呈周期性变化。

（3）表面原始轮廓。原始轮廓是忽略了表面粗糙度轮廓和波纹度轮廓之后的总轮廓，它主要是由机床、夹具本身所具有的形状误差所引起的。通常波距大于10mm，无周期性变化，属于形状误差，如平面不平、圆截面不圆等。

三类轮廓如图9-26所示。

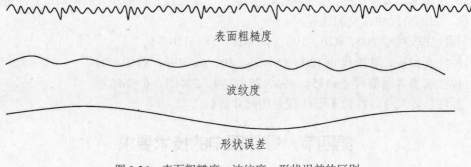

表面粗糙度

波纹度

形状误差

图9-26　表面粗糙度、波纹度、形状误差的区别

2．评定表面结构常用的轮廓参数

零件的表面结构特性是粗糙度、波纹度和原始轮廓特性的统称。它是通过不同的测量与计算方法得出的一系列参数进行评定的，本书仅介绍评定粗糙度轮廓的主要参数。

（1）轮廓算术平均偏差 R_a。如图9-27所示，在零件表面的一段取样长度（用于判别具有表面粗糙度特征的一段基准线长度）内，轮廓偏距 y（表面轮廓上的点至基准线的距离）绝对值的算术平均值，称轮廓算术平均偏差，用 R_a 表示。

$$R_a = 1/l \int_0^1 |y(x)| \mathrm{d}x$$

或近似表示为

$$R_a = 1/n \sum_{i=1}^n |y_i|$$

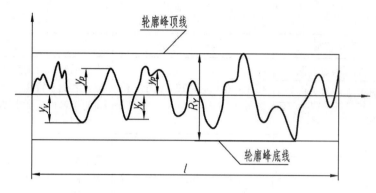

图 9-27　轮廓的形状曲线和表面粗糙度参数

（2）轮廓最大高度 R_z。如图 9-27 所示，在取样长度内，五个最大轮廓峰高（y_p）的平均值与五个最大轮廓谷深（y_v）的平均值之和，用 R_z 表示。

$$R_z = \sum_{i=1}^{5} y_{pi} / 5 + \sum_{i=1}^{5} y_{vi} / 5$$

3. 表面结构参数值的选用

零件表面结构参数值的选用，应该既满足零件表面的功用要求，又要考虑经济合理性。具体选用时，可参照生产实例，用类比法确定。轮廓算术平均偏差（R_a）是目前生产实际中评定表面结构采用最多的参数，它用电子轮廓仪测量，运算过程由仪器自动完成。R_a 值的优先选用值为 0.4、0.8、1.6、3.2、6.3、12.5、25，单位为 μm。R_a 值越小，表面质量就越高，但加工成本也越高。选用时应考虑下列问题：

（1）在满足使用要求的前题下，尽量选用较大的 R_a 值，以降低生产成本。

（2）在同一零件上，工作表面的 R_a 值应小于非工作表面的 R_a 值。

（3）受循环载荷的表面及容易引起应力集中的表面（如圆角、沟槽），R_a 值相对较小。

（4）尺寸和表面形状要求精确程度高的表面，R_a 值相对较小。配合性质相同时，小尺寸表面比大尺寸表面的 R_a 值相对较小；同一公差等级下，小尺寸比大尺寸、轴比孔的 R_a 值相对较小。

（5）运动速度高、单位压力大的摩擦表面比运动速度低、单位压力小的摩擦表面的 R_a 值相对较小。

不同表面 R_a 值的外观情况以及与之对应的加工方法和应用举例见表 9-3，供选用时参考。

表 9-3　R_a 参数值与应用举例

R_a/μm	表面特征	主要加工方法	应用举例
50、100	明显可见刀痕	粗车、粗铣、粗刨、钻、粗纹锉刀和粗砂轮加工	粗糙度最低的加工面，或称没有要求的自由表面，一般很少使用
25	可见刀痕		
12.5	微见刀痕	粗车、刨、立铣、平铣、钻	不接触表面、不重要的接触面，如螺钉孔、倒角、机座底面等
6.3	可见加工痕迹	精车、精铣、精刨、铰、镗、粗磨等	没有相对运动的零件接触面，如箱、盖、套筒、要求紧贴的表面、键和键槽工作表面；相对运动速度不高的接触面，如支架孔、衬套、带轮轴孔的工作表面等
3.2	微见加工痕迹		
1.6	看不见加工痕迹		

续表

$R_a/\mu m$	表面特征	主要加工方法	应用举例
0.8	可辨加工痕迹方向	精车、精铰、精拉、精镗、精磨等	要求很好密合的接触面，如滚动轴承的配合表面、锥销孔等；相对运动速度较高的接触面，如滑动轴承的配合表面、齿轮轮齿的工作表面等
0.4	微辨加工痕迹方向		
0.2	不可辨加工痕迹方向		
0.1	暗光泽面	研磨、抛光、超级精细研磨等	精密量具的表面、极重要零件的摩擦面，如汽缸的内表面、精密机床的主轴颈、坐标镗床的主轴颈等
0.05	亮光泽面		
0.025	镜状光泽面		
0.012	雾状镜面		

4. 表面结构的图形符号、代号及其标注方法

（1）表面结构的图形符号。表面结构的各种符号及其含义见表 9-4；各符号的比例、画法如图 9-28 所示。

表 9-4　表面结构符号及其含义

符号	含义及说明
√	基本图形符号（简称基本符号），表示表面可用任何方法获得。当不加注表面结构参数值或有关说明（如表面处理、局部热处理状况等）时，仅适用于简化代号标注
▽	扩充图形符号（简称扩充符号），基本符号加一短横线，表示表面是用去除材料的方法获得，例如车、铣、钻、刨、磨等
◁	扩充图形符号（简称扩充符号），基本符号加一小圆，表示表面是用不去除材料的方法获得，例如铸、锻、热轧、冲压变形、粉末冶金等；也可用于保持原供应状况的表面（包括保持上道工序的状况）
√ ▽ ◁	完整图形符号（简称完整符号），在上述三个符号的长边上加一横线，用于标注表面结构特征的补充信息
√° ▽° ◁°	带有补充注释的图形符号，在完整图形符号上加一小圆，表示构成封闭轮廓的各表面具有相同的表面结构参数要求

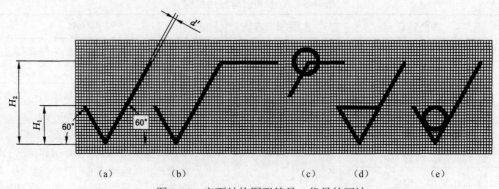

(a)　　　(b)　　　(c)　　(d)　　(e)

图 9-28　表面结构图形符号、代号的画法

（2）表面结构代号。表面结构代号由完整图形代号、参数代号（如 R_a、R_z）和参数值组成，如图 9-28 所示，其中 $d' = h/10$、$H_1 = 1.4h$、$H_2 = 2H_1$，h = 字高，d' 为符号的线宽。在必要时，表面结构代号中还应标注补充要求，如取样长度、加工工艺、表面纹理及方向、加工余量等，如图 9-29 所示。

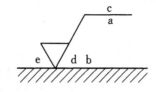

图 9-29　补充要求的注写位置

图中各字母位置注写内容如下：

位置 a——注写参数代号、极限值、取样长度（或传输带）等，在参数代号与极限值间应插入空格（单位 μm）；

位置 b——注写两个或多个表面结构要求，如位置不够，图形符号应在垂直方向扩大；

位置 c——注写加工方法、镀覆、涂覆、表面处理或其他说明等；

位置 d——注写加工纹理方向符号，如 "=" "⊥" 等；

位置 e——注写所要求的加工余量（单位 mm）。

说明：

1）传输带是评定时两个滤波器之间的波长范围，通常波距＜1mm 属于粗糙度轮廓，波距在 1～10mm 时属于波纹度轮廓，波距＞10mm 属于原始轮廓。一般情况，若采用默认传输带，则传输带或取样长度省略不注。

2）参数极限值的标注规则。

①当只标注一个参数值时，默认为参数的上限值，若要表达参数的单项下限值时，参数代号前应加注 L，如 $LR_a3.2$；同时表达双向极限时，上限值在上方，参数代号前应加注 U，下限值在下方，参数代号前应加注 L。在不引起分歧的情况下，也可不标注 U、L，见表 9-5。

表 9-5　表面结构代号示例及含义

代号示例	含义
$\sqrt{}$ Ra 0.8	表示不允许去除材料，R_a 的单项上限值为 0.8μm
$\sqrt{}$ Ra 1.6	表示去除材料，R_a 的单项上限值为 1.6μm
$\sqrt{}$ Ra max1.6	表示去除材料，R_a 的所有实测值不超过 1.6μm
$\sqrt{}$ URa3.2 LRa1.6	表示去除材料，R_a 的双向极限值，上限值为 3.2μm，下限值为 1.6μm

②默认情况下，允许全部实测值 16% 的测值超差，当要求所有的实测值均不超过规定值时，应在参数代号后面加注 "max" 的标记。

5. 表面结构在图样上的标注方法

表面结构要求，在同一图样上，每一表面一般只标注一次，并尽可能靠近有关的尺寸或公差。

（1）表面结构可标注在轮廓线或该轮廓的指引线上，其数值的注写应与尺寸数字的注写一致，如图 9-30a 所示；必要时，表面结构也可用带箭头或黑点的指引线引出标注，如图 9-30b 所示。

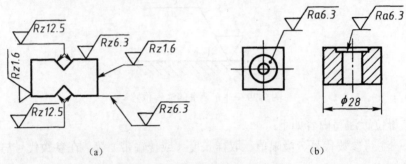

图 9-30　表面结构的注写方向

（2）在不致引起误解时，表面结构可以标注在尺寸线上，如图 9-31a 所示，也可标注在几何公差的框格上方，如图 9-31b 所示。

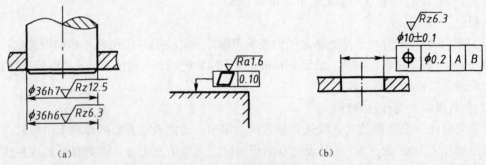

图 9-31　表面结构的标注

（3）棱柱和圆柱表面的表面结构要求只标注一次，如图 9-32a 所示；如果每个棱柱表面有不同的表面结构要求，则应分别单独标注，如图 9-32b 所示。

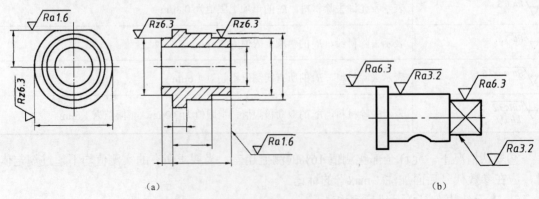

图 9-32　棱柱和圆柱表面的表面结构的注法

（4）表面结构要求的简化注法。

1）工件全部表面的表面结构相同时，可将其要求统一标注在图样的标题栏上方。如果多数表面具有相同的表面结构要求，也可将其标注在图样标题栏的上方，但要在其后加注圆括弧，括弧内容可采用两种形式，一种如图 9-33a 所示，圆括弧内给出基本图形符号；另一种如图 9-33b 所示，圆括弧内给出不同的表面结构要求，且不同的表面结构要求应标注在图中。

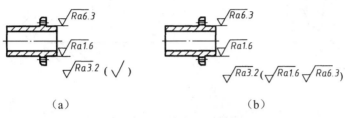

（a）　　　　　　　　　　（b）

图 9-33　相同表面结构的简化注法

2）当多个表面具有相同的表面结构要求或标注空间有限时，可用带字母的完整符号标注在视图中，另外，应在图形或标题栏附近以等式的形式写出表面结构的对应值，如图 9-34 所示。

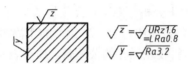

图 9-34　标注空间有限时的简化注法

二、极限与配合

1. 基本概念

（1）零件的互换性。在同一规格的一批零件中任取其一，不需要任何挑选或附加修配就能装到机器上，达到规定的性能要求，这样的一批零件就称为具有互换性的零件，例如自行车、手表的零件，就是按互换性要求生产的，当自行车或手表零件损坏后，修理人员很快就可用同样规格的零件换上，恢复手表和自行车的性能。零件具有互换性，不但给机器的装配、修理带来方便，更重要的是为机器的专业化、批量化生产提供了可能性。

零件具有互换性，必然要求零件尺寸的精确度，但这并不是要把尺寸制成独一的尺寸，而是要将其限定在一个合理的范围内，由此就产生了"极限与配合"制度。

（2）相关术语（图 9-35）。

1）基本尺寸：设计时确定的尺寸。

2）实际尺寸：实际测量获得的尺寸。

3）极限尺寸：允许尺寸变化的两个极限值。两个极限尺寸中较大的一个称为最大极限尺寸，较小的一个称为最小极限尺寸。

4）尺寸偏差（简称偏差）：某一尺寸减其基本尺寸的代数差。最大极限尺寸减其基本尺寸的代数差称为上偏差；最小极限尺寸减其基本尺寸的代数差为下偏差；上、下偏差统称为极限偏差。偏差可以为正值、负值或零。

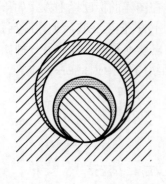
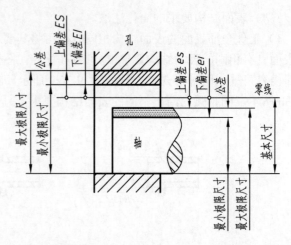

图 9-35　公差的有关术语

国家标准规定：孔的上偏差代号为 ES，下偏差代号为 EI；轴的上偏差代号为 es，下偏差代号为 ei。

5）尺寸公差（简称公差）：尺寸的允许变动量。公差等于最大极限尺寸与最小极限尺寸的代数差的绝对值，也等于上偏差与下偏差的代数差的绝对值。

6）公差带和公差带图：为便于分析，将尺寸公差与基本尺寸的关系按比例放大画成简图，称为公差带图（图 9-36）。在公差带图中，上、下偏差的距离应成比例，公差带方框的左右长度则根据需要任意确定。一般用斜线表示孔的公差带，加点表示轴的公差带，如图 9-36 所示。在公差带图中，代表基本尺寸的一条直线称为零线，正偏差位于上方，负偏差位于下方，由代表上、下偏差的两条直线所限定的一个区域，叫公差带。在国家标准中，公差带包括了"公差带大小"与"公差带位置"两个特征，前者由标准公差等级确定，后者由基本偏差确定。

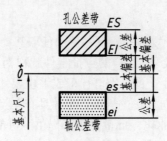

图 9-36　公差带图

7）公差等级及标准公差：确定尺寸精确的等级称作公差等级。国标将公差等级分为 18 级：IT1、IT2、IT3、…、IT18，IT 表示标准公差，公差等级代号用阿拉伯数字表示。从 IT1 至 IT18，尺寸精度等级依次降低，而相应的标准公差数值依次增大。标准公差是基本尺寸的函数，对于一定的基本尺寸，公差等级愈高，标准公差值愈小，尺寸的精确程度愈高。国家标准把 ≤500mm 的基本尺寸范围分成 13 段，按不同的公差等级列出了各段基本尺寸的公差值，可从附录中查取，其中，IT1～IT12 用于配合尺寸，IT12～IT18 用于非配合尺寸。

8）基本偏差：用来确定公差带相对于零线位置的上偏差或下偏差，一般指靠近零线的那个偏差。当公差带位于零线上方时，基本偏差为下偏差；当公差带位于零线下方时，基本偏差为上偏差。根据实际需要，国家标准分别对孔和轴各规定了 28 个基本偏差代号，如图 9-37 所示。

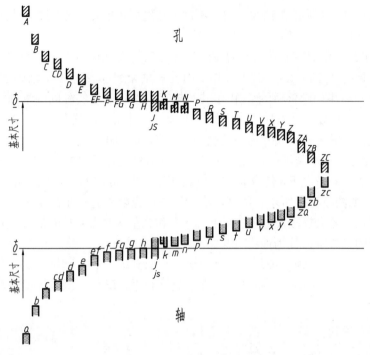

图 9-37 基本偏差系列图

由图 9-37 所示的基本偏差系列图可知：

基本偏差用拉丁字母（一个或两个）表示，大写字母代表孔，小写字母代表轴。轴的基本偏差从 a～h 为上偏差，从 j～zc 为下偏差。js 的上下偏差分别为+IT/2 和-IT/2。h 的基本偏差为零，用于基轴制的基准轴。

孔的基本偏差从 A～H 为下偏差，从 J～ZC 为上偏差。JS 的上下偏差分别为+IT/2 和-IT/2。H 的基本偏差为零，用于基孔制的基准孔。

基本偏差系列图只表示公差带的位置，不表示公差带的大小，因此，公差带只画出属于基本偏差的一端，另一端是开口的，即公差带的另一端由标准公差来限定。

9）孔、轴的公差带代号：公差带的位置由基本偏差确定，公差带的大小由标准公差等级确定，因此，基本偏差代号与标准公差等级的组合称为孔或轴的公差带代号。例如：ϕ50H8 表示孔的公差带代号，基本尺寸为 50，基本偏差代号为 H（即基准孔），公差等级为 8 级，如图 9-38a 所示。ϕ50f7 表示轴的公差带代号，基本尺寸为 50，基本偏差代号为 f，公差等级为 7 级，如图 9-38b 所示。

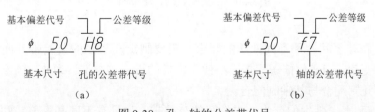

图 9-38 孔、轴的公差带代号

2. 配合

在机器装配中，将基本尺寸相同的孔和轴装配在一起，其孔、轴公差带之间的关系称为配合。在实际生产中，由于孔和轴实际尺寸不同，装配后可能出现不同的松紧程度，国家标准把配合反应的松紧程度分为"间隙"和"过盈"。

（1）间隙配合。孔轴装配时，孔的实际尺寸比轴的实际尺寸大时，为间隙配合。此时孔的公差带完全在轴的公差带之上，任取其中一对孔和轴相配都成为具有间隙的配合（包括最小间隙为零的配合），如图 9-39a 所示。由于孔和轴有公差，所以实际间隙量的大小随孔和轴的实际尺寸而变化。孔的最大极限尺寸减轴的最小极限尺寸所得的代数差，称为最大间隙；孔的最小极限尺寸减轴的最大极限尺寸所得的代数差，称为最小间隙。

（2）过盈配合。孔轴装配时，孔的实际尺寸比轴的实际尺寸小，为过盈配合。此时孔的公差带完全在轴的公差带之下，任取其中一对孔和轴相配都成为具有过盈的配合（包括最小过盈为零的配合），如图 9-39b 所示。同理，实际过盈量也随着孔和轴的实际尺寸而变化。孔的最小极限尺寸减轴的最大极限尺寸所得的代数差，称为最大过盈；孔的最大极限尺寸减轴的最小极限尺寸所得的代数差，称为最小过盈。

（3）过渡配合。孔和轴的公差带相互交迭，任取其中一对孔和轴相配，其配合可能具有间隙，也可能具有过盈，如图 9-39c 所示。在过渡配合中，配合的极限情况是最大间隙和最大过盈。

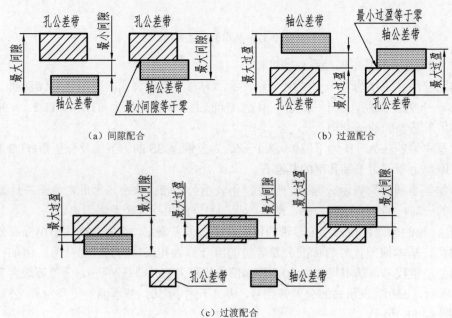

（a）间隙配合 　　　　　　　　　　　　（b）过盈配合

（c）过渡配合

图 9-39 三类配合的公差带图

3. 配合制

为了得到孔和轴之间各种不同性质的配合，需要制定孔与轴的公差带，而如果孔与轴公差带都可以任意变动，则变化情况太多，不便于零件的设计与制造。为此，国家标准规定了两种配合制，即基孔制配合与基轴制配合。

（1）基孔制配合。基本偏差为一定的孔的公差带，与具有不同基本偏差的轴的公差带形成各种配合。基孔制的孔为基准孔，如图 9-40 所示。国家标准规定基准孔的基本偏差代号为"*H*"，即孔的下偏差为零的一种配合制。

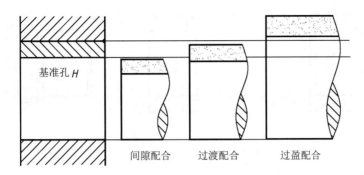

图 9-40　基孔制配合示意图

（2）基轴制配合。基本偏差为一定的轴的公差带，与具有不同基本偏差的孔的公差带形成各种配合。基轴制的轴为基准轴，如图 9-41 所示。国标规定基准轴的基本偏差代号为"h"，即轴的上偏差为零的一种配合制。

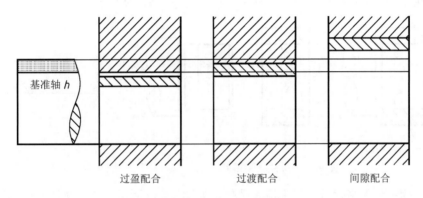

图 9-41　基轴制配合示意图

4. 公差与配合的选用

（1）配合制度的选用。一般情况下，优先选用基孔制。因为加工孔比加工轴困难，所用的刀和量具的尺寸规格也较多。采用基孔制，可大大缩减定值刀、量具的规格和数量。只有在具有明显经济效益或在同一基本尺寸的轴上装配几个不同配合的零件时，才采用基轴制。

与标准件配合时，基准制的选择通常依标准件而定，例如：与滚动轴承内圈配合的轴应采用基孔制；与滚动轴承外圈配合的孔应采用基轴制。

（2）公差等级的选用。由于孔比同级轴加工困难，一般在配合中选用孔比轴低一级的公差等级，如 H8/h7。

为降低加工成本，在满足使用要求的前提下，尽量扩大公差值，即选用较低的公差等级。

5. 公差与配合的标注

（1）在装配图中的标注方法。配合代号由两个相互配合的孔和轴的公差带代号组成，用分数形式表示，分子为孔的公差带代号，分母为轴的公差带代号，通用形式如图 9-42a、图 9-43a、图 9-45a 所示。

（2）在零件图中的标注方法。

1）标注公差带代号，如图 9-43b 所示。这种标注法常与采用专用刀具、量具加工和检验零件统一起来，以适应大批量生产的需要。

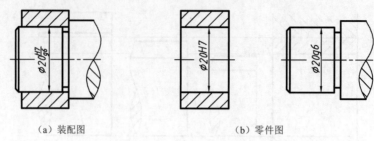

图 9-42   用代号标注公差配合

2）标注极限偏差值，如图 9-43b 所示。上偏差注在基本尺寸的右上方，下偏差注在基本尺寸的右下方，偏差的数字应比基本尺寸数字小一号，并使下偏差与基本尺寸在同一底线上。如果上、下偏差数值相同，则在基本尺寸之后标注"±"符号，再填写一个极限偏差数值。这时，极限偏差数值与基本尺寸数值同字号，如图 9-44 所示。这种情况主要用于少量或单件生产，由于标注的数值与量具（游标卡尺或千分尺）的读数一致，所以便于加工和检验。

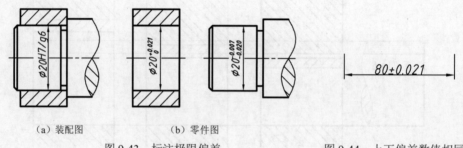

图 9-43   标注极限偏差   图 9-44   上下偏差数值相同时

3）同时标注公差带代号和极限偏差数值，如图 9-45b 所示，该注法适合产品试制阶段。

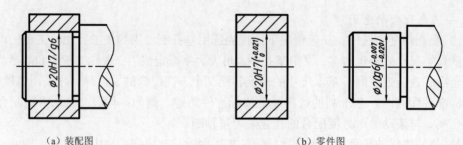

图 9-45   既标注代号又标注偏差值

三、几何公差的标注

1. 基本概念

几何公差是指其零件的实际形状和位置对理想形状和位置的变动量。一般情况下，零件的几何公差可由尺寸公差、机床的精度和加工工艺加以保证，因此，只有要求较高的零件部位才在图样上标注几何公差，几何公差包括形状、方向、位置和跳动公差。

2. 几何公差的标注

（1）几何公差的特征项目及符号。国家标准所规定的几何公差的特征项目与符号见表 9-6。

几何公差

表 9-6 几何公差的几何特征与符号

公差类别	几何特征	符号	有无基准要求	公差类别	几何特征	符号	有无基准要求
形状	直线度	—	无	方向公差	平行度	//	有
	平面度	▱	无		垂直度	⊥	有
	圆度	○	无		倾斜度	∠	有
	圆柱度	⌭	无	位置公差	位置度	⊕	有或无
形状或位置公差	线轮廓度	⌒	有或无		同轴度	◎	有
					对称度	=	有
	面轮廓度	⌓	有或无	跳动公差	圆跳动	⟋	有
					全跳动	⟋⟋	有

（2）几何公差框格。在图样中，几何公差应以框格的形式进行标注，其标注内容及框格等的绘制如图 9-46a 所示。

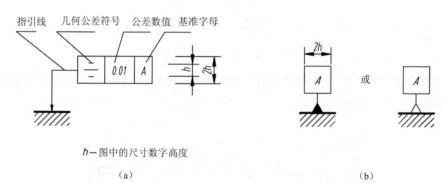

h—图中的尺寸数字高度

（a）　　　　　　　　　　　　　　　　　（b）

图 9-46　几何公差代号与基准符号

构成零件几何特征的点、线、面统称为要素，要素分为基准要素与被测要素，被测要素用带箭头的指引线与框格相连，基准要素用字母注写在框格的最后项内，并在视图上作出相应标记，如图 9-46b 所示。

公差值一般为线性值，如图 9-47a 所示，如果公差带是圆形或圆柱形的，则在公差值前加注"ϕ"；若公差带是球形则加注"$S\phi$"；根据需要，还可用一个或多个字母表示基准要素，如图 9-47b 所示。

当有一个以上要素作为被测要素时，应在框格上方标明，如图 9-47c 中的 $6\times\phi$；如果对同一被测要素有一个以上公差特征项目要求，为方便起见，可将一个框格放在另一框格的下面，见图 9-47d。

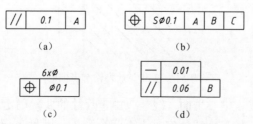

（a）　　　　　　　　　（b）

（c）　　　　　　　　　（d）

图 9-47　公差值、被测要素、基准要素的注法

（3）被测要素的标注。被测要素与公差框格之间用一带箭头的指引线相连，见图 9-46（a）。

1）当被测要素是轮廓线或表面时，将箭头置于被测要素的轮廓线或轮廓线的延长线上，但必须与尺寸线明显分开（图 9-48）。

（a）被测要素为表面时　　　　　　　　　（b）被测要素为轮廓线时

图 9-48　被测要素为轮廓线或表面时

2）当被测要素为实际表面时，箭头可置于带点的参考线上，该点应在实际表面上（图 9-49）。

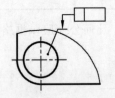

图 9-49　被测要素为实际表面时

3）当被测要素是轴线、中心平面或带尺寸要素确定的点时，则带箭头的指引线应与尺寸线的延长线重合（图 9-50）。

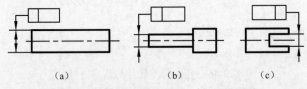

（a）　　　　　　（b）　　　　　　（c）

图 9-50　被测要素为轴线、中心平面时

（4）基准要素的标注。基准的表示见图 9-46b。表示基准的字母标注在基准方框内，该方框与一个涂黑的或空白的三角形相连。

1）当基准要素是轮廓线或轮廓表面时，基准三角形应放置在要素的外轮廓线上或它的延长线上，但应与尺寸线明显错开，另外，基准三角形还可放置在该轮廓面引出线的水平线上，如图 9-51 所示。

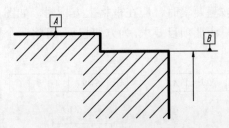

图 9-51　基准要素为轮廓表面时

2）当基准要素是轴线、中心平面（线）或由带尺寸的要素确定的点时，则基准三角形应与尺寸线对齐（图 9-52）。如尺寸线处安排不下两个箭头，则另一箭头省略（图 9-53）。

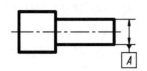

图 9-52　基准要素为轴线或中心平面

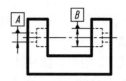

图 9-53　用短横线代替箭头

3. 几何公差的识读

如图 9-54 所示的几何公差综合标注实例，图中各代号含义如下：

（1）基准 A 为 $\phi16$ 圆柱的轴线。

（2）$\phi16f7$ 圆柱面的圆柱度公差为 0.005mm。

（3）M8×1 的轴线相对于基准 A 的同轴度公差为 $\phi0.1$。

（4）$\phi36^{0}_{-0.34}$ 的右端面对基准 A 的垂直度公差为 0.25mm。

（5）$\phi14^{0}_{-0.24}$ 的右端面对基准 A 的圆跳动公差为 0.1mm。

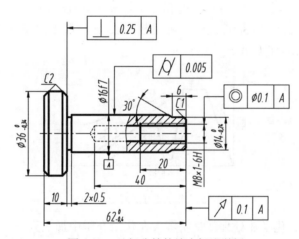

图 9-54　几何公差的综合标注举例

四、零件的常用材料及其表示法

1. 常用材料

制造零件的材料不仅影响机器的制造成本，还影响机器的工作性能和使用寿命。因此在设计机器时，为满足零件的使用要求、工艺要求及经济指标，应合理地选择制造零件的材料。

（1）铸铁。铸铁是含碳量大于 2% 的铁碳合金。铸铁是脆性材料，不能进行轧制和锻压，但具有良好的液态流动性，形状复杂的零件毛坯都是用铸铁以铸造的方法制造出的。另外，铸铁的减振性、可加工性、耐磨性都比较好且价格低廉，因此，应用较为广泛。常用铸铁的名称、牌号、分类及用途见附录。

（2）碳钢与合金钢。钢是含碳量小于 2% 的铁碳合金。一般来说，钢的强度高、塑性好，可以锻造，而且通过不同的热处理或化学处理可改善和提高其力学性能，以满足不同的使用要求。钢的种类很多，有不同的分类方法：按碳的含量可分为低碳钢（$\omega_c \leqslant 0.25\%$）、中碳钢（$\omega_c > 0.25\% \sim 0.60\%$）、高碳钢（$\omega_c > 0.60\%$）；按化学成分可分为碳素钢、合金钢；按质量可分为普通钢、优质钢；按用途可分为结构钢、工具钢、特殊钢等。常用钢的名称、牌号、分类及用途见附录。

（3）有色金属合金。通常将钢、铁称为黑色金属，将其他金属统称为有色金属。纯有色金属在机械制造中应用较少，一般使用的是有色金属合金。有色金属与黑色金属相比价格昂贵，因此，仅用于减摩、耐磨、抗腐蚀等有特殊要求的情况下。常用的有色金属合金是铜合金和铝合金等，它们的名称牌号、分类及用途见附录。

（4）非金属材料。常用的非金属材料有铸型尼龙、工程塑料、橡胶等，其性能及应用请查阅有关手册。

（5）复合材料。复合材料是由两种或两种以上的金属或非金属材料复合而成的一种新型材料。复合材料目前成本尚高，但它是材料工业发展的方向之一，相信随着材料工业的发展和不断完善，复合材料将得到广泛的应用。

2. 热处理与化学热处理简介

（1）热处理。所谓热处理是指将钢在固态下加热到一定温度，保温一定的时间，然后在介质中以一定的速度冷却，从而获得所需性能的工艺过程，图 9-55 是热处理方法规范示意图。热处理是将加热温度、保温时间、冷却速度和介质等方法有机配合，从而改变金属材料的内部金相组织，改善其力学性能和机械性能的一种工艺方法，它一般不改变零件的化学成分或形状。常用的热处理方法及用途详见附录。

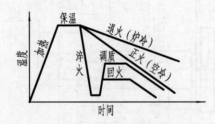

图 9-55　热处理方法规范示意图

（2）化学热处理。化学热处理就是将零件在化学介质中加热到一定温度，使介质中某些元素的原子渗入其表层，以改变零件表层的化学成分和结构，从而提高零件表面的硬度、耐磨性、耐腐蚀性和表面的美观程度等，而心部仍保持原来的力学性能。经化学热处理的零件一般可以获得"外硬内韧"的性能。常用的化学热处理方法有渗碳、氮化、氰化等，其具体处理方法及用途详见附录。

3. 金属的表面处理

表面处理是在金属表面增设保护层的工艺方法。它起着防蚀、装饰和改善表面的机械物理性能（耐磨、导电、绝缘、反光等）的作用。

（1）钢制件的保护层。

1）镀锌——镀锌零件在空气中有良好的耐蚀性，且费用低，应用广泛。有时为了避免使钢件直接与铝、镁或铜合金接触，常使用镀锌法保护。锌本色日久变暗，故不作装饰之用。

2）镀镉——镀镉件比镀锌件稳定，在海水及其蒸汽中有很强的耐蚀性。镀镉层柔软，且有弹性，对零件贴合封严极有利，但镉层不耐磨，镉盐有毒且稀少，应慎用。

3）镀镍——镍在大气、海水中有良好的抗蚀性。镍层抛光后外表美观。

4）发蓝（发黑）——使钢件表面形成一层氧化膜。发蓝主要用于良好大气条件下工作的零件，涂油可提高其防护性能。氧化膜极薄，对零件表面结构和尺寸精度影响很小，所以常用于尺寸精确或需黑色表面的零件。

（2）铝、镁合金的保护层。铝、镁合金表面处理的方法主要是阳极化，即将零件作为直流电路的阳极进行氧化处理。阳极化可提高铝、镁合金的防蚀和耐磨能力。由于氧化膜可以成黄、黑、蓝、红、绿或紫色，所以它具有装饰性。

（3）铜合金的保护层。铜合金保护层基本上与钢相似，可以镀锌、镉、铬、镍或锡等，还可予以钝化处理，使铜合金表面形成氧化膜。

零件的热处理、表面处理要求一般均用文字在零件图的技术要求中加以说明。

第五节　各类零件的表达特点及构型

典型零件表达方案

一、轴、套类零件

1. 轴、套类零件的结构特点和构型分析

所有做回转运动的传动零件（如齿轮等），都必须安装在轴上才能进行运动和动力的传递，所以轴的主要功用是支承传动零件及传递运动和动力。套一般安装在轴上，起轴向定位、传动或连接作用。因此，轴、套类零件一般由若干段同轴回转体组成，为了轴上零件的固定和密封以及便于安装和加工，轴上还有倒角、圆角、退刀槽、键槽等结构（图9-1）。

2. 轴、套类零件的视图选择及表达特点

（1）轴、套类零件一般在车床上加工，加工方法单一，所以应按加工位置确定零件的安放位置，即轴线为侧垂线。用一个基本视图（主视图）表达各段回转体在轴向方向上的相对位置，及轴上键槽、退刀槽等结构的形状和位置。

（2）用断面图、局部剖视图、局部视图、局部放大图等补充表达键槽、退刀槽、砂轮越程槽和中心孔等局部结构。对长度方向无变化或有规律变化的较长零件，还可用折断等简化画法表达。

（3）空心轴、套可用全剖视图、半剖视图或局部剖视图表达其内部结构形状；当内部结构简单时，也可用虚线表达。

3. 轴、套类零件的尺寸标注

（1）轴套类零件均以轴线作为径向尺寸基准（即高度和宽度方向的主要基准），重要的轴肩端面是长度方向的主要基准，图9-1中ϕ35轴肩的右端面是轴向尺寸的主要基准，轴的左、右两端面是轴向尺寸的辅助基准之一。

（2）重要尺寸如轴上与轮毂有配合关系的轴径、轴径长度以及与安装零件的宽度有关的尺寸，必须直接标注出来，必要时还可注出其偏差值。其余尺寸多按加工顺序标注。

（3）零件上的标准结构（如倒角、退刀槽、砂轮越程槽、键槽）等，应查阅相应的设计手册按结构的标准尺寸标注。

4. 轴、套类零件的技术要求

（1）有配合要求的表面，其表面结构参数值较小，重要的表面可取0.8或1.6，一般表面可取1.6或3.2。无配合要求的表面，其表面结构参数值较大，可取6.3或12.5。

（2）有配合要求的轴颈尺寸公差等级较高，公差较小。无配合要求的轴颈尺寸公差等级较低，或不需要标注公差。

（3）有配合要求的轴颈和重要的端面应有几何公差的要求。

5. 轴、套类零件的构型

轴的结构取决于轴的受力情况、轴上零件的布置和固定方式，以及轴的支座类型等条件。由于影响轴结构的因素很多，构型时必须根据不同情况进行具体分析。一般来说，轴的构型应满足下列要求：轴和装配在轴上的零件要有准确的工作位置；轴上零件应便于装拆和调整，轴应有良好的制造和装配工艺性；应使轴受力合理、有利于节约材料和减轻重量等。

轴的结构是多种多样的，没有统一的标准，现以图 9-56 所示的一级减速器中的低速轴为例，说明轴的结构特点与构型规律间的关系。

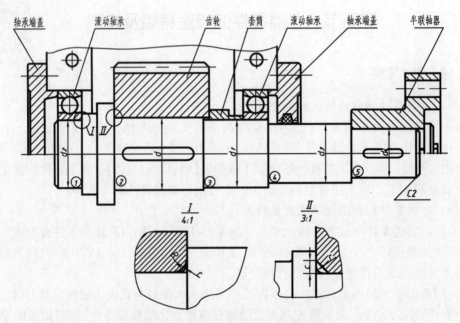

图 9-56　轴上零件装配与轴的结构示例

图 9-56 中轴的 d_1、d_2 两轴段装配在滚动轴承中，并通过滚动轴承支撑在箱体上，这两个轴段称为轴颈，是轴的支承部分，按构型规律分析可看作是轴的"安装部分"；轴的 d、d_4 两轴段上安装着齿轮和联轴器，称为轴头，可看作是轴的"工作部分"；将轴颈和轴头连接在一起的 d_3 及其他轴段则称为轴身，可看作是轴的"连接部分"。

从便于加工的角度出发，轴的外形越简单越好，最简单的轴是一根光轴。但由于轴上要依次安装联轴器、齿轮等零件，为了满足强度要求和便于轴上零件的装拆与固定，实际上必须设计成阶梯轴，如图 9-56 所示。

轴的台阶称轴肩，轴肩分为定位轴肩（图 9-56 中的轴肩①、②、⑤）和非定位轴肩（图 9-56 中的轴肩③、④）两类。为避免轴肩处因截面突变而引起应力集中常加工成圆角。为了使轴上零件的端面能紧靠轴肩，轴肩处的圆角 r 应小于配合孔的倒角 C 或圆角 R（图 9-56），而轴肩高度 a 不能小于配合孔的倒角、圆角，尺寸可由有关标准或手册中查取。

为了安装时便于对中和安装表面及防止锐边伤手，轴的端部要加工成 45°倒角（图 9-56），倒角尺寸可根据轴径从有关标准或手册中查取。

为了便于加工，轴上常有退刀槽和砂轮越程槽，这些结构的尺寸也可根据轴径查阅有关标准和手册。

二、盘、盖类零件

1. 盘、盖类零件的结构特点和构型分析

盘、盖类零件包括手轮、带轮、齿轮、端盖、阀盖等。盘（如齿轮）一般用来传递动力和扭矩，盖（如轴承端盖）主要起支承、轴向定位以及密封等作用。盘、盖类零件的基本组成部分为回转体，其上常有一些沿圆周分布的孔、肋、槽和齿等结构。这类零件常采用铸（锻）造毛坯再经机械加工的方法，主要在车床和钻床上加工。

2. 盘、盖类零件的视图选择及表达特点

盘、盖类零件常采用两个基本视图，多按主要加工工序的位置安放零件，即轴线为侧垂线，一般取非圆视图为主视图，并采用旋转剖或复合剖切的全剖视图。若圆周上分布的肋、孔等结构不在对称平面上，则采用简化画法（图9-57）或旋转剖切（图9-58）；另外，在视图表达中还采用局部视图表达那些凸台、凹槽及倾斜结构等（图9-58）。对于轮、盘类零件上的轮幅、肋等结构的截面，多用移出断面图或重合断面图表达（图9-57）。

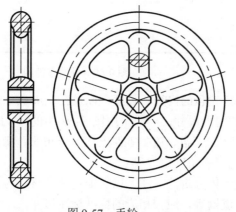

图9-57　手轮

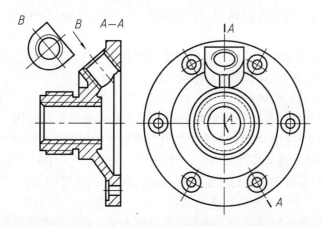

图9-58　泵盖

3. 盘、盖类零件的尺寸标注

（1）盘、盖类零件一般以轴线作为径向尺寸基准（即宽度和高度方向的主要基准），长度方向的主要基准是需经机械加工的大端面，如图9-59所示为机车轴箱装配外盖的右端面。

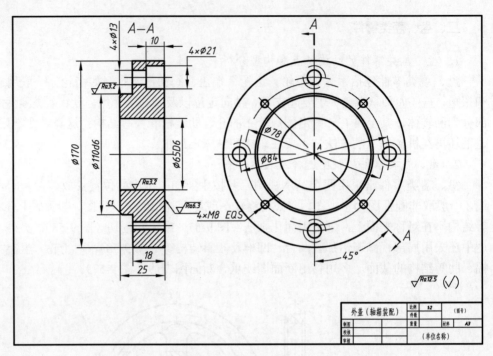

三维模型

图 9-59　外盖零件图

（2）重要尺寸主要指轮毂的内径和长度，以及在圆周上分布的孔、槽等结构的定形和定位尺寸。多个小孔、槽的定形尺寸，一般采用图 9-59 中的 4×M8 的形式标注，意味着 4 个 M8 的螺孔均匀分布在圆周上。盘、盖类零件上均匀分布的孔槽，当其中某一孔槽在圆周的中心线上时，则不必标注孔槽的角度定位尺寸。

（3）其他尺寸应按形体分析法标注，以保证尺寸完整。内外形结构尺寸最好分开标注。

（4）零件上螺孔、键槽等，应按相应的标准标注尺寸。

4. 盘、盖类零件的技术要求

（1）有配合的内、外表面及轴向定位的端面（即零件的轴向基准），表面结构的参数值相应较小（图 9-59）。

（2）有配合的孔和轴的尺寸公差相应较小；与其他零件相接触的表面一般有平行度、垂直度、同轴度等几何公差方面的要求（图 9-59）。

5. 盘、盖类零件的构型举例

盘类零件和盖类零件从形体分析的角度讲，由于基本体多为回转体，所以差别不大，但从构型观点出发，由于它们的"工作部分"在机器或部件中起的作用不同，所以构型特点亦完全不同。按照构型规律，盘类零件如齿轮，其轮齿部分是其"工作部分"，轮毂部分是"安装部分"，而轮辐部分则可看作是"连接部分"。而盖类零件的内形则为其"工作部分"，连接用的凸缘和螺栓孔为其"安装部分"，"连接部分"是"工作部分"的外形。

例 9-6　图 9-60c 是一轴承端盖，以其构型过程为例，说明盖类零件的构型特点。

（1）功能及构型特点。零件的构型一般是根据使用要求和加工条件进行的。轴承端盖的主要作用（即考虑使用要求）是支承、轴向定位及密封。按照零件的构型规律，轴承端盖的内形即为其"工作部分"，连接用的凸缘和螺栓孔为其"安装部分"，"连接部分"是"工作部分"的外形，所以其构型特点是由内形定外形。凸缘右端面的退刀槽是考虑了加工条件后添加的。

（2）构型过程。构型过程如图 9-60a、b 所示。

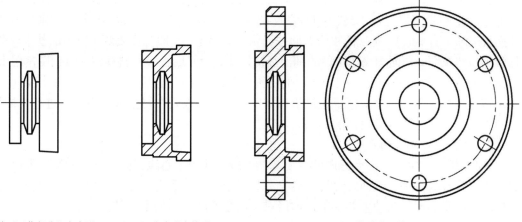

（a）由"工作部分"定内形　（b）由内形定外形　（c）添加安装凸缘

图 9-60　轴承端盖的构型过程

三、叉、架类零件

1. 叉、架类零件的结构特点和构型分析

叉、架类零件包括各种用途的支架（座）、拨叉和连杆等。支架（座）主要起支承和连接作用，在一般的机械中应用较为广泛，如图 9-61 中的托架。而拨叉、连杆多用于各种机器的操纵机构和传动机构上，如图 9-62 所示。叉、架类零件多由肋板、耳片、底板、圆柱形轴、孔和实心杆等基本体组成。一般采用铸（锻）件毛坯，毛坯形状较为复杂且不规则，有时甚至无法放平。

三维模型

图 9-61　托架立体图

（a）　　　　　　　　　（b）

图 9-62　连杆类零件

2. 叉、架类零件的视图选择及表达特点

叉、架类零件一般需经过多道工序的机械加工，而且加工位置常难以分出主次，所以主要按工作位置（或自然位置）安放零件（图9-63）；对于该类零件属于运动机构的，则需要把该零件摆正来画（图9-62）。主视图投影方向按形状特征确定。一般都需要两个以上的基本视图，并且要用局部视图、断面图表达零件的细部结构，如底板、肋板等，斜视图、斜剖图常用于表达那些不平行于基本投影面的倾斜结构，剖视图也多采用局部剖视图，以兼顾其内外形的表达。

铸件毛坯零件的有些表面要经过机械加工，有些表面则在浇注成型后不再进行机械加工。绘图时应注意区分这两类表面的画法。

3. 叉、架类零件的尺寸标注

（1）长度、宽度、高度方向的主要基准一般为孔的中心线、回转体的轴线、零件的主要对称平面和较大的加工平面。如图9-63所示，托架的左端面为长度方向的尺寸主要基准，$\phi38$ 圆柱的中心是高度方向的主要基准，前后对称面是宽度方向的主要基准。

（2）主要尺寸，一般要标注出孔中心线（或轴线）的距离，或孔中心线（轴线）到平面的距离，或平面到平面的距离，要注意保证其定位精度。

（3）其他非主要尺寸一般都采用形体分析法，按定形尺寸、定位尺寸标注，以便于制作木模。拔模斜度、铸造圆角通常在图上不标注，而是作为技术要求统一注写。

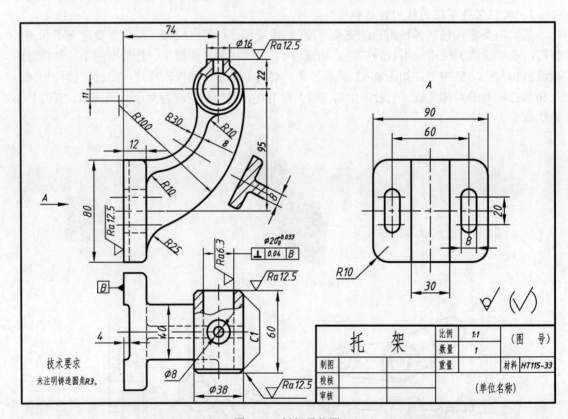

图 9-63 托架零件图

4. 叉、架类零件的技术要求

叉、架类零件上起支承或连接作用的轴孔一般都有配合要求。支架类零件，为了保证轴在机架上有确定的位置，轴孔的轴线与底座定位面间的相对几何关系特别重要，所以定位面与轴孔的轴线一般有平行度或垂直度的要求。而拨叉、连杆类零件，轴孔间的轴线一般有平行度的要求。

轴承孔的表面结构的参数值一般相对较小，其次为轴承孔端面和安装底面。

5. 叉、架类零件的构型举例

叉、架类零件主要起支承和连接作用，形状较为复杂且不规则，其构型常常是根据轴孔和安装面的位置确定零件的主要形状。

例 9-7 分析托架（图 9-63）的构型过程。

托架轴孔的轴线与托架的安装平面在空间平行，但不在同一平面内，如图 9-64 所示。根据构型规律，托架的"工作部分"是轴孔部分，此例中采用滑动轴承，所以孔径 d 的大小由轴径来确定，且常用间隙配合，如 H8/f7、H7/g6 等。轴承的外径 D 和长度 L 根据设计规范由轴径来确定。

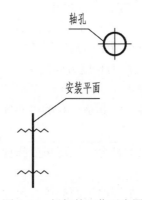

图 9-64 托架的工作示意图

托架的"安装部分"是以安装平面为基面的连接板，连接板的厚度可根据设计规范确定，安装基面常做成带有凹槽（图 9-63）或凹坑的形式，这样既可减少加工面积，又能使托架的安装面接触良好，从而使托架的安装更为平稳。有时为了使轴的位置可以调节，连接板上的安装孔也可设计为长圆形孔（图 9-62），此时，安装孔可直接铸出，不再进行机械加工。

支架类零件的"连接部分"常由支承板和肋板组成，由于其结构形状和尺寸是根据轴和安装基面间的相对位置确定的，所以支承板和肋板的结构形状和尺寸变化很大。支承板和肋板的厚度根据承载大小和设计规范而定，肋板的配置应使它在工作时受压应力为宜，为了保证轴承有足够的强度和刚度，可根据实际情况，将中间连接部分设计成各种承载能力较大的断面，如"⊥"形（图 9-61）、"十"形、"工"形等。

四、箱体类零件

1. 箱体类零件的结构特点和构型分析

箱体类零件包括各种箱体、壳体、机座等，是机器或部件的主要零件，一般起支承、容纳、保护运动零件和其他零件的作用，因此，内、外形结构都比较复杂。

2. 箱体类零件的视图选择及表达特点

（1）箱体类零件多为铸件，需经过多道工序加工，各工序的加工位置不尽相同，因而常采用自然位置或工作位置原则摆放，选择主视图时，以最能反映零件形状特征及相对位置的一面作为主视图的投影方向。箱体类零件一般都需要三个或三个以上的基本视图来表达，内部结构常采用剖视图表达，对于倾斜结构多采用斜视图、斜剖，凸台、凹坑多采用局部视图。图 9-65 是减速器底座（箱体）零件图，按工作位置放置，沿齿轮传动轴线方向作为主视图的投影方向。为了表达用来安装油标、螺塞的螺孔和定位销孔、轴承座旁螺栓孔等，主视图上共有四处采用局部剖视图。俯视图上为了表达箱边转角处的形状和安装孔也采用局部剖视图。左视图用 *A—A* 全剖视图表达了轴承孔内腔的形状。另外通过 *B—B* 和 *C—C* 局部剖视图表达了轴承座旁螺栓孔凸台的形状和吊钩的结构形状。

（2）箱体类零件结构形状复杂，常会出现截交线和相贯线，由于它们是铸件毛坯，所以转化为过渡线，要认真分析各种交线并予以合理表达。还应注意铸件的工艺结构，如铸造圆角、拔模斜度等的画法。

3. 箱体类零件的尺寸标注

在标注箱体类零件的尺寸时，应首先考虑尺寸的基准问题，先行标注出功能尺寸，并运用形体分析法，补充各结构的定形尺寸和定位尺寸。

（1）通常选用主要轴孔的轴线、重要的安装面、结合面（或加工面）、箱体某些主要结构的对称平面作为尺寸基准。图 9-65 所示的减速器箱体，以箱体的底面（安装面）作为高度方向的主要基准，以左轴承孔的轴线作为长度方向的主要基准，以前后对称面作为宽度方向的主要基准。

（2）箱体零件的定位尺寸较多，尤其是各孔的中心线（或轴线）间的距离一定要直接注出，如图 9-65 中的 70±0.08。

（3）对于箱体上需要切削加工的部分，应尽可能按便于加工和检验的要求来标注尺寸。

4. 箱体类零件的技术要求

（1）重要的箱体孔及其轴线和重要的表面应该有尺寸公差和几何公差的要求。如图 9-65 中轴承孔均需与滚动轴承配合，因此轴承孔都注有尺寸公差，并采用基轴制。两轴承孔间的位置，由中心距尺寸公差（70±0.08）及平行度予以保证。

（2）箱体的重要表面和轴孔表面，其表面结构的参数值相对较小。

5. 箱体类零件的构型举例

零件的构型取决于它在机械中的地位和作用，以及与其他零件间的依存关系。箱体类零件的构型，按构型规律仍是三部分，即"工作部分""安装部分"和"连接部分"。现以减速器箱体（图 9-65）为例，说明箱体类零件的构型特点和过程。

减速器箱体的主要功用是支承转轴和轴上的齿轮，从而确保齿轮传动正确的啮合运动。同时，它还与箱盖一起组成包容空腔，以实现容纳运动零件和其他相关零件，以及密封、润滑等要求。箱体的基本形状正是由这些功能要求确定的。

一个零件要能起到支承轴的作用，就必须具有安装轴的"工作部分"和支持在地基（或其他基体零件）上的"安装部分"。单纯从支承轴功能来讲，图 9-66a 的零件构型可以胜任。但是由于传动轴上装有齿轮，为保证齿轮转动所必需的空间，拉长其"工作部分"和"安装部分"之间的"连接部分"，以增大"工作部分"和"安装部分"之间的距离。另外"连接部分"还要保证一定的强度和刚度要求，为此，在连接支承板上再配置加强肋，使零件的构型趋于合理。于是就演变为图 9-66b 所示的典型轴承座结构。

但是对于减速器箱体的构型，如果只用一个轴承座，则齿轮只能装在轴承座的某一侧，形成悬臂梁支承，这不利于承受较大的载荷，也不易保证齿轮的正确啮合。为此，采用双支点，使单轴承座演变为双轴承座连接的形式（图 9-66c），从而使支承改变为简支梁。

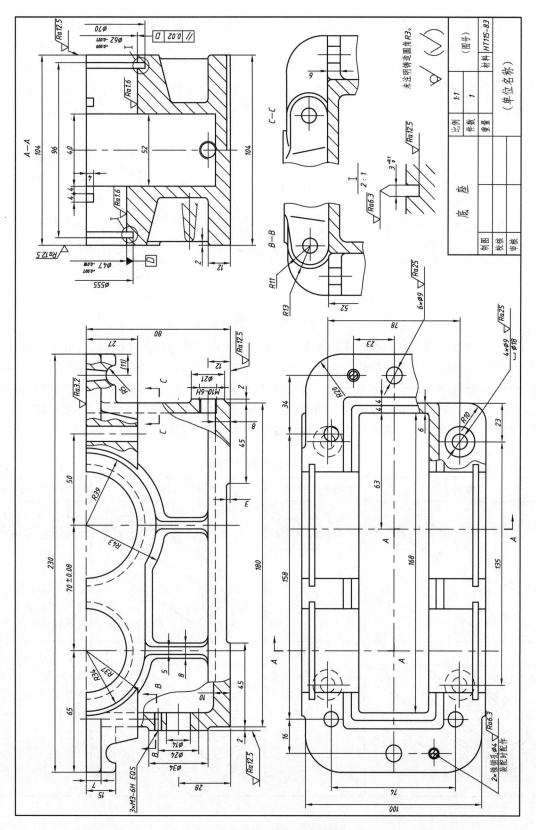

图 9-65　减速器箱体零件图

又由于减速器的箱体除需要支承两根转轴,两轴之间又要保证精确的相对位置外,另外还需要满足容纳传动零件、储油、密封、便于零件安装等要求,所以连为一体的两轴承座进一步演变为上部开放的箱体(图 9-66d)。为了与箱盖连接,要加上箱边,箱边上应该有定位销孔和连接螺栓孔。同时,还要满足润滑、密封、吊装等方面的要求,如集油沟、油标、吊钩等。

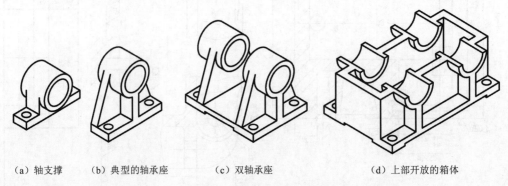

（a）轴支撑　　　（b）典型的轴承座　　　（c）双轴承座　　　（d）上部开放的箱体

图 9-66　减速器的构型过程

减速器箱体的构型还可换个角度来考虑,表 9-7 给出了整个构型过程,即首先考虑减速器箱体容纳零件的作用,故初步构型为一上部敞开的箱体(表 9-7 中第①、②步)。其次考虑箱体与箱盖的连接需要,为箱体加上连接板箱边(表 9-7 中第③、④步)。然后考虑减速器箱体支承轴的作用,箱体演变出轴承孔、凸缘、肋等结构(表 9-7 中第⑤～⑦步)。基本构型完成后,再进一步考虑吊装、密封等细节结构(表 9-7 中第⑧～⑩步)。

表 9-7　减速器底座的构型

构型过程	主要考虑的问题	构型过程	主要考虑的问题
	①为了容纳齿轮和润滑油,初步构型为上部敞开的箱体	油针孔　放油孔	②为了更换润滑油和观察油面的高度,设计有放油孔和油针孔。为保证便于钻孔,油针孔外部凸台表面与孔轴线垂直
连接板	③为了与减速器盖连接,底座上要加连接板(箱边)	定位销孔　连接孔	④为了连接和对准,连接板上设计定位销孔和连接螺栓孔

构型过程	主要考虑的问题	构型过程	主要考虑的问题
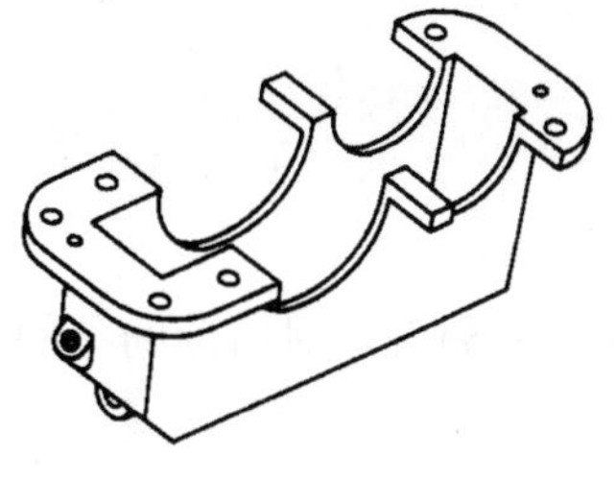	⑤为了支承两根轴（轴上两端装有轴承），底座上必须设计两对轴承孔	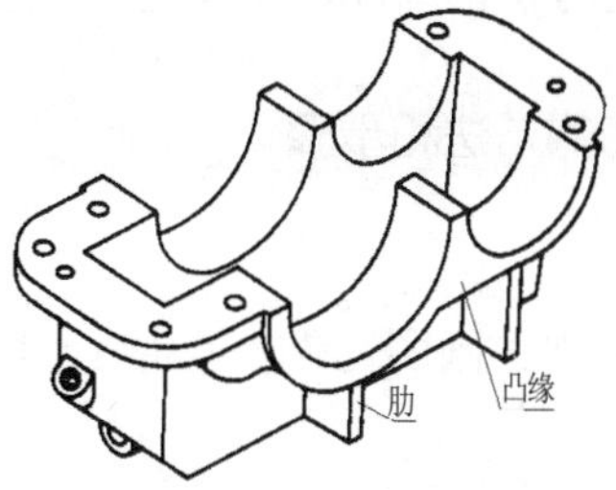	⑥为了支承轴承，底座在轴承孔处加凸缘。由于凸缘伸出过长，为避免变形，在凸缘下部加肋板
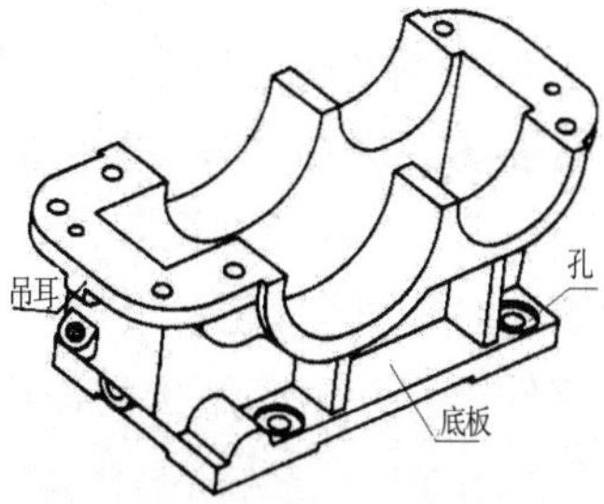	⑦为了安装方便，将底座固定在工作地点，其下部延伸出底板，并有安装孔。为了吊装方便，添加吊耳	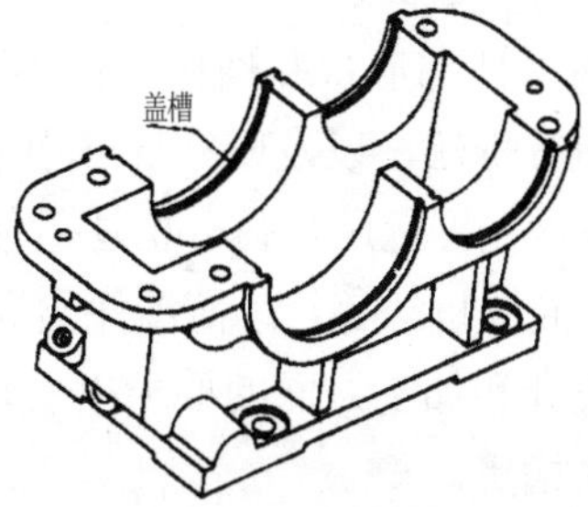	⑧为了密封，防止油溅出或灰尘进入，在轴承凸缘端部需加端盖。为此，设计出相应的盖槽
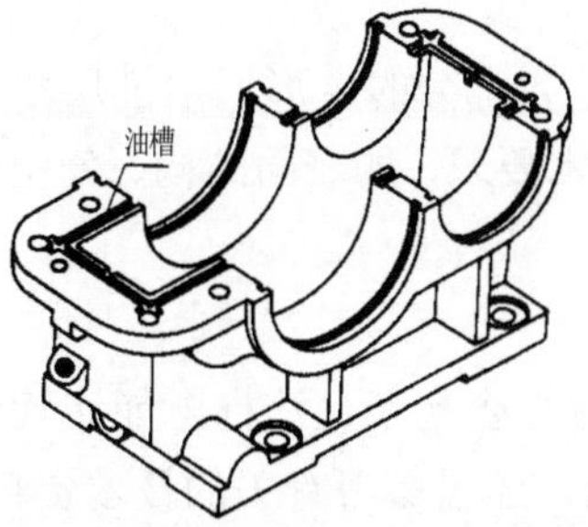	⑨为了密封，防止油从结合面溢出，在箱边顶面开一圈油槽，使油流回箱内	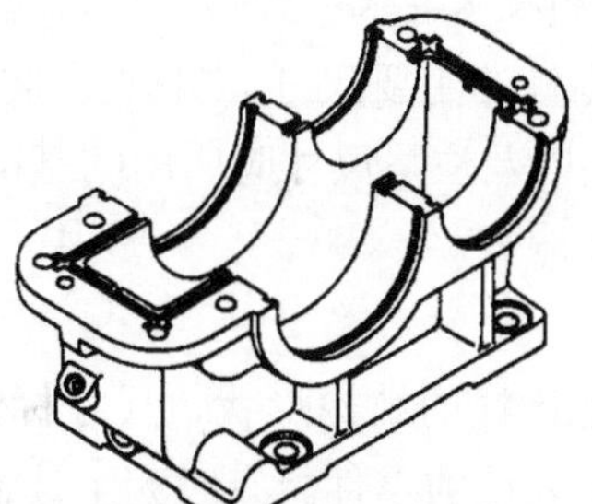	⑩箱体上还设计出铸造圆角、拔模斜度、倒角等工艺结构，以便于加工。完成零件的构型

通过上述过程可知，零件的构型思路和构型方法是多种多样的，箱体类零件的形状、结构（或称构型结果）主要由它的功用来决定。一般情况下可从下面几个方面来考虑：

（1）"工作部分"和"连接部分"支承运动零件和容纳运动零件及有关零件，是箱体类零件的主要部分。因此需要有安装轴承的孔，孔端面有安装轴承端盖的平面和连接孔。为了支承轴承及容纳各种零件，还要有箱壁、凸缘、肋板等结构。

（2）"安装部分"为了与箱盖连接，箱体上部有安装箱盖的安装平面（箱边），其上有定位销孔和连接用的螺栓孔；为了与基座或其他零件连接，箱体下部也有安装平面（底板），并有连接用的螺栓孔。

（3）润滑等部分的细节结构，考虑到运动部件的润滑，箱体上往往有存油池、加油孔、放油孔、回油槽，安装油标、油管等零件的平面和孔，以及密封用的油槽、吊装用的吊耳、拆卸用的挤压螺钉孔等。

第六节　阅读零件图

阅读零件图

读零件图要求根据已有的零件图，了解零件的名称、材料、用途，分析其视图、尺寸、技术要求，从而想象出零件各组成部分的形体结构、大小及相对位置，进一步理解设计意图，并了解该零件在机器中的作用。读图的基本方法仍是形体分析法与线面分析法。但零件具有自身的一些结构工艺特点，因此，了解这些工艺结构对零件图的识读也是必不可少的。

一、读零件图的方法和步骤

1. 读标题栏

了解零件的名称、画图比例、重量、材料，同时联系典型零件的分类，对所读的零件有一个初步认识。

2. 分析视图，想象形状

读懂零件的内、外部形状和结构，该步骤是读零件图的重点。组合体的读图方法（包括形体分析法、线面分析法，以及国家标准中关于视图、剖视图、断面图的规定等），仍然适合于读零件图。由基本视图运用形体分析法看懂零件的大体内、外部形状，结合局部视图、斜视图、断面图以及线面分析法等，读懂零件的局部、细部或倾斜结构的形状，同时还要根据尺寸和技术要求，从设计和加工方面的要求出发，运用构型分析了解零件上一些工艺结构的作用，如倒角、圆角、沟槽等。

3. 分析尺寸和技术要求

了解哪些是零件的主要尺寸，哪些是非主要尺寸；分析零件各部分的定形、定位尺寸和零件的总体尺寸，以及注写尺寸时所用的基准；最后还要读懂技术要求，如表面结构、公差与配合、几何公差等内容。

4. 综合分析

综合分析是把读懂的结构形状、尺寸标注和技术要求等内容综合起来，这样就能比较全面地理解零件图所表达的零件。有时为了读懂比较复杂的零件图，还需参考有关的技术资料，包括零件所在的部件装配图以及相关的零件图。

二、读图举例

例 9-8 阅读图 9-67 所示的零件图。

（1）读标题栏。零件的名称是壳体，属箱体类零件。绘图比例为 1:2，所以实物要比图形大一倍（书中的图由于排版需要已缩小）。材料栏内填写 ZL102，参阅附录可知材料是铸铝合金，故零件为铸件。

（2）分析视图，想象形状。该箱体零件用三个基本视图和一个局部视图来表达其内、外部结构形状。主视图是由单一的正平面剖切后画成 A-A 全剖视图，主要表达壳体的内部结构形状。俯视图采用阶梯剖后画成 B-B 全剖视图，既表达了壳体的内部结构形状，又表达了底板的形状。左视图采用局部剖视图表达顶板的螺栓孔，左视图和 C 向局部视图结合，主要用来表达壳体的外形及顶面的形状。

通过形体分析可知：该零件主要由上部的主体、下部的安装底板以及左侧的凸块组成。除了凸块外，主体及底板基本上是回转体。

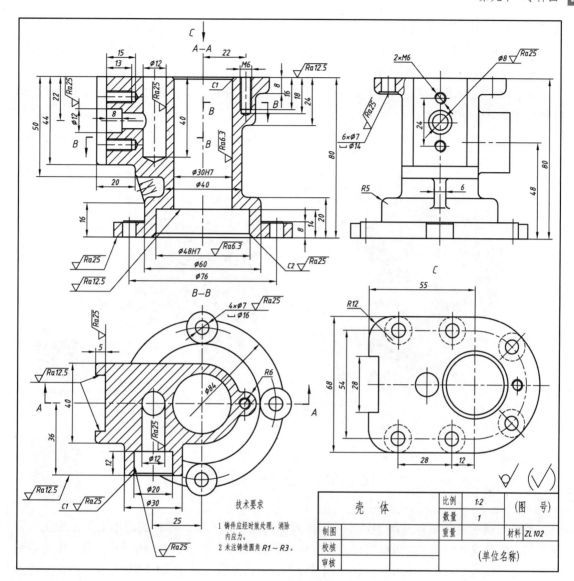

图 9-67 壳体零件图

阅读细部结构：顶部有φ30H7 的通孔（与主体同轴）、φ12 的盲孔和 M6 的螺孔；底部有φ48H7 与主体上部φ30H7 通孔相连且同轴的台阶孔，底板上还有锪平 4×φ16 的安装孔 4×φ7。结合主、俯、左三个视图看，左侧为带有凹槽的 T 形凸块，在凹槽的左端面上有φ12、φ8 的阶梯孔，并与顶部φ12 的圆柱孔贯通；在这个台阶孔的上下方分别有一个 M6 的螺孔。在凸块前方的圆柱凸缘（从俯视图上的尺寸φ30 可看出）上，有φ20、φ12 的阶梯孔，向后与顶部φ12 的圆柱孔贯通。从采用局部剖视的左视图和 C 向视图可看出：顶部有六个安装孔φ7，孔的下端锪平成φ14 的平面。

（3）分析尺寸和技术要求。长度方向和宽度方向的主要基准分别是通过零件主体轴线的侧平面和正平面，高度方向的主要基准是底板的安装底面。所有尺寸都可以从这三个主要基准出发，弄清零件各部分的定形尺寸和定位尺寸，从而完全读懂该零件的形状和大小。

另外，该零件与主体同轴的台阶通孔φ48H7、φ30H7 都有公差要求，其极限偏差值可由公差代号 H7 通过查表获得。

再看表面结构要求，除与主体同轴的台阶孔 $\phi30H7$、$\phi48H7$ 为 6.3，大部分加工面为 25，少数是 12.5，其余均为不去除材料表面。由此可见，该零件对表面结构的要求不高。

文字叙述的技术要求是：铸件要经过时效处理后才能进行切削加工。图中未注尺寸的铸造圆角都是 $R1\sim R3$。

（4）综合考虑。把上述各个方面的分析综合起来，得出零件的完整形象，如图 9-68 所示。

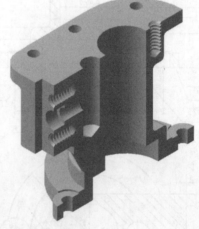

三维模型

图 9-68　壳体立体图

零件测绘

第七节　零件测绘

通过对现有零件测量并画出该零件图的过程称为零件测绘。零件的测绘工作在现实中有很大的实际意义，例如，在仿造机器或修配损坏零件时，都要进行零件的测绘。由于零件的测绘工作是在现场进行的，不方便直接绘制其零件图，而是首先徒手画出零件草图，再由草图绘成零件工作图，必要时也可直接根据草图加工零件。

一、绘制零件草图的步骤

零件草图是徒手凭目测其各部位比例大小绘制的图形，但也绝不可潦草马虎，必须做到认真细致，不能有错误和遗漏。

1. 分析零件，确定视图表达方案

（1）了解零件的名称和用途。

（2）鉴定零件的使用材料，得出该零件的大致加工方法。

（3）对零件进行构型分析。因为零件的每个结构都有一定的功用，测绘前只有在弄清这些结构功用的基础上，才能完整、清楚地表达所测绘零件的结构形状，并且完整、合理、清晰地标注出尺寸。构型分析对测绘破旧、磨损和带有某些制造缺陷的零件尤为重要，测绘过程中需在构型分析的基础上，用构型观点修正这些缺陷。

如图 9-69 所示的泵盖是齿轮油泵的主要零件，其材料为铸铁，属于盘盖类零件。泵盖的外形较简单，但内腔较复杂。因此，主视图采用旋转剖以反映内腔、连接孔及销孔的结构，俯视图采用 *B-B* 剖视图以反映其他内腔结构，左视图采用外形图以反映外形轮廓和孔的分布情况（图 9-70）。

图 9-69　泵盖立体图

2. 布置视图（图 9-70a）

根据视图数量，在图纸上定出作图基准线，视图之间应留下足够的地方以便于标注尺寸。

3. 绘制视图、剖视图及其他图形（图 9-70b）

绘图中各部分比例应协调。零件上由于破旧、磨损或其他缺陷（如铸造砂眼、气孔等）不应画出。

4. 描深图形（图 9-70c）

先描细虚线、中心线、剖面符号、粗实线，其次画出尺寸界线、尺寸线、箭头，最后注写表面结构代号、几何公差等。

5. 集中测量各个尺寸，逐个添上相应的尺寸数字

（1）两零件相互配合的尺寸，测量其中一个即可，如相互配合的轴与轴孔的直径，相互旋合的内、外螺纹的大径等。

（2）对于重要尺寸，有的要通过计算，如齿轮啮合的中心距等；有时所测得的尺寸应根据设计规范取标准数值，如齿轮的模数、压力角等。对于不重要的尺寸，如为小数时，应圆整后取整数。

（3）零件上已标准化的结构尺寸，例如倒角、圆角、键槽、螺纹大径和螺纹退刀槽、砂轮越程槽等结构尺寸，应查阅有关规范和标准。

（4）零件上与标准部件（如滚动轴承、油杯、电机等）相配合的轴、孔的尺寸，可通过标准部件的型号查表确定，不需进行测量。

6. 制定技术要求（图 9-70c）

根据实际经验或用样板进行比较，查阅有关资料确定零件的表面结构、尺寸公差、几何公差等要求。

7. 检查、填写标题栏，完成零件草图

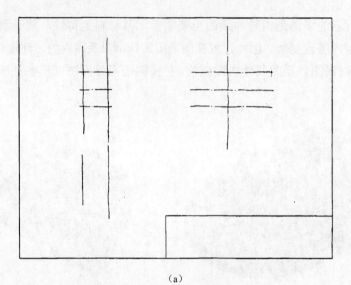

(a)

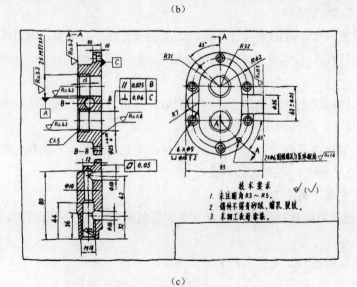

(b)

(c)

图 9-70　绘制零件草图的步骤

二、画零件图

零件测绘的任务和目的不同，测绘工作的内容和要求也不同，如零件测绘若是为了给某台机械设备补充图样或制作备件，则还须根据零件草图画出零件图。若仅是修配损坏的单件零件，零件草图也可作为生产用图纸。

零件草图通常是在现场（生产车间）绘制的，时间不允许太长，对零件的结构和形状只要表达完整和清楚就可以了，表达方案不一定是最佳的。因此，由零件草图绘制零件图时，需要对零件草图再进行复核。有些工艺问题需要根据零件加工单位的设备条件重新考虑、计算和选用，如表面结构、尺寸公差、几何公差、材料及表面热处理等；另外像表达方案的选择、尺寸的标注等也须重新加以考虑，经过复查、补充、修改后，再开始画零件图，可从以下几个方面综合考虑。

（1）表达方案是否完整、清晰和简明。

（2）零件上的结构形状是否有损坏、制造疵病等情况。

（3）尺寸标注是否完整、合理和清晰。

（4）技术要求是否满足零件的性能要求，而且经济指标较好。

最后根据零件草图绘制成零件图。

三、测量尺寸的方法和工具

（1）测量工具。测量零件尺寸时，应根据零件尺寸的精确程度选用相应的量具。常用的简单的量具有：直尺、内卡钳、外卡钳；测量尺寸精度要求较高时，可用游标卡尺、千分尺或其他工具，如图 9-71 所示。直尺、游标卡尺和千分尺有尺寸刻度，测量零件时可直接从刻度上读出零件的尺寸。用内、外卡钳测量时，必须借助直尺才能读出零件尺寸。

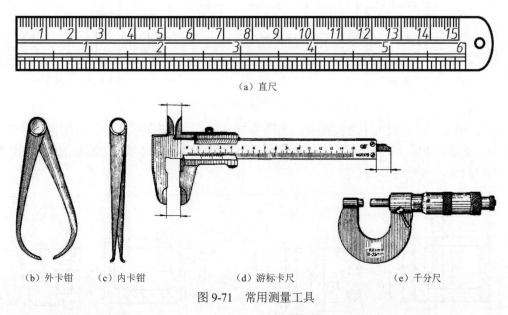

（a）直尺

（b）外卡钳　　（c）内卡钳　　　　　（d）游标卡尺　　　　　（e）千分尺

图 9-71　常用测量工具

（2）几种常用的测量方法。

1）测量线性尺寸（长、宽、高），可用直尺或游标卡尺直接测量（图 9-72）。

2）测量回转面的直径，可用卡钳、游标卡尺或千分尺（图 9-73）。在测量阶梯孔的直径，遇到外面孔小里面孔大的情况，无法用游标卡尺测量大孔直径时，可用内卡钳测量（图 9-74a），也可用特殊量具（内外同值卡）测量（图 9-74b）。

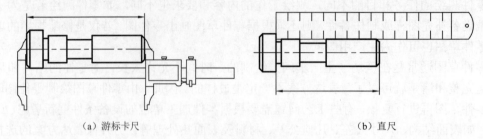

(a) 游标卡尺　　　　　　　　　　　　　　　　(b) 直尺

图 9-72　测量线性尺寸

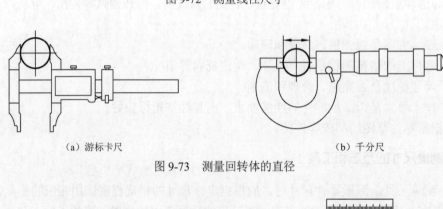

(a) 游标卡尺　　　　　　　　　　　　　　　　(b) 千分尺

图 9-73　测量回转体的直径

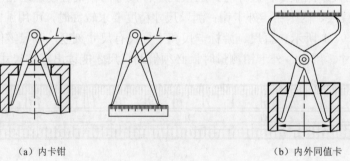

(a) 内卡钳　　　　　　　　　　　　　　　　(b) 内外同值卡

图 9-74　测量内孔的直径

3）测量壁厚，一般可用直尺测量，如图 9-75a 所示。若孔径较小时，可用带测量深度的游标卡尺测量，如图 9-75b 所示。有时也会遇到用直尺或游标卡尺都无法测量的壁厚，这时则需用卡钳测量，如图 9-75c。

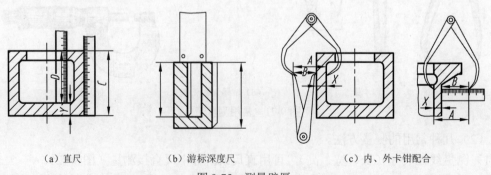

(a) 直尺　　　　　　(b) 游标深度尺　　　　　(c) 内、外卡钳配合

图 9-75　测量壁厚

4）测量孔间距，可用游标卡尺、卡钳或直尺测量（图9-76）。

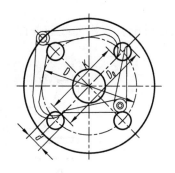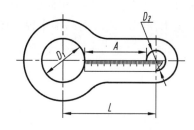

图 9-76　测量孔间距

5）测量中心高，一般可用直尺、卡钳或游标卡尺测量（图9-77）。

6）测量圆角，一般用圆角规测量。每套圆角规有多片，一半测量外圆角，一半测量内圆角，每片刻有圆角半径的大小。测量时，只要在圆角规中找到与被测部分完全吻合的一片，从该片上的数值即可知圆角半径的大小（图9-78）。

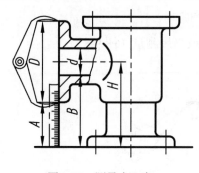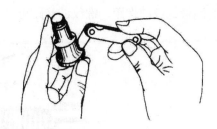

图 9-77　测量中心高　　　　　　　　　　图 9-78　测量圆角

7）测量角度，一般用量角规测量（图9-79）。

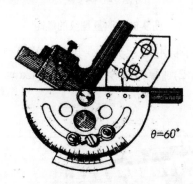

图 9-79　测量角度

8）测量曲线或曲面，曲线和曲面要求测得很准确时，必须用专门量仪进行测量。当对精确度要求不太高时，常用下面三种方法测量。

①拓印法——在纸上拓出其轮廓形状，然后用几何作图的方法求出各段圆弧的半径和圆心位置（图9-80a）。

②铅丝法——对于母线为曲线的回转面，其母线曲率半径的测量，可用铅丝弯成与回转

面素线吻合后,得到反映实形的平面曲线,然后用几何作图的方法求出各段圆弧的圆心位置和半径(图 9-80b)。

③坐标法——一般的曲线和曲面都可用直尺和三角板配合定出曲线或曲面上各点的坐标,在图上画出曲线,或求出曲率半径(图 9-80c)。

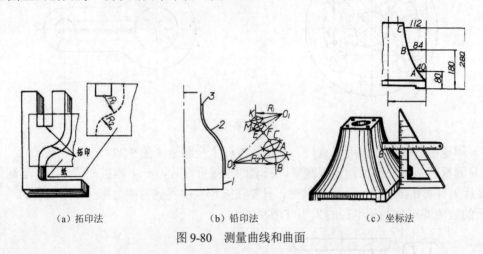

（a）拓印法　　　　　　　　（b）铅印法　　　　　　　　（c）坐标法

图 9-80　测量曲线和曲面

9)测量螺纹的螺距,螺纹的螺距可以用螺纹规或直尺测量(图 9-81)。

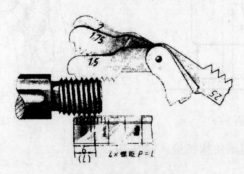

图 9-81　测量螺纹的螺距

10)测量齿轮的模数,对于标准圆柱齿轮,其轮齿的模数可以先用游标卡尺测得其齿顶圆直径 d_a,再根据公式 $m=d_a/(z+2)$ 计算得到模数 m(图 9-82a)。奇数齿的齿顶圆直径 $d_a=2e+d$,如图 9-82b 所示。

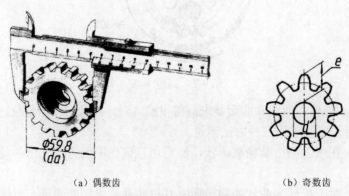

（a）偶数齿　　　　　　　　　　（b）奇数齿

图 9-82　测量齿轮的模数

3. 零件测绘时的注意事项

（1）零件的制造缺陷，如砂眼、气孔、刀痕等，以及长期使用所造成的磨损，在绘图时都要加以修正。

（2）零件上因制造、装配的需要而形成的工艺结构，如铸造圆角、倒角、倒圆、退刀槽、砂轮越程槽、凸台、凹坑等都必须画出，不能忽略。

（3）必须严格检查草图上的尺寸是否遗漏或重复，与相关零件的尺寸是否协调，以保证部件装配图和零件图的顺利绘制。

复习与思考题

1. 零件图在生产中起什么作用？它应该包括哪些内容？

2. 零件图的视图选择的原则是什么？怎样选定主视图？试述视图选择的方法和步骤。

3. 常见的零件按其典型结构大致可分成哪几类？它们的视图选择、尺寸和技术要求的标注、构型分析等分别有哪些特点？

4. 零件上的哪些面和线常用作尺寸基准？在零件图上标注尺寸的基本要求是什么？零件图的尺寸标注怎样才能做到合理？

5. 什么是表面结构？它有哪些符号？分别代表什么意义？

6. 试述表面结构注法的主要规定。

7. 什么是基本尺寸、公差、偏差、标准公差和基本偏差？公差带由哪几个要素组成？

8. 什么是配合？配合分为几大类？是根据什么分类的？配合制度分为哪两种基准制？这两种基准制是怎样定义的？

9. 在零件图和装配图上怎样标注公差与配合？

10. 什么是几何公差？几何公差各有哪些项目？它们分别用什么符号表示？

11. 试述钢的热处理和化学热处理的种类及目的。

12. 简述读零件图的方法和步骤。

第十章　部件装配图

第一节　部件的组成

一、部件的特征

部件是机器中的一个装配单元，由若干零件按一定方式装配而成，是机器的一个组成部分。但是部件的划分仅仅是根据机器在制造过程中的装配条件或工艺条件而决定的。也就是说，组成机器的一部分零件由它们所处的相对位置及彼此之间的连接关系，可以很方便地在同一个装配阶段中进行装配组合，从而形成一个独立的装配单元，称为部件。尽管部件并不以反映运动特征为目的，但机构的运动在一定程度上也受其组成部分结构和形状的影响，二者之间有着较密切关系，所以，很多部件既是一个装配单元，又是一个运动单元，或是一个独立的机构。在后一种情况下，部件常常可以独立地实现某种运动或完成某种功能。这一类部件一般标准化程度都比较高，如滚动轴承、齿轮减速器等。

二、部件中各零件间的结合关系

为保证机器能完成预定的功能，其组成部分（部件和零件）必须满足结构和运动两方面的要求。对部件来说，组成它的零件必须具有：①确定的几何形状；②准确的相对位置，其中可动零件对于机架能实现完全确定的相对运动；③特定而可靠的结合关系。

部件中零件和零件的结合关系分为以下两大类。

1. 刚性连接

指零件间结合后，彼此无相对运动。实现刚性连接的主要具体方式有：

（1）借助连接要素。例如一个杆件零件的外螺纹与另一个零件孔的内螺纹旋合，使两个零件成为一体。

（2）借助于连接件。例如减速器箱体和减速器盖之间通过几组螺栓连接（螺栓、螺母、垫圈）紧固在一起。螺栓、螺母、垫圈等称作螺纹连接件。常用的连接还有双头螺柱连接、螺钉连接、键连接、销钉连接、铆钉连接等。

（3）借助于零件间接触表面的尺寸过盈，形成过盈连接。例如一对基本尺寸相同的轴和孔装配在一起，使轴的实际尺寸比孔的实际尺寸略大（即具有过盈），使用压力将轴压入孔内，从而形成刚性连接。

（4）借助于焊接、粘接等方法形成刚性连接。

2. 活动连接

指零件结合后，零件之间可以实现某种相对运动。实现活动连接的方法只有间隙配合一种。例如，一对基本尺寸相同的轴和孔装配在一起，使轴与孔间形成适当的间隙。

第二节　部件装配图的作用和内容

装配图的作用和内容

一、装配图在生产中的作用及其内容

用来表达机器或部件工作原理和各零件间的装配、结合关系的图样，称为装配图。在机器或部件的设计过程中，一般是先画出装配图，再根据装配图分析零件的结构、构型要求和其他要求，然后设计零件并绘制零件图。在机器或部件的生产过程中，则根据装配图把零件装配成机器或部件。此外，在安装、调试和检修部件或机器时，也是通过装配图了解机器的构造、工作原理、运动传递、装拆顺序等有关技术内容。所以装配图是机器或部件在设计、装配、安装、检验、使用及维修等工作过程中必不可少的重要技术文件。

表达一台完整机器的装配图称为总装配图，简称总图；表达机器中某一部件的装配图称为部件装配图。

总图一般用来表达机器的整体关系，如整体轮廓形状、各组成部（零）件间的相对位置和安装关系、整机的传动顺序和技术性能等。而部件装配图则要详细表达出部件的工作原理、传动方式及功用、性能；组成部件的各零件间的装配关系、连接方法、配合性质、主要零件的结构形状，以及与部件设计、装配有关的主要尺寸和技术要求等内容。所以当机器比较复杂时，就用总图来表达机器外形和整体关系，用部件装配图来表达机器各组成部分（部件）的详细结构、工作原理、装配关系等技术内容。当机器比较简单时，则不再划分总图和部件装配图，直接用一张详细的装配图表达全部内容。

对于复杂机器来讲，尽管总图和部件装配图在表达分工上有所不同，但它们的表达原则及有关的画法和标注等并无本质的区别。所以本节通过讨论部件装配图，说明装配图的表达方法、画法和标注的特点。

图 10-1 是球阀的轴测图，图 10-2 是球阀在实际生产中所用的装配图。球阀是安装在管道中的部件，它由阀体、阀盖、球形阀芯、阀杆、手柄及密封圈组成。转动手柄带动阀杆及阀芯转动，可起到使管道开通或关闭的开关作用。

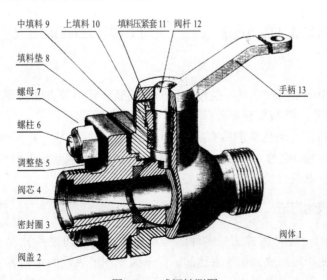

图 10-1　球阀轴测图

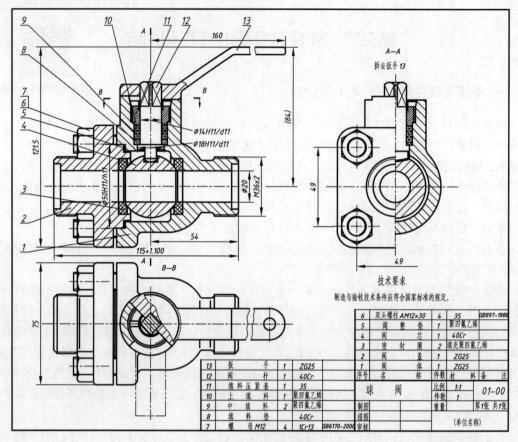

图 10-2　球阀装配图

通过装配图可以了解球阀的工作原理、装配关系等。一张完整的装配图应包括下列四项内容（图 10-2）。

1. 一组视图

用来表达机器或部件的工作原理、结构特点及零件间的装配关系、结合关系和传动关系。

2. 几类必要的尺寸

必要的尺寸指机器或部件的规格（性能）尺寸，零件之间的配合尺寸，机器或部件的外形尺寸、安装尺寸等。

3. 技术要求

用文字和符号说明机器或部件在装配、检验、安装、使用等方面的要求。

4. 零、部件序号，明细栏和标题栏

在装配图中，将部件所包含的所有零件按一定规则进行编号，并在标题栏上方的明细栏中依次填写零件的序号、名称、件数、材料等内容。标题栏应包含机器或部件的名称、绘图比例、图号、出图单位以及有关责任人员的签名等。

二、装配图的表达方法

装配图所采用的一般表达方法与零件图基本相同，也是通过各种视图、剖视图、断面图和局部放大图等表达的。但是装配图所表达的是由若干零件组成的部件，主要用来表达部件的功能、工作原理、零件间的装配和结合关系，以及主

装配图的表达方法

要零件的结构形状。因此，针对装配图的特点，为了清晰简便地表达出部件或机器的结构，国家标准对画装配图除一般表达方法外，还有一些特殊的表达方法和规定画法。

1. 规定画法

为了在装配图中区分不同零件，并正确表示零件间的装配关系和结合关系，画装配图时应遵守下列规定。

（1）相邻两零件的接触面和配合表面只画一条粗实线，如图 10-3 中①所示，不接触表面和非配合表面画两条线，如图 10-3 中②所示。

（2）相邻两个（或两个以上）零件的剖面线倾斜方向应相反，或方向一致但间隔不等，如图 10-3 中③所示轴承盖与箱体等的剖面线画法。

但是同一零件在各个视图上的剖面线方向和间隔必须一致，如图 10-2 中主视图和左视图上阀体的剖面线。

当零件厚度小于或等于 2mm 时，剖切时允许以涂黑代替剖面符号，如图 10-3 中④所示。

（3）在装配图中，对实心零件如轴、手柄、连杆、拉杆、球、销、键以及标准紧固件或其他标准组件等，当剖切平面通过其基本轴线时，这些零件均按不剖绘制，如图 10-3 中⑤所示。当剖切平面垂直这些零件的轴线时，则应照常画出剖面线，如图 10-2 俯视图中的阀杆。

（4）若需要特别表明轴等实心零件的结构，如键槽、销孔等，则可采用局部剖视图，如图 10-3 中⑥所示。

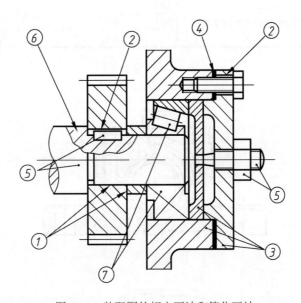

图 10-3 装配图的规定画法和简化画法

2. 特殊画法

（1）沿结合面剖切或拆卸画法。为了表达部件内部或被遮盖部分的装配情况，在画装配图时，可假想沿某些零件的结合面选取剖切平面，或假想将某些零件拆卸后绘制。例如图 10-4 中的 C-C 剖视就是沿泵体与泵盖的结合面做的剖切。图 10-5 中的俯视图则是拆去轴承盖、螺栓和螺母后画出的，为了便于看图，需在视图上方标注"拆去××"。采用沿结合面剖切画法时，应注意零件的结合面上不画剖面线，但剖到横穿结合面的零件时，则应在其断面上绘制剖面线，如图 10-4 中 C-C 剖视图上的泵轴、螺栓、定位销等。

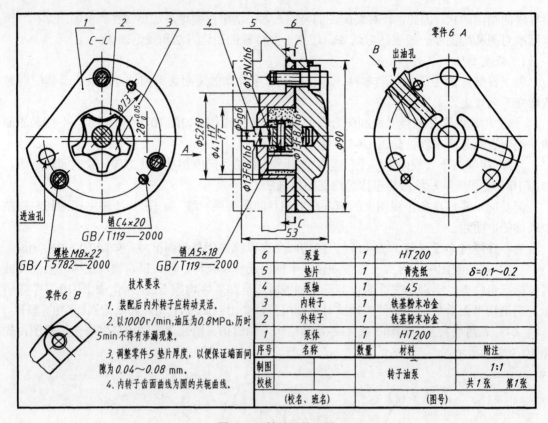

图 10-4 转子泵装配图

6	泵盖	1	HT200	
5	垫片	1	青壳纸	δ=0.1~0.2
4	泵轴	1	45	
3	内转子	1	铁基粉末冶金	
2	外转子	1	铁基粉末冶金	
1	泵体	1	HT200	
序号	名称	数量	材料	附注
制图			转子油泵	1:1
校核				共1张 第1张
(校名、班名)			(图号)	

技术要求

1. 装配后内外转子应转动灵活。

2. 以1000r/min,油压为0.8MPa,历时5min不得有渗漏现象。

3. 调整零件5垫片厚度,以便保证端面间隙为0.04~0.08 mm。

4. 内转子齿面曲线为圆的共轭曲线。

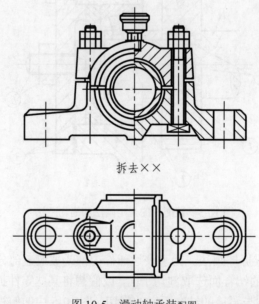

拆去××

图 10-5 滑动轴承装配图

（2）假想画法。装配图上为表示运动零件的运动范围或极限位置，可以用双点画线画出其轮廓线。图 10-2 中用双点画线在俯视图上画出扳手的另一个极限位置。

为了表示与本部件有装配关系但又不属于本部件的其他相邻零、部件间的连接关系，可用双点画线画出其他相邻零、部件的轮廓。图 10-4 中就用双点画线画出了与转子油泵相连的机体轮廓。

（3）夸大画法。在画装配图时，对于薄片零件，如细丝弹簧、微小间隙等，若按实际尺寸画图很难画出，或虽能如实画出，但不能明显表达其结构时，均可采用夸大画法，即把垫片厚度、簧丝直径、微小间隙等都适当夸大画出。图 10-4 中转子油泵调整垫片的厚度就是用夸大画法画出的。

（4）单独表示某个零件。在装配图中，当由于某个零件的形状未表达清楚而对理解部件的装配关系有影响时，可单独画出该零件的某一视图。如图 10-4 中，就在转子油泵的装配图中画出了零件 6（泵盖）的 A 向和 B 向两个视图。

（5）展开画法。为了表达某些重叠的装配关系，如多级变速箱的传动关系及各轴的装配关系，可以假想将空间轴系按其传动顺序，沿它们的轴线剖开，并将这些剖切平面展开在同一平面上，画出其剖视图，称展开画法。图 10-6 所示的机床挂轮架就是采用了展开画法。

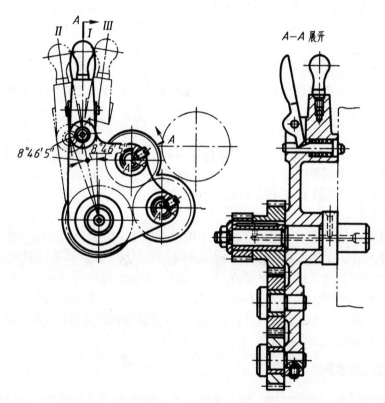

图 10-6　挂轮架装配图

3. 简化画法

（1）在装配图中，零件的工艺结构，如圆角、倒角、退刀槽等允许不画。

（2）在装配图中，螺母和螺栓头允许采用简化画法（图 10-4），对于装配图中的螺栓连接等若干相同零件组，允许详细画出一处或几处，其余以点画线表示其中心位置即可（图 10-4）。

（3）在装配图中，当剖切平面通过某些标准产品的基本轴线时，可以只画出其外形图，如图 10-5 中的油杯。

（4）装配图中的滚动轴承允许采用图 10-3 中⑦所示的简化画法。

三、装配图的尺寸标注

装配图的尺寸标注及装配图中零部件的序号和明细栏

装配图和零件图在生产中的作用不同，因此，标注尺寸的要求也不同。在装配图中，只标注与部件的性能（规格）、工作原理、装配关系和安装要求相关的几类必要尺寸，即：

1. 性能（规格）尺寸

表示机器或部件性能（规格）的尺寸，这些尺寸在设计机器或部件时就已确定，是设计、了解、选用机器或部件的主要依据，如图 10-2 中球阀的管口直径 $\phi20$。

2. 装配尺寸

（1）配合尺寸——表示两个零件之间配合性质的尺寸，如图 10-2 中阀盖和阀体的配合尺寸 $\phi50H11/h11$ 等。这类尺寸由基本尺寸和孔与轴的公差代号组成，是拆画零件图时，确定零件尺寸偏差的依据。

（2）相对位置尺寸——表示装配时需要保证的零件间相互位置的尺寸，如重要的距离、间隙以及零件沿轴向装配后，每个零件所占位置的轴向部位尺寸。如图 10-4 中转子油泵装配图中 C–C 剖视图上的 $\phi73$。

3. 安装尺寸

安装尺寸是指机器或部件安装在地基上或与其他机器或部件连接时所需要的尺寸。如图 10-2 中主视图上的 M36×2、54、84 都是安装尺寸。

4. 外形尺寸

表示机器或部件外形轮廓的尺寸，即总长、总宽、总高。机器或部件在包装、运输以及厂房设计和安装机器时都需考虑外形尺寸，因为外形尺寸为包装、运输和安装过程中机器所占空间的大小提供了数据。如图 10-2 中的 115±1.100、75、121.5 分别为球阀的总长、总宽和总高。

5. 其他重要尺寸

指在设计中经过计算确定或选定的尺寸，但又不属于上述几类尺寸的一些重要尺寸，如运动零件的极限尺寸、主体零件的主要结构尺寸等。这类尺寸在拆画零件图时不能改变。

以上所列的五类尺寸，彼此并不是孤立无关的，实际上有的尺寸往往同时具有几种不同的含义，如图 10-2 中的尺寸 115±1.100，它既是外形尺寸，又与安装有关。此外，对每一个部件来讲，不一定都具备上述五类尺寸。因此，在标注装配图尺寸时，应按上述五类尺寸，结合机器或部件的具体情况加以选注。

四、装配图的技术要求

机器或部件的性能、要求各不相同，其技术要求也不同。拟定技术要求一般可从以下几个方面考虑。

1. 装配要求

机器或部件在装配过程中需注意的事项，装配后应达到的要求，如精确度、装配间隙、润滑要求等。

2. 试验和检验要求

对机器或部件基本性能的检验、试验和操作时的要求。

3. 使用要求

对机器或部件在维护、保养和使用时的注意事项及要求。

　　装配图上的技术要求应根据机器或部件的具体情况而定，一般用文字注写在明细栏的上方或图样下方的空白处。

五、装配图中的零、部件序号和明细栏

　　为了便于读图和图样管理，以及做好生产准备工作，装配图中的所有零、部件都必须编写序号及代号（序号是为了看装配图方便而编制的，代号是该零件或部件工作图的图号），同一装配图中相同的零、部件只编写一个序号，同时在标题栏上方填写与图中序号一致的明细栏，用以说明每个零、部件的名称、数量、材料、规格等。

　　1. 零、部件序号注写方法

　　（1）序号应注在图形轮廓线的外边，并填写在指引线的横线上或圆内，指引线、横线或圆均用细实线画出，如图 10-7 所示。序号字高应比装配图中尺寸数字大一号（图 10-7a）或两号（图 10-7b），也允许采用图 10-7c 的形式注写，这时序号字高应比尺寸数字大两号。在同一张装配图中序号的形式应一致。

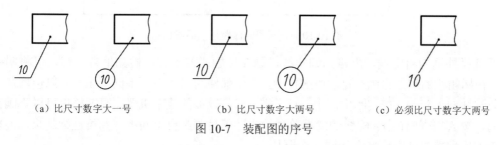

　　（a）比尺寸数字大一号　　　　（b）比尺寸数字大两号　　　　（c）必须比尺寸数字大两号

图 10-7　装配图的序号

　　（2）指引线应从所指零、部件的可见轮廓内引出，并在末端画一小黑点，若所指部分为很薄的零件或涂黑的断面，可在指引线末端画出指向该部分轮廓的箭头（图 10-8）。

　　（3）指引线应尽可能分布均匀且互不相交，指引线通过有剖面线的区域时，不应与剖面线平行，必要时可画成折线，但只能曲折一次，如图 10-8 中的零件 1。

　　（4）一组紧固件（如螺栓、螺母、垫圈）以及装配关系清楚的零件组，可采用公共指引线，如图 10-8 中的零件 2、3、4。零件组公共指引线的形式及画法如图 10-9 所示。

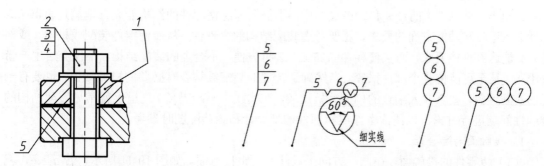

图 10-8　采用公共指引线　　　　　　　图 10-9　公共指引线的形式及画法

　　（5）装配图中的标准化组件（如油杯、滚动轴承、电机等）作为一个整体，只编写一个序号。

　　（6）装配图中的序号应沿水平或竖直方向按逆时针或顺时针顺次排列整齐（图 10-2）。

　　（7）常用的序号编排方法有下列两种：

1）标准件与非标准件混合一起编排（图 10-2）。

2）标准件不编写序号，直接在图上注出规格、数量和国标号（图 10-4），或另列专门的标准件明细表。

2. 明细栏

明细栏是机器或部件中全部零、部件的详细目录，国家标准推荐了明细栏格式，图 10-10 是本书建议采用的制图作业明细栏格式。

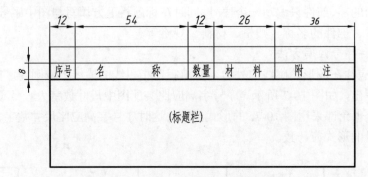

图 10-10　装配图的标题栏、明细栏

明细栏外框为粗实线，内格为细实线，画在标题栏的上方，假如地方不够，可将明细栏分段，在标题栏的左方再画一排。明细栏中，零、部件的序号应自下向上填写，以便增加零件时可以继续向上延伸。在实际生产中，对于零、部件较多的复杂机器，明细栏也可以不画在装配图内，按 A4 图幅作为装配图的续页单独绘出，填写顺序自上向下，并可连续加页，但在明细栏下方应配置与装配图完全相同的标题栏。

第三节　常见的装配结构

一、常见装配结构的合理性

在机器（或部件）的设计和绘图过程中，不仅要考虑使部件的结构能充分地满足机器（或部件）在运转和功能方面的要求，还要考虑装配结构的合理性，从而使零件装配成机器（或部件）后能达到性能要求，而且使零件的加工、装拆方便。不合理的装配结构，不仅会给生产带来困难，甚至可能使整个部件报废。当然确定合理的装配结构要有必要的机械知识，也要有一定的实践经验，要做深入细致的构型分析比较，在实践中不断提高。这里仅就常见装配结构的合理性问题进行讨论，以便读者作零、部件构型设计和画装配图时参考。

1. 接触面与配合面

（1）两零件的接触面，在同一方向上只能有一组接触面。如图 10-11 所示，若 $a_1>a_2$，就可避免在同一方向同时有两组接触面。

（2）对于轴颈和孔的配合，若 ϕA 已是配合表面，ϕB 和 ϕC 间就不应再形成配合关系，即必须使 $\phi B>\phi C$（图 10-12）。

（3）对于锥面配合，要使 $L_1<L_2$，即锥体顶部与锥孔底部间须留有间隙，否则不能保证锥面配合（图 10-13）。

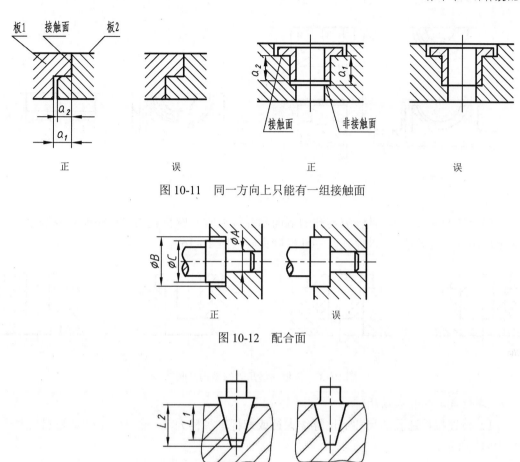

图 10-11 同一方向上只能有一组接触面

图 10-12 配合面

图 10-13 锥面配合

（4）为了保证接触良好，接触面需经机械加工，因此，合理地减少加工面积，不但可以降低加工费用，而且可以改善接触质量。如图 10-14 所示，为了保证连接件（螺栓、螺母、垫圈）与被连接件间的良好接触，在被连接件上加工出沉孔、凸台等结构。沉孔的尺寸可根据连接件的尺寸从机械设计手册中查取。

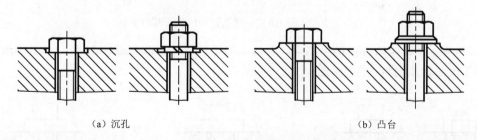

（a）沉孔　　　　　　　　　　（b）凸台

图 10-14 沉孔和凸台的接触面

如图 10-15 所示，为了减少轴承底座与下轴衬的接触面，使接触面间接触良好，在轴承底座及下轴衬的接触面上开出一环形槽。轴承座底部的凹槽是为了改善轴承座与基座间接触面的接触情况。

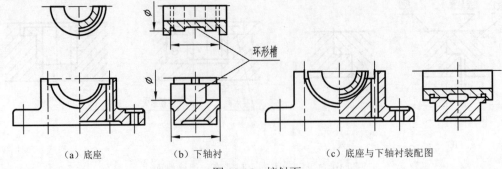

（a）底座　　　　　　（b）下轴衬　　　　　　（c）底座与下轴衬装配图

图 10-15　接触面

（5）当轴和孔配合，且轴肩与孔的端面相互接触时，应将孔的接触端面制成倒角或在轴肩的根部切槽（退刀槽），以保证两零件接触良好（图 10-16）。

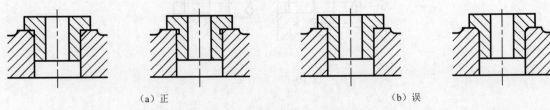

（a）正　　　　　　　　　　　　　　　　　（b）误

图 10-16　接触面转角处的结构及画法

2. 螺纹连接的合理结构

（1）被连接件通孔的尺寸应比螺纹大径或螺杆直径稍大，一般为 $1.1d$（d 为螺纹大径），如图 10-17 所示。

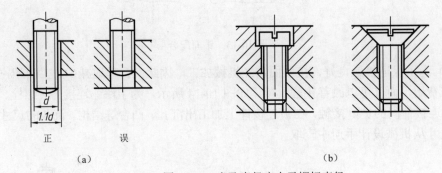

正　　　　　误
（a）　　　　　　　　　　　　　　　　　（b）

图 10-17　光孔直径应大于螺杆直径

（2）为了保证螺纹连接的可靠性，要适当加长螺纹尾部或在螺杆上加工出退刀槽，在螺孔上加工出凹坑或倒角（图 10-18）。

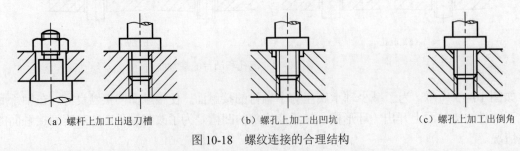

（a）螺杆上加工出退刀槽　　　　（b）螺孔上加工出凹坑　　　　（c）螺孔上加工出倒角

图 10-18　螺纹连接的合理结构

（3）为了便于装拆，须留出扳手的活动空间（图 10-19）以及拆装螺栓的空间（图 10-20）。

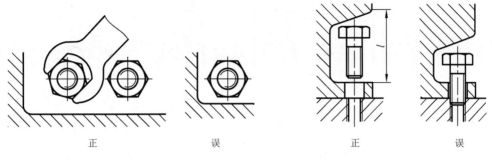

图 10-19 应留出扳手空间　　　　　　　图 10-20 应留出螺钉装、拆空间

（4）在图 10-21a 中，螺栓头部完全封在箱体内，导致无法安装。须在箱体上加一手孔（图 10-21b），或采用双头螺柱连接（图 10-21c）。

3. 考虑维修时拆装方便与可能

（1）为了保证两零件在装拆前后不致降低装配精度，常采用圆柱销或圆锥销定位，故对销孔的加工要求较高（销为标准件）；为了加工销孔和拆卸销子方便，在可能的条件下，最好将销孔加工成通孔（图 10-22a），尽量避免出现盲孔（图 10-22b）。

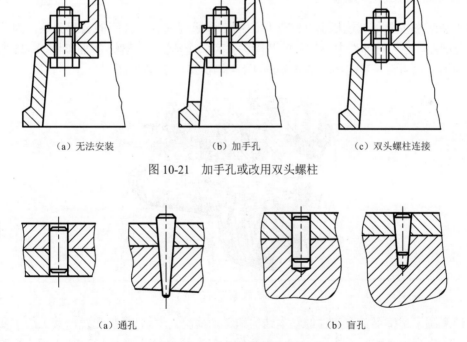

（a）无法安装　　　　　　　（b）加手孔　　　　　　　（c）双头螺柱连接

图 10-21 加手孔或改用双头螺柱

（a）通孔　　　　　　　　　　　　（b）盲孔

图 10-22 定位销的装配结构

（2）图 10-23 表示了滚动轴承通常的安装情况，图 10-23a、c 中的滚动轴承将无法拆卸，应改为图 10-23b、d 所示结构，拆卸时可用工具将滚动轴承顶出。

（3）图 10-24 为零件内安装一套筒的情况，图 10-24a 所示的结构，更换套筒时难以拆卸。若预先在箱体上加工几个螺孔，拆卸时就可用螺栓将套筒顶出。

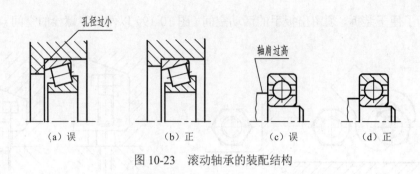

图 10-23　滚动轴承的装配结构

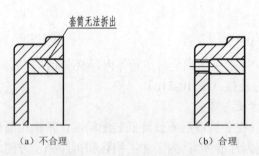

图 10-24　套筒的合理结构

二、装配关系的正确画法

由于装配图主要是表达机器（或部件）的工作原理和各零件间的装配关系，因此要正确地画出装配图，必须对部件中各零件的装配关系有一个清楚的了解。下面以图 10-25 所示的轴系部件为例，说明常见装配结构的正确画法。图 10-26 是其装配图。

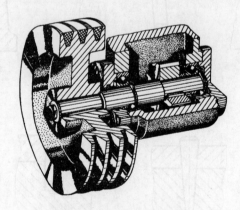

图 10-25　轴系部件的轴测图

由装配图了解整个轴系部件的基本结构和运动情况：轴 4 是装配线，其上的主要传动零件是左端的皮带轮 6 和右端的齿轮 12。整个轴由左右两个滚动轴承 10、14 支承。运动由皮带轮 6 传来，通过键 5 带动轴 4 旋转，然后再通过轴右端的键 18 带动齿轮 12 一起旋转，将运动传至与齿轮 12 啮合的从动齿轮上（图中未画出）。

皮带轮 6 安装在轴 4 的左端，依靠轮毂的右端面与轴左端的轴肩靠紧来轴向定位，这两个面是接触面，所以装配图上只能画一条线。同时为了使这两个端面能够靠紧，在轴肩根部必须有砂轮越程槽，正确画法如图 10-26a 所示，图 10-26b 中 A 处的画法是错误的。

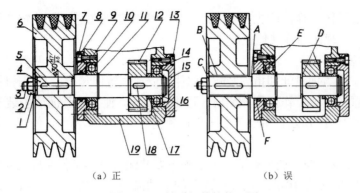

（a）正　　　　　　　　（b）误

图 10-26　轴系部件的装配图

皮带轮与轴的配合是 ϕ30H7/k6，虽然是间隙配合，但因两者是配合表面，所以装配图上也只画一条线，如图 10-26a 所示，图 10-26b 中 *B* 处的画法是错误的。

整个皮带轮用螺母 2 和垫圈 1 固定，以防止轴向移动。为了使螺母能够压紧皮带轮，应使轴左端螺纹处的台阶面比皮带轮轴孔的端面略低，正确画法如图 10-26a 所示，图 10-26b 中 *C* 处的画法是错误的。

齿轮 12 装在轴的右端，齿轮的左端面与轴右端的轴肩靠紧。为防止齿轮向右移动，在轴承 14 与齿轮之间装有衬套 17，然后用弹性挡圈 16 在轴的右端卡紧。所以轴右端的轴肩、齿轮、轴套、轴承内圈和弹性挡圈等零件的轴向端面都应当互相靠紧，在装配图上只画一条线。图 10-26b 中 *D* 处的画法是错误的。

再来分析一下轴左端的轴承 10 和压盖 7 的装配情况。轴承 10 装在轴上与挡圈 11 靠紧。轴承外圈安装在箱体 19 的孔中，用压盖 7 挡住。工作时，轴承内圈与轴一起旋转，而外圈固定不动。为了使压盖与轴承内圈不发生摩擦，压盖用来挡住轴承左端面内圈处应当有凹槽（图 10-26a），图 10-26b 的 *E* 处是错误画法。同时为了使压盖与轴不发生摩擦，压盖上轴穿过的孔径应比轴径大，画图时要画两条线。但是密封圈 9 是用软材料（如毛毡）制成，不会使轴磨损，因此必须与轴接触才能很好地起密封作用，所以装配图上应画一条线，图 10-26b 的 *F* 处是错误画法。

从上面分析可以看出，在零、部件构型设计和画装配图的过程中，一定要细致考虑零、部件的结构，着重弄清以下三个方面的问题。

（1）部件的运动情况，各个零件起什么作用，哪些零件运动、哪些不动，运动零件与不动零件采用什么样的结构来防止不必要的摩擦或干涉。

（2）各个零件是如何定位的，零件之间哪些表面是接触的、哪些表面是不接触的。

（3）哪些地方有配合关系，需确定配合的基准制（基孔制、基轴制）和配合种类（过盈配合、过渡配合、间隙配合）等。

第四节　画装配图的方法和步骤

由零件图拼画装配图

一、装配图的视图选择

对部件装配图视图表达的基本要求是：必须清楚地表达部件的工作原理、各零件间的装配关系以及主要零件的基本形状。

画装配图与零件图一样，应先确定表达方案，也就是视图选择，选定部件的安放位置和主视图后，再配合主视图选择其他视图。

（1）选择主视图。

1）安放位置。为方便设计和指导装配，部件的安放位置应尽可能与部件的工作位置相符，当部件的工作位置多变或工作位置倾斜时，可将其放正，使安装基面或主装配干线处于水平或竖直位置。如图 10-28 所示，机油泵的工作位置情况多变，本例中，使其安装基面处于水平位置。

2）主视图的投影方向。选择能清楚地反映主要装配关系和工作原理的视图作为主视图，并采取适当的剖视图。如图 10-28 所示，机油泵的主动齿轮部分和从动齿轮部分是其主装配线。因此，以过主动、从动齿轮轴轴线的正平面作为剖切平面，所得 A-A 全剖视图作为主视图，从而较好地表达出机油泵各零件间的主要装配关系和传动情况，同时也可大致反映机油泵的工作原理。

（2）确定其他视图。根据装配图对视图表达的基本要求，针对部件在主视图上还没有表达清楚的工作原理或零件间的装配关系和相互位置关系，选择合适的其他视图或剖视图等。如机油泵的工作原理，仅一个主视图显然还不能充分表达清楚；另外溢油装置部分和其他局部装配关系亦未表达清楚，故选择左视图和俯视图（图 10-28）。

左视图是沿泵盖与泵体结合面剖切后，采用半剖视图画出的，这样既简化了作图，也能清楚地表达泵盖、泵体内外形的形状特征和螺栓连接、定位销的分布情况，以及机油泵的工作原理、后泵盖上回油槽的位置及基本形状等。

俯视图拆去斜齿轮等零件后画出，表达了安装基面上安装孔的分布情况；视图右侧局部剖视图的剖切平面通过溢油阀的装配轴线，以表达溢油装置各零件间的装配关系和工作情况，同时补充表达进、出油口的结构。

最后考虑尚未表达清楚的一些局部结构和装配关系。俯视图左侧的局部剖视图表达了泵盖、泵体与定位销的装配关系；B 局部视图表达了进、出油口与管道有连接处凸台的形状和连接螺孔的位置。最后确定的机油泵装配图表达方案如图 10-28 所示。

装配图的视图选择主要是围绕着如何表达部件的工作原理和部件的各条装配线来进行的。而表达部件的各条装配线时，还要分清主次，首先把部件的主要装配线反映在基本视图上，然后再考虑如何表达部件的局部装配关系，务必使各个视图和剖视图的表达内容都有明确的表达目的。

二、装配图的画图步骤

根据确定的部件表达方案及部件的大小和复杂程度，先确定绘图比例，安排各视图的位置，选定图幅后，便可着手按下述步骤画图。

（1）画图框、标题栏、明细栏和布置各视图位置——画出图框、图幅以及标题栏、明细栏的外框，再画出各视图的主要轴线、对称中心线、部件主要基面的轮廓（图 10-27a）。布置视图时，要注意留有编写零、部件序号以及注写尺寸和技术要求的位置，图面的总体布置应力求布局匀称。

（2）画底稿——在完成装配图的画图过程中，底稿画得是否得法，对画图速度和质量有很大影响，因此必须注意画底稿的方法和步骤。

画装配图比画零件图复杂，一般可从主视图画起，几个视图相互配合一起画。但也可按具体情况先画某一视图，如图 10-27b 所示，机油泵装配图就是从左视图先画起的。

其次，在画零件的先后顺序上，为了使图中每个零件表示在正确的位置，并尽可能少画一些不必要的线条，可围绕部件的装配干线进行绘制，一般由里向外画。先画轴，并以轴为基础，按照装配关系画出轴上各零件，然后再装上壳体、泵盖等，最后画次装配线和细部结构，如溢油阀装配线、螺钉、销钉等，如图 10-27c、d 所示。

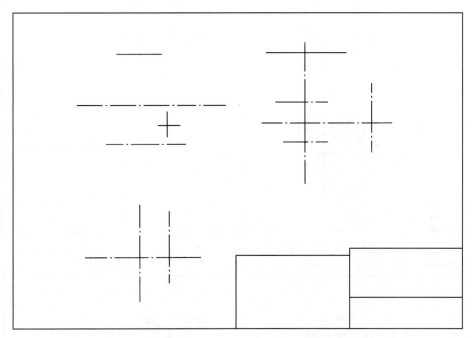

（a）画图幅、标题栏、明细栏及视图基准线

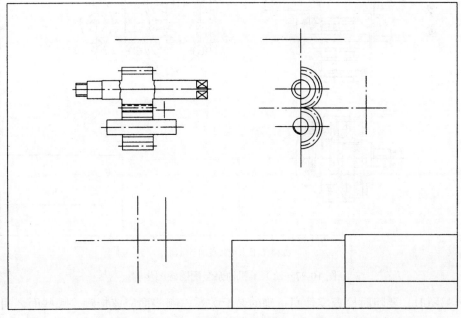

（b）从主装配线画起

图 10-27（一） 机油泵装配图画图步骤

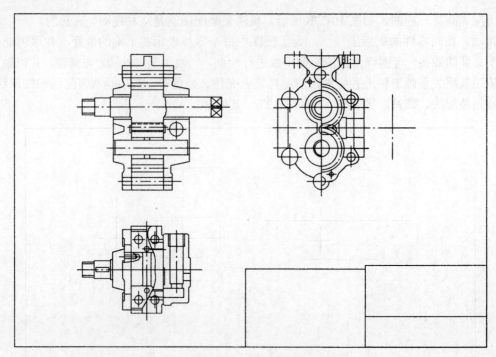

（c）按装配关系及相对位置绘制各零件

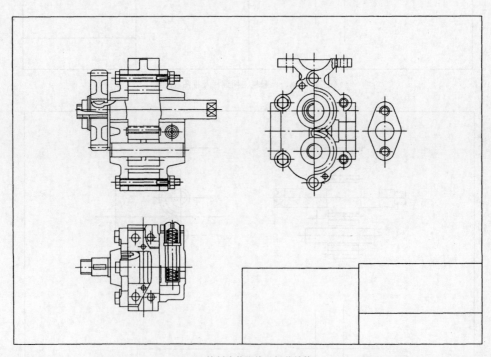

（d）绘制次装配线及细节结构

图 10-27（二） 机油泵装配图画图步骤

　　画装配图时，要随时检查零件间正确的装配关系，哪些面应该接触，哪些面之间应该留有间隙，哪些面为配合面等，必须正确判断并相应画出，还要检查零件间有无干扰和互相碰撞，并及时纠正。

（3）经检查后加深图线，注出尺寸及公差配合，画出剖面线。

（4）编序号、填写明细栏、标题栏、技术要求。图 10-28 是最后完成的机油泵装配图。

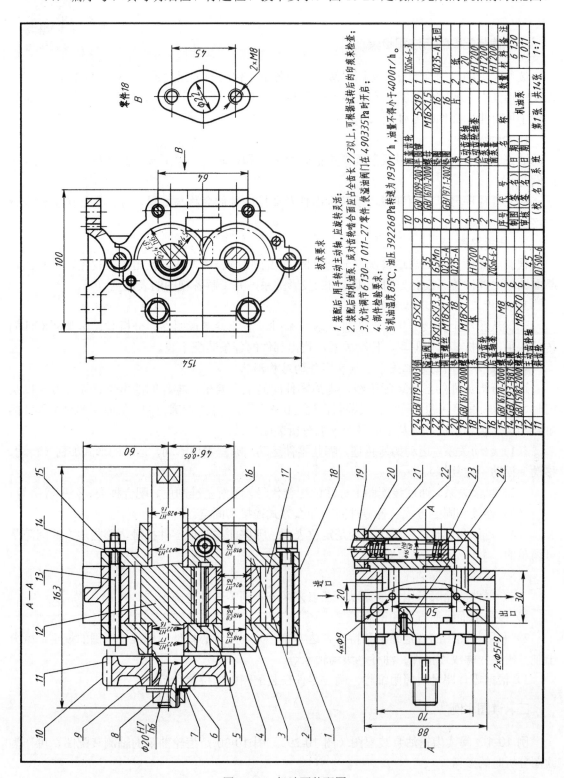

图 10-28 机油泵装配图

第五节　阅读装配图

阅读装配图

一、读装配图的方法和步骤

读装配图的目的是通过装配图了解部件中各个零件间的装配关系，分析部件的工作原理，以及读懂其中主要零件及其他有关零件的主要结构形状，以便设计时根据装配图设计、绘制该部件中所有非标准件的零件图。

1. 概括了解

通过阅读有关说明书以及装配图中的技术要求和标题栏，了解部件的名称、用途和绘图比例等。

对照零件序号以及明细栏，了解标准件及非标准件的名称与数量，并在装配图上初步查找这些零件的位置。

2. 分析视图

根据装配图的视图表达情况，分析全图采用了哪些表达方法，找出各个视图、剖视图、断面图的配置位置、投影方向及其之间的投影关系，并了解各视图的表达重点。

3. 分析工作原理及传动关系

一般从图纸上直接分析，当部件比较复杂时，需要参考说明书。分析时，常是从部件的传动入手，分析其工作原理、传动关系，找出部件的各条装配干线。

4. 分析零件间的装配关系，读懂零件的结构形状

逐一分析部件的各条装配干线，弄清零件间的配合要求，零件间的定位、连接方式以及密封、装拆顺序等问题，同时必须做到正确地区分不同零件的轮廓范围，从而了解每个零件的主要结构形状和用途。可从下面几个方面分析装配关系：

（1）运动关系。运动如何传递，哪些零件运动，哪些零件不动，运动的形式如何（转动、移动、摆动、往复等）。

（2）配合关系。通过装配图上标注的配合代号，了解基准制度、配合种类、公差等级等。

（3）连接和固定方式。各零件间用什么方式连接和固定。

（4）定位和调整。零件上何处是定位表面，哪些面与其他零件接触，哪些地方的间隙是可调整的，用什么方法调整等。

（5）零件的装拆顺序。

（6）零件的轮廓范围，根据以下三点来区分不同零件的轮廓范围。

1）根据剖面线的方向和密度。

2）利用装配图的规定画法和特殊表达方法，如利用实心杆件和标准件不剖的规定，区分出轴、齿轮、螺纹连接件、油杯、滚动轴承等。

3）根据零件序号对照明细栏，确定零件在装配图中的位置和范围。

二、读图举例

例 10-1　阅读齿轮油泵装配图（图 10-29）。图 10-30 是齿轮油泵的轴测装配图，可作为读图分析时的参考。

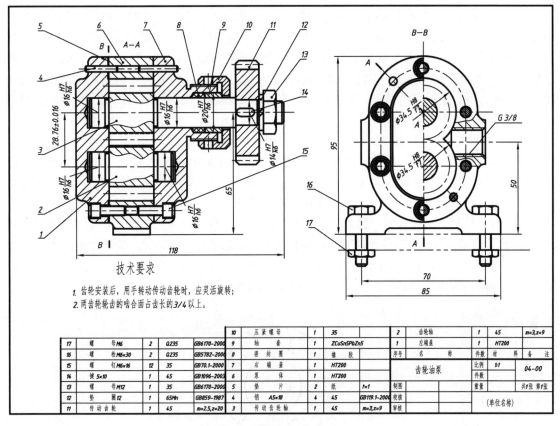

技术要求

1. 齿轮安装后，用手转动传动齿轮时，应灵活旋转；
2. 两齿轮轮齿的啮合面占齿长的3/4以上。

17	螺 母M6	2	Q235	GB6170-2000
16	螺 栓M6×30	2	Q235	GB5782-2000
15	螺 钉M6×16	12	35	GB70.1-2000
14	键 5×10	1	45	GB1096-2003
13	螺 母M12	1	35	GB6170-2000
12	垫 圈12	1	65Mn	GB859-1987
11	传动齿轮	1	45	$m=2.5,z=20$

10	压紧螺母	1	35		2	齿轮轴	1	45	$m=3,z=9$
9	轴 套	1	ZCuSn5PbZn5		1	左端盖	1	HT200	
8	密封圈	1	橡胶		序号	名 称	件数	材 料	备 注
7	右端盖	1	HT200			齿轮油泵		比例 1:1	04-00
6	泵 体	1	HT200					件数	
5	垫 片	2	纸	$t=1$	制图			重量	共1张 第1张
4	销 A5×18	1	45	GB119.1-2000	校核				
3	传动齿轮轴	1	45	$m=3,z=9$	审核			(单位名称)	

图 10-29 齿轮油泵装配图

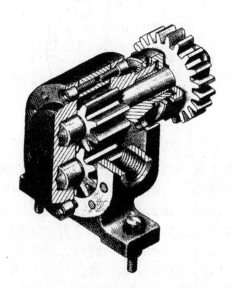

图 10-30 齿轮油泵轴测装配图

（1）概括了解。齿轮油泵是机器中用来输送润滑油的一个部件。用主、左两个视图来表达，由泵体、左端盖、右端盖、运动零件（传动齿轮、齿轮轴）、密封零件以及标准件等组成。对照零件序号及明细栏、标题栏可看出：齿轮油泵由 17 种零件装配而成，绘图比例为 1:1，所以图中大小反映了齿轮油泵的真实大小（书中的图由于排版需要已缩小）。

（2）分析视图。沿齿轮油泵前后对称面剖切所得的 *A*–*A* 全剖视图是主视图，反映了齿轮油泵各个零件间的装配关系，其中的局部剖视图反映了齿轮轴 2 和传动齿轮轴 3 的情况。左视图上的 *B*–*B* 半剖视图是沿左端盖 1 与泵体 6 的结合面剖切后，并拆去垫片 5 得到的。它反映了齿轮油泵泵体的外形特征，齿轮的啮合情况以及吸、压油的工作原理，再用局部剖视图反映吸、压油时，进、出油口的情况。左视图中的两条双点画线（假想画法）表明了齿轮油泵与基座的安装情况。齿轮油泵的外形尺寸是 118、85、95，由此断定齿轮油泵的体积不大。

（3）分析工作原理及传动关系。首先在主视图中找到原动件（运动由此传入）——传动齿轮 11。传动齿轮 11、传动齿轮轴 3、齿轮轴 2 是齿轮油泵中的运动零件，当传动齿轮 11 按逆时针方向（从左视图观察）转动时，通过键 14 将扭矩传递给传动齿轮轴 3，经过齿轮啮合带动齿轮轴 2 作顺时针方向转动。如图 10-31 所示，当一对齿轮在泵体内做啮合传动时，由于主动轮逆时针旋转，从动轮顺时针旋转，故啮合区内右边空间的压力降低而产生局部真空，油池内的油在大气压力作用下进入油泵低压区的吸油口，随着齿轮的转动，齿槽中的油沿箭头方向不断被带至左边的压油口，把油排出泵外，送至机器中需要润滑的各部分。从图 10-30 中可看出，齿轮油泵有沿传动齿轮轴 3 的轴线和齿轮轴 2 的轴线两条主装配线。

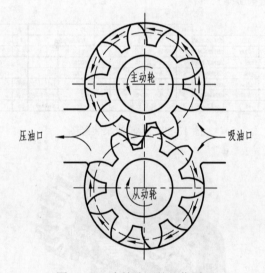

图 10-31　齿轮油泵的工作原理

（4）分析零件间的装配关系，读懂部件中零件的主要功能和结构形状。泵体 6 是齿轮油泵中的主要零件之一，它的内腔容纳一对吸油和压油的齿轮，将传动齿轮轴 2 和齿轮轴 3 装入泵体后，两侧有左端盖 1 和右端盖 7 支承这一对齿轮轴。由定位销 4 将左、右端盖与泵体定位后，再用螺钉 15 将左、右端盖与泵体连接起来。为了防止泵体与端盖结合面处以及传动齿轮轴 3 的伸出端漏油，分别用垫片 5 及密封圈 8、轴套 9、压紧螺母 10 密封。传动齿轮 11 与传动齿轮轴 3 之间的配合尺寸是 ϕ14H7/k6；两齿轮轴与左、右端盖支承处的配合尺寸均为 ϕ16H7/h6；轴套 9 与右端盖 7 的配合尺寸是 ϕ20H7/h6；齿轮轴的齿顶圆与泵体内腔的配合尺寸是 ϕ34.5H8/f7。尺寸 28.76±0.016 是一对啮合齿轮的中心距，这个尺寸准确与否将直接影响齿轮啮合传动的质量；尺寸 65 是传动齿轮轴线离泵体安装面的高度，这两个尺寸分别是设计和安装所要求的重要尺寸。

第六节　部件的测绘方法和步骤

根据现有部件（或机器）画出其装配图的过程称为部件（或机器）测绘。在生产实际中，设计新产品、引进新技术或仿造原有设备以及对原有设备进行技术改造或维修时，往往需要测绘有关机器的一部分或全部，因此，掌握测绘技能具有重要的实际意义。在进行部件测绘之前，应首先了解测绘的任务和目的，以决定测绘工作的内容和要求。如测绘工作是为设计新产品提供参考图样，测绘时可进行修改；若是为现有机械设备补充图样或生产备件，或者是在设备维修时，为修复损坏的零、部件提供加工图样，作为制造的技术依据，则测绘时必须正确、准确，不得有修改，但要修正因破旧、磨损造成的缺陷和制造缺陷。测绘过程大致可按顺序分为以下几个步骤：了解测绘的对象和拆卸部件→画装配示意图→测绘零件（非标准件）画零件草图→画部件装配图→画零件工作图。

一、分析测绘对象

首先对部件进行分析研究，了解其用途、性能、工作原理、传动系统、大体的技术性能和使用运转情况。了解的方法一般是观察、分析该部件（或机器）的结构和工作情况，阅读说明书和有关资料，参考同类产品图样，以及直接向有关人员广泛了解使用情况等。在可能的情况下检测有关技术性能指标和一些重要的装配尺寸，如零件间的相对位置尺寸、极限尺寸以及装配间隙等，为下一步拆装工作和测绘工作打下基础。现以 6130 型柴油机上的机油泵为例，简要说明如下：

1. 机油泵的用途

图 10-32 是机油泵的结构轴测图，机油泵在柴油机中的作用是将柴油机底壳中的机油输送到各运动零件，如轴承、齿轮、凸轮、摇臂等处进行润滑，以减少零件间的磨损。

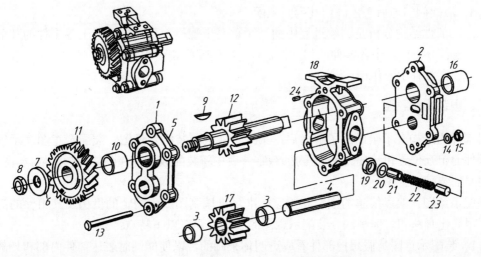

图 10-32　机油泵结构轴测图

2. 机油泵的性能指标

当机油温度为 85℃，油压为 392268Pa，转速为 1930r/min 的条件下，机油泵的流量为 4000L/h，最高油压不超过 490335Pa。

3. 机油泵工作原理

从图 10-32 中可看出机油泵是齿轮油泵，其工作原理参阅本章第五节第"二"点中的有关内容。

4. 机油泵构造

机油泵的工作部分由一对啮合的主动齿轮轴 12，从动齿轮 17，泵体 18，前后泵盖 1、2 组成。泵体与泵盖由四个圆柱销 24 定位；六套螺栓 13、垫圈 14、螺母 15 连接。泵盖与泵体之间还装有垫片 5，以防止油从结合面缝隙中漏出。

斜齿轮 11 通过半圆键 9 与主动齿轮轴 12 连接，装在轴的左端与轴肩靠紧，并用螺母 8，垫圈 6、7 拧紧防松。斜齿轮由柴油机上的齿轮带动，从而带动主动齿轮和从动齿轮一起旋转。

主动齿轮轴 12 和从动齿轮轴 4 由前后泵盖的轴孔支承。前后泵盖的上轴孔（支承主动齿轮轴）和下轴孔（支承从动齿轮轴）内装有轴套 10、16、3，以便磨损后配换。

机油泵设有溢油装置，当出口机油油压超过 490335Pa 时，高压油就推动溢油阀门 23 压缩弹簧 22，机油即从后盖的小孔溢出，使输出油压保持在 490335Pa 以下。机油泵的溢油压力的调节是用螺钉 21 调节弹簧 22 的压力来实现的。

通过上述分析，了解到机油泵的结构和各零件的装配关系，主要可分为三个部分：主动齿轮部分、从动齿轮部分和溢油阀部分，这三部分实质上是机油泵的三条装配干线。正确分析部件的装配干线可清楚地建立起部件的结构和各零件间装配关系的概念。

5. 机油泵各零件间的配合关系

（1）主动齿轮和从动齿轮的齿顶圆与泵体的内孔有间隙配合要求。

（2）轴套外圆与前后泵盖的上轴孔以及从动齿轮的孔之间均为过盈配合；轴套内孔与主动齿轮轴和从动齿轮轴之间均为间隙配合。

（3）从动齿轮轴与前泵盖下轴孔为间隙配合，与后泵盖下轴孔则为过盈配合。

（4）溢油阀门与后泵盖阀门孔为间隙配合。

总之，部件结构分析是测绘过程中的一个重要步骤，主要分析部件上各零件的装配关系和运动情况；分析部件中各零件的相互位置，零件的哪些表面相互接触，哪些表面不接触，以及各个零件在部件中的作用。

二、画装配示意图

对部件的结构有了全面的了解之后，第二步就是画装配示意图。装配示意图表示出部件中各零件的相互位置和装配关系，作为拆卸零件后重新装配成部件和画装配图的依据。图 10-33 是机油泵的装配示意图。

装配示意图一般以简单的图线和国家标准《机械制图》中规定的机构及其组件的简图符号，采用简化画法和习惯画法。装配示意图的画法主要有以下特点：

（1）装配示意图是假想把部件看成透明体来画的，以便能同时表达部件内部和外部零件的轮廓及装配关系。

（2）装配示意图只用简单的符号和线条表达部件中各零件的大致形状和装配关系，一般只画一个图形，如果一个图形表达不完全，也可增加图形。图 10-33 中就增画了一个表达溢油装置的图形。

（3）一般零件可用简单图形画出其大致轮廓，形状简单的零件如轴、螺纹连接件等还可用单线条表示，如图 10-33 中的泵体、泵盖、螺栓、螺母等。有些零件及其连接关系可按国家标准规定的机构及其组件的简图符号绘制，如图 10-33 中的齿轮啮合、键连接、轴承等。

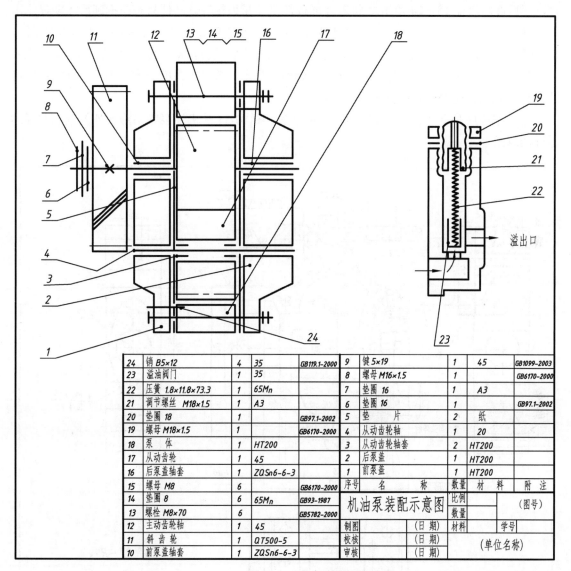

24	销 B5×12	4	35	GB119.1-2000	9	键 5×19	1	45	GB1099-2003
23	溢油阀门	1	35		8	螺母 M16×1.5	1		GB6170-2000
22	压簧 1.8×11.8×73.3	1	65Mn		7	垫圈 16	1	A3	
21	调节螺丝 M18×1.5	1	A3		6	垫圈 16	1		GB97.1-2002
20	垫圈 18	1		GB97.1-2002	5	垫 片	2	纸	
19	螺母 M18×1.5	1		GB6170-2000	4	从动齿轮轴	1	20	
18	泵 体	1	HT200		3	从动齿轮轴套	2	HT200	
17	从动齿轮	1	45		2	后泵盖	1	HT200	
16	后泵盖轴套	1	ZQSn6-6-3		1	前泵盖	1	HT200	
15	螺母 M8	6		GB6170-2000	序号	名 称	数量	材料	附 注
14	垫圈 8	6	65Mn	GB93-1987	机油泵装配示意图		比例		(图号)
13	螺栓 M8×70	6		GB5782-2000			数量		
12	主动齿轮轴	1	45		制图		(日 期)	材料	学号
11	斜齿轮	1	QT500-5		校核		(日 期)		(单位名称)
10	前泵盖轴套	1	ZQSn6-6-3		审核		(日 期)		

图 10-33　机油泵装配示意图

（4）两相邻零件的接触面或配合面之间应留有间隙，以便区别两零件。

（5）全部零件都应编号，并在明细栏中注明各零件的名称、数量、材料等。对标准件如螺栓、螺母等还需测量出基本尺寸，注明其规定标记，因为标准件不再绘制零件图。

三、拆卸零件与画零件草图

拆卸零件前要研究拆卸顺序和方法，根据部件的组成情况及装配特点，把部件分成几个组成部分，依次拆卸。拆卸时要有相应的工具和正确的方法，保证顺利拆卸。对不可拆的连接和有过盈配合的零件尽量不拆，以保证零、部件原有的完整性、精确度和密封性。拆卸前应先测量一些重要尺寸，如相对位置尺寸、运动零件的极限位置尺寸、装配间隙等，使重新装配部件后，能保证原来的装配要求。

拆卸零件应按一定的顺序进行，如拆卸机油泵时，应由零件 8 开始，接着拆零件 7、6 和 11，然后拆卸零件 15、14 和 13，接着才能拆卸泵盖和齿轮等。部件只有在拆卸后才能显示出零件间真实的装配关系。因此，拆卸部件时，必须一边拆卸，一边补充和更正所画的示意图，也可边拆卸边画示意图。还应对照装配示意图，用扎标签的方法对各零件分别编号，零件应妥善保管，避免损坏、生锈、丢失和乱放。对螺钉、销子、键等容易散失的小零件，拆完后仍可装在相应的孔、槽中，以免丢失和混乱。

拆完零件后对零件进行测绘，画出零件草图，图 10-34 是机油泵除垫片 5 外的全部非标准零件的草图。

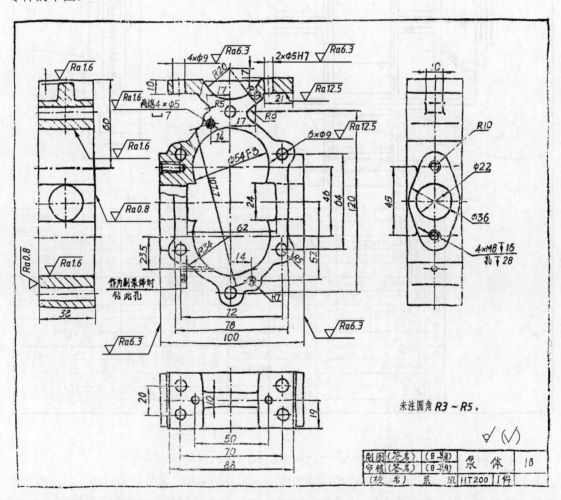

(a)

图 10-34（一）　机油泵零件草图

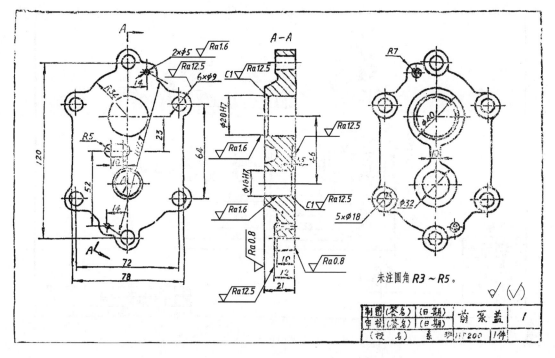

（b）

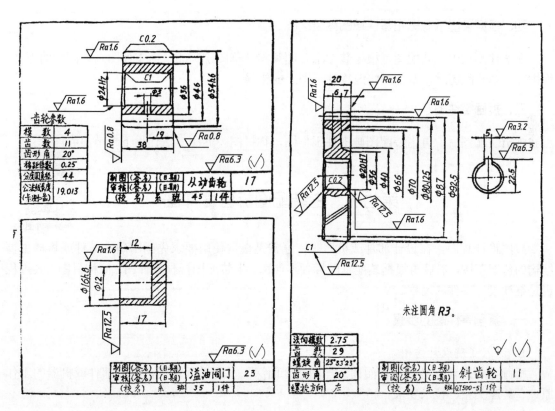

（c）

图 10-34（二） 机油泵零件草图

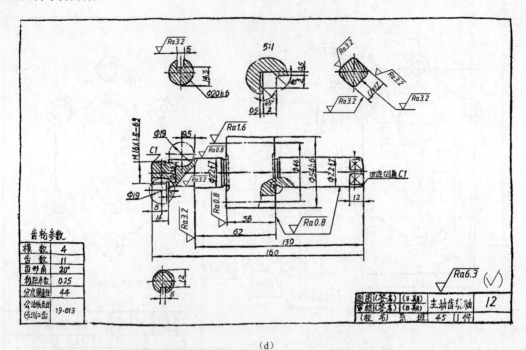

（d）

图 10-34（三）　机油泵零件草图

四、根据装配示意图和零件草图画装配图

在部件测绘中，装配图是根据装配示意图和零件草图绘制的。由零件图画装配图的方法，称拼图。画装配图时，要及时修改零件草图上的错误。

五、拆画零件图

画出装配图后，再由装配图画零件工作图，称拆图。拆图方法详见下一节内容。

第七节　由装配图拆画零件图

拆画零件图

按照设计程序，在设计部件或机器时，通常是根据使用要求先画出确定部件或机器主要结构的装配草图，然后再根据装配草图拆画零件图。由装配图拆画零件图，简称拆图。其过程也是继续设计零件的过程。

一、拆画零件图的步骤

1. 深入了解设计意图

拆画零件图前，必须认真阅读装配图，全面深入了解设计意图，弄清部件或机器的工作原理、装配关系、技术要求。

2. 构型分析

根据装配图把所拆画零件的结构、装配工艺要求等尽可能分析、了解清楚。

3. 拆画零件图

按照零件图的要求，绘制拆画零件的零件图。通常先拆画主要零件，然后再逐一画出相关零件，这样便于保证各零件的结构形状合理，并使尺寸、配合性质和技术要求等协调一致。

二、拆画零件图要注意的几个问题

拆画零件图时，不但要从设计方面考虑零件的作用和要求，而且还要从工艺方面考虑零件的制造和装配，使零件的结构形状符合设计和工艺要求，构型合理。

1. 零件分类

按照机械设计对零件的要求，把零件分成以下四类：

（1）标准件——标准件大多数属外购件，因此不需要画出零件图，只要按照标准件的规定标记代号列出标准件的汇总表即可。

（2）借用零件——借用零件是指借用定型产品上的零件。这类零件由于可利用已有图样，而不必另行绘制零件图。

（3）特殊零件——特殊零件是指设计时确定下来的重要零件，在设计说明书中都附有这类零件的图样或重要数据，如汽轮机的叶片、喷嘴，减速器中的齿轮、蜗轮、蜗杆等。对这类零件，应按装配草图中给出的主要结构、形状和数据绘制零件图。

（4）一般零件——这类零件基本上是按照装配图所表现的主要形状、大小和有关的技术要求来画，是拆画零件图的主要对象。

2. 对零件图表达方案的处理

装配图的视图表达方案主要是根据所表达部件的工作原理，零件间的装配、连接关系等考虑的，而零件图的视图表达方案主要是根据所表达零件的结构、形状特点考虑的。因此拆画零件图考虑零件的视图表达方案时，不应简单照抄装配图中该零件的表达方法，或强求与装配图一致，而应从零件的具体情况出发重新考虑。在大多数情况下，箱体类零件如减速器的底座、各种泵的泵体等，主视图的表达一般与装配图一致，这样做的好处是装配机器时便于对照，减少差错。对轴套类零件和盘盖类零件，则一般按零件的加工位置选择主视图。对支架类零件，主视图的位置一般与装配图一致，而投影方向则取其最能反映零件形状特征的一面。

3. 对零件结构形状的处理

（1）由于装配图仅表达了零件的主要结构形状，因此某些零件，特别是形体较复杂的箱体类零件，往往在装配图上表达不完整，这时需要根据零件的作用、它与相邻零件的连接关系，以及已掌握的工艺结构知识，从构型分析的角度出发加以补充完善。如图 10-35 所示图形是从油压阀装配图（图 10-42）中分离出的油压缸的某一视图。由装配图知，油压缸顶盖与油压缸的连接是用四个双头螺柱，所以油压缸顶面有四个螺孔，另外，油压缸的底板上也有四个螺栓孔，用来将油压缸与基座连接起来，但这些孔的位置在装配图上没有明确表示。拆画油压缸零件图时，如果将油压缸顶面和底板上的孔按前后、左右均对称来配置，则顶面上的螺孔就会与进、出油口相通，另外，安装油压阀底板螺栓时，工具就会与油压缸的支承肋相碰而无法安装。因此，拆画零件图时应考虑将这些孔配置在与前后对称面成 45°的方向上（图 10-36）。

（2）装配图中，对零件上某些局部结构往往未完全表达，此时，需根据零件的功用、零件的构型分析等加以补充完善。如图 10-37 中 *A* 向视图和图 10-38 中的 *A-A* 断面图，所表示的结构在装配图（图 10-37a、图 10-38a）中均未完全表达，所以拆画零件图时，零件图中该部分结构要补充完善，可考虑的形状有多种，如图 10-37b、c 和图 10-38b、c 所示。

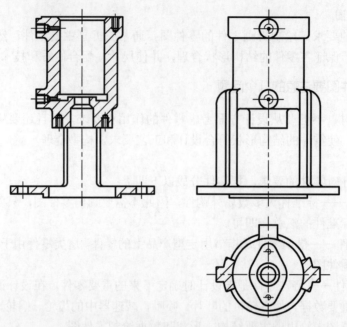

图 10-35　由装配图中分离出的油压缸视图

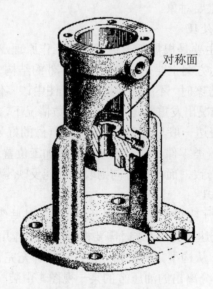

对称面

图 10-36　油压缸轴测图

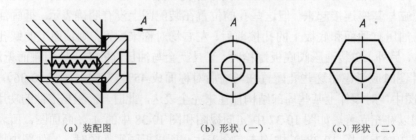

（a）装配图　　　　　（b）形状（一）　　　　　（c）形状（二）

图 10-37　螺纹堵头的头部形状

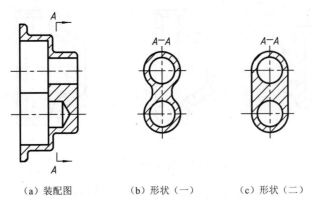

| （a）装配图 | （b）形状（一） | （c）形状（二） |

图 10-38　泵盖的凸台形状

（3）零件的工艺结构如倒角、退刀槽、圆角、顶尖孔等，在装配图中采用简化画法，往往省略不画，在拆画零件图时均应按结构、工艺的需要补画这些结构。又如零件上某一结构需要与其他零件在装配时一起加工，则应在零件图上注明（图 10-39）。

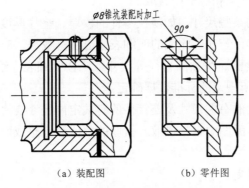

| （a）装配图 | （b）零件图 |

图 10-39　零件图上注明装配时加工

（4）零件间采用铆接、弯曲卷边等变形方法连接时，零件图应画出其连接前的形状，如图 10-40、图 10-41 所示。

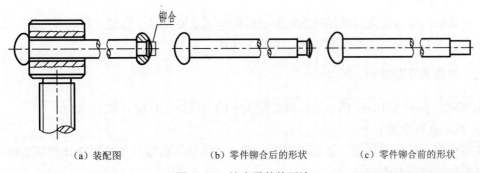

| （a）装配图 | （b）零件铆合后的形状 | （c）零件铆合前的形状 |

图 10-40　铆合零件的画法

4．对零件尺寸的处理

装配图上的尺寸仅是按装配图的表达要求标注的，拆画零件图时，尺寸的注法应按本书第九章第三节所讨论的方法和要求标注，尺寸的数值则须根据以下不同情况分别处理。

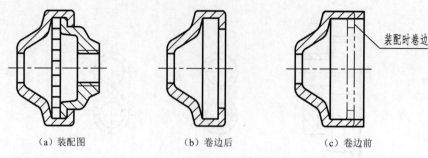

（a）装配图　　　　　　　（b）卷边后　　　　　　　（c）卷边前

图 10-41　卷边零件的画法

（1）装配图上已注出的尺寸，在相关的零件图上应直接注出，不允许改动。对于配合尺寸和某些相对位置尺寸，则要注出其公差配合代号或偏差值。

（2）与标准件相连接或配合的有关尺寸，如螺纹的有关尺寸、定位销孔直径、滚动轴承的内、外圈直径等，要从相应规范和标准中查取。

（3）对于标准结构，如倒角、退刀槽、砂轮越程槽、键槽、螺栓通孔直径、螺孔深度、沉孔等，尺寸也应从有关规范和标准中查取。

（4）对于非标准件的某些尺寸，如薄板零件的板厚、垫片厚度、弹簧的一些尺寸（簧丝直径、自由高度、节距等），若在装配图的明细表中已注有数据，应以明细表中的尺寸为准。

（5）对于齿轮的分度圆、齿顶圆直径等尺寸，应按明细表中给定的参数（如模数、齿数）计算后，按设计规范所规定的标准数据确定。

（6）相邻零件接触面的有关尺寸及连接件的有关定位尺寸要协调一致。

（7）其余尺寸均从装配图中直接量取，量取的数值经圆整或取标准化数值后，标注在零件图中。

5. 零件表面结构的确定

零件上各表面的结构是根据其作用和尺寸公差，或参考同类产品的图纸确定的。一般接触面与配合面的表面结构数值相应较小，自由表面的表面结构数值一般较大。有密封、耐蚀、美观等要求的表面结构数值相应较小，可参阅机械设计手册。

6. 关于技术要求

技术要求的注写也是绘制零件图时要进行的一项重要内容，它直接影响零件的加工质量，但是制定技术要求涉及许多专业知识，本书不详述。

三、拆画零件图举例

例 10-2　拆画图 10-42 所示油压阀装配图中的油压缸零件图（图 10-43）。

1. 确定表达方案

从装配图上拆画零件图，必须根据零件的具体形状，按零件图视图选择的原则重新考虑所拆画零件的视图表达方案。

（1）选择主视图。图 10-35 是从油压阀装配图中分离出的油压缸的视图，可以看出：装配图中左视图的投影方向能够反映油压缸的形状特征，且符合其工作位置，故将它选为油压缸零件图的主视图，并采用半剖视图，以表达油压缸的内部形状，如图 10-43 所示。

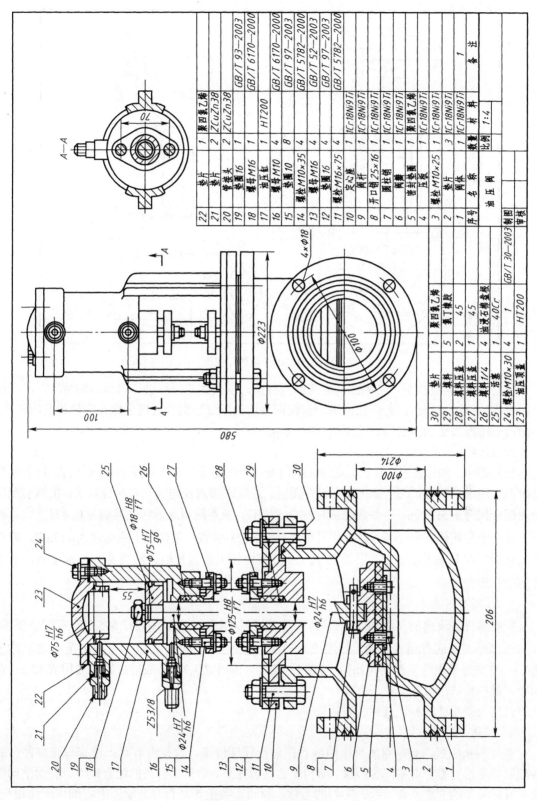

序号	名称	数量	材料	备注
22	垫片	1	聚四氟乙烯	
21	垫片	2	ZCuZn38	
20	管接头	2	ZCuZn38	
19	螺母M16	1		GB/T 93—2003
18	油压缸	1		GB/T 6170—2000
17	螺母M10	4		HT200
16	垫圈10	8		GB/T 6170—2000
15	螺栓M10×35	4		GB/T 97—2003
14	导杆M16	4		GB/T 5782—2000
13	垫圈16	4		GB/T 52—2003
12	螺栓M16×75	4		GB/T 97—2003
11	定心座	1	1Cr18Ni9Ti	GB/T 5782—2000
10	阀杆	1	1Cr18Ni9Ti	
9	开口销25×16	1	1Cr18Ni9Ti	
8	圆柱销	1	1Cr18Ni9Ti	
7	阀瓣	1	1Cr18Ni9Ti	
6	密封垫圈	1	1Cr18Ni9Ti	
5	压环	1	1Cr18Ni9Ti	
4	垫片	1	聚四氟乙烯	
3	螺栓M10×25	1	1Cr18Ni9Ti	
2	阀体	3	1Cr18Ni9Ti	
1		1		
序号	名称	数量	材料	备注

油压阀

制图　审核　比例 1:4

30	垫片	1	聚四氟乙烯	
29	填料压盖	5	氯丁橡胶	
28	填料压盖	2	45	
27	填料压盖	1	45	
26	填料1/4	4	油浸石棉盘根	
25	活塞	1	40Cr	
24	螺栓M10×30	4	1	GB/T 30—2003
23	油压顶盖	1	HT200	

图 10-42　油压阀装配图

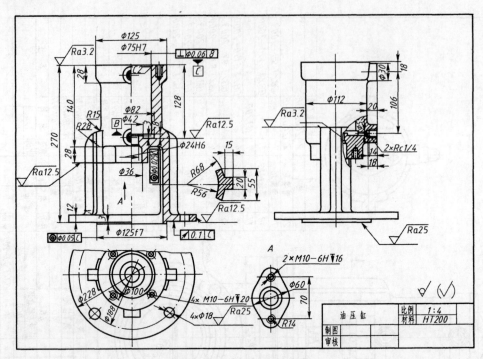

图 10-43　油压缸的零件图

（2）确定其他视图。左视图采用局部剖视图，以表达油压缸进、出油口的情况，A 局部视图表达油压缸中部凸台的形状，增加俯视图表达油压缸顶面和底板上螺孔和螺栓孔的位置，断面图则用来表达加强肋的断面形状（图 10-43）。

2. 标注尺寸

装配图中，油压缸进、出油口的中心距 106，中部凸缘螺孔中心距 70 及底板直径 $\phi228$ 是装配图上注出的尺寸，应直接移注到零件图上；油压缸的内径与活塞有配合要求，根据装配图所注配合代号 $\phi75H7/g6$，零件图上应标注为 $\phi75H7$，或查阅附录后标注其偏差值 $\phi75_0^{+0.030}$；底板下部凸缘与阀体有配合要求，根据其配合代号 $\phi125H8/f7$，零件图上应标注为 $\phi125f7$，或查阅附录后标注其偏差值 $\phi125_{-0.083}^{-0.043}$；其他尺寸均可由图上直接量取，经圆整或标准化后，在零件图上注出。

3. 注写技术要求

按照零件各表面的作用和尺寸公差，标注表面结构，如油压缸的内径 $\phi75_0^{+0.030}$ 有配合要求，且与活塞外表面间有相对运动，精度要求较高，表面结构选用 $R_a1.6$，一般的配合表面选用 $R_a6.3$；有密封要求的接触面（如油压缸的上表面）选用 $R_a3.2$，一般的接触面选用 $R_a12.5$；倒角处和螺栓孔选用 R_a25。

几何公差按要求标注几何公差框图。

4. 校核

零件图画完后，必须对所拆画的零件图进行仔细校核，校核内容有：检查每张零件图的各项内容是否完整；对零件的形状、结构表达是否完整、合理；有关的配合尺寸、表面结构等级、几何公差的要求是否一致；零件的名称、材料、数量等是否与装配图中明细栏所注相符。图 10-43 是油压缸的零件图。

复习与思考题

1. 装配图在生产中起什么作用？它应该包括哪些内容？
2. 装配图有哪些规定画法和特殊画法？
3. 在装配图中，一般应标注哪几类尺寸？
4. 编注装配图中的零、部件序号，应遵循哪些规定？
5. 为什么在设计和绘制装配图的过程中要考虑装配结构的合理性？
6. 简述阅读装配图的方法和步骤。
7. 简述由装配图拆画零件图的方法和步骤。

第十一章 焊 接 图

焊接是利用电弧或火焰，在被连接处局部加热并填充熔化金属，或用加压等方法将被连接件熔合而连接在一起。焊接是一种不可拆连接。由于它施工简单、连接可靠，所以在生产上应用日益广泛，大多数板材制品和工程结构件都采用焊接的方法来连接。连接件上因焊接形成的熔接处称为焊缝，国家标准对焊缝代号有详细规定，焊接的要求（如焊接方法、焊缝型式、焊缝尺寸）在图纸上需用规定的符号表示。按照焊接过程中金属的状态，焊接方法可分为熔化焊、压焊、钎焊三类，其中熔化焊中的手工电弧焊和气焊是机械制造中常用的焊接方法。本节主要介绍焊接方法的标注。

一、焊接接头的基本形式

根据被焊零件在空间的相互位置，焊接的接头型式有对接接头、T形接头、角接接头、搭接接头四种。焊缝的型式有对接焊缝、角焊缝及塞焊缝三种，如图 11-1 所示。

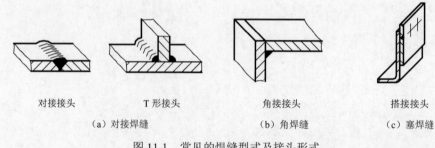

对接接头	T形接头	角接接头	搭接接头
（a）对接焊缝		（b）角焊缝	（c）塞焊缝

图 11-1 常见的焊缝型式及接头形式

二、焊缝符号及其标注

国家标准《焊缝符号表示法》（GB/T 324—2008）中对焊缝符号作了规定。焊缝符号一般由基本符号与指引线组成，必要时还可加上补充符号和焊缝尺寸符号等。

1. 基本符号

基本符号是表示焊缝横截面形状的符号。表 11-1 为常见焊缝的基本符号及其标注示例。

表 11-1 常见焊缝的基本符号及标注示例

名称	焊缝型式	基本符号	标注示例
I 型焊缝		∥	
V 型焊缝		∨	

续表

名称	焊缝型式	基本符号	标注示例
单边 V 型焊缝		V	
角焊缝		△	
钝边 U 型焊缝		Y	
封底焊缝		⌣	
点焊缝		○	
塞焊缝		⊓	

2. 指引线

指引线由箭头线（必要时可转折，如图 11-2b）和两条基准线（一条为细实线，另一条为虚线）组成，如图 11-2a 所示。

箭头线　基准线（细实线）　基准线（虚线）

（a）　　　　　　　（b）

图 11-2　指引线的画法

3. 补充符号

补充符号用来补充说明有关焊缝或接头的某些特征（诸如表面形状、衬垫、焊缝分布、施焊地点等），需要时可随基本符号标注在指引线规定的位置上。表 11-2 为补充符号及其标注示例。

表 11-2 补充符号及其标注示例

名称	符号	形式及标注示例	说明
平面符号	—		表示 V 型对接焊缝表面齐平（一般通过加工）
凹面符号	⌣		表示角焊缝表面凹陷
凸面符号	⌢		表示 X 型对接焊缝表面凸起
带垫板符号	▭		表示 V 型焊缝的背面底部有垫板
三面焊缝符号	⊏		工件三面施焊，开口方向与实际方向一致
周围焊缝符号	○		表示在现场沿工件周围施焊
现场符号	▶		
尾部符号	＜	5 ⊿ 250 ╱ 4	表示有 4 条相同的角焊缝

4. 焊缝符号相对于基准线的位置

GB/T 324—2008 对基本符号相对基准线的位置作了如下规定：

（1）如果指引线箭头指向焊缝的施焊面，则焊缝符号标注在基准线实线一侧，如图 11-3、图 11-4 所示。

（2）如果指引线箭头指向施焊的背面，则将焊缝符号标注在基准线的虚线一侧，如图 11-3、图 11-4 所示。

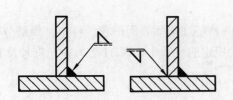 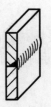

图 11-3 焊缝符号相对基准线的位置（一）　　　图 11-4 焊缝符号相对基准线的位置（二）

（3）标注对称焊缝及双面焊缝时，基准线的虚线可省略不画，如图 11-5 所示。

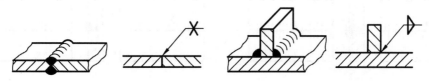

（a）对称焊缝   （b）双面焊缝

图 11-5   焊缝符号相对基准线的位置（三）

5. 焊缝尺寸符号及其标注方法

焊缝尺寸在需要时才标注，标注时，随基本符号标注在规定的位置上。表 11-3 为焊缝尺寸符号及其标注示例。焊缝尺寸标注位置规定如图 11-6 所示。

表 11-3   常用的焊缝尺寸符号

名称	符号	示意图及标注	名称	符号	示意图及标注
工件厚度	δ	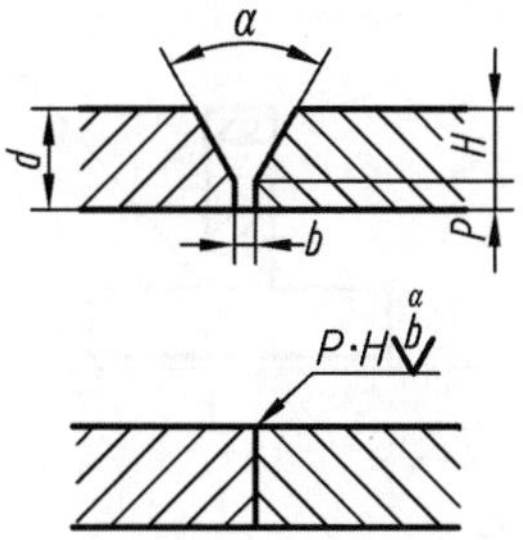	焊缝段数	n	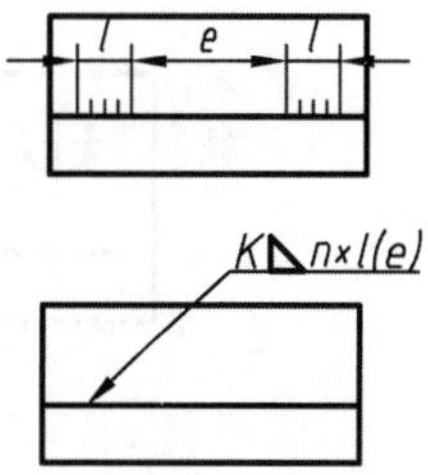
坡口角度	α		焊缝间距	e	
根部间隙	b		焊缝长度	l	
根部间隙	p		焊角尺寸	K	
坡口深度	H		相同焊缝数量符号	N	
熔核直径	d				

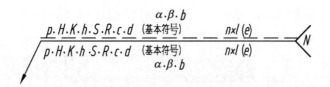

图 11-6   焊缝尺寸的标注位置

当焊件较厚时，为保证焊透根部获得质量较好的焊缝，对不同的焊接方法、不同的焊件厚度及不同材质需要选用不同的坡口形状。如需进一步了解，可查阅 GB/T 985—1988、GB/T 986—1988。

三、焊缝的画法及标注示例

1. 焊缝的规定画法

（1）在垂直于焊缝的剖视图或断面图中，焊缝的断面形状可用涂黑表示，如图 11-7 所示。

（2）在视图中，可用栅线表示焊缝（栅线段为细实线，允许徒手绘制），如图 11-7a～d，也可用加粗线（$2d$～$3d$）表示可见焊缝，如图 11-7e、f 所示。但在同一图样中只允许采用一种画法。

2. 图样中焊缝的表达

（1）在能清楚地表达焊缝技术要求的前提下，一般在图样中可用焊缝符号直接标注在视图的轮廓线上，如图 11-8 所示。

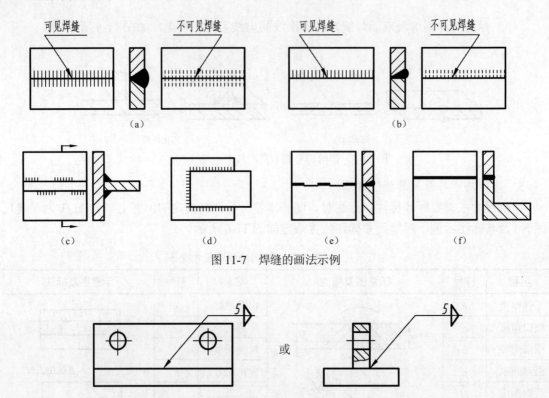

图 11-7　焊缝的画法示例

图 11-8　焊缝的表达

（2）若需要，也可在图样中采用图 11-9a 所示方法画出焊缝，并应同时标注焊缝符号。

（3）当若干条焊缝相同时，可用公共基准线进行标注，如图 11-9b 所示。

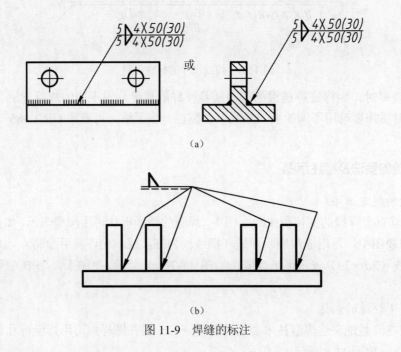

图 11-9　焊缝的标注

3. 焊接图示例

焊接件图应能表示出焊件的相对位置、焊接要求以及焊缝尺寸等内容，这类零件的视图表达应包括以下几个方面：

1）一组用于表达焊接件结构的视图；

2）一组确定焊接件大小的尺寸，其中应包括焊接件的规格尺寸、各焊件的装配位置尺寸等；

3）各焊件连接处的接头形式、焊缝符号及焊缝尺寸；

4）对构件的装配、焊接或焊后说明等技术要求；

5）明细表和标题栏。

看焊接图时应了解被焊接件的种类、数量、材料及焊接所在部位；看懂视图，能想象出焊接件及各构件的结构形状，并分析尺寸，了解其加工要求；了解各构件间的焊接装配方法、焊接的内容和要求等。图 11-10 是轴承挂架的焊接图。图中的焊缝标注表明了各构件连接处的接头形式、焊缝符号及焊缝尺寸。焊接方法在技术要求中作了统一说明，因此在基准线尾部不再标注焊接方法的符号。焊缝的局部放大图清楚地表达了焊缝的断面形状及尺寸。

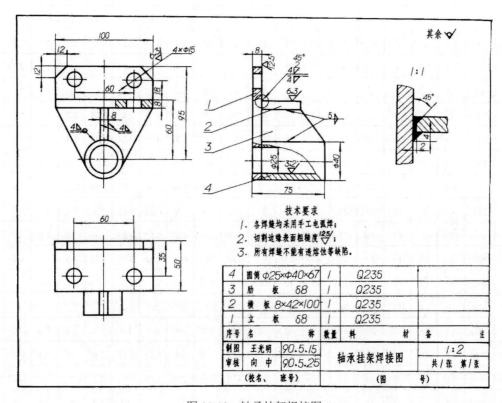

图 11-10　轴承挂架焊接图

复习与思考题

1. 焊缝在图样中是如何表示的？

2. 焊接图应该包含哪些内容？

附录一 极限与配合

附表 1-1 标准公差数值（GB/T 1800.2—2009）

基本尺寸 /mm		公差等级																	
		IT1	IT2	IT3	IT4	IT5	IT6	IT7	IT8	IT9	IT10	IT11	IT12	IT13	IT14	IT15	IT16	IT17	IT18
大于	至	/μm											/μm						
-	3	0.8	1.2	2	3	4	6	10	14	25	40	60	0.1	0.14	0.25	0.4	0.6	1	1.4
3	6	1	1.5	2.5	4	5	8	12	18	30	48	75	0.12	0.18	0.3	0.48	0.75	1.2	1.8
6	10	1	1.5	2.5	4	6	9	15	22	36	58	90	0.15	0.22	0.36	0.58	0.9	1.5	2.2
10	18	1.2	2	3	5	8	11	18	27	43	70	110	0.18	0.27	0.43	0.7	1.1	1.8	2.7
18	30	1.5	2.5	4	6	9	13	21	33	52	84	130	0.21	0.33	0.52	0.84	1.3	2.1	3.3
30	50	1.5	2.5	4	7	11	16	25	39	62	100	160	0.25	0.39	0.62	1	1.6	2.5	3.9
50	80	2	3	5	8	13	19	30	46	74	120	190	0.3	0.46	0.74	1.2	1.9	3	4.6
80	120	2.5	4	6	10	15	22	35	54	87	140	220	0.35	0.54	0.87	1.4	2.2	3.5	5.4
120	180	3.5	5	8	12	18	25	40	63	100	160	250	0.4	0.63	1	1.6	2.5	4	6.3
180	250	4.5	7	10	14	20	29	46	72	115	185	290	0.46	0.72	1.15	1.85	2.9	4.6	7.2
250	315	6	8	12	16	23	32	52	81	130	210	320	0.52	0.81	1.3	2.1	3.2	5.2	8.1
315	400	7	9	13	18	25	36	57	89	140	230	360	0.57	0.89	1.4	2.3	3.6	5.7	8.9
400	500	8	10	15	20	27	40	63	97	155	250	400	0.63	0.97	1.55	2.5	4	6.3	6.7
500	630	9	11	16	22	32	44	70	110	170	280	440	0.7	1.1	1.75	2.8	4.4	7	11
630	800	10	13	18	25	36	50	80	125	200	320	500	0.8	1.25	2	3.2	5	8	12.5
800	1000	11	15	21	28	40	56	90	140	230	360	560	0.9	1.4	2.3	3.6	5.6	9	14
1000	1250	13	18	24	33	47	66	105	165	260	420	660	1.05	1.65	2.6	4.2	6.6	10.5	16.5
1250	1600	15	21	29	39	55	78	125	195	310	500	780	1.25	1.95	3.1	5	7.8	12.5	19.5
1600	2000	18	25	35	46	65	92	150	230	370	600	920	1.5	2.3	3.7	6	9.2	15	23
2000	2500	22	30	41	55	78	110	175	280	440	700	1100	1.75	2.8	4.4	7	11	17.5	28
2500	3150	26	36	50	68	96	135	210	330	540	860	1350	2.1	3.3	5.4	8.6	13.5	21	33

注：1. 基本尺寸大于 500mm 的 IT1～IT5 的标准公差值为试行的

2. 基本尺寸小于或等于 1mm 时，无 IT4～IT8

附表 1-2 常用及优先用途轴的极限偏差（GB/T 1800.2—2009） 单位：μm

公差带代号 公称尺寸/mm	c	d	f			g		h						
	11	9	6	7	8	6	7	6	7	8	9	10	11	12
>0～3	-60 -120	-20 -45	-6 -12	-6 -16	-6 -20	-2 -8	-2 -12	0 -6	0 -10	0 -4	0 -25	0 -40	0 -60	0 -100
>3～6	-70 -145	-30 -60	-10 -18	-10 -22	-10 -28	-4 -12	-4 -16	0 -8	0 -12	0 -18	0 -30	0 -48	0 -75	0 -120
>6～10	-80 -170	-40 -76	-13 -22	-13 -28	-13 -35	-5 -14	-5 -20	0 -11	-0 -18	0 -27	0 -43	0 -70	0 -110	0 -180
>10～18	-95 -205	-50 -93	-16 -27	-16 -34	-16 -43	-6 -17	-6 -24	0 -11	0 -18	0 -27	0 -43	0 -70	0 -110	0 -180
>18～30	-110 -240	-65 -117	-20 -33	-20 -41	-20 -53	-7 -20	-7 -28	0 -13	0 -21	0 -33	0 -52	0 -84	0 -130	0 -210
>30～40	-120 -280	-80 -142	-25 -41	-25 -50	-25 -64	-9 -25	-9 -32	0 -16	0 -25	0 -39	0 -62	0 -100	0 -160	0 -250
>40～50	-130 -290													
>50～65	-140 -330	-100 -174	-30 -49	-30 -60	-30 -76	-10 -29	-10 -40	0 -19	0 -30	0 -46	0 -74	0 -120	0 -190	0 -300
>65～80	-150 -340													
>80～100	-170 -390	-120 -207	-36 -58	-36 -74	-36 -90	-12 -34	-12 -47	0 -22	0 -35	0 -54	0 -87	0 -140	0 -220	0 -350
>100～120	-180 -400													
>120～140	-200 -450	-145 -245	-43 -68	-43 -83	-43 -106	-14 -39	-14 -54	0 -25	0 -40	0 -63	0 -100	0 -160	0 -250	0 -400
>140～160	-210 -460													
>160～180	-230 -480													
>180～200	-240 -530	-170 -285	-50 -79	-50 -96	-50 -122	-15 -44	-15 -61	0 -29	0 -46	0 -72	0 -115	0 -185	0 -290	0 -460
>200～225	-260 -550													
>225～250	-280 -570													
>250～280	-300 -620	-190 -320	-56 -88	-56 -108	-56 -137	-17 -49	-17 -69	0 -32	0 -52	0 -81	0 -130	0 -210	0 -320	0 -520
>280～315	-330 -650													
>315～355	-360 -720	-210 -350	-62 -98	-62 -119	-62 -151	-18 -54	-18 -75	0 -36	0 -57	0 -89	0 -140	0 -230	0 -360	0 -570
>355～400	-400 -760													
>400～450	-440 -840	-230 -385	-68 -108	-68 -131	-68 -165	-20 -60	-20 -83	0 -40	0 -63	0 -97	0 -155	0 -250	0 -400	0 -630
>450～500	-480 -880													

续表

公差带代号 公称尺寸/mm	j 7	js 6	k 6	k 7	m 6	m 7	n 6	n 7	p 6	p 7	r 6	s 6	t	u 6
>0～3	+6 / -4	±3	+6 / 0	+10 / 0	+8 / -2	+12 / +2	+10 / +4	-14 / -4	+12 / +6	+16 / +6	+16 / +10	+20 / +14		+24 / +18
>3～6	+8 / -4	±4	+9 / +1	+13 / +1	+12 / +4	+16 / +4	+16 / +8	-20 / -8	+20 / +12	+24 / +12	+23 / +15	+27 / +19		+31 / +23
>6～10	+10 / -5	±4.5	+10 / +1	+16 / +1	-15 / -6	+21 / +6	+19 / +10	+25 / +10	+24 / +15	+30 / +15	+28 / +19	+32 / +23		+37 / +28
>10～18	+12 / -6	±5.5	+12 / +1	+19 / +1	-18 / -7	+25 / +7	+23 / +12	+30 / +12	+29 / +18	+36 / +18	+34 / -23	+39 / +28		+44 / +33
>18～24	+13 / -8	±6	+15 / +2	+23 / +2	+21 / -8	+29 / +8	+28 / +15	+36 / +15	+35 / +22	+13 / +22	+11 / +28	+48 / +35		+54 / +41
>24～30													+54 / +41	+61 / +48
>30～40	+15 / -10	±8	+18 / +2	+27 / +2	+25 / +9	+34 / +9	+33 / +17	+42 / +17	+42 / +26	+51 / +26	+50 / +34	+59 / +43	+64 / +48	+76 / +60
>40～50													+70 / +54	+86 / +70
>50～65	+18 / -12	±9.5	+21 / +2	+32 / +2	+30 / +11	+41 / +11	+39 / +20	+50 / +20	-51 / -32	+62 / +32	+60 / +41	-72 / -53	+85 / +66	+121 / +102
>65～80											+62 / +43	-78 / -59	+94 / +75	+146 / +124
>80～100	+20 / -15	±11	+25 / +3	+38 / +3	+35 / +13	+48 / +13	+45 / +23	+58 / +23	-51 / -32	+72 / +37	+73 / +51	-93 / -71	+113 / +91	+146 / +124
>100～120											+76 / +54	+101 / +79	+126 / +104	+166 / +144
>120～140	+22 / -18	±12.5	+28 / +3	+43 / +3	+40 / +15	+55 / +15	+52 / +27	+67 / +27	+68 / +43	+83 / +43	+88 / +63	+117 / +92	+147 / +122	+193 / +170
>140～160											+90 / +65	+125 / +100	+159 / +134	+215 / +193
>160～180											+93 / +68	+133 / +108	+171 / +146	+235 / +210
>180～200	+25 / +21	±14.5	+33 / +4	+50 / +4	+46 / +17	+63 / +17	+60 / +31	+77 / +31	+79 / +50	+96 / +50	+106 / +77	+151 / +122	+195 / +166	+265 / +236
>200～225											+109 / +80	+159 / +130	+209 / +180	+287 / +258
>225～250											+113 / +84	-169 / -140	+225 / +196	+313 / -284
>250～280	±26	±16	+36 / +4	+56 / +4	+52 / +20	+72 / +20	+66 / +34	+86 / +34	-88 / -56	+108 / +56	+60 / +41	-72 / -53	+85 / +66	+121 / +102
>280～315											+62 / +43	-78 / -59	+94 / +75	+146 / +124
>315～355	+18 / -12	±9.5	+21 / +2	+32 / +2	+30 / +11	+41 / +11	+39 / +20	+50 / +20	-51 / -32	+119 / +62	+144 / +108	-226 / -190	+304 / +268	+426 / +390
>355～400											+150 / +114	+244 / +208	+330 / +294	+471 / +435
>400～450	+31 / -32	±20	+45 / +5	+68 / +5	+63 / +23	+86 / +23	+80 / +40	+103 / +40	-108 / +68	+131 / +68	+166 / +126	+272 / +232	+370 / +330	+530 / +490
>450～500											+172 / +132	+292 / +252	+400 / +360	+580 / +540

附表1-3　常用及优先用途孔的极限偏差（GB/T 1800.2—2009）　　单位：μm

公差带代号 公称尺寸/mm	A 11	B 12	C 11	D 9	E 8	F 8	F 9	G 7	H 6	H 7	H 8	H 9	H 10	H 11
>0~3	+330 +270	+240 +140	+120 +60	+45 +20	+28 +14	+20 +6	+31 +6	+12 +2	+6 0	+10 0	+14 0	+25 0	+40 0	+60 0
>3~6	+345 +270	+260 +140	+145 +70	+60 +30	+38 +20	+28 +10	+40 +10	+16 +4	+8 0	+12 0	+18 0	+30 0	+48 0	+75 0
>6~10	+370 +280	+300 +150	+170 +80	+76 +40	+47 +25	+35 +13	+49 +13	+20 +5	+9 0	+15 0	+22 0	+36 0	+58 0	+90 0
>10~18	+400 +290	+330 +150	+205 +95	+93 +50	+59 +32	+43 +16	+59 +19	+24 +6	+11 0	+18 0	+27 0	+43 0	+70 0	+110 0
>18~24	+430 +300	+370 +160	+240 +110	+117 +65	+73 +40	+53 +20	+72 +20	+28 +7	+13 0	+21 0	+33 0	+52 0	+84 0	+130 0
>24~30	+430 +300	+370 +160	+240 +110	+117 +65	+73 +40	+53 +20	+72 +20	+28 +7	+13 0	+21 0	+33 0	+52 0	+84 0	+130 0
>30~40	+470 +310	+420 +170	+280 +120	+142 +80	+89 +50	+64 +25	+87 +25	+34 +9	+16 0	+25 0	+39 0	+62 0	+100 0	+160 0
>40~50	+480 +320	+430 +180	+290 +130	+142 +80	+89 +50	+64 +25	+87 +25	+34 +9	+16 0	+25 0	+39 0	+62 0	+100 0	+160 0
>50~65	+530 +340	+490 +190	+330 +140	+174 +100	+106 +60	+76 +30	+104 +30	+40 +10	+19 0	+30 0	+46 0	+74 0	+120 0	+190 0
>65~80	+550 +360	+500 +200	+340 +150	+174 +100	+106 +60	+76 +30	+104 +30	+40 +10	+19 0	+30 0	+46 0	+74 0	+120 0	+190 0
>80~100	+600 +380	+570 +220	+390 +170	+207 +120	+126 +72	+90 +36	+123 +36	+47 +12	+22 0	+35 0	+54 0	+87 0	+140 0	+220 0
>100~120	+630 +410	+590 +240	+400 +180	+207 +120	+126 +72	+90 +36	+123 +36	+47 +12	+22 0	+35 0	+54 0	+87 0	+140 0	+220 0
>120~140	+710 +460	+660 +260	+450 +200	+245 +145	+148 +85	+106 +43	+143 +43	+54 +14	+25 0	+40 0	+63 0	+100 0	+160 0	+250 0
>140~160	+770 +520	+680 +280	+460 +210	+245 +145	+148 +85	+106 +43	+143 +43	+54 +14	+25 0	+40 0	+63 0	+100 0	+160 0	+250 0
>160~180	+830 +580	+710 +310	+480 +230	+245 +145	+148 +85	+106 +43	+143 +43	+54 +14	+25 0	+40 0	+63 0	+100 0	+160 0	+250 0
>180~200	+950 +660	+800 +340	+530 +240	+285 +70	+172 +100	+122 +50	+165 +50	+61 +15	+29 0	+46 0	+72 0	+115 0	+185 0	+290 0
>200~225	+1030 +740	+840 +380	+550 +260	+285 +70	+172 +100	+122 +50	+165 +50	+61 +15	+29 0	+46 0	+72 0	+115 0	+185 0	+290 0
>225~250	+1110 +820	+880 +420	+570 +280	+285 +70	+172 +100	+122 +50	+165 +50	+61 +15	+29 0	+46 0	+72 0	+115 0	+185 0	+290 0
>250~280	+1240 +920	+1000 +480	+620 +300	+320 +190	+191 +110	+137 +56	+186 +56	+69 +17	+32 0	+52 0	+81 0	+130 0	+210 0	+320 0
>280~315	+1370 +1050	+1060 +480	+650 +300	+320 +190	+191 +110	+137 +56	+186 +56	+69 +17	+32 0	+52 0	+81 0	+130 0	+210 0	+320 0
>315~355	+1560 +1200	+1170 +600	+720 +360	+350 +210	+214 +125	+151 +62	+202 +60	+75 +18	+36 0	+57 0	+89 0	+140 0	+230 0	+360 0
>355~400	+1710 +1350	+1250 +680	+760 +400	+350 +210	+214 +125	+151 +62	+202 +60	+75 +18	+36 0	+57 0	+89 0	+140 0	+230 0	+360 0
>400~450	+1900 +1500	+1390 +760	+840 +440	+385 +230	+232 +135	+165 +68	+223 +68	+83 +20	+40 0	+63 0	+97 0	+155 0	+250 0	+400 0
>450~500	+2050 +1650	+1470 +840	+880 +480	+385 +230	+232 +135	+165 +68	+223 +68	+83 +20	+40 0	+63 0	+97 0	+155 0	+250 0	+400 0

续表

公差带代号 / 公称尺寸/mm	H 12	JS 7	JS 8	K 7	K 8	M 7	M 8	N 7	N 8	P 7	R 7	S 7	T 7	U 7
>0～3	-100 / 0	±6	±7	0 / -10	0 / -14	-2 / -12	-2 / -16	-4 / -14	-4 / -18	-6 / -16	-10 / -20	-14 / -24		-18 / -28
>3～6	-120 / 0	±6	±9	-3 / -9	+5 / -13	0 / -12	+2 / -16	-4 / -16	-2 / -20	-8 / -20	-11 / -23	-15 / -27		-19 / -31
>6～10	+150 / 0	±7	±11	+5 / -10	+6 / -16	0 / -15	+1 / -21	-4 / -19	-3 / -25	-9 / -24	-13 / -28	-17 / -32		-22 / -37
>10～18	+180 / 0	±9	±13	+6 / -12	+8 / -19	0 / -18	-2 / -25	-5 / -23	-3 / -30	-11 / -29	-16 / -34	-21 / -39		-26 / -44
>18～24	+210 / 0	±10	±16	+6 / -15	+10 / -23	0 / -21	-4 / -29	-7 / -28	-3 / -36	-14 / -35	-20 / -31	-27 / -48		-33 / -54
>24～30													-38 / -54	-40 / -61
>30～40	+250 / 0	±12	±19	+7 / -18	+12 / -27	0 / -25	-5 / -34	-8 / -33	-3 / -42	-17 / -42	-25 / -50	-34 / -59	-39 / -64	-60 / -137
>40～50													-48 / -70	-61 / -86
>50～65	+300 / 0	±15	±23	+9 / -21	+14 / -32	0 / -30	+5 / -41	-9 / -39	-4 / -50	-21 / -51	-30 / -60	-42 / -72	-55 / -85	-76 / -106
>65～80											-32 / -62	-48 / -78	-64 / -94	-91 / -121
>80～100	+350 / 0	±17	±27	+10 / -25	+16 / -38	0 / -35	+6 / -48	-10 / -45	-4 / -58	-21 / -59	-38 / -73	-58 / -93	-78 / -113	-111 / -146
>100～120											-41 / -76	-66 / -101	-91 / -126	-131 / -166
>120～140	+400 / 0	±20	±31	+12 / -28	+20 / -43	0 / -40	+8 / -55	-12 / -52	-4 / -67	-28 / -68	-48 / -88	-77 / -117	-107 / -137	-155 / -195
>140～160											-50 / -90	-85 / -125	-120 / -159	-175 / -215
>160～180											-53 / -93	-93 / -133	-131 / -171	-195 / -235
>180～200	+460 / 0	±23	±36	+13 / -33	+22 / -50	0 / -46	+9 / -63	-14 / -60	-5 / -77	-33 / -79	-60 / -106	-105 / -151	-149 / -195	-219 / -265
>200～225											-63 / -109	-113 / -159	-163 / -209	-241 / -287
>225～250											-67 / -113	-123 / -169	-179 / -225	-267 / -313
>250～280	+520 / 0	±26	±40	+16 / -36	-25 / -56	0 / -52	+9 / -72	-14 / -66	-5 / -86	-36 / -88	-74 / -126	-138 / -190	-198 / -250	-295 / -345
>280～315											-78 / -130	-150 / -202	-220 / -272	-330 / -382
>315～355	+570 / 0	±28	±44	+17 / -40	-28 / -61	0 / -57	+11 / -78	-16 / -73	-5 / -94	-41 / -98	-87 / -144	-169 / -226	-247 / -304	-369 / -426
>355～400											-93 / -150	-187 / -244	-273 / -330	-414 / -471
>400～450	+630 / 0	±31	±48	+18 / -45	+29 / -68	0 / -53	+11 / -86	-17 / -80	-6 / -103	-45 / -108	-103 / -166	-209 / -272	-307 / -370	-467 / -530
>450～500											-109 / -172	-229 / -292	-337 / -400	-517 / -580

附表 1-4　优先配合特性与应用（GB/T 1801—2009）

基孔制	基轴制	优先配合特性及应用
<u>H11</u> c11	<u>C11</u> b11	间隙非常大，用于很松的、转动很慢的动配合，要求大公差与大间隙的外露组件，要求装配方便的很松的配合
<u>H9</u> d9	<u>D9</u> h9	间隙很大的微转动配合，用于精度非主要要求，或有很大的温度变动、高转速或大的轴颈压力的配合
<u>H8</u> f7	<u>F8</u> h7	间隙不大的转动配台，用于中等转速与中等轴颈压力的精度转动，也用于装配比较容易的中等定位配合
<u>H7</u> g6	<u>G7</u> h6	间隙很小的滑动配合，用于不希望自由转动，但可以自由移动和滑动并精密定位的配合，也可以用于要求明确的定位配合
<u>H7</u> <u>H8</u> h6 h7 <u>H9</u> <u>H11</u> h9 h11	<u>H7</u> <u>H8</u> h6 h7 <u>H9</u> <u>H11</u> h9 h11	均为间隙定位配合，零件可自由装拆，而工作时一般相对静止不动。在最大实体条件下的间隙为零，在最小实体条件下的间隙 ff1 公差等级决定
<u>H7</u> k6	<u>K7</u> h6	过渡配合，用于精密定位
<u>H7</u> n6	<u>N7</u> h6	过渡配合，允许有较大过盈的更精密定位
<u>H7</u> p6	<u>P7</u> h6	过盈定位配合，即小过盈配合，用于定位精度特别重要时，能以最好的定位精度达到部件的刚性及对中的性能要求，而对内孔承受压力无特殊要求，不依靠配合的紧固性传递摩擦负荷
<u>H7</u> s6	<u>S7</u> h6	中等压入配合，适用于一般钢件，或用于薄壁件的冷缩配合，用于铸铁件可得到最紧的配合
<u>H7</u> u6	<u>U7</u> h6	压入配合，适用于可以承受高压力的零件或不宜承受大压入力的冷缩配合

注："*"表示公称尺寸<=3mm 时为过渡配合

附录二 螺 纹

附表 2-1 普通螺纹直径、螺距和基本尺寸（GB/T 193—2003，GB/T 196—2003）

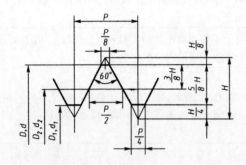

标记示例

粗牙普通螺纹，公称直径 $d = 10$，中径公差带代号 5g，顶径公差带代号 6g，标记：

$$M10—5g6g$$

细牙普通螺纹，公称直径 $d = 10$，螺矩 $P = 1$，中径、顶径公差带代号 7H，标记：

$$M10 \times 1—7H$$

表 A1

公称直径 D,d		螺距 P		螺纹小径 D_1,d_1
第一系列	第二系列	粗牙	细牙	粗牙
3		0.5	0.35	2.459
	3.5	0.6		2.850
4		0.7		3.242
	4.5	0.75	0.5	3.688
5		0.8		4.134
6		1	0.75	4.917
8		1.25	1,0.75	6.647
10		1.5	1.25,1,0.75	8.376
12		1.75	1.25,1	10.106
	14	2	1.5,1.25,1	11.835
16		2	1.5,1	13.835
	18	2.5	2,1.5,1	15.294
20		2.5		17.294
	22	2.5	2,1.5,1	19.294
24		3	2,1.5,1	20.752
	27	3	2,1.5,1	23.752
30		3.5	(3),2.1.5,1	26.211
	33	3.5	(3),2,1.5	29.211
36		4	3,2,1.5	31.670

注：1. 螺纹公称直径应优先选用第一系列，第三系列未列入
2. 括号内的尺寸尽量不用

附表 2-2　非螺纹密封管螺纹(GB/T 7307—2001)

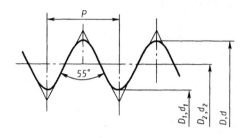

标记示例

$G1\frac{1}{2}LH$(右旋不标)　$G1\frac{1}{2}B$

$1\frac{1}{2}$左旋内螺纹　$1\frac{1}{2}$B 级外螺纹

尺寸代号	第 25.4 mm 中的螺纹牙数	螺距 P	螺纹直径	
			大径 D,d	小径 D_1,d_1
$\frac{1}{8}$	28	0.907	9.728	8.566
$\frac{1}{4}$	19	1.337	13.157	11.445
$\frac{3}{8}$	19	1.337	16.662	14.950
$\frac{1}{2}$	14	1.814	20.955	18.631
$\frac{5}{8}$	14	1.814	22.911	20.587
$\frac{3}{4}$	14	1.814	26.411	24.117
$\frac{7}{8}$	14	1.814	30.201	27.887
1	11	2.309	33.249	30.291
$1\frac{1}{8}$	11	2.309	37.897	34.939
$1\frac{1}{4}$	11	2.309	41.910	38.952
$1\frac{1}{2}$	11	2.309	47.803	44.845
$1\frac{1}{4}$	11	2.309	53.746	50.788
2	11	2.309	59.614	56.656
$2\frac{1}{4}$	11	2.309	65.710	62.752
$2\frac{1}{2}$	11	2.309	75.184	72.226
$2\frac{3}{4}$	11	2.309	81.534	78.576
3	11	2.309	87.884	84.926

附录三　螺纹紧固件

附表 3-1　六角头螺栓 C 级（GB/T 5780—2016）、六角头螺栓　A 和 B 级（GB/T 5782—2016）

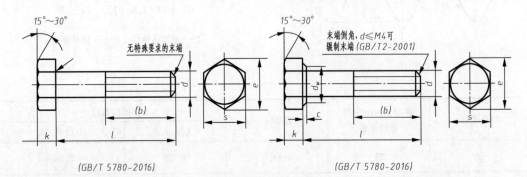

(GB/T 5780-2016)　　　　　　　(GB/T 5780-2016)

标记示例

螺纹规格 $d \approx$ M12，公称长度 $l=80$，性能等级为 8.8 级，表面氧化，A 级的六角头螺栓：

螺栓 GB/T 5780—2016 M12×80

螺纹规格 d			M3	M4	M5	M6	M8	M10	M12	M16	M20	M24	M30
b 参考	$l \leqslant 125$		12	14	16	18	22	26	30	38	46	54	66
	$125 < l \leqslant 200$		18	20	22	24	28	32	36	44	52	60	72
	$l \leqslant 200$		31	33	35	37	41	45	49	57	65	73	85
c (max)			0.4	0.4	0.5	0.5	0.6	0.6	0.6	0.8	0.8	0.8	0.8
d_w	产品等级	A	4.57	5.88	6.88	8.88	11.63	14.63	16.63	22.49	28.19	33.61	—
		B	4.45	5.74	6.74	8.74	11.47	14.47	16.47	22	27.7	33.25	42.75
e	产品等级	A	6.01	7.66	8.79	11.05	14.38	17.77	20.03	26.75	33.53	37.98	—
		B	5.88	7.50	8.63	10.89	14.20	17.59	19.85	25.17	32.95	39.55	50.85
k 公称			2	2.8	3.5	4	5.3	6.4	7.5	10	12.5	15	18.7
r			0.1	0.2	0.2	0.25	0.4	0.4	0.6	0.6	0.8	0.8	1
s 公称			5.5	7	8	10	13	16	18	24	30	36	46
l（商品规格范围）			20~30	25~40	25~50	30~60	40~80	45~100	50~120	65~160	80~200	90~240	110~300
l 系列			12, 16, 20, 25, 30, 45, 40, 45, 50, 55, 60, 65, 70, 80, 90, 100, 120, 130, 140, 150, 160, 180, 200, 220, 240, 260, 280, 300, 320, 340, 360										

注：1. A 级用于 $d \leqslant 24$ 和 $l \leqslant 10d$ 或 $l \leqslant 150$ 的螺栓；B 级用于 $d > 24$ 和 $l > 10d$ 或 >150 的螺栓。

2. 螺纹规格 d 范围：GB/T 5780—2016 为 M5~M64；GB/T 5782—2016 为 M1.6~M64。

3. 公称长度 l 范围：GB/T 5780—2016 为 25~500；GB/T 5782—2016 为 12~500

附表 3-2 双头螺柱 $b_m = d$（GB/T 897—1988）、$b_m = 1.25d$（GB/T 898—1988）
$b_m = 1.5d$（GB/T 899—1988）、$b_m = 2d$（GB/T 900—1988）

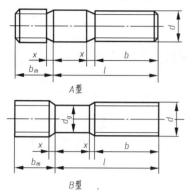

A 型

B 型

标记示例

1. 两端均为粗牙普通螺纹，$d = 10$ mm，$l = 15$ mm 性能等级为 4.8 级，不经表面处理，B 型，$b_m = d$ 的双头螺柱：

螺柱 BG/T 897—1988 M10×50

2. 旋入机体一端为粗牙普通螺纹，旋螺母一端为螺距 $P = 1$ mm 的细牙普通螺纹，$d = 10$ mm，$l = 15$ mm，性能等级为 4.8 级，不经表面处理，A 型，$b_m = d$ 的双头螺柱：

螺柱 GB/T 896—1988 AM10-M10×1×50

3. 旋入机体一端为过渡配合螺纹的第一种配合，旋螺母一端为粗普通螺纹，$d = 10$ mm，$l = 15$ mm，性能等级为 8.8 级，镀锌钝化，B 型，$b_m = d$ 的双头螺柱：

螺柱 GB/T 897—1988 GM10-M10×50-8.8Zn·D

单位：mm

螺纹规格 d	b_m				l/b
	GB/T 897—1988	GB/T 898—1988	GB/T 899—1988	GB/T 900—1988	
M2			3	4	(12~16)/6，(18~25)/10
M2.5			3.5	5	(14~18)/8，(20~30)/11
M3			4.5	6	(16~20)/6，(22~40)/12
M4			6	8	(16~22)/8，(25~40)/14
M5	5	6	8	10	(16~22)/10，(25~50)/16
M6	6	6	10	12	(18~22)/10，(25~30)/14，(32~75)/18
M8	8	10	12	16	(18~22)/12，(25~30)/16，(32~90)/22
M10	10	12	15	20	(25~28)/14，(30~38)/16，(40~120)/30，130~32
M12	12	15	18	24	(25~30)/16，(32~40)/20，(45/120)/30，(30~180)/36
(M14)	14	18	21	28	(30~35)/18，(38~45)/25，(50~120)/34，(130~180)/40
M16	16	20	24	32	(33~28)/20，(40~55)/30，(60~120)/38，(130~200)/44
(M18)	18	22	27	36	(35~40)/22，(45~60)/35，(65~120)/42，(130~200)/48
M20	20	25	30	40	(35~40)/25，(45~65)/38，(70~120)/46，(130~200)/52
M22	22	28	33	44	(40~45)/30，(50~70)/40，(75~120)/150，(130~200)/56
M24	24	30	36	48	(45~50)/30，(55~75)/45，(80~120)/54，(130~200)/60
(M27)	27	35	40	54	(50~60)/35，(65~85)/50，(90~120)/160，(130~200)/66
M30	30	38	45	60	(60~65)40，(70~90)/50，(95~120)/66，(130~200) 72，(210~250)/85
M36	36	45	54	72	(65~75)/45，(80~110)/60，120/78，(130~200)/84，(210~300)/97
M42	42	52	63	84	(70~80)/50，(65~110)/70，120~90，(130~200)/96，(210~300)/109
M48	48	60	72	96	(80~90)/60，(95~110)/80，120/120，(130~200)/108，(210~300)/121
l（系列）	12，(14)，16，(18)，20，(22)，25，(28)，30，(32)，35，(38)，40，45，50，55，60，65，70，75，80，85，90，95，100，110，120，130，140，150，160，170，180，190，200，210，220，230，240，250，260，280，300				

注：1. $b_m = d$ 一般用于旋入机体为钢的场合：$b_m = (1.25~1.5) d$ 一般用于旋入机体为铸铁的场合，$b_m = 2d$ 一般用于旋入机体为铝的场合。

　　2. 不带括号的为优先系列，仅 GB/T 898—1988 有优先系列。

　　3. b 不包括螺尾。

　　4. $d_g \approx$ 螺纹基本中径。

　　5. $x_{max} = 1.5P$（螺距）

附表 3-3　1 型六角螺母—C 级（GB/T 41—2016）、1 型六角螺母—A 和 B 级（GB/T 6170—2015）、
六角薄螺母—A 和 B 级—的倒角（GB/T 6172.1—2016）

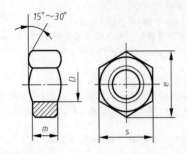

(GB/T 41-2016)

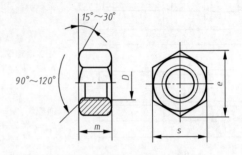

(GB/T 6170-2015)、(GB/T 6172-2016)

标记示例

螺纹规格 D=M12，性能等级为 5 级，不经表面处理，C 级的 1 型六角螺母：

螺母　GB/T 41—2016　M12

标记示例

螺纹规格 D=M12，性能等级为 10 级，不经表面处理，A 级的 1 型六角螺母；

螺母　GB/T 6170—2015　M12

螺纹规格 D=M12，性能等级为 04 级，不经表面处理，A 级的六角薄螺母：

螺母　GB/T 6170—2015　M12

单位：mm

螺纹规格 D		M3	M4	M5	M6	M8	10	M12	(M14)	M16	(M18)	M20	(M22)	M24	(M27)	M30	M36	M42	M48	M56	M64
e		6	7.7	8.8	11	14.4	17.8	20	23.4	26.8	29.6	35	37.3	39.6	45.2	50.9	60.8	72	82.6	93.6	104.9
s		5.5	7	8	10	13	16	18	21	24	27	30	34	36	41	46	55	65	75	85	95
m	GB/T 6170—2015	2.4	3.2	4.7	5.2	6.8	8.4	10.8	12.8	14.8	15.8	18	19.4	21.5	23.8	25.6	31	34	38	45	51
	GB/T 6172—2016	1.8	2.2	2.7	3.2	4	5	6	7	8	9	10	11	12	13.5	15	18	21	24	28	32
	GB/T 41—2016			5.6	6.1	7.9	9.5	12.2	13.9	15.9	16.9	18.7	20.2	22.3	24.7	26.4	31.5	34.9	38.9	45.9	52.4

注：1. 表中 e 为圆整近似值。

2. 不带括号的为优先系列。

3. A 级用于 $D \leqslant 16$ 的螺母；B 级用于 $D>16$ 的螺母

附表 3-4　平垫圈—C 级(GB/T 95—2002)、大垫圈—A 级和 C 级(GB/T 96—2002)、平垫圈—A 级(GB/T 97.1—2002)、平垫圈—倒角型—A 级(GB/T 97.2—2002)、小垫圈—A 级(GB/T 848—2002)

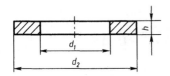

(GB/T 95—2002)*、(GB/T 96—2002)*
(GB/T 97.1—2002)*、(GB/T 848—2002)*
*垫围两端面无粗糙度符号

(GB/T 97.2—2002)

标 记 示 例

标准系列、公称尺寸 $d=8$ mm,性能等级为 100HV 级,不经表面处理的平垫圈:

　垫圈　GB/T 95—2002　8

标 记 示 例

标准系列、公称尺寸 $d=8$ mm,性能等级为 140HV 级,倒角型不经表面处理的平垫圈:

　垫圈　GB/T 97.2—2002　8

单位: mm

公称尺寸(螺纹规格) d	标准系列 GB/T 95—2002、GB/T 97.1—2002、GB/T 97.2—2002				大系列 GB/T 96—2002			小系列 GB/T 848—2002		
	d_2	h	d_1 (GB/T 95)	d_1 (GB/T 97.1、GB/T 97.2)	d_1	d_2	h	d_1	d_2	h
1.6	4	0.3		1.7	—	—	—	1.7	3.5	0.3
2	5	0.3		2.2	—	—	—	2.2	4.5	0.3
2.5	6	0.5		2.7	—	—	—	2.7	5	0.5
3	7	0.5		3.2	3.2	9	0.8	3.2	6	0.5
4	9	0.8		4.3	4.3	12	1	4.3	8	0.5
5	10	1	5.5	5.3	5.3	15	1.2	5.3	9	1
6	12	1.6	6.6	6.4	6.4	18	1.6	6.4	11	1.6
8	16	1.6	9	8.4	8.4	24	2	8.4	15	1.6
10	20	2	11	10.5	10.5	30	2.5	10.5	18	1.6
12	24	2.5	13.5	13	13	37	3	13	20	2
14	28	2.5	15.5	15	15	44	3	15	24	2.5
16	30	3	17.5	17	17	50	3	17	28	2.5
20	37	3	22	21	22	60	4	21	34	3
24	44	4	26	25	26	72	5	25	39	4
30	56	4	33	31	33	92	6	31	50	4
36	66	5	39	37	39	110	8	37	60	5

注:1. GB/T 95—2002、TB/T 97.2—2002 中,d 的范围为 5～36 mm;GB/T 96—2002 中,d 的范围为 3～36 mm;GB/T 848—2002、GB/T 97.1—2002 中,d 的范围为 1.6～36

2. 表列 d、d_2、h 均为公称值

3. C 级垫圈粗糙度要求为 ▽

4. GB/T 848—2002 主要用于带圆柱头的螺钉,其他用于标准的六角螺栓、螺钉和螺母

5. 精装配系列用 A 级垫圈,中等装配系列用 C 级垫圈

附表3-5 标准型弹簧垫圈（GB/T 93—1987）、轻型弹簧垫圈（GB/T 859—1987）

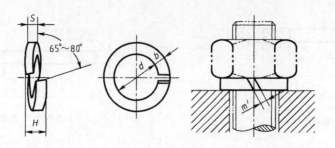

标 记 示 例

规格16 mm，材料为65Mn，表面氧化的标准型弹簧垫圈：

垫圈 GB/T 93—1987 16

单位：mm

规格（螺纹大径）	d	GB/T 93—1987		GB/T 859—1987		
		$s = b$	$0 < m' \leqslant$	s	b	$0 < m' \leqslant$
2	2.1	0.5	0.25	0.5	0.8	
2.5	2.6	0.65	0.33	0.6	0.8	
3	3.1	0.8	0.4	0.8	1	0.3
4	4.1	1.1	0.55	0.8	1.2	0.4
5	5.1	1.3	0.65	1	1.2	0.55
6	6.2	1.6	0.8	1.2	1.6	0.65
8	8.2	2.1	1.05	1.6	2	0.8
10	10.2	2.6	1.3	2	2.5	1
12	12.3	3.1	1.55	2.5	3.5	1.25
(14)	14.3	3.6	1.8	3	4	1.5
16	16.3	4.1	2.05	3.2	4.5	1.6
(18)	18.3	4.5	2.25	3.5	5	1.8
20	20.5	5	2.5	4	5.5	2
(22)	22.5	5.5	2.75	4.5	6	2.25
24	24.5	6	3	4.8	6.5	2.5
(27)	27.5	6.8	3.4	5.5	7	2.75
30	30.5	7.5	3.75	6	8	3
36	36.6	9	4.5	—	—	—
42	42.6	10.5	5.25	—	—	—
48	49	12	6	—	—	—

附表 3-6　平键　键和键槽的剖面尺寸(GB/T 1095—2003)、普通平键的型式尺寸(GB/T 1096—2003)

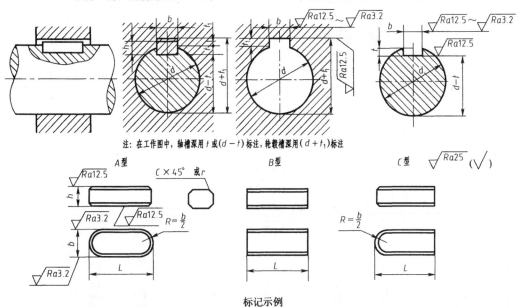

注: 在工作图中, 轴槽深用 t 或 $(d-t)$ 标注, 轮毂槽深用 $(d+t_1)$ 标注

标记示例

圆头普通平键(A 型) $b=16$ mm、$h=10$ mm、$L=100$ mm　键　16×100 GB/T 1096—2003

平头普通平键(B 型) $b=16$ mm、$h=10$ mm、$L=100$ mm　键　B16×100 GB/T 1096—2003

单圆头普通平键(C 型) $b=16$ mm、$h=10$ mm、$L=100$ mm　键　C16×100 GB/T 1096—2003

单位: mm

轴	键		键　槽									
			宽度 b				深度					
				极限偏差								
公称直径 d	公称尺寸 $b\times h$	长度 L	公称长度 b	较松键连接		一般键连接		较紧键连接	轴 t		毂 t_1		半径 r	
				轴 H9	毂 D10	轴 N9	毂 Js9	轴和毂 P9	公称尺寸	极限偏差	公称尺寸	极限偏差	最大	最小
自 6~8	2×2	6~20	2	+0.025	+0.060	−0.004	±	−0.006	1.2		1		0.08	0.16
>8~10	3×3	6~36	3	0	+0.020	−0.029	0.012 5	−0.031	1.8	+0.1	1.4	+0.1		
>10~12	4×4	8~45	4	+0.030	+0.078	0		−0.012	2.5	0	1.8	0		
>12~17	5×5	10~56	5	0	+0.030	−0.030	±0.015	−0.042	3.0		2.3			
>17~22	6×6	14~70	6						3.5		2.8			
>22~30	8×7	18~19	8	+0.036	+0.098	0		−0.018	4.0		3.3		0.16	0.25
>30~38	10×8	22~110	10	0	+0.040	−0.036	±0.018	−0.061	5.0		3.3			
>38~44	12×8	28~140	12						5.0	+0.2	3.3	+0.2		
>44~50	14×9	36~160	14	+0.043	+0.120	0	±	−0.018	5.5	0	3.8	0		
>50~58	16×10	45~180	16	0	+0.050	−0.043	0.021 5	−0.061	6.0		4.3		0.25	0.40
>58~65	18×11	50~200	18						7.0		4.4			
>65~75	20×12	56~220	20						7.5		4.9		0.25	0.40
>75~85	22×14	63~250	22	+0.052	+0.149	0	±0.026	−0.022	9.0	+0.2	5.4	+0.2		
>85~95	25×14	70~280	25	0	+0.065	−0.052		−0.074	9.0	0	5.4	0	0.40	0.60
>95~110	28×16	80~320	28						10.0		6.4			
>110~130	32×18	80~360	32						11.0		7.4			
>130~150	36×20	100~400	36	+0.062	+0.180	0	±0.031	−0.026	12.0	+0.3	8.4	+0.3	0.70	1.0
>150~170	40×22	100~400	40	0	+0.080	−0.062		−0.088	13.0	0	9.4	0		
>170~200	45×25	110~450	45						15.0		10.4			

注:1. $(d-t)$ 和 $(d+t_1)$ 两组合尺寸的极限偏差按相应的 t 和 t_1 的极限偏差选取, 但 $(d-t)$ 极限偏差应取负号 $(-)$
　2. L 系列:6,8,10,12,14,16,18,20,22,25,28,32,36,40,45,50,56,63,70,80,90,100,110,125,140,160,180,200,220,250,280,320,330,400,450

附录四 常用滚动轴承

附表 沉沟球轴承(GB/T 276—2013)

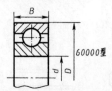

60000型

轴承编号	尺寸/mm			轴承编号	尺寸/mm		
	d	D	B		d	D	B
10 系列				6219	95	170	32
				6220	100	180	34
6000	10	26	8	6221	105	190	36
6001	12	28	8	6222	110	200	38
6002	15	32	9	6224	120	215	40
6003	17	35	10	6226	130	230	40
6004	20	42	12	6228	140	250	42
6005	25	47	12	6230	150	270	45
6006	30	55	13	03 系列			
6007	35	62	14				
6008	40	68	15	6300		35	11
6009	45	75	16	6301	10	37	12
6010	50	80	16	6302	12	42	13
6011	55	90	18	6303	15	47	14
6012	60	95	18	6304	17	52	15
6013	65	100	18	6305	20	62	17
6014	70	110	20	6306	25	72	19
6015	75	115	20	6307	30	80	21
6016	80	125	22	6308	35	90	23
6017	85	130	22	6309	40	100	25
6018	90	140	24	6310	45	110	27
6019	95	145	24	6311	50	120	29
6020	100	150	24	6312	55	130	31
6021	105	160	26	6313	60	140	33
6022	110	170	28	6314	65	150	35
6024	120	180	28	6315	70	160	37
6026	130	200	33	6316	75	170	39
6028	140	210	33	6317	80	180	41
6030	150	225	35	6318	85	190	43
02 系列				6319	90	200	45
				6320		215	47
6200	10	30	9	04 系列			
6201	12	32	10				
6202	15	35	11	6403	17	62	17
6203	17	40	12	6404	20	72	19
6204	20	47	14	6405	25	80	21
6205	25	52	15	6406	30	90	23
6206	30	62	16	6407	35	100	25
6207	35	72	17	6408	40	110	27
6208	40	80	18	6409	45	120	29
6209	45	85	19	6410	50	130	31
6210	50	90	20	6411	55	140	33
6211	55	100	21	6412	60	150	35
6212	60	110	22	6413	65	160	37
6213	65	120	23	6414	70	180	42
6214	70	125	24	6415	75	190	45
6215	75	130	25	6416	80	200	48
6216	80	140	26	6417	85	210	52
6217	85	150	28	6418	90	225	54
6218	90	160	30				

附录五　常用材料及热处理名词解释

名称	牌号	牌号表示方法说明	硬度/HB	特性及用途举例
灰铸铁	HT100	"HT"是灰铸铁的代号,它后面的数字表示抗拉强度(MPa)。("HT"是"灰、铁"两字汉语拼音的第一个字母)	143 ~ 229	属低强度铸铁。用于盖、手把、手轮等不重要零件
	HT150		143 ~ 241	属中等强度铸铁。用于一般铸件,如机床座、端盖、带轮、工作台等
	HT200 HT250		163 ~ 255	属高强度铸铁。用于较重要铸件,如气缸、齿轮、凸轮、机座、床身、飞轮、带轮、齿轮箱、阀壳、联轴器、轴承座等
	HT300		170 ~ 255	属高强度、高耐磨铸铁。用于重要铸件,如齿轮、凸轮、床身、液压泵和滑阀的壳体、车床卡盘等
	HT350		170 ~ 269	
	HT400		197 ~ 269	
球墨铸铁	QT450-10	"QT"是球墨铸铁的代号,它后面的数字分别表示强度和伸长率的大小。("QT"是"球、铁"两字汉语拼音的第一个字母)	170 ~ 207	具有较高的强度和塑性。广泛用于机械制造业中受磨损和受冲击的零件,如曲轴、凸轮轴、齿轮、气缸套、活塞环、摩擦片、中低压阀门、千斤顶底座、轴承座等
	QT500-7		187 ~ 255	
	QT600-3		197 ~ 269	
可锻铸铁	KTH300-06	"KTH""HTZ"分别是黑心和珠光体可锻铁的代号,它们后面的数字分别表示强度和伸长率的大小,("KT"是"可、铁"两字汉的第一个字母)	120 ~ 163	用于承受冲击、振动等零件,如汽车零件、机床附件(如扳手等)、各种管接头、低压阀门、农机具等。珠光体可锻铸铁在某些场合可代替低碳钢、中碳钢及低合金钢,如用于制造齿轮、曲轴、连杆等
	KTH330-08		120 ~ 163	
	KTZ450-05		152 ~ 219	

名称	牌号	牌号表示方法说明	特性及用途举例
碳素结构钢	Q215-AF	牌号由屈服点字母(Q)、屈服点(强度)值(MPa)、质量等级符号(A、B、C、D)和脱氧方法(F—沸腾钢,b—半镇静钢,Z—镇静钢,TZ—特殊镇静钢)等四部分按顺序组成。在牌号组成表示方法中"Z"与"TZ"符号可以省略	塑性大,抗拉强度低,易焊接。用于炉撑、铆钉、垫圈、开口销等
	Q235-A		有较高的强度和硬度,伸长率也相当大,可以焊接,用途很广,是一般机械上的主要材料,用于低速轻载齿轮、键、拉杆、钩子、螺栓、套圈等
	Q255-A		伸长率低,抗拉强度高,耐磨性好,焊接性不够好。用于制造不重要的轴、键、弹簧等
优质碳素结构钢	普通含锰钢 15	牌号数字表示钢中平均碳的质量分数。如"45"表示平均碳的质量分数为 0.45%	塑性、韧性、焊接性能和冷冲性能均极好,但强度低。用于螺钉、螺母、法兰盘、渗碳零件等
	20		用于不经受很大应力而要求很大韧性的各种零件,如杠杆、轴套、拉杆等。还可用于表面硬度高而心部强度要求不大的渗碳与氰化零件
	35		不经热处理可用于中等载荷的零件,如拉杆、轴、套筒、钩子等;经调质处理后适用于强度及韧性要求较高的零件,如传动轴等
	45		用于强度要求较高的零件。通常在调质或正火后使用,用于制造齿轮、机床主轴、花键轴、联轴器等。由于它的淬透性差,因此截面大的零件很少采用

名　称	牌　号	牌号表示方法说明	特性及用途举例
优质碳素结构钢 较高含锰钢	60	牌号数字表示钢中平均碳的质量分数。如"45"表示平均碳的质量分数为0.45%	这是一种强度和弹性相当高的钢。用于制造连杆、轧辊、弹簧、轴等
	75		用于板弹簧、螺旋弹簧以及受磨损的零件
	15Mn		它的性能与15钢相似,但淬透性及强度和塑性比15钢都高些。用于制造中心部分的力学性能要求较高、且必须渗碳的零件。焊接性好
	45Mn		用于受磨损的零件,如转轴、心轴、齿轮、叉等。焊接性差。还可制造受较大载荷的离合器盘、花键轴、凸轮轴、曲轴等
	65Mn		钢的强度高,淬透性较大,脱碳倾向小,但有过热敏感性,易生淬火裂纹,并有回火脆性。适用于较大尺寸的各种扁、圆弹簧,以及其他经受摩擦的农机具零件
合金钢 锰钢	15Mn2	①合金钢牌号用化学元素符号表示;②含碳量写在牌号之前,但高合金钢如高速工具钢、不透钢等的含碳量不标出;③合金工具钢含碳量≥1%时不标出;<1%时,以千分之几来标出;④化学元素的含量<1.5%时不标出;含量>1.5%时才标出;如Cr17,17是铬的含量约为17%	用于钢板、钢管。一般只经正火
	20Mn2		对于截面较小的零件,相当于20Cr,可作渗碳小齿轮、小轴、活塞销、柴油机套筒、气门推杆、钢套等
	30Mn2		用于调质钢,如冷镦的螺栓及断面较大的调质零件
	45Mn2		用于截面较小的零件,相当于40Cr,直径在50 mm以下时,可代替40Cr作重要螺栓及零件
硅锰钢	27SiMn		用于调质钢
	35SiMn		除要求低温(−20℃)冲击韧性很高时,可全面代替40Cr作调质零件,亦可部分代替40CrNi,此钢耐磨、耐疲劳性均佳,适用于作轴、齿轮及在430℃以下的重要紧固件
铬钢	15Cr		用于船舶主机上的螺栓、活塞销、凸轮、凸轮轴、汽轮机套环、机车上用的小零件,以及用于心部韧性高的渗碳零件
	20Cr		用于柴油机活塞销、凸轮、轴、小拖拉机传动齿轮,以及较重要的渗碳件
铬锰钛钢	18CrMnTi		工艺性能特优,用于汽车、拖拉机等上的重要齿轮,和一般强度、韧性均高的减速器齿轮,供渗碳处理
	38CrMnTi		用于尺寸较大的调质钢件
铬钼铝钢			用于渗氮零件,如主轴、高压阀杆、阀门、橡胶及塑料挤压机等
铬轴承钢	GCr6	铬轴承钢,牌号前有汉语拼音字母"G",并且不标出含碳量。含铬量以千分之几表示	一般用来制造滚动轴承中的直径小于10 mm的滚球或滚子
	GCr15		一般用来制造滚动轴承中尺寸较大的滚球、滚子、内圈和外圈
铸钢	ZG200-400	铸钢件,前面一律加汉语拼音字母"ZG"	用于各种形状的零件,如机座、变速器壳等
	ZG270-500		用于各种形状的零件,如飞轮、机架、水压机工作缸、横梁,焊接性尚可
	ZG310-570		用于各种形状的零件,如联轴器气缸齿轮,及重载荷的机架等

附表 5-3　热处理名词解释

名　称	说　明	目　的	适用范围
退火	加热到临界温度以下,保温一定时间,然后缓慢冷却(例如在炉中冷却)	消除在前一工序(锻造、冷拉等)中所产生的内应力 降低硬度,改善加工性能 增加塑性和韧性 使材料的成分或组织均匀,为以后的热处理准备条件	完全退火适用于碳含量 0.8%以下的铸锻焊件;为消除内应力的退火主要用于铸件和焊件
正火	加热到临界温度以上,保温一定时间,再在空气中冷却	细化晶粒 与退火后相比,强度略有增高,并能改善低碳钢的切削加工性能	用于低、中碳钢。对低碳钢常用以低温退火
淬火	加热到临界温度以上,保温一定时间,再在冷却剂(水、油或盐水)中急速地冷却	提高硬度及强度 提高耐磨性	用于中、高碳钢。淬火后钢件必须回火
回火	经淬火后再加热到临界温度以下的某一温度,在该温度停一定时间,然后在水、油或空气中冷却	消除淬火时产生的内应力增加韧性,降低硬度	高碳钢制的工具、量具、刀具用低温(150℃~250℃)回火 弹簧用中温(270℃~450℃)回火
调质	在450℃~650℃进行高温回火称"调质"	可以完全消除内应力,并获得较高的综合力学性能	用于重要的油、齿轮,以及丝杆等零件
表面淬火	用火焰或高频电流将零件表面迅速加热至临界温度以上,急速冷却	使零件表面获得高硬度,而心部保持一定的韧性,使零件既耐磨又能承受冲击	用于重要的齿轮以及曲轴、活塞销等
渗碳淬火	在渗碳剂中加热到900℃~950℃,停留一定时间,将碳渗入钢表面,深度为 0.5~2 mm,再淬火后回火	增加零件表面硬度和耐磨性,提高材料的疲劳强度	适用于碳含量为 0.08%~0.25%的低碳钢及低碳合金钢
氮化	使工作表面渗入氮元素	增加表面硬度、耐磨性、疲劳强度和耐蚀性	适用于含铝、铬、钼、锰等合金钢,例如,要求耐磨的主轴、量规、样板等
碳氮共渗	使工作表面同时饱和碳和氮元素	增加表面硬度、耐磨性、疲劳强度和耐蚀性	适用于碳素钢及合金结构钢,也适用于高速钢的切削工具
时效处理	天然时效:在空气中长期存放半年到一年以上 人工时效:加热到 500℃~600℃,在这个温度保持 10~20 h或更长时间	使铸件消除其内应力而稳定其形状和尺寸	用于机床床身等大型铸件
冰冷处理	将淬火钢继续冷却至室温以下的处理方法	进一步提高硬度、耐磨性、并使其尺寸趋于稳定	用于滚动轴承的钢球、量规等
发蓝发黑	气化处理。用加热办法使工件表面形成一层氧化铁所组成的保护性薄膜	防腐蚀、美观	用于一般常见的坚固件
布氏硬度 HB	材料抵抗硬的物体压入零件表面的能力称"硬度"。根据测定方法的不同,可分布氏硬度、洛氏硬度、维氏硬度等	硬度测定是为了检验材料的力学性能——硬度	用于经退火、正火、调质的零件及铸件的硬度检查
洛式硬度 HRC			用于经淬火、回火及表面化学热处理的零件的硬度检查
维氏硬度 HV			特别适用于薄层硬化零件的硬度检查

参 考 文 献

[1] 何铭新，钱可强，徐祖茂. 机械制图. 7 版. 北京：高等教育出版社，2016.

[2] 陆国栋. 图学应用教程. 2 版. 北京：高等教育出版社，2010.

[3] 大连理工大学工程图学教研室. 机械制图. 7 版. 北京：高等教育出版社，2013.

[4] 阮春红，何建英，李喜秋，等. 画法几何及机械制图. 8 版. 武汉：华中科技大学出版
社，2021.

[5] 武晓丽，邱泽阳. 现代工程图学——机械制图. 北京：中国铁道出版社，2006.

[6] 杨新文，武晓丽. 机械制图. 北京：中国铁道出版社，2012.

[7] 张京英，张辉，焦永和. 机械制图. 北京：北京理工大学出版社，2013.

[8] 陆玉兵，朱忠伦，孙怀陵. 机械制图与公差配合. 北京：北京理工大学出版社，2013.

[9] 胡红专，俞巧云，王建平等. 机械制图. 4 版. 合肥：中国科学技术大学出版社，2011.

[10] 吴卓，王林军，秦小琼. 画法几何及机械制图. 北京：北京理工大学出版社，2018.